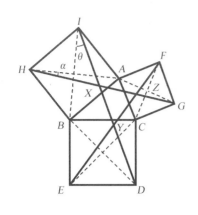

平面几何天天练

上卷·基础篇

（直线型）

田永海 编著

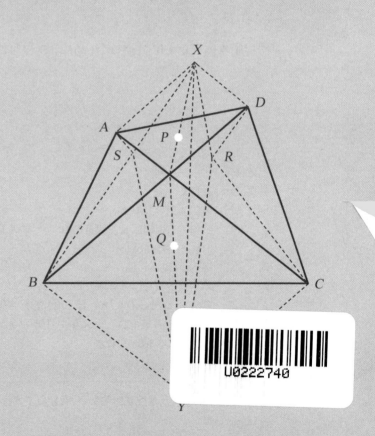

哈爾濱工業大學出版社
HARBIN INSTITUTE OF TECHNOLOGY PRESS

U0222740

内 容 简 介

平面几何是一门具有特殊魅力的学科,主要是训练人的理性思维的。本书以天天练为题,在每天的练习中,突出重点,使学生在练习中学会并吃透平面几何知识。

本书适合初、高中师生学习参考,以及专业人员研究、使用和收藏。

图书在版编目(CIP)数据

平面几何天天练. 上卷,基础篇. 直线型/田永海编著.
—哈尔滨:哈尔滨工业大学出版社,2013.1(2024.7 重印)
ISBN 978-7-5603-3742-5

Ⅰ.①平…　Ⅱ.①田…　Ⅲ.①平面几何–习题集
Ⅳ.①O123.1–44

中国版本图书馆 CIP 数据核字(2012)第 177412 号

策划编辑　刘培杰　张永芹
责任编辑　张永芹　刘家琳
封面设计　孙茵艾
出版发行　哈尔滨工业大学出版社
社　　址　哈尔滨市南岗区复华四道街 10 号　邮编 150006
传　　真　0451 – 86414749
网　　址　http://hitpress.hit.edu.cn
印　　刷　哈尔滨市石桥印务有限公司
开　　本　787mm×1092mm　1/16　印张 29.75　字数 593 千字
版　　次　2013 年 1 月第 1 版　2024 年 7 月第 12 次印刷
书　　号　ISBN 978-7-5603-3742-5
定　　价　58.00 元

(如因印装质量问题影响阅读,我社负责调换)

前言

数学是思维的体操，几何是思维的艺术体操。平面几何，几乎所有的常人都熟悉的名词，它始终是初中教育的重要内容。

几何主要是训练人的理性思维的。几何学得好的人，表现是言之有理，持之有据，办事顺理成章。

平面几何是一门具有特殊魅力的学科，从许多数学家成才的道路来看，平面几何往往起着重要的启蒙作用。

大科学家爱因斯坦唯独在学习平面几何时，感到十分地惊讶和欣喜，认为在这杂乱无章的世界里，竟然还存在着这样结构严密而又十分完美的体系，从而引发了他对宇宙间的体系研究。他曾经赞叹欧几里得几何"使人类理智获得了为取得以后的成就所必需的信心"。

我国老一辈著名数学家苏步青从小就对几何学习产生了浓厚的兴趣，不管寒冬酷暑，霜晨晓月，他都用心看书、解题。为了证明"三角形三内角之和等于两直角"这一定理，他用了20种方法，写成了一篇论文，送到省里展览，这年他才15岁。后来终于成为世界著名的几何大家。

杨乐院士到了初二,数学开了平面几何。几何严密的逻辑推理对他的思维训练起了积极的作用,引起他对数学学习的极大兴趣,老师布置的课外作业,他基本上在课内就能完成,课外驰骋在数学天地里,看数学课外读物,做各种数学题,为后来攀登数学高峰奠定了基础。

还有科学家说得更直接:"自己能在科学领域里射中鸿鹄,完全得益于在中学里学几何时对思维的严格训练。"

平面几何造就了大量的数学家!

社会的发展需要创新型人才,一题多解是创新型人才的必由之路。

国家教育部2001年7月颁布的《全日制义务教育数学课程标准(实验稿)》将平面几何部分的内容做了大量的删减,从内容上看,要求是降低的,从能力上看,要求是更高的。新课程要求初中数学少一些学科本位、少一些系统性,要求学生有更多的思考、更多的实践和更高的创新意识。

应试教育强调会做题、得高分,总是满足于"会",新课程更强调创新,不仅仅满足于"会"。在"会"的基础上,还要再思考,还要再想一想,还有别的什么解法吗?当你改变一下方向,调整一下思路,你常常会发现:哇,崭新的解法更简捷、更漂亮!

为了帮助广大师生走进平面几何,习惯一题多解,我们编撰了这套《平面几何天天练》。

《平面几何天天练》既适合初、高中师生学习参考,也适合专业人员研究、使用和收藏。

为了提高本书的广泛适用性,我们注意把握由浅入深的原则,特别是在基础篇每一版块的开始,都编入较多比较简单(层次较低,甚至是一目了然)的问题,即使是初学者,本书也有相当多的内容可以读懂、可以参考,具有很强的基础性、启发性、引导性,便于初学者入门使用;

为了满足广大数学爱好者(高年级学生、学有余力)系统提高的需求,在提高篇我们广泛收集了历年来自国内、外中学生数学竞赛使用过的一些问题,具有综合性、灵活性、开创性;

为了保证本书的权威性,我们大量编入传统的名题、成题,特别是对于一些"古老的难题"我们尽量做到"传统的精华不丢弃,罕见的创新再开发",使本书具有较高的收藏价值;

对于一些引人注目的题目,我们在解答之后还列出"题目出处",会给专业人员的进一步深入研究带来方便,这是本书的诱人的特色之一;

使用图标的方法给出全书的目录,可以说是数学书籍的首创。它不仅使全书366天的内容一目了然,也是直观的内容索引,为使用者提供了极大的方便。见到图形就知道题目的内容,这是广大数学爱好者,特别是数学教师的专业敏感。

我们这套《平面几何天天练》是在《初中平面几何关键题一题多解214例》一书的基础上编撰完成的。《初中平面几何关键题一题多解214例》一书出版于1998年,此后这十几年来,我们一直没有停止对平面几何一题多解的再研究,我们始终关注国内、外中学数学教育信息,每年订阅中学数学期刊二十多种,跟踪研究了数千册新出版的中学数学期刊,搜集了大量丰富的材料,并对《初中平面几何关键题一题多解214例》再审视、再修改,删去少量糟粕,新增大量精华,整理、编辑了这套《平面几何天天练》。故此,在科学性、前瞻性、创新性等方面都是有十分把握的!

我在教学与研究岗位工作的40年,是对平面几何研究的40年,《平面几何天天练》是我40年的研究成果与积累。在我退休、离开教学研究岗位的时候,田阿芳、逄路平两位同志极力倡导、勤奋工作,我们三个人共同把它整理出来,奉献给广大数学爱好者,奉献给社会,算是我们对平面几何的一份贡献吧!我们相信更多的平面几何爱好者独树一帜,我们期盼热心的一题多解参与者硕果累累!

由于时间仓促,特别是水平有限,书中的纰漏与不足在所难免,欢迎热心的朋友批评指正。

本书参阅了《数学通报》、《数学教学》、《中等数学》、《中学生数学》等大量中、小学数学教学期刊,在此对有关期刊、作者一并表示感谢。

田永海

2011年4月

目录

三角形问题

第 1 天 ································· 3

第 2 天 ································· 4

第 3 天 ································· 6

第 4 天 ································· 9

第 5 天 ································· 13

第 6 天 ································· 16

第 7 天 ································· 17

第 8 天 ································· 19

第 9 天 ································· 20

第 10 天 ································· 22

第 11 天 ································· 23

第 12 天 ································· 26

第 13 天 ································· 28

第 14 天 ································· 31

第 15 天 ·· 34

第 16 天 ·· 37

第 17 天 ·· 43

第 18 天 ·· 46

第 19 天 ·· 49

第 20 天 ·· 51

第 21 天 ·· 54

第 22 天 ·· 57

第 23 天 ·· 59

第 24 天 ·· 65

第 25 天 ·· 68

第 26 天 ·· 71

第 27 天 ·· 76

第 28 天 ·· 79

第 29 天 ·· 86

第 30 天 ·· 88

第 31 天 ·· 92

第 32 天 ·· 94

第 33 天 ·· 96

第 34 天 ·· 98

第 35 天 ··· 103

第 36 天 ··· 105

第 37 天 ··· 109

第 38 天 ··· 116

第 39 天 ··· 121

第 40 天 ··· 124

第 41 天 ··· 127

第 42 天 ··· 129

第 43 天 ··· 131

第 44 天 ··· 139

第 45 天 ··· 142

第 46 天 ··· 144

第 47 天 ··· 146

第 48 天 ··· 148

第 49 天 ………………………………………………… 151

第 50 天 ………………………………………………… 153

第 51 天 ………………………………………………… 156

第 52 天 ………………………………………………… 160

第 53 天 ………………………………………………… 166

第 54 天 ………………………………………………… 172

第 55 天 ………………………………………………… 179

第 56 天 ………………………………………………… 181

第 57 天 ………………………………………………… 183

第 58 天 ………………………………………………… 187

第 59 天 ………………………………………………… 189

第 60 天 ………………………………………………… 191

第 61 天 ………………………………………………… 194

第 62 天 ………………………………………………… 198

第 63 天 ………………………………………………… 201

第 64 天 ………………………………………………… 203

第 65 天 ………………………………………………… 207

第 66 天 ………………………………………………… 210

第 67 天 ………………………………………………… 216

第 68 天 ………………………………………………… 219

第 69 天 ………………………………………………… 221

第 70 天 ………………………………………………… 223

第 71 天 ………………………………………………… 225

第 72 天 ………………………………………………… 228

第 73 天 ………………………………………………… 231

第 74 天 ………………………………………………… 233

第 75 天 ………………………………………………… 235

第 76 天 ………………………………………………… 237

第 77 天 ………………………………………………… 241

第 78 天 ………………………………………………… 247

第 79 天 ………………………………………………… 250

第 80 天 ………………………………………………… 253

第 81 天 ………………………………………………… 256

第 82 天 ………………………………………………… 259

第 83 天 ……………………………………………… 262

第 84 天 ……………………………………………… 264

第 85 天 ……………………………………………… 266

第 86 天 ……………………………………………… 268

第 87 天 ……………………………………………… 275

第 88 天 ……………………………………………… 278

第 89 天 ……………………………………………… 281

四边形问题

第 90 天 ……………………………………………… 285

第 91 天 ……………………………………………… 288

第 92 天 ……………………………………………… 290

第 93 天 ……………………………………………… 292

第 94 天 ……………………………………………… 296

第 95 天 ……………………………………………… 299

第 96 天 ……………………………………………… 301

第 97 天 ……………………………………………… 304

第 98 天 ……………………………………………… 306

第 99 天 ……………………………………………… 308

第 100 天 ……………………………………………… 311

第 101 天 ……………………………………………… 314

第 102 天 ……………………………………………… 316

第 103 天 ……………………………………………… 321

第 104 天 ……………………………………………… 323

第 105 天 ……………………………………………… 325

第 106 天 ……………………………………………… 328

第 107 天 ……………………………………………… 330

第 108 天 ……………………………………………… 336

第 109 天 ……………………………………………… 338

第 110 天 ……………………………………………… 341

第 111 天 ……………………………………………… 344

第 112 天 ……………………………………………… 346

第 113 天 ……………………………………………… 349

第 114 天 ······ 351

第 115 天 ······ 352

第 116 天 ······ 354

第 117 天 ······ 358

第 118 天 ······ 360

第 119 天 ······ 364

第 120 天 ······ 366

第 121 天 ······ 369

第 122 天 ······ 372

第 123 天 ······ 375

第 124 天 ······ 377

第 125 天 ······ 379

第 126 天 ······ 382

第 127 天 ······ 385

第 128 天 ······ 388

第 129 天 ······ 391

第 130 天 ······ 393

第 131 天 ······ 397

第 132 天 ······ 404

第 133 天 ······ 406

第 134 天 ······ 409

第 135 天 ······ 418

第 136 天 ······ 420

中卷及下卷目录 ······ 423

题图目录 ······ 424

三角形问题

第1天

求证:如果把等腰三角形的底边向两方向分别延长相等的线段,那么延长线段的两个外端与等腰三角形的顶点距离相等.

已知:在 $\triangle ABC$ 中, $AB = AC$,延长 CB 到 E ,延长 BC 到 F , $EB = CF$. 求证: $AE = AF$.

证明1 如图1.1.

由 $AB = AC$,可知 $\angle ACB = \angle ABC$,有 $\angle ACF = \angle ABE$.

由 $CF = BE$, $AC = AB$,可知 $\triangle ACF \cong \triangle ABE$,有 $AF = AE$.

所以 $AE = AF$.

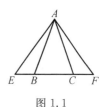

图1.1

证明2 如图1.1.

由 $AB = AC$,可知 $\angle ACB = \angle ABC$.

由 $CF = BE$,可知 $BF = CE$.

由 $AB = AC$,可知 $\triangle ABF \cong \triangle ACE$,有 $AF = AE$.

所以 $AE = AF$.

证明3 如图1.2,过 A 作 BC 的垂线, D 为垂足.

由 $AB = AC$,可知 D 为 BC 的中点.

由 $EB = CF$,可知 D 为 EF 的中点,可知 $\text{Rt}\triangle ADE \cong \text{Rt}\triangle ADF$,有 $AE = AF$.

所以 $AE = AF$.

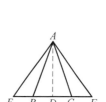

图1.2

证明4 如图1.2,过 A 作 BC 的垂线, D 为垂足.

由 $AB = AC$,可知 D 为 BC 的中点,即 AD 为 BC 的中垂线.

由 $EB = CF$,可知点 D 为 EF 的中点,有 AD 为 EF 的中垂线.

所以 $AE = AF$.

第 2 天

△ABC 中,$AB = AC$,AD 是角平分线,DE,DF 分别垂直于 AB,AC. 求证:$EB = FC$.

证明 1 如图 2.1.

由 AD 是角平分线,DE,DF 分别垂直于 AB,AC,可知 $DE = DF$.

显然 Rt△ADE ≌ Rt△ADF,可知 $AE = AF$.

由 $AB = AC$,可知 $AB - AE = AC - AF$,就是 $EB = FC$.

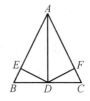

图 2.1

所以 $EB = FC$.

证明 2 如图 2.1.

由 $AB = AC$,可知 $\angle B = \angle C$.

由 AD 是角平分线,DE,DF 分别垂直于 AB,AC,可知 $DE = DF$,有 Rt△DBE ≌ Rt△DCF,有 $EB = FC$.

所以 $EB = FC$.

证明 3 如图 2.1.

由 $AB = AC$,可知 $\angle B = \angle C$.

由 AD 平分 $\angle BAC$,可知 $BD = DC$.

由 DE,DF 分别垂直于 AB,AC,可知 Rt△DBE ≌ Rt△DCF,有 $EB = FC$.

所以 $EB = FC$.

证明 4 如图 2.1.

由 $AB = AC$,AD 平分 $\angle BAC$,可知 $BD = DC$,$AD \perp BC$.

由 DE,DF 分别垂直于 AB,AC,可知 $EB \cdot AB = BD^2 = DC^2 = FC \cdot AC$,有

$$EB \cdot AB = FC \cdot AC$$

代入 $AB = AC$,就得 $EB = FC$.

所以 $EB = FC$.

证明 5 如图 2.1.

由 DE,DF 分别垂直于 AB,AC, 可知 A,E,D,F 四点共圆, 有 AD 为圆的直径.

由 $AB=AC,AD$ 平分 $\angle BAC$, 可知 $BD=DC,AD\perp BC$, 有 BC 为圆的切线.

易知 $EB \cdot AB = BD^2 = DC^2 = FC \cdot AC$, 有
$$EB \cdot AB = FC \cdot AC$$

所以 $EB=FC$.

证明 6 如图 2.2, 连 EF.

由 AD 平分 $\angle BAC,DE,DF$ 分别垂直于 AB,AC, 可知 E 与 F 关于 AD 对称, 有 AD 为 EF 的中垂线, 于是 $AE=AF$.

由 $AB=AC$, 可知 $AB-AE=AC-AF$, 就是 $EB=FC$.

图 2.2

所以 $EB=FC$.

证明 7 如图 2.1.

由 AD 是角平分线, DE,DF 分别垂直于 AB,AC, 可知 $DE=DF$.

由 $AB=AC$, 可知 $\triangle ABD$ 与 $\triangle ACD$ 面积相等.

显然 $\mathrm{Rt}\triangle ADE \cong \mathrm{Rt}\triangle ADF$, 可知 $\mathrm{Rt}\triangle DBE \cong \mathrm{Rt}\triangle DCF$, 有 $EB=FC$.

所以 $EB=FC$.

第 3 天

已知:如图 3.1,D 为 $\triangle ABC$ 的 BC 边的中点,$\angle BAD = \angle CAD$. 求证:$AB = AC$.

证明 1 如图 3.1,过 D 分别作 AB,AC 的垂线,E,F 为垂足.

由 $\angle BAD = \angle CAD$,可知 $DE = DF$.

由 $BD = DC$,可知 Rt$\triangle BDE \cong$ Rt$\triangle CDF$,可知 $\angle B = \angle C$.

所以 $AB = AC$.

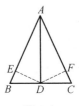

图 3.1

证明 2 如图 3.2,过 C 作 AB 的平行线交直线 AD 于 E.

由 $BD = DC$,可知 $AD = DE$,有 $\triangle ABD \cong \triangle ECD$,于是 $AB = EC$.

由 $\angle E = \angle BAD = \angle CAD$,可知 $AC = EC$.

所以 $AB = AC$.

证明 3 如图 3.3,在 AD 的延长线上取一点 E,使 $DE = AD$,连 EB,EC.

由 $BD = DC$,可知四边形 $ABEC$ 为平行四边形,有 $AC \parallel BE$,$AB \parallel CE$,于是 $\angle AEC = \angle DAB = \angle DAC = \angle AEB$,得四边形 $ABEC$ 为菱形.

所以 $AB = AC$.

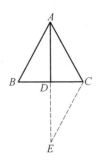

图 3.2

证明 4 如图 3.4,过 D 作 AB 的平行线交 AC 于 E,过 D 作 AC 的平行线交 AB 于 F.

由 $\angle BAD = \angle CAD$,可知四边形 $AFDE$ 为菱形,有 $AF = AE = DE = DF$.

显然 $\angle FBD = \angle EDC$,$\angle FDB = \angle ECD$.

由 $BD = DC$,可知 $\triangle FBD \cong \triangle EDC$,有 $BF = DE$,$DF = CE$,进而 $BF = CE$,于是 $BF + AF = CE + AE$,就是 $AB = AC$.

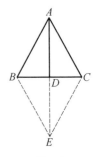

图 3.3

所以 $AB=AC$.

证明 5 如图 3.5，作 $\triangle ABC$ 的外接圆交直线 AD 于另一点 E，连 EB，EC.

由 $\angle BAD=\angle CAD$，可知 $EB=EC$，$\angle EBC=\angle ECB$.

由 $BD=DC$，可知 $\triangle EBD\cong\triangle ECD$，有 $\angle EDB=\angle EDC=\dfrac{1}{2}\angle BDC=90°$.

图 3.4

由 D 为 BC 的中点，可知 AE 为 BC 的中垂线.

所以 $AB=AC$.

证明 6 如图 3.5，作 $\triangle ABC$ 的外接圆交直线 AD 于另一点 E，连 EB，EC.

由 $\angle BAD=\angle CAD$，可知 $EB=EC$，$\angle EBC=\angle ECB$.

由 $BD=DC$，可知 $\triangle EBD\cong\triangle ECD$，有 $\angle BEA=\angle CEA$.

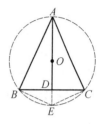

图 3.5

所以 $AB=AC$.

证明 7 如图 3.5，作 $\triangle ABC$ 的外接圆交直线 AD 于另一点 E，连 EB，EC.

由 $\angle BAD=\angle CAD$，可知 $EB=EC$.

由 $BD=DC$，可知 DE 为等腰三角形 BCE 的底边 BC 上的中线，有 DE 为 BC 的中垂线.

所以 $AB=AC$.

证明 8 如图 3.6，过 C 作 DA 的平行线交直线 BA 于 E.

显然 $\angle ACE=\angle DAC=\angle DAB=\angle E$，可知 $AC=AE$.

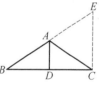

图 3.6

由 $BD=DC$，可知 $BA=AE$.

所以 $AB=AC$.

证明 9 如图 3.7，分别以 AB，BD 为邻边作平行四边形 $ABDE$，连 EC.

由 $DC=BD=AE$，$AE/\!/DC$，可知四边形 $ADCE$ 也是平行四边形，有 $\angle ACE=\angle DAC=\angle DAB=\angle ADE$，于是 A，D，C，E 四点共圆，得 $\angle ACB=\angle AED=\angle B$.

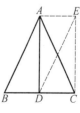

图 3.7

所以 $AB=AC$.

证明 10 如图 3.8,显然 △*ABD* 与 △*ACD* 面积相等,于是 $\frac{1}{2}AB \cdot AD \cdot \sin \angle BAD = \frac{1}{2}AC \cdot AD \cdot \sin \angle CAD$.

所以 $AB = AC$.

证明 11 如图 3.9,设 △*ABC* 的外接圆 ⊙*O* 交直线 *AD* 于 *E*.

由 *AD* 平分 ∠*BAC*,可知弧 *EB* = 弧 *EC*,即 *E* 为弧 *BC* 的中点.

由 *D* 为 *BC* 的中点,可知 *AE* 为 ⊙*O* 的直径,有弧 *EBA* = 弧 *ECA*,于是弧 *EBA* − 弧 *EB* = 弧 *ECA* − 弧 *EC*,就是弧 *AB* = 弧 *AC*,得 *AB* = *AC*.

所以 $AB = AC$.

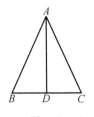

图 3.8

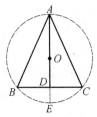

图 3.9

$\triangle ABC$ 中, $\angle BAC = 90°$, M, F, E 分别为 BC, CA, AB 的中点. 求证: $EF = AM$.

证明 1 如图 4.1.

由 E, F 分别为 AB, AC 的中点, 可知 $EF = \frac{1}{2}BC$.

由 AM 为 Rt$\triangle ABC$ 的斜边 BC 上的中线, 可知 $AM = \frac{1}{2}BC$.

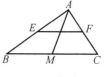

图 4.1

所以 $EF = AM$.

证明 2 如图 4.2, 连 EM.

由 E, M 分别为 AB, BC 的中点, 可知 $EM \parallel AC$, 有 $EM \perp AB$, 即 $\angle MEA = 90° = \angle FAE$.

显然 $EM = \frac{1}{2}AC = AF$, 可知

$$\text{Rt}\triangle MEA \cong \text{Rt}\triangle FAE$$

有 $EF = AM$.

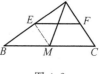

图 4.2

所以 $EF = AM$.

证明 3 如图 4.3, 连 EM, 设 N 为 EF 与 AM 的交点.

由 E, M 分别为 AB, BC 的中点, 可知 $EM \parallel AC$, 有 $\angle NEM = \angle NFA$, $\angle NME = \angle NAF$.

显然 $EM = \frac{1}{2}AC = AF$, 可知 $\triangle EMN \cong \triangle FAN$, 有 $EN = FN$, $MN = AN$.

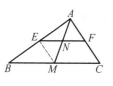

图 4.3

易知 $\angle EFA = \angle C = \angle MAC$, 可知 $NA = NF$, 有 $EF = AM$.

所以 $EF = AM$.

证明 4 如图 4.2, 连 EM.

由 E, M 分别为 AB, BC 的中点, 可知 $EM \parallel AC$.

显然 $EM = \dfrac{1}{2}AC = FC$,可知四边形 $EMCF$ 为平行四边形,有 $EF = MC$.

在 $\triangle AMC$ 中,易知 $\angle MAC = \angle C$,可知 $MC = AM$.

所以 $EF = AM$.

证明 5 如图 4.5,连 MF.

由 M,F 分别为 BC,AC 的中点,可知 $MF \parallel AB$.

由 $\angle BAC = 90°$,可知 $\angle MFA = 90° = \angle EAF$.

显然 $MF = \dfrac{1}{2}AB = AE$,可知

$$Rt\triangle MFA \cong Rt\triangle EAF$$

有 $AM = EF$.

所以 $EF = AM$.

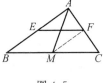

图 4.5

证明 6 如图 4.6,过 A 作 BC 的平行线交直线 MF 于 N.

由 M,F 分别为 BC,AC 的中点,可知 $MN \parallel BA$,有四边形 $AEFN$ 为平行四边形,于是 $EF = AN$.

显然 $MA = MC$,$FA = FC$,可知 MF 平分 $\angle AMC$,有 $\angle N = \angle NMC = \angle NMA$,于是 $AM = AN$,得 $EF = AM$.

所以 $EF = AM$.

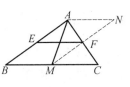

图 4.6

证明 7 如图 4.7,过 A 作 BC 的平行线交直线 ME 于 N.

(同证明 6,略)

证明 8 如图 4.8,过 E 作 AM 的平行线交直线 CA 于 N,连 ME.

由 M,E 分别为 BC,BA 的中点,可知 $ME \parallel CA$,有四边形 $AMEN$ 为平行四边形,于是 $AM = NE$.

显然 $\angle N = \angle MAC = \angle C = \angle EFN$,可知 $EF = NE$,有 $EF = AM$.

所以 $EF = AM$.

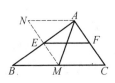

图 4.7

证明 9 如图 4.9,过 F 作 AM 的平行线交直线 EM 于 N.

由 E,M 分别为 AB,BC 的中点,可知 $EM \parallel AC$,有四边形 $AMNF$ 为平行四边形,于是 $AM = FN$.

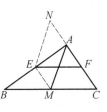

图 4.8

显然四边形 $MCFE$ 为平行四边形,可知 $\angle FEN=$ $\angle C$,有 $\angle N=\angle MAC=\angle C=\angle FEN$,于是 $EF=FN$,得 $EF=AM$.

所以 $EF=AM$.

证明 10 如图 4.10,过 F 作 AM 的平行线交直线 BA 于 N,连 MF.

(同证明 9,略)

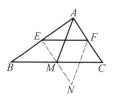

图 4.9

证明 11 如图 4.11,过 E 作 AM 的平行线交直线 FM 于 N.

由 M,F 分别为 BC,CA 的中点,可知 $FM\ //\ AB$,有四边形 $AENM$ 为平行四边形,于是 $AM=EN$.

显然四边形 $EBMF$ 为平行四边形,可知 $\angle EFM=$ $\angle B=\angle MAB=\angle N$,有 $EF=EN$,于是 $EF=AM$.

所以 $EF=AM$.

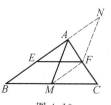

图 4.10

证明 12 如图 4.12,过 B 作 MA 的平行线交直线 CA 于 N.

由 M 为 BC 的中点,可知 A 为 NC 的中点.

由 $\angle BAC=90°$,可知 $BN=BC$.

由 E,F 分别为 AB,AC 的中点,可知 $BC=2EF$,有

$$EF=\frac{1}{2}BC=\frac{1}{2}NB.$$

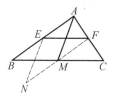

图 4.11

由 AM 为 $\triangle CBN$ 的中位线,可知 $AM=\frac{1}{2}NB=$ EF.

所以 $EF=AM$.

证明 13 如图 4.13,过 C 作 AM 的平行线交直线 BA 于 N.

显然 $AM=\frac{1}{2}CN$,$EF=\frac{1}{2}BC$.

易知 AC 为 BN 的中垂线,可知 $CN=CB$,有 $EF=AM$.

所以 $EF=AM$.

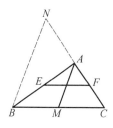

图 4.12

证明 14 如图 4.14,设 N 为 AM 延长线上的一点,$MN=AM$,连 NB,NC.

显然四边形 $ABNC$ 为矩形,可知 $AN=BC$.

显然 $AM = \frac{1}{2}AN$, $EF = \frac{1}{2}BC$, 可知 $EF = AM$.

所以 $EF = AM$.

证明 15　如图 4.15,连 ME, MF.

显然四边形 $EMFA$ 为矩形,可知 $EF = AM$.

所以 $EF = AM$.

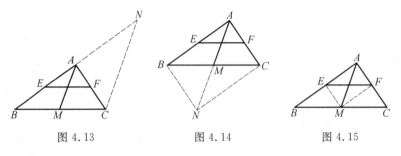

图 4.13　　　　　图 4.14　　　　　图 4.15

第 5 天

如图 5.1,C 为线段 AB 上一点,分别以 AC,CB 为一边在 AB 的同侧作正三角形 $\triangle ACD$ 与 $\triangle ECB$. 求证:$AE = DB$.

证明 1 如图 5.1,由 $\triangle ACD$ 与 $\triangle ECB$ 均为正三角形,可知 $AC = DC,CE = CB$.

显然 $\angle ACD = 60° = \angle ECB$,可知 $\angle ACE = 120° = \angle DCB$,有 $\triangle ACE \cong \triangle DCB$,于是 $AE = DB$.

所以 $AE = DB$.

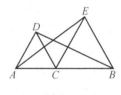

图 5.1

证明 2 如图 5.2,过 A 作 EB 的平行线交直线 EC 于 F,连 BF.

显然四边形 $AFBE$ 为等腰梯形,可知 $AE = FB$.

显然 F 与 D 关于 AB 对称,可知 $DB = FB$.

所以 $AE = DB$.

证明 3 如图 5.3,设直线 AD,BE 相交于 F.

显然 $\triangle ABF$ 为正三角形,可知 $FA = FB = AB = AC + CB$.

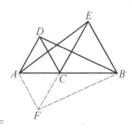

图 5.2

由 $EF = FB - EB = AD$,$\angle F = 60° = \angle DAB$,可知 $\triangle AFE \cong \triangle BAD$.

所以 $AE = DB$.

证明 4 如图 5.4,过 D 作 AE 的平行线交直线 CE 于 F.

显然四边形 $AEFD$ 为平行四边形,可知 $AE = DF$.

易知 $\triangle DCF \cong \triangle DAB$,可知 $DB = DF$.

所以 $AE = DB$.

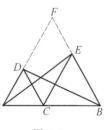

图 5.3

证明 5 如图 5.5,过 E 作 DB 的平行线交直线 CD 于 F

显然四边形 $BEFD$ 为平行四边形,可知 $DB = FE$.

易知 $\triangle EFC \cong \triangle EAB$,可知 $AE = FE$.

所以 $AE = DB$.

证明 6 如图 5.6,分别以 DA,DB 为邻边作平行四边形 $AFBD$,连 EF.

由 △DAC 与 △ECB 为正三角形,可知 ∠ECB = ∠DAC = 60°,有 ∠DCE = 60°.

显然 BF = DA = CA,∠ABF = ∠DAB = 60°,可知 ∠EBF = 120°.

由 EB = EC,可知 △EFB ≌ △EAC,有 EA = EF.

显然 ∠AEF = ∠CEB = 60°,可知 △EAF 为正三角形,有 EF = AF = DB.

所以 AE = DB.

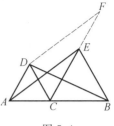

图 5.4

证明 7 如图 5.7,分别以 EA,EB 为邻边作平行四边形 AFBE,连 DF.

由 △DAC 与 △ECB 为正三角形,可知 ∠ECB = ∠DAC = 60°,有 ∠DCE = 60°.

显然 AF = EB = CB,∠BAF = ∠EBA = 60°,可知 ∠DAF = 120° = ∠DCB.

由 DA = DC,可知 △DAF ≌ △DCB,有 DB = DF.

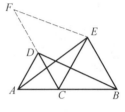

图 5.5

显然 ∠FDB = ∠ADC = 60°,可知 △DFB 为正三角形,有 DB = FB = AE.

所以 AE = DB.

证明 8 如图 5.8,分别以 AE,AB 为邻边作平行四边形 BFEA,分别以 EA,EB 为邻边作平行四边形 AGBE,连 DG,DF.

易知 △DGB 为正三角形,可知 DB 为 Rt△DGF 的斜边 GF 上的中线,有 AE = GB = BF = DB.

所以 AE = DB.

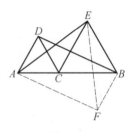

图 5.6

证明 9 如图 5.9,分别以 AB,DB 为邻边作平行四边形 DFAB,分别以 DA,DB 为邻边作平行四边形 AGBD,连 EG,EF.

(同证明 8,略)

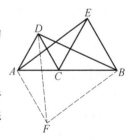

图 5.7

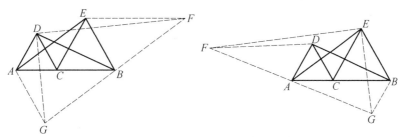

图 5.8　　　　　　　　　　　图 5.9

证明 10　如图 5.10,过 B 作 DA 的平行线交直线 DC 于 F.

（同证明 2,略）

反思:从证题结果看,方法 1 简捷,可取;从思考过程看,后几种方法求异,创新,思路开阔,不落俗套,有一定的意义和价值;从课外活动看,游戏的方式多些当然更好.

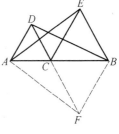

图 5.10

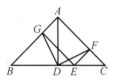

第 6 天

已知:如图 6.1,$\triangle ABC$ 中,$AB = AC$,$\angle BAC = 90°$,AD 为 BC 边上的高线,E 为 BC 边上一点,$EF \perp AC$,F 为垂足,$EG \perp AB$,G 为垂足.

求证:$DG = DF$.

证明 1 如图 6.1.

显然四边形 $AGEF$ 为矩形,$\triangle GBE$ 为等腰直角三角形,可知 $AF = GE = BG$.

由 $AD = BD$,$\angle FAD = 45° = \angle GBD$,可知
$$\triangle FAD \cong \triangle GBD$$

所以 $DG = DF$.

证明 2 如图 6.1.

显然四边形 $AGEF$ 为矩形,$\triangle FEC$ 为等腰直角三角形,可知 $AG = FE = FC$.

由 $AD = DC$,$\angle GAD = 45° = \angle FCD$,可知 $\triangle GAD \cong \triangle FCD$.

所以 $DG = DF$.

证明 3 如图 6.2,设 AE,FG 交于 O,连 DO.

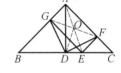

图 6.2

显然 OD 为 $\mathrm{Rt}\triangle ADE$ 的斜边 AE 上的中线,可知
$$OD = \frac{1}{2}AE = \frac{1}{2}GF.$$

由 O 为 GF 的中点,可知 $\triangle GDF$ 为直角三角形,且 OD 为斜边 GF 上的中线.

由 $\angle DOF = \angle DOE + \angle EOF = 2\angle DAE + 2\angle EAC = 2\angle DAC = 90°$,可知 $\triangle GDF$ 为等腰直角三角形,且 $DG = DF$.

所以 $DG = DF$.

证明 4 如图 6.1.

由 $\angle ADE = \angle AGE = 90° = \angle AFE$,可知 A,G,D,E,F 五点共圆.

由 $\angle DAG = 45° = \angle DAF$,可知 $DG = DF$.

所以 $DG = DF$.

第 7 天

等腰三角形底边上的一点到两腰距离之和为一定值.

已知:如图 7.1,在 $\triangle ABC$ 中,$AB = AC$,CD 是 AB 边上的高,$PE \perp AB$,$PF \perp AC$,E,F 为垂足.

求证:$PE + PF = CD$.

证明 1 如图 7.1,过 P 作 CD 的垂线,H 为垂足.

由 $AB = AC$,可知 $\angle ACB = \angle ABC$.

显然 $\text{Rt}\triangle PCH \cong \text{Rt}\triangle CPF$,可知 $HC = PF$.

由 $PE \perp AB$,$CD \perp AB$,可知四边形 $PHDE$ 为矩形,有 $DH = EP$,于是 $PE + PF = DH + HC = CD$.

所以 $PE + PF = CD$.

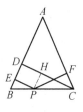

图 7.1

证明 2 如图 7.2,过 C 作 EP 的垂线,H 为垂足.

由 $PE \perp AB$,$CD \perp AB$,可知四边形 $HCDE$ 为矩形,有 $EH = CD$.

由 $AB = AC$,可知 $\angle ACB = \angle ABC = \angle HCB$.

显然 $\text{Rt}\triangle PCH \cong \text{Rt}\triangle PCF$,可知 $PH = PF$,于是 $PE + PF = PE + PH = EH = CD$.

所以 $PE + PF = CD$.

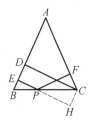

图 7.2

证明 3 如图 7.3,过 D 作 BC 的平行线交直线 PE 于 H.

由 $PE \perp AB$,$CD \perp AB$,可知 $PH \parallel CD$,有四边形 $PCDH$ 为平行四边形,于是 $PH = CD$.

由 $AB = AC$,可知 $\angle ACB = \angle ABC$.

显然 $HD = PC$,$\angle H = \angle PCD$,可知 $\text{Rt}\triangle DHE \cong \text{Rt}\triangle CPF$,有 $HE = PF$,于是 $PE + PF = PE + HE = PH = CD$.

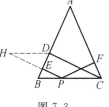

图 7.3

所以 $PE + PF = CD$.

证明 4 如图 7.4,连 AP.

由 $PE \perp AB, PF \perp AC, CD \perp AB$,可知

$$S_{\triangle PAB} = \frac{1}{2} AB \cdot PE$$

$$S_{\triangle PAC} = \frac{1}{2} PF \cdot AC, S_{\triangle CAB} = \frac{1}{2} CD \cdot AB$$

显然 $S_{\triangle PAB} + S_{\triangle PAC} = S_{\triangle CAB}$,可知

$$\frac{1}{2} AB \cdot PE + \frac{1}{2} AC \cdot PF = \frac{1}{2} AB \cdot CD$$

代入 $AB = AC$,得 $PE + PF = CD$.

所以 $PE + PF = CD$.

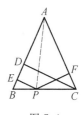

图 7.4

证明 5 如图 7.5,由 $AB = AC$,可知 $\angle ACB = \angle ABC$.

由 $PE \perp AB, PF \perp AC, CD \perp AB$,可知 $\text{Rt}\triangle PBE \backsim \text{Rt}\triangle PCF \backsim \text{Rt}\triangle CBD$,有

$$\frac{PE}{PB} = \frac{PF}{PC} = \frac{CD}{BC} = \frac{PE + PF}{PB + PC} = \frac{PE + PF}{BC}$$

于是 $\dfrac{CD}{BC} = \dfrac{PE + PF}{BC}$.

所以 $PE + PF = CD$.

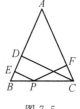

图 7.5

证明 6 如图 7.6,显然 $\triangle PEB, \triangle CDB, \triangle PFC$ 均为直角三角形.

由 $AB = AC$,可知 $\angle ACB = \angle ABC$.

设 $\angle ACB = \beta$,可知 $\angle ABC = \beta$,有

$$PE = PB \sin \beta, PF = PC \sin \beta$$
$$CD = BC \sin \beta$$

于是
$$PE + PF = PB \sin \beta + PC \sin \beta$$
$$= (PB + PC) \cdot \sin \beta$$
$$= BC \sin \beta = CD$$

得
$$PE + PF = CD$$

所以 $PE + PF = CD$.

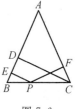

图 7.6

本文参考自:

1.《教学与研究》1982 年 2 期 9 页.

2.《理科考试研究》1997 年 7 期 3 页.

第 8 天

如图 8.1,在 Rt△ABC 中,∠ACB = 90°,CE 是高,AD 是 ∠CAB 的平分线,CE 与 AD 交于 M,由 D 引 AB 的垂线交 AB 于 F. 求证:$CF \perp AD$.

证明 1 如图 8.1,由 AD 为 ∠CAB 的平分线,$BC \perp AC$,$DF \perp AB$,可知 $DF = DC$,有 C 与 F 关于 AD 对称.

所以 $CF \perp AD$.

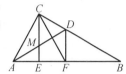

图 8.1

证明 2 如图 8.1,由 AD 为 ∠CAB 的平分线,$BC \perp AC$,$DF \perp AB$,可知 $DF = DC$,有 Rt△ACD ≌ Rt△AFD,于是 $AC = AF$,得 AD 为 CF 的中垂线.

所以 $CF \perp AD$.

证明 3 如图 8.1,由 ∠ACB = 90°,$CE \perp AB$,可知
$$\angle B = 90° - \angle CAB = \angle ACE$$

由 AD 平分 ∠CAB,可知 ∠CAM = ∠DAB,有
$$\angle CDM = \angle B + \angle DAB = \angle ACE + \angle CAM = \angle CMD$$

显然 CE // DF,可知 ∠FDM = ∠CMD,有 AD 平分 ∠CDF,于是 Rt△ACD ≌ Rt△AFD,得 $AC = AF$,故 AD 为 CF 的中垂线.

所以 $CF \perp AD$.

证明 4 如图 8.1,显然 Rt△ACE ∽ Rt△CBE,可知 ∠B = ∠ACE.

由 AD 平分 ∠CAB,可知 ∠CAM = ∠DAB,有 ∠CDM = ∠B + ∠DAB = ∠ACE + ∠CAM = ∠CMD,于是 $CM = CD$.

由 AD 平分 ∠BAC,DF // CE,Rt△CBE ∽ Rt△ABC,可知
$$\frac{CE}{CB} = \frac{AC}{AB} = \frac{DC}{DB} = \frac{FE}{FB}$$

有 CF 平分 ∠MCD.

所以 $CF \perp AD$.

第 9 天

已知：如图 9.1，AD 为过 $\triangle ABC$ 的顶点 A 的直线，分别过 B,C 作 AD 的垂线，D,E 为垂足，M 为 BC 边的中点．求证：$MD = ME$．

证明 1　如图 9.1，过 M 作 AD 的垂线，F 为垂足．

显然 $BD \parallel FM \parallel EC$．

由 M 为 BC 的中点，可知 F 为 DE 的中点，有 MF 为 DE 的中垂线．

所以 $MD = ME$．

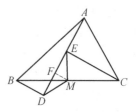

图 9.1

证明 2　如图 9.2，设 F 为直线 BD,EM 的交点．

显然 $BD \parallel EC$．

由 M 为 BC 的中点，可知 M 为 EF 的中点，有 DM 为 $\text{Rt}\triangle DEF$ 的斜边 EF 上的中线，于是

$$MD = \frac{1}{2}EF = ME$$

所以 $MD = ME$．

证明 3　如图 9.3，设直线 DM,CE 相交于 F．

显然 $BD \parallel EC$．

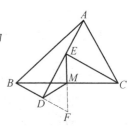

图 9.2

由 M 为 BC 的中点，可知 M 为 DF 的中点，有 EM 为 $\text{Rt}\triangle DEF$ 的斜边 DF 上的中线，于是

$$ME = \frac{1}{2}DF = MD$$

所以 $MD = ME$．

证明 4　如图 9.4，过 M 作 AD 的平行线分别交直线 BD,CE 于 G,F．

显然 $BD \parallel EC$．

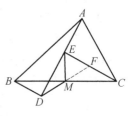

图 9.3

由 M 为 BC 的中点，可知 M 为 GF 的中点．

显然四边形 $DEFG$ 为矩形，可知

$$\text{Rt}\triangle MDG \cong \text{Rt}\triangle MEF$$

有 $MD = ME$.

所以 $MD = ME$.

证明 5 如图 9.5,过 C 作 AD 的平行线交直线 BD 于 F,连 MF.

显然四边形 $CEDF$ 为矩形,可知 $\angle BFC = 90°$.

由 M 为 BC 的中点,可知 MF 为 Rt$\triangle BFC$ 的斜边 BC 上的中线,有 $MF = \dfrac{1}{2}BC = MC$.

显然 M 为 FC 的中垂线上的点,当然 M 为 DE 的中垂线上的点.

所以 $MD = ME$.

证明 6 如图 9.6,过 M 作 BC 的垂线交 AD 于 F,连 FB,FC.

由 M 为 BC 的中点,可知 MF 为 BC 的中垂线,有 $FB = FC$.

由 $BD \perp AD$,可知 B,D,F,M 四点共圆,有 $\angle MDE = \angle MBF$.

同理 M,C,E,F 四点共圆,可知 $\angle MED = \angle MCF$.

显然 $\angle MBF = \angle MCF$,可知 $\angle MDE = \angle MED$.

所以 $MD = ME$.

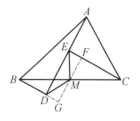

图 9.4

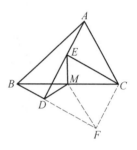

图 9.5

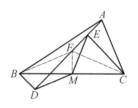

图 9.6

本文参考自:

《数学教学》1983 年 3 期 33 页.

第 10 天

如图 10.1,$\angle PCO = 90°$,A 为 PC 上一点,$\angle POC = 3\angle AOC$,由 P 引 OC 的平行线交 OA 的延长线于 B. 求证:$AB = 2PO$.

证明 1 如图 10.1,设 E 为 AB 的中点,连 PE.

显然 $\angle B = \angle AOC$.

由 $\angle POC = 3\angle AOC$,可知 $\angle POB = 2\angle AOC$.

显然 PE 为 $Rt\triangle APB$ 的斜边 AB 上的中线,可知

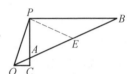

图 10.1

$EP = \dfrac{1}{2}AB = EB$,有 $\angle EPB = \angle B$,于是 $\angle PEO = 2\angle B = 2\angle AOC = \angle POB$,得 $PE = PO$.

所以 $AB = 2PO$.

证明 2 如图 10.2,分别以 OA,OP 为邻边作平行四边形 $OPHA$,设 AB 的中垂线交 PB 于 F,E 为垂足,连 FA.

显然 $\angle B = \angle AOC$.

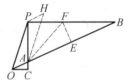

图 10.2

由 $\angle POC = 3\angle AOC$,可知 $\angle POB = 2\angle AOC$,有 $\angle H = 2\angle AOC$.

由 EF 为 AB 的中垂线,可知 $FA = FB$,有 $\angle FAB = \angle B$,于是 $\angle PFA = 2\angle B = \angle H$,得 P,A,F,H 四点共圆.

显然 P,A,E,F 四点共圆,可知 P,A,E,F,H 五点共圆,且 AF 为圆的直径.

由 $\angle HAB = \angle POB = 2\angle FAB$,可知 $AH = AE$,有 $PO = AE = \dfrac{1}{2}AB$.

所以 $AB = 2PO$.

本文参考自:

湖北《数学通讯》1982 年 5 期 33 页.

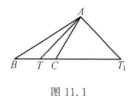

第 11 天

在 $\triangle ABC$ 中,$\angle ACB - \angle B = 90°$,$\angle BAC$ 的内、外角平分线分别交 BC 及其延长线于 T,T_1.

求证:$AT = AT_1$.

证明 1 如图 11.1.

由 $\angle BAC + \angle B + \angle ACB = 180°$,$\angle ACB - \angle B = 90°$,可知 $\frac{1}{2}\angle BAC + \angle B = 45°$,即 $\angle ATT_1 = 45°$.

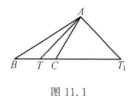

图 11.1

由 AT,AT_1 分别为 $\angle BAC$ 的内、外角平分线,可知 $AT \perp AT_1$,有 $\angle AT_1 T = 45° = \angle ATT_1$.

所以 $AT = AT_1$.

证明 2 如图 11.2,过 C 作 BC 的垂线交 AT 于 T_2.

由 $\angle ACB - \angle B = 90°$,可知 $\angle ACT_2 = \angle B$.

由 AT 平分 $\angle BAC$,可知 $\angle ATC = \angle TAB +$

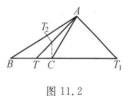

图 11.2

$\angle B = \angle TAC + \angle T_2 CA = \angle TT_2 C = \frac{1}{2}(180° - \angle T_2 CT) = 45°$.

由 AT,AT_1 分别为 $\angle BAC$ 的内、外角平分线,可知 $AT \perp AT_1$,有 $\angle AT_1 T = 45° = \angle ATT_1$.

所以 $AT = AT_1$.

证明 3 如图 11.3,过 A 作 BC 的垂线,T_2 为垂足.

由 $\angle ACB - \angle B = 90°$,可知 $\angle CAT_2 = \angle ACB - \angle AT_2 C = \angle ACB - 90° = \angle B$,有 $\angle T_2 AT = \angle CAT_2 + \angle TAC = \angle B + \angle TAB = \angle ATC$.

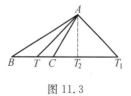

图 11.3

由 $\angle T_2 AT + \angle ATC = 90°$,可知 $\angle ATC = 45°$.

由 AT,AT_1 分别为 $\angle BAC$ 的内、外角平分线,可知 $AT \perp AT_1$,有

$\angle AT_1T = 45° = \angle ATT_1$.

所以 $AT = AT_1$.

证明4 如图11.4,设 BC 的中垂线交 AB 于 D,连 CD.

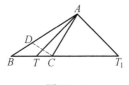

图 11.4

显然 $\angle DCB = \angle B$.

由 $\angle ACB - \angle B = 90°$,可知 $\angle ACD = 90°$,有 $2\angle B + 2\angle TAB = \angle ADC + \angle DAC = 90°$,于是 $\angle B + \angle TAB = 45°$,即 $\angle ATC = 45°$.

由 AT,AT_1 分别为 $\angle BAC$ 的内、外角平分线,可知 $AT \perp AT_1$,有 $\angle AT_1T = 45° = \angle ATT_1$.

所以 $AT = AT_1$.

证明5 如图11.5,过 C 作 AT 的垂线交 AB 于 C_1,连 C_1T.

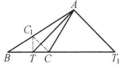

图 11.5

由 AT 平分 $\angle BAC$,可知 AT 为 C_1C 的中垂线,有 $\angle TC_1A = \angle TCA = 90° + \angle B$,于是 $\angle C_1TC = 90°$,得 $\angle ATC = 45°$.

由 AT,AT_1 分别为 $\angle BAC$ 的内、外角平分线,可知 $AT \perp AT_1$,有 $\angle AT_1T = 45° = \angle ATT_1$.

所以 $AT = AT_1$.

证明6 如图11.6,过 C 作 TA 的平行线交直线 BA 于 C_1,连 C_1T_1.

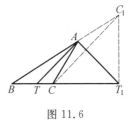

图 11.6

由 AT 平分 $\angle BAC$,可知 $\angle ACC_1 = \angle CAT = \angle BAT = \angle AC_1C$.

由 AT_1 平分 $\angle C_1AC$,可知 C_1 与 C 关于 AT_1 对称,有 $\angle BC_1T_1 = \angle ACT_1 = 180° - \angle ACB = 90° - \angle B$,于是 $\angle C_1T_1B = 90°$,得 $\angle AT_1T = 45°$.

由 AT,AT_1 分别为 $\angle BAC$ 的内、外角平分线,可知 $AT \perp AT_1$,有 $\angle ATT_1 = 45° = \angle AT_1T$.

所以 $AT = AT_1$.

类似地,如图11.7,过 A 作 AC 的垂线交直线 BC 于 E,证法同证明6.

如图11.8,过 T_1 作 AC 的垂线交 AT 于 F,证法同证明4,不赘!

证明7 如图11.9,设 AT 交 $\triangle ABC$ 的外接圆于 E,过 C 作 AC 的垂线交 $\triangle ABC$ 的外接圆于 D,交 AB 于 F,连 AD.

显然 AD 为 $\triangle ABC$ 的外接圆的直径.

由 $\angle ACB - \angle B = 90°$,可知 $\angle FCB = \angle ABC$,
有弧 $BD =$ 弧 AC,或 $AD \parallel BC$.

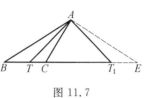

由 AT 平分 $\angle BAC$,可知 E 为弧 BEC 的中点,
有弧 $BE +$ 弧 $AC =$ 弧 $EC +$ 弧 DB,于是 $\angle ATC =$
$45°$.

图 11.7

由 AT, AT_1 分别为 $\angle BAC$ 的内、外角平分线,
可知 $AT \perp AT_1$,有 $\angle ATT_1 = 45° = \angle AT_1T$.

所以 $AT = AT_1$.

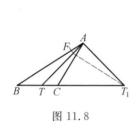

图 11.8

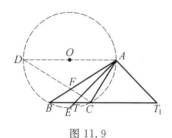

图 11.9

本文参考自:

1.《数学教师》1985 年 4 期 29 页.

2.《数学教师》1985 年 9 期 26 页.

第 12 天

$\triangle ABC$ 中，$AB = AC$，过 A 作 BC 的平行线分别交 $\angle ABC$ 的平分线 BD 于 E，交 $\angle ACB$ 的平分线 CF 于 G. 求证：$DE = FG$.

证明 1 如图 12.1.

由 $AB = AC$，可知 $\angle ABC = \angle ACB$.

由 BD 平分 $\angle ABC$，CF 平分 $\angle ACB$，可知 $\angle EBA = \angle EBC$.

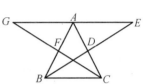

图 12.1

由 $GE \parallel BC$，可知 $\angle E = \angle EBC$，进而 $\angle E = \angle EBA$，有 $AE = AB$.

同理 $AG = AC$.

由 $AB = AC$，可知 $AG = AE$.

由 $\angle G = \angle E$，$\angle GAB = \angle ABC = \angle ACB = \angle EAC$，可知 $\triangle AGF \cong \triangle AED$.

所以 $DE = FG$.

证明 2 如图 12.2，连 FD.

由 $AB = AC$，可知 $\angle ABC = \angle ACB$.

由 BD 平分 $\angle ABC$，CF 平分 $\angle ACB$，可知 $\angle EBC = \dfrac{1}{2}\angle ABC = \dfrac{1}{2}\angle ACB = \angle GCB$.

由 $GE \parallel BC$，可知 $\angle E = \angle EBC = \angle GCB = \angle G$.

易知 $\dfrac{AF}{FB} = \dfrac{AC}{BC} = \dfrac{AB}{BC} = \dfrac{AD}{DC}$，可知 $FD \parallel BC$，进而 $FD \parallel GE$，有四边形 $DFGE$ 为等腰梯形.

所以 $DE = FG$.

证明 3 如图 12.1.

由 $AB = AC$，BE 平分 $\angle ABC$，CG 平分 $\angle ACB$，$GE \parallel BC$，可知

$$\frac{AE}{BC} = \frac{AD}{DC} = \frac{AB}{BC} = \frac{AC}{BC} = \frac{AF}{FB} = \frac{AG}{BC}$$

有 $AE = AG$.

显然 $\triangle AGC \cong \triangle ABE$,可知 $GC = BE$.

显然 $\triangle BCF \cong \triangle CBD$,可知 $FC = DB$,有 $GC - FC = BE - BD$,就是 $GF = DE$.

所以 $DE = FG$.

证明 4 如图 12.3,设 P 为 BD 与 CF 的交点.

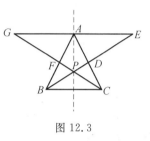

显然直线 AP 为等腰三角形 ABC 的对称轴,直线 AB 与 AC 关于直线 AP 对称,B 与 C 关于直线 AP 对称,可知直线 BD 与直线 CF 关于直线 AP 对称,有 G 与 E 关于直线 AP 对称,F 与 D 关于直线 AP 对称,于是线段 FG 与线段 DE 关于直线 AP 对称.

图 12.3

所以 $DE = FG$.

第 13 天

如图 13.1,在 $\triangle ABC$ 中,$\angle ABC = 90°$,D 是 AB 上一点,且满足 $\angle A = 2\angle BCD$.

求证:$AD + AC = 2AB$.

证明 1 如图 13.1,设 E 为 AB 延长线上一点,$BE = BA$,连 CE.

显然 $CE = CA$,$\angle BCE = \angle BCA$.

由 $\angle ECD = \angle BCE + \angle BCD = \angle BCA + \angle BCD = \angle DCA + 2\angle BCD = \angle DCA + \angle A = \angle EDC$,可知 $DE = CE$,有 $AD + AC = AD + DE = AE = 2AB$.

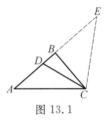

图 13.1

所以 $AD + AC = 2AB$.

证明 2 如图 13.2,设 M 为 AC 的中点,过 M 作 CD 的平行线交 AB 于 N,连 BM.

显然 N 为 AD 的中点,$MB = \dfrac{1}{2}AC = MC$.

图 13.2

在 $\triangle BMN$ 中,$\angle BNM = \angle BDC = 90° - \angle BCD$,$\angle MBA = \angle A = 2\angle BCD$,可知 $\angle BMN = 180° - \angle BNM - \angle MBA = 90° - \angle BCD = \angle BNM$,有 $NB = MB = MC$,于是 $AN + NB = AB$,得 $2AN + 2NB = 2AB$,或 $2AN + 2MC = 2AB$.

所以 $AD + AC = 2AB$.

证明 3 如图 13.3,设 E 为 AB 延长线上一点,$BE = BD$,连 CE.

显然 $CE = CD$,可知 $\angle BDC = \angle E$.

易知 $\angle BCE = \angle BCD$,可知 $\angle DCE = 2\angle BCD = \angle A$.

由 $\angle ECA = \angle DCE + \angle DCA = \angle A + \angle DCA = \angle EDC = \angle E$,可知 $AE = AC$,有 $AD + AC = AD + AE = AB - DB + AB + BE = 2AB$.

图 13.3

所以 $AD + AC = 2AB$.

证明 4 如图 13.4,设 F 为 AC 上一点,$AF = AD$,过 C 作 FD 的平行线

交直线 AB 于 E,连 DF.

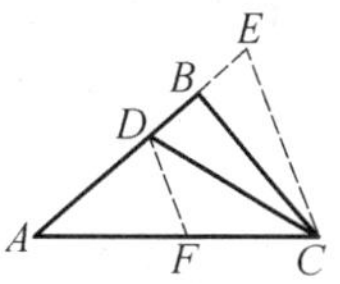

显然 $AE = AC$,$\angle FDA = \angle DFA = \frac{1}{2}(180° - \angle A) =$

$90° - \angle BCD = \angle BDC$,可知 $\angle ECA = \angle E = \angle EDC$.

图 13.4

显然 BC 为等腰三角形 CDE 的底边 DE 上的高线,可知 B 为 DE 的中点,有 $AD + AC = AD + AE = 2AB$.

所以 $AD + AC = 2AB$.

证明 5 如图 13.5,设 P 为 BA 延长线上一点,$AP = AC$,设 M 为 PC 的中点,过 M 作 CD 的平行线交 PB 于 N,连 MA.

显然 $AM \perp PC$,可知 N 为 PD 的中点,$CD = 2MN$.

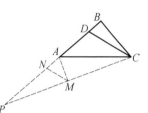

图 13.5

由 $\angle P = \angle ACP = \frac{1}{2}\angle BAC = \angle BCD$,可知 $\angle PAM = 90° - \angle P = \angle BDC = \angle ANM$,有 $MA = MN$,于是 $AN = 2MN \cdot \cos \angle BCD = CD\cos \angle BCD = DB$,得 $ND = AB$.

所以 $AD + AC = AD + AP = PD = 2ND = 2AB$.

证明 6 如图 13.6,设 $\angle BAC$ 的平分线交 $\triangle ACD$ 的外接圆于 E,连 AE,DE.

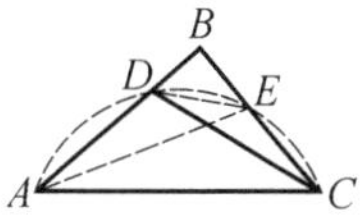

显然 $EC = ED$.

图 13.6

在 $\triangle CDE$ 中,$CD = 2CE\cos \angle BCD$.

在 $\triangle ABE$ 中,$AB = AE\cos \angle EAB = AE\cos \angle BCD$.

由托勒密定理,可知 $DE \cdot AC + CE \cdot AD = CD \cdot AE$,有

$$CE \cdot AC + CE \cdot AD = 2CE \cdot AE \cdot \cos \angle BCD$$

于是 $AC + AD = 2AB$.

所以 $AD + AC = 2AB$.

证明 7 如图 13.7,以 A 为圆心,以 AC 为半径作圆交直线 AB 于 G,H,交直线 CA 于 E,交直线 CB 于 F,连 EF,DF,HF,HE.

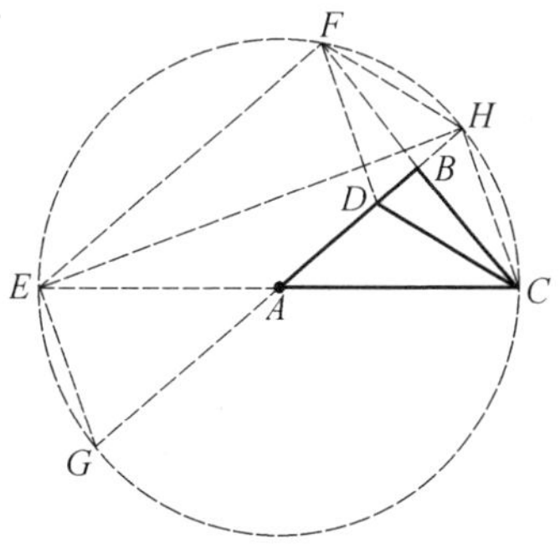

显然 $\angle ACH = \angle AHC = \frac{1}{2}(180° - \angle HAC) = 90° - \frac{1}{2}\angle BAC = 90° - \angle BCD = \angle CDH$.

由 $AB \perp BC$,可知 CF 为 DH 的中垂线,有 AH 为 FC 的中垂线,于是四

图 13.7

边形 $CDFH$ 为菱形,得 $FH = CH = EG$, $EG \parallel HC \parallel FD$.

显然四边形 $DFEG$ 为平行四边形,可知

$$AD + AC = AD + AG = GD = EF = 2AB$$

所以 $AD + AC = 2AB$.

本文参考自:

《中学生数学》1999 年 8 期 29 页.

第 14 天

已知 $\triangle ABC$ 为等边三角形，延长 BC 到 D，延长 BA 到 E，且使 $AE = BD$.
联结 CE，DE.

求证：$CE = DE$.

证明 1　如图 14.1，过 E 作 AC 的平行线，交直线 BD 于 F.

显然 $\triangle EBF$ 为正三角形，四边形 $ACFE$ 为等腰梯形，可知 $CF = AE = BD$，有 $DF = BC$.

易知 $\triangle ECB \cong \triangle EDF$，可知 $EC = ED$.

所以 $CE = DE$.

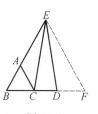

图 14.1

证明 2　如图 14.2，过 E 作 DB 的平行线交直线 CA 于 F.

显然 $\triangle AEF$ 为正三角形，可知 $EF = AE = DB$，$FC = BE$，$\angle F = \angle B$，有 $\triangle CEF \cong \triangle EDB$，于是 $CE = DE$.

所以 $CE = DE$.

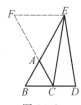

图 14.2

证明 3　如图 14.3，过 E 作 AC 的平行线交直线 BD 于 F，过 D 作 BE 的平行线交 EF 于 G.

显然 $\triangle EBF$ 与 $\triangle GDF$ 均为正三角形，四边形 $BDGE$ 为等腰梯形，可知 $EG = BD = EA$，进而 $GF = AB$，有 $\triangle GDF \cong \triangle ABC$，于是 $DG = AC$，$\angle EGD = 120° = \angle EAC$，得 $\triangle EGD \cong \triangle EAC$，故 $DE = CE$.

所以 $CE = DE$.

图 14.3

证明 4　如图 14.4，过 D 作 CA 的平行线交 BE 于 F.

显然 $\triangle FBD$ 为正三角形，可知 $BF = BD = AE$，有 $FE = BA = CA$，$\angle EFD = 120° = \angle CAE$.

由 $FD = EA$，可知 $\triangle EFD \cong \triangle CAE$，有 $ED = CE$.

所以 $CE = DE$.

证明 5　如图 14.5，分别以 EA，ED 为邻边作平行四边形 $EAFD$，连 FB.

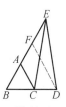

图 14.4

显然 $\angle BDF = \angle EBD = 60°$.

显然 $FD = AE = BD$,可知 $\triangle FBD$ 为正三角形,有 $BF = FD = AE$,$\angle ABF = 120° = \angle CAF$.

由 $BA = AC$,可知 $\triangle ACE \cong \triangle BAF$,有 $CE = AF = DE$.

所以 $CE = DE$.

证明 6 如图 14.6,分别以 BA,BD 为邻边作平行四边形 $ABDF$,连 FE.

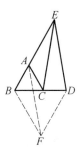

图 14.5

由 $AF = BD = AE$,$\angle EAF = \angle EBD = 60°$,可知 $\triangle EAF$ 为正三角形,四边形 $ACDF$ 为等腰梯形,有 $AE = FE$,$AC = FD$,$\angle EAC = 120° = \angle EFD$,于是 $\triangle EAC \cong \triangle EFD$,得 $CE = DE$.

所以 $CE = DE$.

证明 7 如图 14.7,分别以 BA,BD 为邻边作平行四边形 $ABDF$,连 FE,FC,AD.

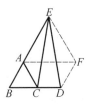

图 14.6

由 $AF = BD = AE$,$\angle EAF = \angle EBD = 60°$,可知 $\triangle EAF$ 为正三角形.

显然四边形 $ACDF$ 为等腰梯形,有 $AE = FE$,$AD = FC$,$\angle EAD = \angle FAD + 60° = \angle AFC + 60° = \angle EFC$,于是 $\triangle EAD \cong \triangle EFC$,得 $DE = CE$.

所以 $CE = DE$.

证明 8 如图 14.8,过 C 作 BD 的垂线交 BE 于 F,过 E 作 BD 的垂线,G 为垂足.

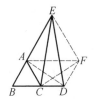

图 14.7

由 $\angle B = 60°$,可知 $BE = 2BG$,$BF = 2BC$,有 $EF = EB - FB = 2CG$.

由 $BD = AE$,$BC = AF$,可知 $CD = BD - BC = AE - AF = EF = 2CG$,有 G 为 CD 的中点,即 EG 为 CD 的中垂线.

所以 $CE = DE$.

证明 9 如图 14.9,分别以 BD,ED 为邻边作平行四边形 $BDEF$,连 FA,FB.

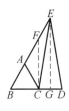

图 14.8

由 $FE = BD = AE$,$\angle FEB = \angle EBD = 60°$,可知 $\triangle AEF$ 为正三角形,有 $\angle FAB = 60° = \angle CAB$,于是 F,A,C 三点共线.

显然 $FC = FA + AC = EA + AB = EB$,可知四边形 $FBCE$ 为等腰梯形,有 $CE = BF = DE$.

所以 $CE = DE$.

本文参考自:

《中学生数学》2002 年 10 期 15 页.

图 14.9

第 15 天

$\triangle ABC$ 中,D 为 AC 延长线上一点,$AB = AC = CD$,P,Q,M 分别为 AB,AC,BD 的中点.

求证:$PQ \perp QM$.

证明 1 如图 15.1,连 MC.

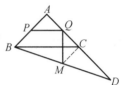

图 15.1

由 M,C 分别为 BD,AD 的中点,可知 $MC = \dfrac{1}{2}AB = \dfrac{1}{2}AC = QC$.

显然 $MC \parallel AB$,可知 $\angle BCM = \angle ABC = \angle ACB$,有 Q 与 M 关于 BC 对称,于是 $BC \perp QM$.

显然 $PQ \parallel BC$,可知 $PQ \perp QM$.

所以 $PQ \perp QM$.

证明 2 如图 15.2,设 N 为 BC 的中点,连 NA,NM.

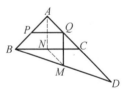

图 15.2

由 $AB = AC$,可知 $AN \perp BC$,有 $AN \perp PQ$.

显然 $NM \parallel AD$,$NM = \dfrac{1}{2}CD = \dfrac{1}{2}AC = AQ$,可知四边形 $ANMQ$ 为平行四边形,有 $QM \parallel AN$,于是 $PQ \perp QM$.

所以 $PQ \perp QM$.

证明 3 如图 15.3,连 PM 交 BC 于 N,连 NQ.

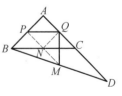

图 15.3

由 PM 为 $\triangle BDA$ 的中位线,可知 $PM \parallel AD$,N 为 BC 的中点,有 $PN = \dfrac{1}{2}AC = \dfrac{1}{2}CD = NM$,且 $NQ = \dfrac{1}{2}AB = NP = NQ$.

所以 $PQ \perp QM$.

证明 4 如图 15.4,设 N 为 CD 的中点,连 MN,MC.

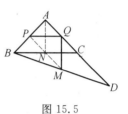

图 15.4

显然 $CN = \frac{1}{2}CD = \frac{1}{2}AC = CQ = \frac{1}{2}AB = CM$,可知 $\angle QMN = 90°$,即 $MN \perp QM$.

由 $MN \parallel BC \parallel PQ$,可知 $PQ \perp QM$.

所以 $PQ \perp QM$.

证明 5 如图 15.5,连 PM 交 BC 于 N,连 AN.

由 PM 为 $\triangle BDA$ 的中位线,可知 $PM \parallel AD$,N 为 BC 的中点,有 $PM = \frac{1}{2}AD = AC$,$PQ = \frac{1}{2}BC = NC$.

由 $NM \parallel AD$,$NM = \frac{1}{2}CD = AQ$,可知四边形 $ANMQ$ 为平行四边形,有 $QM = AN$,于是 $\triangle PQM \cong \triangle CAN$,得 $\angle MQP = \angle ANC = 90°$.

所以 $PQ \perp QM$.

证明 6 如图 15.6,设 N 为 BC 的中点,连 NQ,NM,MC.

显然 $NQ = \frac{1}{2}AB = MC$,$NM = \frac{1}{2}CD = \frac{1}{2}AC = QC$,可知 $QC = NM = NQ = MC$,有四边形 $QCMN$ 为一菱形,于是 $BC \perp QM$.

由 $PQ \parallel BC$,可知 $PQ \perp QM$.

所以 $PQ \perp QM$.

证明 7 如图 15.7,连 BQ,MC.

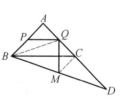

图 15.7

由 $PB = \frac{1}{2}AB = \frac{1}{2}CD$,$PQ = \frac{1}{2}CB$,$\angle BPQ = \angle CQP = \angle DCB$,可知 $\triangle BPQ \backsim \triangle DCB$,有 $\angle QBC = \angle PQB = \angle CBD$.由 $\angle BCM = \angle ABC = \angle ACB$,可知 Q 与 M 关于 BC 对称,有 $BC \perp QM$.

由 $PQ \parallel BC$,可知 $PQ \perp QM$.

所以 $PQ \perp QM$.

证明 8 如图 15.8,在 CM 延长线上取一点 E,使 $ME = CM$,连 BE.设 N 为 BE 的中点,连 NM,NP.

由 M,C 分别为 BD,AD 的中点,可知 $MC /\!/ AB$,

$MC = \dfrac{1}{2}AB$,进而 $CE = AB$,有四边形 $ABEC$ 为平行四

边形.

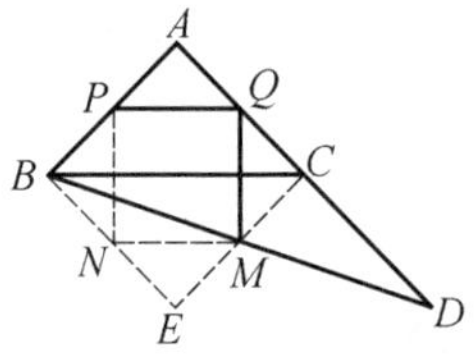

由 $AB = AC$,可知四边形 $ABEC$ 为菱形.

由 P,Q,M,N 分别为菱形的各边中点,可知四边形

$PQMN$ 为矩形.

所以 $PQ \perp QM$.

证明 9 如图 15.9,延长 BQ 到 N,使 $QN = BQ$,连

NA,NC.

显然四边形 $ABCN$ 为平行四边形.

易知 $\angle BCN + \angle ABC = 180°$,$\angle BCD + \angle ACB = $

$180°$,$\angle ABC = \angle ACB$,可知 $\angle BCN = \angle BCD$.

由 $CN = BA = CD$,可知 $\triangle BCN \cong \triangle BCD$,有

$BN = BD$,于是 $BQ = BM$.

显然 $\angle NBC = \angle DBC$(全等三角形对应角),可知 $BC \perp QM$.

由 $PQ /\!/ BC$,可知 $PQ \perp QM$.

所以 $PQ \perp QM$.

证明 10 如图 15.10,设直线 PQ 与 MC 相交于 E,

连 PM.

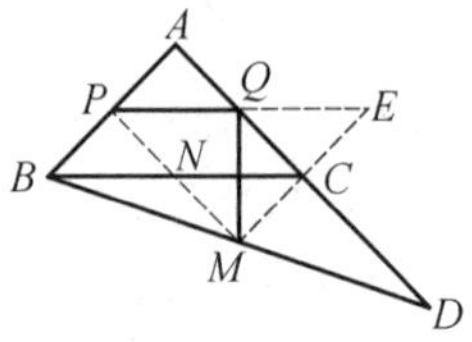

由 M,C 分别为 BD,AD 的中点,可知 $EC /\!/ PB$.

同理 $PE /\!/ BC$,可知四边形 $PBCE$ 为平行四边形,

有 $EC = PB = \dfrac{1}{2}AB = CM$,进而 $EM = AB = \dfrac{1}{2}AD = PM$.

显然 $PQ = \dfrac{1}{2}BC = \dfrac{1}{2}PE$,即 MQ 为等腰三角形

MEP 的底边 PE 上的中线.

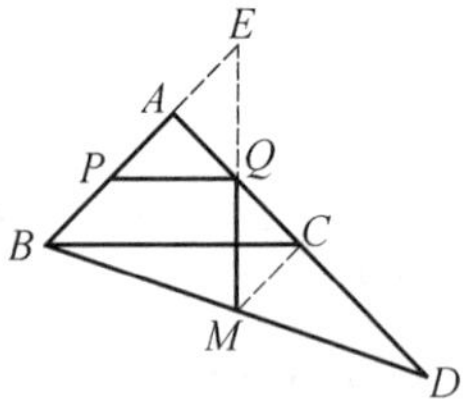

所以 $PQ \perp QM$.

证明 11 如图 15.11,设直线 MQ 与 BA 相交于 E,

连 MC.

由 M,C 分别为 BD,AD 的中点,可知 $MC /\!/ PB$.

由 Q 为 AC 的中点,可知 Q 为 EM 的中点,且 $AE = MC = \dfrac{1}{2}AB = AP = $

AQ,有 $\angle PQE = 90°$.

所以 $PQ \perp QM$.

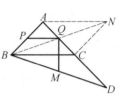

图 15.8

图 15.9

图 15.10

图 15.11

第 16 天

如图 16.1,在 △ABC 中,AB=AC,D 为 AB 延长线上一点,DB=AB,E 为 AB 的中点.

求证:$CE=\dfrac{1}{2}DC$.

证明 1　如图 16.1,过 B 作 DC 的平行线交 AC 于 F.

由 B 为 AD 的中点,可知 F 为 AC 的中点,$BF=\dfrac{1}{2}DC$.

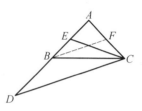

图 16.1

由 AB=AC,E 为 AB 的中点,可知 FC=EB.

由 AB=AC,可知 ∠ACB=∠ABC,有 △BCF≌△CBE,于是 CE=BF.

所以 $CE=\dfrac{1}{2}DC$.

(另可用 △AEC≌△AFB)

证明 2　如图 16.2,过 B 作 AC 的平行线交 DC 于 F.

显然 ∠FBC=∠ACB.

由 AB=AC,E 为 AB 的中点,B 为 AD 的中点,可知 F 为 DC 的中点,$BF=\dfrac{1}{2}AC=\dfrac{1}{2}AB=BE$.

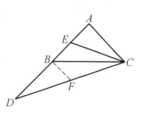

图 16.2

由 AB=AC,可知 ∠ABC=∠ACB=∠FBC,有 △FBC≌△EBC,于是 $CE=CF=\dfrac{1}{2}CD$.

所以 $CE=\dfrac{1}{2}DC$.

(另可用 △AEC≌△BFD)

证明 3　如图 16.3,过 B 作 EC 的平行线交直线 AC 于 F.

由 E 为 AB 的中点,可知 C 为 AF 的中点,$CE=\dfrac{1}{2}FB$.

由 $AB = AC$，$\angle BAF = \angle CAD$，可知 $AD = AF$，有 $\triangle ABF \cong \triangle ACD$，于是 $FB = DC$.

所以 $CE = \dfrac{1}{2}DC$.

（另可用 $\triangle BCD \cong \triangle CBF$）

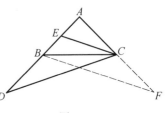

图 16.3

证明 4 如图 16.4，过 A 作 EC 的平行线交直线 BC 于 F.

由 E 为 AB 的中点，可知 C 为 BF 的中点，有 $CF = BC$，$CE = \dfrac{1}{2}FA$.

由 $AB = AC$，可知 $\angle ACB = \angle ABC$，有 $\angle ACF = \angle DBC$.

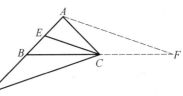

图 16.4

由 $AC = AB$，B 为 AD 的中点，可知 $AC = DB$，有 $\triangle ACF \cong \triangle CBD$，于是 $DC = FA$.

所以 $CE = \dfrac{1}{2}DC$.

证明 5 如图 16.5，过 A 作 BC 的平行线交直线 CE 于 F，连 BF.

由 E 为 AB 的中点，可知 E 为 FC 的中点，或 $CE = \dfrac{1}{2}FC$，有四边形 $AFBC$ 为平行四边形，于是 $FB = AC$.

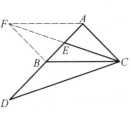

图 16.5

由 $AB = AC$，B 为 AD 的中点，可知 $FB = DB$.

由 $AB = AC$，可知 $\angle ACB = \angle ABC$，有 $\angle FBC = \angle DBC$，于是 $\triangle FBC \cong \triangle DBC$，得 $FC = DC$.

所以 $CE = \dfrac{1}{2}DC$.

（另可用 $\triangle AFC \cong \triangle CBD$，见证明 15）

证明 6 如图 16.6.

由 $AB = AC$，$DB = AB$，可知 $AE = \dfrac{1}{2}AB = \dfrac{1}{2}AC$，$AC = AB = \dfrac{1}{2}AD$，有 $\dfrac{AE}{AC} = \dfrac{AC}{AD}$.

在 $\triangle AEC$ 与 $\triangle ACD$ 中，由 $\angle EAC = \angle CAD$，可知 $\triangle AEC \backsim \triangle ACD$，有

$$\frac{CE}{DC} = \frac{AC}{AD} = \frac{1}{2}.$$

所以 $CE = \frac{1}{2}DC$.

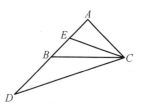

图 16.6

证明 7 如图 16.7,过 E 作 BC 的平行线交 AC 于 F.

由 E 为 AB 的中点,可知 F 为 AC 的中点,有 $EF = \frac{1}{2}BC$.

由 $AB = AC$,B 为 AD 的中点,可知 $BD = AB = AC = 2FC$,有 $\frac{FC}{BD} = \frac{1}{2} = \frac{FE}{BC}$.

由 $AB = AC$,可知 $\angle ABC = \angle ACB = \angle AFE$,有 $\angle CBD = \angle EFC$,于是 $\triangle FEC \backsim \triangle CBD$,得 $\frac{CE}{DC} = \frac{FE}{BC} = \frac{1}{2}$.

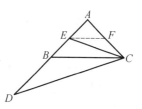

图 16.7

所以 $CE = \frac{1}{2}DC$.

证明 8 如图 16.8,过 E 作 AC 的平行线交 BC 于 F.

由 E 为 AB 的中点,可知 F 为 BC 的中点,有 $FC = \frac{1}{2}BC$,$EF = \frac{1}{2}AC$.

由 $AB = AC$,B 为 AD 的中点,可知 $DB = AC = 2EF$,有 $\frac{EF}{BD} = \frac{1}{2} = \frac{FC}{BC}$.

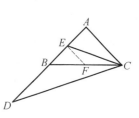

图 16.8

由 $AB = AC$,可知 $\angle ACB = \angle ABC$,有 $\angle EFB = \angle ABC$,于是 $\angle EFC = \angle CBD$,得 $\triangle EFC \backsim \triangle DBC$,进而 $\frac{CE}{DC} = \frac{CF}{BC} = \frac{1}{2}$.

所以 $CE = \frac{1}{2}DC$.

证明 9 如图 16.9,过 D 作 BC 的平行线交直线 AC 于 F.

由 B 为 AD 的中点,可知 C 为 AF 的中点,$DF = 2BC$.

由 $AB = AC$,可知 $FC = BD$.

由 B 为 AD 的中点,E 为 AB 的中点,可知 $FC = AB = 2EB$,有 $\frac{EB}{CF} = \frac{1}{2} =$

$\dfrac{BC}{FD}$.

由 $AB=AC$，可知 $\angle ACB=\angle ABC$，有 $\angle F=\angle EBC$，于是 $\triangle CDF\backsim\triangle ECB$，得

$$\dfrac{CE}{DC}=\dfrac{BC}{FD}=\dfrac{1}{2}DC$$

所以 $CE=\dfrac{1}{2}DC$.

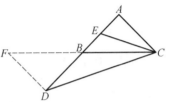

图 16.9

证明 10　如图 16.10,过 D 作 CA 的平行线交直线 CB 于 F.

由 B 为 AD 的中点,可知 B 为 FC 的中点,有 $FC=2BC$.

由 $AB=AC,E$ 为 AB 的中点,可知 $DF=2BE$,有 $\dfrac{EB}{FD}=\dfrac{1}{2}=\dfrac{BC}{FC}$.

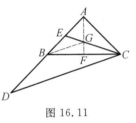

图 16.10

由 $AB=AC$,可知 $\angle ACB=\angle ABC$,有 $\angle ABC=\angle F$,于是 $\triangle EBC\backsim\triangle DFC$,得 $\dfrac{CE}{DC}=\dfrac{BC}{FC}=\dfrac{1}{2}$.

所以 $CE=\dfrac{1}{2}DC$.

证明 11　如图 16.11,过 A 作 BC 的垂线交 EC 于 G,F 为垂足,连 BG.

由 $AB=AC$,可知 F 为 BC 的中点.

由 E 为 AB 的中点,可知 G 为 $\triangle ABC$ 的重心,有 $\dfrac{EG}{GC}=\dfrac{1}{2}$.

由 AF 为 BC 的中垂线,可知 $BG=GC$,有 $\dfrac{EG}{BG}=\dfrac{1}{2}$.

由 B 为 AD 的中点,E 为 AB 的中点,可知 $\dfrac{EB}{BD}=\dfrac{1}{2}=\dfrac{EG}{GC}$,有 $BG\;/\!/\;DC$,于是

$$\dfrac{CE}{DC}=\dfrac{EG}{BG}=\dfrac{1}{2}$$

所以 $CE=\dfrac{1}{2}DC$.

证明 12　如图 16.12,以 BE,BC 为邻边作平行四边形 $EBCG$,以 AC,AG 为邻边作平行四边形 $ACFG$.

由 E 为 AB 的中点,可知 $GC = BE = AE$,有四边形 $AECG$ 为平行四边形,于是 $AG = EC$.

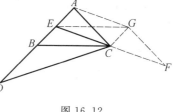

显然 $CF = AG = EC$,即 $CE = \dfrac{1}{2}EF$.

由 $AB = AC$,可知 $\angle ACB = \angle ABC$,有 $\angle EGF = \angle CBD$.

由 $EG = BC$,可知 $\triangle EFG \cong \triangle CDB$,有 $EF = DC$.

图 16.12

所以 $CE = \dfrac{1}{2}DC$.

证明 13 如图 16.13,以 AE,AC 为邻边作平行四边形 $AEFC$,以 BC,BF 为邻边作平行四边形 $BFGC$.

易知四边形 $BFCE$ 为平行四边形,可知 $CG = BF = EC$,即 $CE = \dfrac{1}{2}EG$.

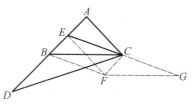

图 16.13

由 $AB = AC$,可知 $\angle ACB = \angle ABC$,有 $\angle EFG = \angle A + \angle CFG = \angle A + \angle BCF = \angle A + \angle ABC = \angle A + \angle ACB = \angle DBC$.

由 $FG = BC$,可知 $\triangle EFG \cong \triangle DBC$,有 $EG = DC$,于是 $CE = \dfrac{1}{2}DC$.

所以 $CE = \dfrac{1}{2}DC$.

证明 14 如图 16.14,分别过 A,D 作 BC 的垂线,H,F 为垂足,过 F 作 EC 的平行线交 CD 于 M,连 EF.

由 $AB = AC$,可知 H 为 BC 的中点.

由 B 为 AD 的中点,E 为 AB 的中点,可知 B 为 FH 的中点,有 $\dfrac{EB}{BD} = \dfrac{1}{2} = \dfrac{BF}{BC}$,于是 $FE /\!/ DC$,得四

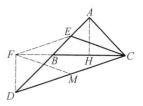

图 16.14

边形 $CEFM$ 为平行四边形,$DC = 2EF = 2MC$,或 FM 为 Rt$\triangle CDF$ 的斜边 DC 上的中线,进而 $FM = \dfrac{1}{2}DC$.

显然 $CE = FM$.

所以 $CE = \dfrac{1}{2}DC$.

证明 15 如图 16.15,过 A 作 BC 的平行线交直线 CE 于 F.

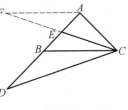

图 16.15

由 E 为 AB 的中点,可知 E 为 FC 的中点,有 $CE = \dfrac{1}{2}FC, AF = BC.$

由 $AB = AC$,可知 $\angle ACB = \angle ABC$,有 $\angle FAC = \angle CBD.$

由 B 为 AD 的中点,可知 $BD = AC$,有 $\triangle FAC \cong \triangle CBD$,于是 $FC = DC$,

得 $CE = \dfrac{1}{2}DC.$

所以 $CE = \dfrac{1}{2}DC.$

本文参考自:

《中学数学教学参考》1997 年 4 期 7 页.

第 17 天

分别以 $\triangle ABC$ 的边 AC,BC 为一边在形外作正方形 $ACDE,BCGF,AB$ 边的高线 CH 交 DG 于 M. 求证：$DM=MG$.

证明1　如图 17.1，过 C 作 AB 的平行线 PQ，分别过 D,G 作 PQ 的垂线，P,Q 为垂足。

由 $\angle PCD=90°-\angle PCA=\angle HCA,CD=CA$，可知 $Rt\triangle PCD\cong Rt\triangle HCA$，有 $CP=CH$.

同理 $Rt\triangle QCG\cong Rt\triangle HCB$，可知 $CQ=CH$，有 C 为 PQ 的中点。

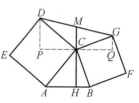

图 17.1

显然 $DP\parallel MC\parallel GQ$，可知 M 为 CD 的中点。

所以 $DM=MG$.

证明2　如图 17.2，过 D 作 AB 的垂线交直线 GC 于 N.

由 $DN\perp AB,DC\perp CA$，可知 $\angle NDC=\angle BAC$.

由 $\angle DCN=90°-\angle ACN=\angle ACB,CD=CA$，可知 $\triangle CDN\cong\triangle CAB$，有 $CN=CB=CG$，即 C 为 NG 的中点。

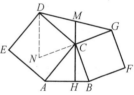

图 17.2

显然 $DN\parallel MC$，可知 M 为 DG 的中点。

所以 $DM=MG$.

证明3　如图 17.3，过 G 作 AB 的垂线交直线 DC 于 N.（证明方法与证明 2 大同小异，略）

证明4　如图 17.4，过 D 作 CG 的平行线交直线 CM 于 N.

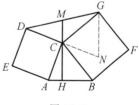

图 17.3

由 $\angle CDN+\angle DCG=180°,\angle ACB+\angle DCG=180°$，可知 $\angle CDN=\angle ACB$.

由 $\angle DCN=90°-\angle ACH=\angle CAB,CD=CA$，可知 $\triangle CDN\cong\triangle ACB$，有 $DN=CB=CG$.

显然 $\triangle DMN\cong\triangle GMC$，可知 $MD=MG$.

所以 $DM = MG$.

证明 5 如图 17.5,分别以 CA,CB 为邻边作平行四边形 $CANB$,连 CN 交 AB 于 P.

由 $\angle DCG + \angle ACB = 180°$,$\angle NBC + \angle ACB = 180°$,可知 $\angle DCG = \angle NBC$.

显然 $CB = CG$,$BN = CA = CD$,可知 $\triangle DCG \cong \triangle NBC$,有 $CN = GD$,$\angle BCN = \angle CGD$.

由 $\angle PBC + \angle BCH = 90°$,$\angle MCG + \angle BCH = 90°$,可知 $\angle PBC = \angle MCG$.

显然 $CB = CG$,可知 $\triangle PBC \cong \triangle MCG$,有 $CP = GM$.

由 P 为 CN 的中点,可知 M 为 DG 的中点.

所以 $DM = MG$.

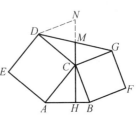

图 17.4

证明 6 如图 17.6,分别过 D,G 作 MH 的垂线,P,Q 为垂足.

由 $\angle PCD + \angle ACH = 90°$,$\angle HAC + \angle ACH = 90°$,可知 $\angle PCD = \angle HAC$.

由 $CD = CA$,可知 $\text{Rt}\triangle PCD \cong \text{Rt}\triangle HAC$,有 $PD = CH$.

同理 $\text{Rt}\triangle QCG \cong \text{Rt}\triangle HBC$,可知 $QG = CH = PD$.

显然 $\text{Rt}\triangle PMD \cong \text{Rt}\triangle QMG$,可知 $DM = MG$.

所以 $DM = MG$.

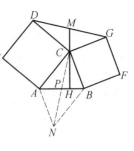

图 17.5

证明 7 如图 17.7,过 C 作 DG 的垂线,K 为垂足.

易知

$$S_{\triangle CMG} = \frac{1}{2}CM \cdot CG \sin \angle MCG = \frac{1}{2}CK \cdot MG$$

$$S_{\triangle CMD} = \frac{1}{2}CM \cdot CD \sin \angle MCD = \frac{1}{2}DM \cdot CK$$

由

$$CG \sin \angle MCG = CB \sin \angle CBA = CH$$

$$CD \sin \angle MCD = CA \sin \angle CAB = CH$$

可知

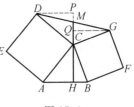

图 17.6

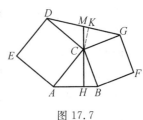

图 17.7

$$CG \sin \angle MCG = CD \sin \angle MCD$$

有 $S_{\triangle CMG} = S_{\triangle CMD}$，于是 $DM = MG$.

所以 $DM = MG$.

证明 8 如图 17.8，过 B 作 DG 的垂线交直线 AC 于 P，过 C 作 MH 的垂线交 PB 于 Q.

易证 $\triangle CQB \cong \triangle CMG$，$\triangle CPB \cong \triangle CDG$，可知 $QB = MG$，$PB = DG$.

显然 $CP = CD = CA$，$CQ \parallel AB$，可知 $PQ = QB$，于是 $DM = MG$.

所以 $DM = MG$.

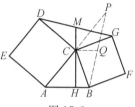

图 17.8

证明 9 如图 17.9，过 A 作 DG 的垂线交直线 BC 于 P，过 C 作 MH 的垂线交 PA 于 Q.

易证 $\triangle AQC \cong \triangle DMC$，$\triangle APC \cong \triangle DGC$，可知 $AQ = DM$，$AP = DG$.

显然 $CP = CG = CB$，$CQ \parallel AB$，可知 $PQ = QA$，于是 $DM = MG$.

所以 $DM = MG$.

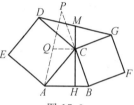

图 17.9

证明 10 如图 17.10，过 C 作 AB 的平行线，分别过 A，B 作 DG 的垂线得交点 Q，P.

显然 $\triangle CPB \cong \triangle CMG$，$\triangle AQC \cong \triangle DMC$，可知 $PB = MG$，$AQ = DM$.

显然四边形 $ABPQ$ 为平行四边形，可知 $AQ = PB$.

所以 $DM = MG$.

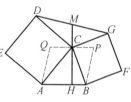

图 17.10

本文参考自：

1.《数学通讯》1983 年 9 期 32 页.

2.《中学数学研究》1982 年 10 期 19 页.

3.《中学数学研究》1982 年 12 期 32 页.

4.《数学教师》1985 年 5 期 7 页.

第 18 天

$\triangle ABC$ 中,$AB=AC$,$\angle A=108°$,BD 平分 $\angle ABC$ 交 AC 于 D. 求证:$BC=AB+CD$.

证明 1 如图 18.1,设 E 为 BC 上的一点,$BE=BA$,连 DE.

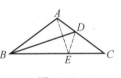

图 18.1

由 BD 平分 $\angle ABC$,可知 E 与 A 关于 BD 对称,有 $\angle DEB=\angle A=108°$,于是 $\angle DEC=72°$.

由 $AB=AC$,$\angle A=108°$,可知

$$\angle C=\angle ABC=\frac{1}{2}(180°-\angle A)=36°$$

在 $\triangle CDE$ 中,易知 $\angle EDC=72°=\angle DEC$,可知 $EC=DC$,有 $BC=BE+EC=AB+CD$.

所以 $BC=AB+CD$.

证明 2 如图 18.2,过 A 作 BD 的垂线交 BC 于 E,连 DE.(证明与前证明完全相同)

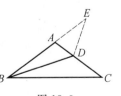

图 18.2

由 BD 平分 $\angle ABC$,可知 E 与 A 关于 BD 对称,有 $\angle DEB=\angle A=108°$,于是 $\angle DEC=72°$.

由 $AB=AC$,$\angle A=108°$,可知

$$\angle C=\angle ABC=\frac{1}{2}(180°-\angle A)=36°$$

在 $\triangle CDE$ 中,易知 $\angle EDC=72°=\angle DEC$,可知 $EC=DC$,有 $BC=BE+EC=AB+CD$.

所以 $BC=AB+CD$.

证明 3 如图 18.3,设 E 为 BA 延长线上的一点,$BE=BC$,连 DE.

由 $AB=AC$,$\angle BAC=108°$,可知 $\angle EAD=72°$,$\angle C=\angle ABC=36°$.

由 BD 平分 $\angle ABC$,可知 E 与 C 关于 BD 对称,有 $ED=CD$,$\angle E=\angle C=36°$.

在 $\triangle ADE$ 中,易知 $\angle EDA = 72° = \angle EAD$,可知 $EA = ED = CD$,有
$$AB + CD = AB + AE = BE = BC$$

所以 $BC = AB + CD$.

证明 4　如图 18.4,过 C 作 BD 的垂线交直线 BA 于 E,连 DE.(D 为内心)

由 $AB = AC$,$\angle BAC = 108°$,可知 $\angle EAD = 72°$,$\angle C = \angle ABC = 36°$.

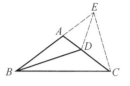

图 18.4

由 BD 平分 $\angle ABC$,可知 E 与 C 关于 BD 对称,有 $BE = BC$,$ED = CD$,$\angle AED = \angle ACB = 36°$.

在 $\triangle ADE$ 中,易知 $\angle EDA = 72° = \angle EAD$,可知 $EA = ED = CD$,有
$$AB + CD = AB + AE = BE = BC$$

所以 $BC = AB + CD$.

证明 5　如图 18.5,设 E 为 CA 延长线上的一点,$EC = BC$,连 BE.

由 $AB = AC$,$\angle BAC = 108°$,可知 $\angle C = \angle ABC = 36°$,有 $\angle E = \angle CBE = 72° = \angle EAB$,于是
$$BE = BA = AC$$

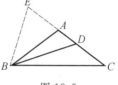

图 18.5

由 BD 平分 $\angle ABC$,可知 $\angle ABD = 18°$,有 $\angle EDB = 54° = \angle EBD$,于是 $ED = EB = AC$,得 $EA = CD$.

显然 $BC = EC = EA + AC = AB + CD$.

所以 $BC = AB + CD$.

证明 6　如图 18.6,过 A 作 BC 的平行线交直线 BD 于 F,过 F 作 AB 的平行线交 BC 于 E,连 DE.

由 BD 平分 $\angle ABC$,可知四边形 $ABEF$ 为菱形,有 $BE = AB$.

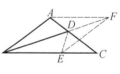

图 18.6

显然 E 与 A 关于 BD 对称,可知 $\angle DEB = \angle BAC = 108°$,于是 $\angle DEC = 72°$.

由 $AB = AC$,$\angle BAC = 108°$,可知 $\angle C = \angle ABC = \frac{1}{2}(180° - \angle A) = 36°$.

在 $\triangle CDE$ 中,易知 $\angle EDC = 72° = \angle DEC$,可知 $EC = DC$,有 $BC = BE + EC = AB + CD$.

所以 $BC = AB + CD$.

证明 7　如图 18.5,设 E 为 CA 延长线上的一点,$EC = BC$,连 BE.

由 $AB = AC$,$\angle BAC = 108°$,可知 $\angle C = \angle ABC = 36°$,有 $\angle E = \angle CBE =$

$72° = \angle EAB$,于是 $BE = BA = AC$,BA 平分 $\angle EBC$.

显然 $\dfrac{AB}{BC} = \dfrac{BE}{BC} = \dfrac{EA}{AC} = \dfrac{EA}{AB}$.

由 BD 平分 $\angle ABC$,可知 $\dfrac{DC}{BC} = \dfrac{AD}{AB}$,有

$$\frac{AB}{BC} + \frac{DC}{BC} = \frac{AE}{AB} + \frac{AD}{AB} = \frac{AE + AD}{AB} = \frac{DE}{AB} = \frac{AB}{AB} = 1$$

于是 $\dfrac{AB}{BC} + \dfrac{DC}{BC} = 1$.

所以 $BC = AB + CD$.

证明 8 如图 18.7,设 E 为 CA 延长线上的一点,$EC = BC$,过 E 作 AB 的平行线交直线 BC 于 F,连 AF,BE.

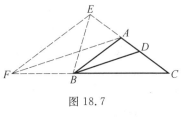

图 18.7

由 $AB = AC$,$\angle BAC = 108°$,可知 $\angle C = \angle ABC = 36°$,有 $\angle BEC = \angle EBC = 72° = \angle EAB$,于是 $BE = BA = AC$.

由 $AB = AC$,可知 $EF = EC$,有 $EF = BC$.

显然 $\angle EFC = \angle ABC = 36°$,$\angle FEC = \angle BAC = 108°$,可知 $\angle BEF = 36° = \angle EFC$,有 $BF = BE$,于是 $BF = BA$,得 $\angle BFA = \angle BAF = \dfrac{1}{2}\angle ABC$.

由 BD 平分 $\angle ABC$,可知 $FA \parallel BD$,且 FA 平分 $\angle EFC$.

易知 $\dfrac{EA}{AC} = \dfrac{FE}{FC} = \dfrac{BC}{FC} = \dfrac{DC}{AC}$,可知 $EA = DC$,有

$AB + CD = AC + EA = EC = BC$.

所以 $BC = AB + CD$.

证明 9 如图 18.8,作 $\triangle ABC$ 的外接圆,设 F,G 为优弧 BC 的两个三等分点,连 AF,AG,E 为 AG 与 BC 的交点,连 DE,BF,CG.

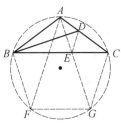

图 18.8

由 $AB = AC$,$\angle BAC = 108°$,可知五边形 $ABFGC$ 为正五边形,四边形 $ABFG$ 为等腰梯形,四边形 $BFGE$ 为平行四边形,A 与 E 关于 BD 对称.

易知 $EC = DC$,$BE = FG = AB$,可知 $BC = BE + EC = AB + CD$.

所以 $BC = AB + CD$.

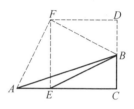

如图 19.1,$\triangle ABC$ 中,$\angle C = 90°$,$BC = \dfrac{1}{3}AC$. 点 E 在 AC 上,且 $EC = 2AE$.

求证:$\angle CBA + \angle CBE = 135°$.

证明 1 如图 19.1,以 EC 为一边在 $\triangle ABC$ 内侧一方作正方形 $ECDF$,连 FA,FB.

显然点 B 在 DC 上,B 为 DC 的中点.

显然 $Rt\triangle FAE \cong Rt\triangle EBC \cong Rt\triangle FBD$,可知 $\angle AFE = \angle BFD$.

由 $\angle DFE = 90°$,可知 $\angle AFB = 90°$.

显然 $FA = FB$,可知 $\angle FBA = \angle FAB = 45°$.

显然 $\angle CBE = \angle DBF$,可知 $\angle CBA + \angle CBE = \angle CBA + \angle DBF = 180° - \angle FBA = 135°$.

所以 $\angle CBA + \angle CBE = 135°$.

证明 2 如图 19.2,设 D 为 AC 延长线上一点,$BD = BE$,过 D 作 AB 的垂线,F 为垂足,连 BD.

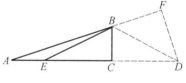

图 19.2

显然

$$Rt\triangle BCD \cong Rt\triangle BCE$$

$$Rt\triangle BCA \backsim Rt\triangle DFA$$

设 $BC = 1$,可知 $EC = 2$,$AC = 3$,$AD = 5$.

由勾股定理,可知 $BD = BE = \sqrt{5}$,$AB = \sqrt{10}$.

易知 $\dfrac{AF}{AC} = \dfrac{AD}{AB}$,可知 $AF = \dfrac{3\sqrt{10}}{2}$,有 $FD = \dfrac{\sqrt{10}}{2} = \dfrac{\sqrt{2} \times \sqrt{5}}{2} = \dfrac{\sqrt{2}}{2}BD$,于是 $\angle FBD = \angle FDB = 45°$,得 $\angle ABD = 135°$.

所以 $\angle CBA + \angle CBE = 135°$.

证明 3 如图 19.3,连 DB.

设 $BC = 1$,可知 $DC = 1$,$EC = 2$,$AC = 3$,有 $AD = 2$,$ED = 1$.

由勾股定理,可知 $DB = \sqrt{2}$.

显然 $\dfrac{BD}{AD} = \dfrac{\sqrt{2}}{2} = \dfrac{1}{\sqrt{2}} = \dfrac{ED}{BD}$,可知 $\triangle ABD \backsim \triangle BED$,

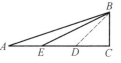

图 19.3

有 $\angle ABD = \angle BED$,$\angle A = \angle DBE$,于是

$$\angle CBA + \angle CBE$$
$$= (90° - \angle A) + (90° - \angle BED)$$
$$= 180° - (\angle DBE + \angle BED)$$
$$= 180° - \angle BDC = 135°$$

所以 $\angle CBA + \angle CBE = 135°$.

证明 4　如图 19.4,设 G 为 B 关于 AC 的对称点,D 为 EC 的中点,分别过 A,E,D 作 AC 的垂线,又分别过 B,G 作 AC 的平行线得 6 个全等的正方形,连 FA,FB.

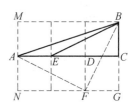

图 19.4

显然 $\text{Rt}\triangle BFG \cong \text{Rt}\triangle EBC \cong \text{Rt}\triangle FAN$,$\triangle AFB$ 为等腰直角三角形,可知 $\angle FAB = 45°$,有

$$\angle CBA + \angle CBE$$
$$= \angle MAB + \angle NAF$$
$$= 180° - \angle FAB$$
$$= 135°$$

所以 $\angle CBA + \angle CBE = 135°$.

第 20 天

$\triangle ABC$ 中,$\angle ABC = \angle ACB = 40°$,$P$ 为形内一点,$\angle PBC = 10°$,$\angle PCB = 20°$.

求 $\angle PAB$ 的度数.

解1 如图 20.1,设 CP 交 AB 于 E,过 E 作 BP 的垂线交 BC 于 D,连 DP.

由 $\angle ABC = \angle ACB = 40°$,可知 $\angle BAC = 100°$.

由 $\angle PBC = 10°$,$\angle PCB = 20°$,可知 $\angle EPB = 30° = \angle EBP$,有 ED 为 BP 的中垂线.

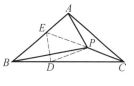

图 20.1

易知 $\angle AEC = 60°$,可知 $\angle DEP = \angle DEB = 60° = \angle AEC$,有 $\angle DPB = \angle DBP = 10°$,于是 $\angle PDE = \angle BDE = 80°$.

由 EC 平分 $\angle AED$,EC 平分 $\angle ACD$,可知 A 与 D 关于 PC 对称.

所以 $\angle PAB = \angle PDE = 80°$.

解2 如图 20.2,在 CA 的延长线上取一点 D,使 $DC = BC$,连 DB,DP.

由 PC 平分 $\angle ACB$,可知 PC 为 DB 的中垂线,有 $PD = PB$.

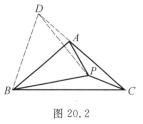

图 20.2

由 $\angle PBC = 10°$,$\angle PCB = 20°$,可知 $\angle PDC = 10°$,$\angle PCD = 20°$,进而 $\angle BPD = 60°$,于是 $\triangle DBP$ 为正三角形.

由 $\angle PBA = 30°$,可知 BA 为 DP 的中垂线,有 $\angle PAB = \angle DAB = 80°$.

所以 $\angle PAB = 80°$.

解3 如图 20.3,以 BP 为一边在 $\triangle CBP$ 外作正 $\triangle DBP$,连 DA,DC.

由 $\angle PBC = 10°$,$\angle PCB = 20°$,可知 PC 为 DB 的中垂线,有 $\angle PCD = \angle PCB = 20° = \angle PCA$,于是 D,A,C 三点共线.

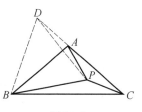

图 20.3

由 $\angle PBA = 30°$,可知 BA 为 DP 的中垂线,有 $\angle PAB = \angle DAB = 80°$.

所以 $\angle PAB = 80°$.

解 4 如图 20.4,设 $\angle ABC$ 的平分线交 AC 于 D,在 BD 的延长线上取一点 E,使 $DE = DP$,连 EA, EC.

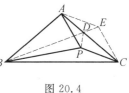

图 20.4

显然 BP 平分 $\angle DBC$,CP 平分 $\angle ACB$,可知 P 为 $\triangle DBC$ 的内心,有 $\angle PDB = \angle PDC = 60°$,于是 $\angle EDC = 60° = \angle PDC$.

易知 E 与 P 关于 AC 对称,可知 $\angle PAC = \angle EAC$.

由 $\angle BEC = 100° = \angle BAC$,可知 A,B,C,E 四点共圆,有 $\angle EAC = \angle EBC = 20°$. 于是 $\angle PAC = 20°$.

所以 $\angle PAB = 80°$.

解 5 如图 20.5,设 $\angle ABC$ 的平分线交 AC 于 E,交 $\triangle ABC$ 的外接圆于 D,连 DA,DC,EP.

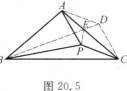

图 20.5

显然 P 为 $\triangle EBC$ 的内心,可知 $\angle PEC = \angle PEB = 60°$,有 $\angle DEC = 180° - \angle PEC - \angle PEB = 60° = \angle PEC$,即 AC 平分 $\angle PED$.

由 $\angle DCA = \angle DBA = \dfrac{1}{2}\angle ABC = 20° = \angle PCA$,即 AC 平分 $\angle PCD$,可知 P 与 D 关于 AC 对称,有 $\angle PAC = \angle DAC = \angle DBC = 20°$.

所以 $\angle PAB = \angle BAC - \angle PAC = 80°$.

解 6 如图 20.6,设 $\angle ABC$ 的平分线交 AC 于 D,$\triangle PCD$ 的外接圆交 BC 于 E,连 DP,DE,EP, EA.

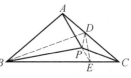

图 20.6

显然 P 为 $\triangle DBC$ 的内心,可知 $\angle PDB = \angle PDC = \dfrac{1}{2}\angle BDC = 60°$,$\angle PEB = \angle PDC = 60° = \angle PDB$.

由 BP 平分 $\angle DBC$,可知 D 与 E 关于 BP 对称,有 $\angle DEB = \angle EDB = 80°$,于是 $\angle DEB + \angle DAB = 180°$,得 A,B,E,D 四点共圆,进而 $\angle DEA = \angle DBA = 20°$.

由 P,E,C,D 四点共圆,可知 $\angle DEP = \angle DCP = 20° = \angle DEA$,有 E,P, A 三点共线,于是 $\angle PAB = \angle EAB = \angle EDB = 80°$.

所以 $\angle PAB = 80°$.

解 7 如图 20.7,设 D 为 C 关于 BP 的对称点,直线 CD 与 BA 相交于 F,E 为 BD 与 AC 的交点,连 FE,EP,PD.

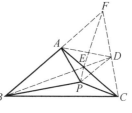

图 20.7

显然 $BD=BC$,可知 $\angle FCB=\angle BDC=80°$,有 $\angle BFC=60°$.

显然 E 为 $\triangle FBC$ 的内心,可知 $\angle EFC=\angle EFB=30°$.

显然 P 为 $\triangle EBC$ 的内心,可知 $\angle PEB=\angle PEC=\dfrac{1}{2}\angle BEC=60°$,有 $\angle AEB=60°=\angle BFC$,于是 F,A,E,D 四点共圆,得 $\angle EAD=\angle EFD$,$\angle EDA=\angle EFA$,进而 $\angle EAD=\angle EDA$.

显然 $EA=ED$,$\angle AEP=120°=\angle DEP$,可知 D 与 A 关于 EP 对称,有 $\angle PAC=\angle PDE=20°$.

所以 $\angle PAB=80°$.

解 8 如图 20.1,在 BC 上取一点 D,使 $DC=AC$,设 CP 交 AB 于 E,连 ED.

(以下略)

本文参考自:

《福建中学数学》1983 年 4 期 18 页.

第 21 天

在 $\triangle ABC$ 中，$\angle ABC = \angle ACB = 50°$，$P$ 为形内一点，$\angle PBA = \angle PAB = 10°$，求 $\angle PCB$ 的度数.

解 1 如图 21.1，以 AB 为一边在 $\triangle ABC$ 外作正 $\triangle ADB$，连 DP.

由 $\angle PBA = \angle PAB = 10°$，可知 DP 为 AB 的中垂线，有 $\angle PDA = 30°$.

由 $\angle ABC = \angle ACB = 50°$，可知 $AC = AB = AD$.

显然 $\angle PAC = 70° = \angle PAD$，可知 C 与 D 关于 AP 对称，于是 $\angle PCA = \angle PDA = 30°$.

所以 $\angle PCB = 20°$.

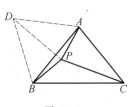

图 21.1

解 2 如图 21.2，以 AB 为一边在 $\triangle ABC$ 内作正 $\triangle ADB$，连 DP，DC.

由 $\angle PBA = \angle PAB = 10°$，可知 DP 为 AB 的中垂线，有 $\angle PDA = 30°$.

由 $\angle ABC = \angle ACB = 50°$，可知 $AC = AB = AD$，$\angle DAC = 20°$，进而 $\angle DCA = 80°$.

易知 $\angle DPA = 100°$，有 $\angle DPA + \angle DCA = 180°$，于是 A, P, D, C 四点共圆，得 $\angle PCA = \angle PDA = 30°$.

所以 $\angle PCB = 20°$.

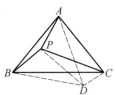

图 21.2

解 3 如图 21.3，以 AC 为一边在 $\triangle ABC$ 内作正 $\triangle ADC$，连 DP，DB.

由 $\angle ABC = \angle ACB = 50°$，可知 $AB = AC = AD$，$\angle DAB = 20°$，进而 $\angle BDA = 80°$.

由 $\angle PBA = \angle PAB = 10°$，可知 $PA = PB$，$\angle BPA = 160° = 2\angle BDA$，于是 P 为 $\triangle DAB$ 的外心，有 $PD = PA$.

显然 PC 为 AD 的中垂线，有 $\angle PCA = 30°$.

所以 $\angle PCB = 20°$.

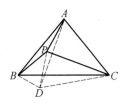

图 21.3

解 4 如图 21.4,以 BC 为一底,以 PB 为一腰作等腰梯形 $BCDP$,连 DA.

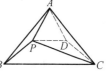

图 21.4

显然 $\triangle DAC \cong \triangle PAB$,$\angle PAD = 60°$,进而 $DC = PB$,$\triangle PDA$ 为正三角形.

由 $\angle PBA = \angle PAB = 10°$,可知 $PA = PB$,于是 $DC = DA = DP$,即 D 为 $\triangle PCA$ 的外心,有

$$\angle PCA = \frac{1}{2}\angle PDA = 30°$$

所以 $\angle PCB = 20°$.

解 5 如图 21.5,以 AP 为一边在 $\triangle APC$ 内作正 $\triangle ADP$,连 DC,DB.

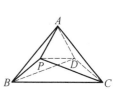

图 21.5

显然 $\triangle DAC \cong \triangle PAB$,四边形 $BCDP$ 为等腰梯形,有 $\angle PCB = \angle DBC$.

由 $\angle PBA = \angle PAB = 10°$,可知 $PB = PA = PD$,于是 P 为 $\triangle ABD$ 的外心,有 $\angle DBA = \frac{1}{2}\angle DPA = 30°$,进而 $\angle DBC = 20°$.

所以 $\angle PCB = 20°$.

解 6 如图 21.6,在 AC 上取一点 E,使 $BE = BA$,在 BC 上取一点 D,使 $PD = PB$,连 PE,DE.

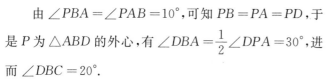

图 21.6

显然 BP 为 AE 的中垂线,可知 $PE = PA$.

由 $\angle PBA = \angle PAB = 10°$,可知 $PB = PA = PE$,有 P 为 $\triangle ABE$ 的外心,于是 $\angle EPA = 2\angle EBA = 40°$.

由 $\angle PDB = \angle PBD = 40°$,可知 $\angle BPD = 100°$.

由 $\angle EPD = 360° - \angle DPB - \angle BPA - \angle EPA = 60°$,$PD = PB = PA = PE$,可知 $\triangle PDE$ 为正三角形. 于是 $\angle PED = 60°$,进而 $\angle DEC = 50° = \angle DCE$,得 $DC = DE = DP$.

显然 D 为 $\triangle PCE$ 的外心,有

$$\angle PCE = \frac{1}{2}\angle PDE = 30°$$

所以 $\angle PCB = 20°$.

解 7 如图 21.7,以 P 为圆心,以 PA 为半径作圆,分别交 BC,AC 于 D,E 两点,连 EB,ED,EP,DP.

显然点 B 就在圆上.

由 $\angle ABC = \angle ACB = 50°$,可知 $\angle BAC = 80°$,有 $\angle EDC = \angle BAE = 80°$.

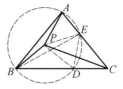

图 21.7

显然 $\angle DEC = \angle ABC = 50° = \angle DCE$，可知 $DC = DE$.

由 $\angle ABC = 50°$，$\angle PBA = 10°$，可知 $\angle PBC = 40°$.

由 $\angle PDB = \angle PBD = 40°$，可知 $\angle PDE = 60°$.

由 $PD = PE$，可知 $\triangle PDE$ 为正三角形，有 $DP = DE = DC$，于是 D 为 $\triangle PCE$ 的外心，得 $\angle PCE = \dfrac{1}{2}\angle PDE = 30°$.

所以 $\angle PCB = 20°$.

本文参考自：

《数学教学》1997 年 5 期 16 页，6 期 39 页.

第 22 天

在 $\triangle ABC$ 中,$AB=AC$,$\angle BAC=90°$,M 为 AC 的中点,过 A 作 BM 的垂线交 BC 于 D,E 为垂足. 求证:$\angle ADB=\angle MDC$.

证明 1 如图 22.1,过 C 作 AB 的平行线交直线 AD 于 N.

由 $\angle BAC=90°$,$AN\perp BM$,可知 $\angle ABM=\angle CAN$.

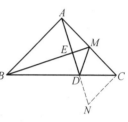

图 22.1

由 $AB=AC$,可知 $Rt\triangle ABM\cong Rt\triangle CAN$,有 $\angle AMB=\angle CNA$,$NC=AM$.

由 M 为 AC 的中点,可知 $MC=AM=NC$.

由 $AB=AC$,$\angle BAC=90°$,可知 $\angle ACB=\angle ABC=45°$,有 $\angle NCD=45°=\angle MCD$,于是 N 与 M 关于 BC 对称,得 $\angle NDC=\angle MDC$.

所以 $\angle ADB=\angle MDC$.

证明 2 如图 22.2,过 A 作 MD 的平行线交 BC 于 G,过 C 作 AB 的平行线交直线 AD 于 F.

由 M 为 AC 的中点,可知 D 为 GC 的中点.

易证 $Rt\triangle ABM\cong Rt\triangle CAF$,可知 $FC=MA=\frac{1}{2}AB$.

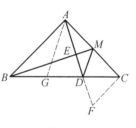

图 22.2

显然 $\dfrac{DC}{BD}=\dfrac{FC}{AB}=\dfrac{1}{2}$,可知 $BD=2DC=2GD$,有 $BG=DC$,于是 A 为 GD 中垂线上一点,得

$$\angle ADB=\angle AGD=\angle MDC$$

所以 $\angle ADB=\angle MDC$.

证明 3 如图 22.3,过 A 作 BC 的垂线交 BM 于 F,O 为垂足.

由 $\angle BAC=90°$,$AD\perp BM$,可知 $\angle ABF=\angle CAD$.

由 $AB=AC$,$\angle BAC=90°$,可知 $\angle ABC=\angle C=45°$.

显然 $\angle CAO=45°=\angle ABC$,可知 $\angle FBO=\angle DAO$,有 $Rt\triangle FBO\cong Rt\triangle DAO$,于是 $OF=OD$,进而 $AF=CD$.

由 M 为 AC 的中点，$\angle FAM = 45° = \angle C$，可知 $\triangle AMF \cong \triangle CMD$，有 $\angle MFA = \angle MDC$.

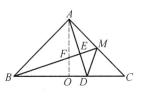

图 22.3

由 $AD \perp BM$，$AO \perp BC$，可知 $\angle ADB = \angle MFA$.

所以 $\angle ADB = \angle MDC$.

证明 4 如图 22.4，过 C 作 BM 的垂线，N 为垂足.

由 $\angle BAC = 90°$，$AE \perp BM$，可知

$$\text{Rt} \triangle ABE \backsim \text{Rt} \triangle MAE \backsim \text{Rt} \triangle MBA$$

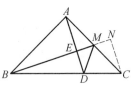

图 22.4

由 $AB = AC$，M 为 AC 的中点，可知 $AB = 2AM$，有 $BE = 2AE = 4EM$.

显然 $CN \parallel AD$，由 M 为 AC 的中点，可知 M 为 EN 的中点，有 $BE = 2EN$，于是 $BD = 2DC$.

由 $AB = 2MC$，$\angle ABC = \angle ACB = 45°$，可知 $\triangle ABD \backsim \triangle MCD$.

所以 $\angle ADB = \angle MDC$.

第 23 天

已知:△ABC 中,AB=AC,D 是 AB 上任意一点,E 是 AC 延长线上一点,且 BD=CE,连 DE 交 BC 于 F. 求证:FD=FE.

证明 1 如图 23.1,过 D 作 BC 的平行线交 AC 于 G.

由 AB=AC,可知 ∠ACB=∠ABC,可知四边形 BCGD 为等腰梯形,有 GC=DB.

由 DB=EC,可知 C 为 GE 的中点.

由 DG // BC,可知 F 为 DE 的中点.

所以 FD=FE.

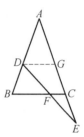

图 23.1

证明 2 如图 23.2,过 D 作 AC 的平行线交 BC 于 G.

显然 $\dfrac{DB}{AB}=\dfrac{DG}{AC}$.

由 AB=AC,可知 DB=DG.

由 BD=CE,可知 DG=EC.

显然 △DGF≌△ECF,可知 FD=FE.

所以 FD=FE.

证明 3 如图 23.3,过 E 作 AB 的平行线交直线 BC 于 G.

显然 $\dfrac{GE}{AB}=\dfrac{EC}{AC}$.

由 AB=AC,可知 EG=EC.

由 DB=EC,可知 EG=DB.

显然 △DBF≌△EGF,可知 FD=FE.

所以 FD=FE.

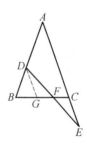

图 23.2

证明 4 如图 23.4,过 E 作 BC 的平行线交直线 AB 于 G.

由 AB=AC,可知 ∠ACB=∠ABC,有四边形 BCEG 为等腰梯形,于是 BG=EC.

由 DB=EC,可知 B 为 DG 的中点.

由 GE // BC,可知 F 为 DE 的中点.

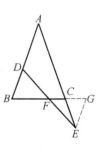

图 23.3

所以 $FD = FE$.

证明 5　如图 23.5,分别过 D,E 作 BC 的垂线,G,H 为垂足.

由 $AB = AC$,可知 $\angle ABC = \angle ACB = \angle ECH$,有 $\text{Rt}\triangle DBG \cong \text{Rt}\triangle ECH$,于是 $DG = EH$.

显然 $\text{Rt}\triangle DGF \cong \text{Rt}\triangle EHF$,可知 $FD = FE$.

所以 $FD = FE$.

证明 6　如图 23.6,过 D 作 AC 的平行线交 BC 于 G.

由 $AB = AC$,可知 $DB = DG$.

由 $BD = CE$,可知 $DG = EC$.

由 $DG \parallel CE$,可知四边形 $DGEC$ 为平行四边形.

所以 $FD = FE$.

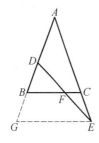
图 23.4

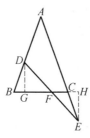
图 23.5

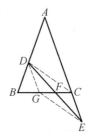
图 23.6

证明 7　如图 23.7,过 F 作 AB 的平行线交 AC 于 G.

设 $AB = a,BD = m,GC = n$,可知 $AC = a,CE = m$,$GF = n$.

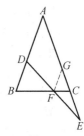
图 23.7

易知 $\dfrac{EG}{EA} = \dfrac{GF}{AD}$,可知 $\dfrac{m+n}{m+a} = \dfrac{n}{a-m}$,有 $n = \dfrac{1}{2}(a-m) = \dfrac{1}{2}AD$,于是 $GF = \dfrac{1}{2}AD$.

显然 GF 为 $\triangle EAD$ 的中位线.

所以 $FD = FE$.

证明 8　如图 23.8,直线 DFE 截 $\triangle CAB$,依梅涅劳斯定理,可知 $\dfrac{AB}{BD} \cdot \dfrac{DF}{FE} \cdot \dfrac{EC}{CA} = 1$,代入 $AB = AC,DB = EC$,就得 $DF = FE$.

所以 $FD = FE$.

证明 9　如图 23.9,以 BD,BC 为邻边作平行四边形 $BCGD$,连 FG.

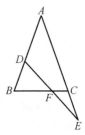
图 23.8

显然 $\angle GCB + \angle DBC = 180°$, $\angle ECB + \angle ACB = 180°$.

由 $AB = AC$, 可知 $\angle ACB = \angle ABC$, 有 $\angle GCB = \angle ECB$.

由 $GC = DB$, $DB = EC$, 可知 $GC = EC$, 有 $\triangle GCF \cong \triangle ECF$, 于是 $\angle GFC = \angle EFC = \angle DFB$, 得 $\angle FGD = \angle FDG$, 进而 $FD = FG$.

显然 $FG = FE$, 可知 $FD = FE$.

所以 $FD = FE$.

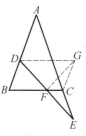

图 23.9

证明 10 如图 23.10,以 DB,DF 为邻边作平行四边形 $DBGF$,连 GE.

显然 $FG = DB = EC$, $\angle ECF + \angle ACB = 180°$, $\angle GFC + \angle GFB = 180°$.

由 $AB = AC$, 可知 $\angle ACB = \angle ABC = \angle GFB$, 有 $\angle ECF = \angle GFC$, 于是四边形 $FGEC$ 为等腰梯形, 得 $GE /\!/ BC$.

易知 $\triangle DBF \cong \triangle FGE$, 可知 $FD = FE$.

所以 $FD = FE$.

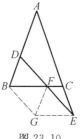

图 23.10

证明 11 如图 23.11,过 E 作 AB 的平行线交直线 BC 于 G,连 DG,BE.

显然 $\angle EGB = \angle ABC$.

由 $AB = AC$, 可知 $\angle ACB = \angle ABC$, 有 $\angle ECG = \angle ABC$, 于是 $\angle ECG = \angle EGC$, 得 $EG = EC$.

由 $DB = EC$, 可知 $EG = BD$, 有四边形 $BEGD$ 为平行四边形, 于是 $FD = FE$.

所以 $FD = FE$.

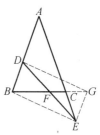

图 23.11

证明 12 如图 23.12,分别作 $\triangle DBF$ 与 $\triangle CEF$ 的外接圆得另一交点 G,连 GB,GC,GD,GE,GF.

显然 $\angle BGD = \angle BFD = \angle CFE = \angle CGE$, $\angle GDB = \angle GFB = \angle GEC$.

由 $DB = EC$, 可知 $\triangle GDB \cong \triangle GEC$, 有 $GD = GE$, 于是 $\triangle GDE$ 为等腰三角形.

由 $AB = AC$, 可知 $\angle ACB = \angle ABC$, 有 $\angle DGF = \angle ABC = \angle ACB = \angle EGF$, 于是 GF 是 $\angle DGE$ 的平分线, 得 GF 是等腰三角形 GDE 的底边 DE 上的中线.

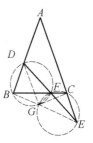

图 23.12

所以 $FD = FE$.

证明 13 如图 23.13,过 C 作 DE 的平行线交 AB 于 G,过 G 作 BC 的平行线交 AC 于 H.

显然 $\dfrac{AG}{AB} = \dfrac{AH}{AC}$.

由 $AB = AC$,可知 $AG = AH$,有 $GB = HC$.

易知 $\triangle GCH \backsim \triangle FEC$,可知 $\dfrac{EC}{CH} = \dfrac{FE}{CG}$.

易知 $\dfrac{FD}{CG} = \dfrac{BD}{BG} = \dfrac{EC}{CH} = \dfrac{FE}{CG}$,可知 $FD = FE$.

所以 $FD = FE$.

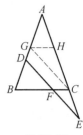

图 23.13

证明 14 如图 23.14,以 EF,EC 为邻边作平行四边形 $ECGF$,连 DG.

显然 $GF = EC = DB$.

由 $AB = AC$,可知 $\angle ACB = \angle ABC$,有 $\angle GFB = \angle DBF$,于是四边形 $BFGD$ 为等腰梯形,得 $DG \parallel BC$.

易知 $\triangle DFG \cong \triangle FEC$,可知 $FD = FE$.

所以 $FD = FE$.

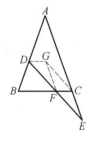

图 23.14

证明 15 如图 23.15,以 CB,CE 为邻边作平行四边形 $BCEG$,连 DG 交 BC 于 H.

显然 $BG = CE = DB$.

由 $AB = AC$,可知 $\angle ACB = \angle ABC$,有 $\angle GBC = \angle ACB = \angle ABC$,于是 BH 为等腰三角形 BDG 的底边 DG 上的的中线,即 H 为 DG 的中点.

由 $BC \parallel GE$,可知 F 为 DE 的中点.

所以 $FD = FE$.

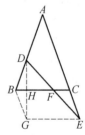

图 23.15

证明 16 如图 23.16,设 H 为 BC 的中点,过 B 作 AC 的平行线交直线 EH 于 G,连 GD.

显然 H 为 EG 的中点,可知 $\triangle BHG \cong \triangle CHE$,有 $GB = CE = DB$.

由 $AB = AC$,$\angle DBG = \angle A$,可知 $\angle GDB = \angle ABC$,有 $GD \parallel BC$.

显然 HF 为 $\triangle EDG$ 的中位线,可知 F 为 DE 的中点.

所以 $FD = FE$.

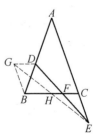

图 23.16

证明 17 如图 23.17,连 DC,以 DC,DB 为邻边作平行四边形 $BGCD$,连 GD,GE.

显然 $CG=DB=CE$.

易知 $\angle GCE=\angle A$.

由 $AB=AC$,可知 $\triangle CGE \backsim \triangle ABC$,有 $\angle CEG=\angle ACB$,于是 $GE \parallel BC$.

显然 H 为 DG 的中点,可知 F 为 DE 的中点.

所以 $FD=FE$.

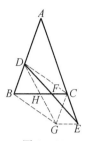

图 23.17

证明 18 如图 23.18,以 CE,CB 为邻边作平行四边形 $BCEG$,连 GF.

显然 $BG=CE=DB$.

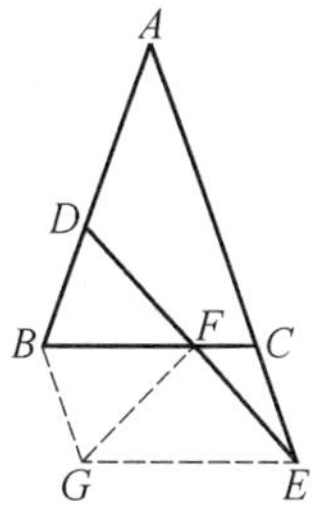

由 $AB=AC$,可知 $\angle ACB=\angle ABC$,有 $\angle GBC=\angle ACB=\angle ABC$,于是 G 与 D 关于 BC 对称,得 $\angle BFG=\angle BFD=\angle CFE$.

显然 $\angle FGE=\angle FEG$,可知 $FE=FG=FD$.

所以 $FD=FE$.

证明 19 如图 23.19,以 BC,BD 为邻边作平行四边形 $BCGD$,直线 BC,EG 交于 H,连 GC,GF.

图 23.18

显然 $CG=DB=CE$.

由 $AB=AC$,可知 $\angle ACB=\angle ABC$.

由 $\angle ECH=\angle ACB$,$\angle GCH=\angle ABC$,可知 CH 平分 $\angle GCE$,有 CH 为等腰三角形 GCE 的底边 EG 上的中线,于是 F 为 DE 的中点.

所以 $FD=FE$.

证明 20 如图 23.20,连 BE,CD.

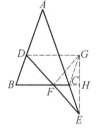

由 $AB=AC$,$DB=EC$,可知点 D,E 到 BC 的距离相等.

图 23.19

记四个三角形的面积分别为 S_1,S_2,S_3,S_4,可知 $\dfrac{FD}{FE}=\dfrac{S_{\triangle DBC}}{S_{\triangle EBC}}=\dfrac{DB}{CE}=1$,有

$FD=FE$.

所以 $FD=FE$.

证明 21 如图 23.21.

由 $AB=AC$,可知 $\angle ACB=\angle ABC$.

显然

$$\sin \angle ECF = \sin \angle B, \sin \angle DFB = \sin \angle CFE$$

$$\frac{S_{\triangle FBD}}{S_{\triangle FCE}} = \frac{\frac{1}{2}DF \cdot BF \sin \angle DFB}{\frac{1}{2}FC \cdot FE \sin \angle CFE} = \frac{DF \cdot BF}{FC \cdot FE}$$

$$\frac{S_{\triangle FBD}}{S_{\triangle FCE}} = \frac{\frac{1}{2}DB \cdot FB \sin \angle B}{\frac{1}{2}FC \cdot CE \sin \angle FCE} = \frac{DB \cdot FB}{FC \cdot CE} = \frac{FB}{FC}$$

可知 $\dfrac{DF \cdot BF}{FC \cdot FE} = \dfrac{FB}{FC}$，有 $FD = FE$.

所以 $FD = FE$.

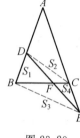

图 23.20   图 23.21

本文参考自：

《中学数学教学参考资料》1997 年 11 期 7 页.

第 24 天

在 $\triangle ABC$ 中，$AB = AC$，D 为 AB 上一点，E 为 AC 延长线上一点，$DB = CE$. 求证：$DE > BC$.

证明 1 如图 24.1，以 BC，BD 为邻边作平行四边形 $BCFD$，连 EF.

显然 $CF = BD = CE$.

由 $AB = AC$，可知 $\angle ACB = \angle ABC$，有

$$180° - \angle ACB = 180° - \angle ABC$$

于是 $\angle BCE = \angle BCF$，得 BC 为 EF 的中垂线.

由 $DF /\!/ BC$，可知 $DF \perp FE$.

在 $\text{Rt}\triangle DEF$ 中，显然 $DE > DF = BC$.

所以 $DE > BC$.

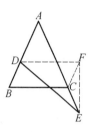

图 24.1

证明 2 如图 24.2，分别以 CB，CE 为邻边作平行四边形 $BCEF$，连 DF.

显然 $BF = CE = BD$.

由 $AB = AC$，可知 $\angle ACB = \angle ABC$，有

$$\angle FBC = \angle ACB = \angle ABC$$

于是 BC 为 DF 的中垂线.

由 $FE /\!/ BC$，可知 $FE \perp DF$.

在 $\text{Rt}\triangle DFE$ 中，显然 $DE > FE = BC$.

所以 $DE > BC$.

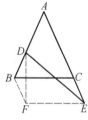

图 24.2

证明 3 如图 24.3，分别以 DB，DE 为邻边作平行四边形 $BFED$，连 CF.

显然 $EF = DB = CE$，可知

$$\angle EFC = \angle ECF = \frac{1}{2}(180° - \angle CEF) = \frac{1}{2}\angle A$$

由 $AB = AC$，可知 $\angle ACB = \angle ABC = \frac{1}{2}(180° - $

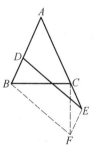

图 24.3

$\angle A) = 90° - \dfrac{1}{2}\angle A$，有

$$\angle BCF = 180° - \angle ACB - \angle ECF = 90°$$

在 Rt$\triangle BCF$ 中，当然 $DE = BF > BC$.

所以 $DE > BC$.

证明 4   如图 24.4，分别以 EC，ED 为邻边作平行四边形 $CFDE$，连 BF.

显然 $DF = CE = BD$，可知

$$\angle DBF = \angle DFB = \frac{1}{2}\angle FDA = \frac{1}{2}\angle A$$

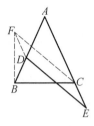

图 24.4

由 $AB = AC$，可知 $\angle ABC = \angle ACB = \dfrac{1}{2}(180° -$

$\angle A) = 90° - \dfrac{1}{2}\angle A$，有 $\angle FBC = 90°$.

在 Rt$\triangle FBC$ 中，当然有 $FC > BC$.

所以 $DE > BC$.

证明 5   如图 24.5，设 P 为 CB 延长线上一点，$PB = FC$，连 PD.

由 $AB = AC$，可知 $\angle ACB = \angle ABC$，有 $\angle FCE = \angle PBD$.

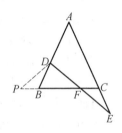

图 24.5

由 $CE = PD$，可知 $\triangle FCE \cong \triangle PBD$，有 $PD = FE$，$PB = FC$，于是 $PF = BC$.

在 $\triangle DPF$ 中，可知 $DE = PD + DF > PF = BC$.

证明 6   如图 24.6，连 BE.

显然 $\angle CEB < \angle ACB = \angle ABC < \angle ABE$.

在 $\triangle DEB$ 与 $\triangle BEC$ 中，由 $\angle CEB < \angle ABE$，$BE = BE$，$BD = CE$，可知 $DE > BC$.

所以 $DE > BC$.

证明 7   如图 24.7，连 DC.

显然 $\angle DCE > \angle BCE = \angle ABC$ 的外角 $= \angle BDC + \angle BCD > \angle BDC$.

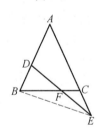

图 24.6

在 $\triangle DBC$ 与 $\triangle DEC$ 中，由 $\angle DCE > \angle BDC$，DC 为公用，$BD = CE$，可知 $DE > BC$.

所以 $DE > BC$.

证明 8   如图 24.8，设 H 为 DE 与 BC 的交点，分别过 D，E 作 BC 的垂线，

F,G 为垂足.

由 $AB=AC$,可知 $\angle ACB=\angle ABC$.

在 Rt$\triangle DBF$ 与 Rt$\triangle ECG$ 中,由 $BD=CE$,可知 Rt$\triangle DBF\cong$ Rt$\triangle ECG$,有 $BF=CG$,于是 $FG=BC$.

在 Rt$\triangle DFH$ 中,显然 $DH>FH$.

在 Rt$\triangle EGH$ 中,显然 $HE>HG$,可知
$$DE>DH+HE=FG=BC$$
所以 $DE>BC$.

证明 9　如图 24.9,过 A 作 BC 的垂线,H 为垂足,过 D 作 BC 的平行线分别交 AH,AC 于 G,F,连 GC.

由 $AB=AC$,可知 H 为 BC 的中点,即 $HC=\dfrac{1}{2}BC$.

显然 $\angle ACB=\angle ABC$,可知四边形 $BCFD$ 为等腰梯形,有 $FC=DB=CE$,即 C 为 FE 的中点.

显然 G 为 DF 的中点,可知 GC 为 $\triangle DEF$ 的中位线,有 $GC=\dfrac{1}{2}DE$.

在 Rt$\triangle GHC$ 中,显然 $GC>HC$,可知 $DE>BC$.

所以 $DE>BC$.

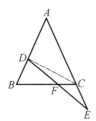 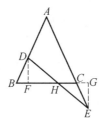 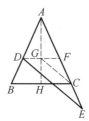

图 24.7　　　　　图 24.8　　　　　图 24.9

第 25 天

在 $\triangle ABC$ 中，$\angle C=90^\circ$，$BC=a$，$AC=b$，$AB=c$，AB 上的高 $CD=h$. 求证：$a+b<c+h$.

证明 1 如图 25.1，设 $\angle BCD$ 的平分线交 AB 于 F，过 F 作 BC 的垂线，E 为垂足.

图 25.1

显然 $\text{Rt}\triangle CDF \cong \text{Rt}\triangle CEF$，可知 $CE=CD$.

显然 $\angle ACD=\angle B$，可知 $\angle ACF=\angle AFC$，有 $AF=AC$.

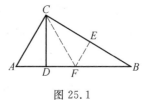

在 $\text{Rt}\triangle BEF$ 中，显然 $BE<FB$，可知

$$BC+AC=BE+CE+AC<FB+CD+AF=AB+CD$$

即 $BC+AC<AB+CD$.

所以 $a+b<c+h$.

证明 2 如图 25.2，设 E 为 AB 上一点，$AE=AC$，过 E 作 AC 的垂线，F 为垂足，过 F 作 AB 的平行线交 BC 于 H.

图 25.2

显然四边形 $BEFH$ 为平行四边形，可知 $EF=BH$，$FH=EB$.

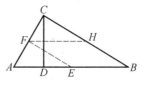

易知 $\text{Rt}\triangle AEF \cong \text{Rt}\triangle ACD$，可知 $EF=CD$，有 $BH=CD$.

在 $\text{Rt}\triangle CFH$ 中，显然 $CH<FH$，可知

$$\begin{aligned}BC+AC&=BH+CH+AC<CD+FH+AE\\&=CD+AB\end{aligned}$$

即 $BC+AC<AB+CD$.

所以 $a+b<c+h$.

证明 3 如图 25.3，设 E 为 BC 上一点，$BE=CD$，过 E 作 BC 的垂线交 AB 于 F，过 E 作 AB 的平行线交 AC 于 G.

图 25.3

显然四边形 $AFEG$ 为平行四边形，可知 $GE=AF$.

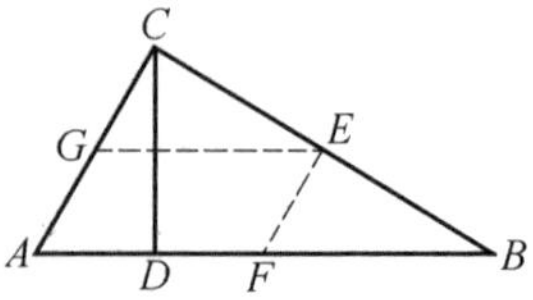

显然 Rt$\triangle BEF \cong$ Rt$\triangle CDA$,可知 $BF = AC$.

在 Rt$\triangle CEG$ 中,可知 $CE < GE$,有

$$AC + BC = AC + BE + EC < BF + CD + GE = BF + CD + AF$$

即 $BC + AC < AB + CD$.

所以 $a + b < c + h$.

证明 4 如图 25.4,设 E 为 BC 上一点,$CE = CD$,过 E 作 BC 的垂线,交 AB 于 F,过 F 作 AC 的垂线,G 为垂足.

显然四边形 $CGFE$ 为矩形,Rt$\triangle AFG \cong$ Rt$\triangle ACD$,可知 $AF = AC$.

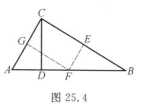
图 25.4

在 Rt$\triangle BEF$ 中,易知 $BE < BF$,可知

$$BC + AB = BE + CE + AC < BF + CD + AF$$
$$= AB + CD$$

即 $BC + AC < AB + CD$.

所以 $a + b < c + h$.

证明 5 如图 25.5,设 F 为 AB 上一点,$BF = AC$,过 F 作 BC 的垂线,E 为垂足,过 F 作 AC 的垂线,G 为垂足.

显然四边形 $CGFE$ 为矩形,可知 $GF = CE$.

显然 Rt$\triangle BFE \cong$ Rt$\triangle CAD$,可知 $BE = CD$.

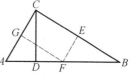
图 25.5

在 Rt$\triangle AFG$ 中,显然 $GF < AF$,可知

$$BC + AC = BE + CE + AC < CD + AF + BF$$
$$= CD + AB$$

即 $BC + AC < AB + CD$.

所以 $a + b < c + h$.

证明 6 如图 25.6.

显然 Rt$\triangle ABC \backsim$ Rt$\triangle ACD$,可知

$$\frac{AB}{AC} = \frac{BC}{CD}$$

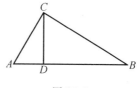
图 25.6

有

$$\frac{AB - AC}{AC} = \frac{BC - CD}{CD}$$

或

$$\frac{AB-AC}{BC-CD}=\frac{AC}{CD}$$

由 $AC > CD$，可知 $AB - AC > BC - CD$，有

$$BC + AC < AB + CD$$

所以 $a + b < c + h$.

证明 7 如图 25.7.

由勾股定理及面积公式，可知

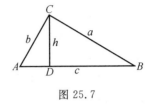

图 25.7

$$\begin{cases} a^2 + b^2 = c^2 \\ \dfrac{1}{2}ab = \dfrac{1}{2}ch \end{cases}$$

有

$$(a+b)^2 = c^2 + 2ch = (c+h)^2 - h^2$$

由 $h^2 > 0$，可知 $(a+b)^2 < (c+h)^2$.

由 $a+b > 0, c+h > 0$，可知 $a+b < c+h$.

所以 $a + b < c + h$.

本文参考自：

1.《中学数学月刊》2001 年 2 期 38 页.

2.《中等数学》2000 年 5 期 49 页.

3.《教学与研究》(中学数学)1982 年 2 期 9 页.

4.《数学通讯》1980 年 4 期 25 页.

注：当 C 为钝角，结论仍然成立(《中学数学月刊》2001 年 2 期 38 页).

第 26 天

在 $\triangle ABC$ 中,$AB > AC$,AD 为 $\angle BAC$ 的平分线,M 为 BC 的中点,过 M 作 AD 的平行线分别交 AB,CA 延长线于 P,Q 两点.

求证:$PB = QC$.

证明 1 如图 26.1,过 B 作 QC 的平行线交直线 QM 于 R.

由 M 为 BC 的中点,可知 M 为 QR 的中点,有 $\triangle MRB \cong \triangle MQC$,于是 $RB = QC$.

由 $\angle R = \angle Q = \angle DAC = \angle DAB = \angle BPR$,可知 $PB = RB$,有 $PB = QC$.

所以 $PB = QC$.

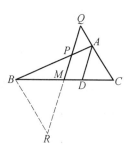

图 26.1

证明 2 如图 26.2,过 C 作 AB 的平行线交直线 QM 于 R.

由 M 为 BC 的中点,可知 M 为 PR 的中点,有 $\triangle MRC \cong \triangle MPB$,于是 $RC = PB$.

由 $\angle R = \angle BPM = \angle BAD = \angle CAD = \angle Q$,可知 $QC = RC$,有 $PB = QC$.

所以 $PB = QC$.

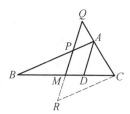

图 26.2

证明 3 如图 26.3.

由 $MQ \parallel DA$,AD 平分 $\angle BAC$,可知 $\angle Q = \angle DAC = \angle DAB = \angle QPA$,有 $AP = AQ$.

显然 $\dfrac{PB}{PA} = \dfrac{MB}{MD} = \dfrac{MC}{MD} = \dfrac{QC}{QA} = \dfrac{QC}{PA}$,可知 $PB = QC$.

所以 $PB = QC$.

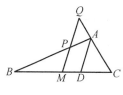

图 26.3

证明 4 如图 26.4,分别以 QP,QC 为邻边作平行四边形 $PNCQ$,连 BN 交直线 PQ 于 R.

显然 PQ 平分 $\angle BPN$.

由 M 为 BC 的中点,可知 R 为 BN 的中点.

由 $\dfrac{PB}{PN}=\dfrac{BR}{RN}$,可知 $PB=PN$.

由 $PN=QC$,得 $PB=QC$.

所以 $PB=QC$.

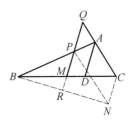

图 26.4

证明 5 如图 26.5,分别以 PB,PQ 为邻边作平行四边形 $PBNQ$,连 CN 交 PQ 于 R.

易知 PQ 平分 $\angle CQN$.

由 M 为 BC 的中点,可知 R 为 NC 的中点.

由 $\dfrac{QN}{QC}=\dfrac{NR}{RC}$,可知 $QN=QC$.

由 $PB=QN$,可知 $PB=QC$.

所以 $PB=QC$.

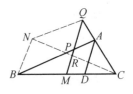

图 26.5

证明 6 如图 26.6,过 C 作 AD 的垂线交 AB 于 R,N 为垂足,连 MN.

由 AD 平分 $\angle BAC$,可知 R 与 C 关于 AD 对称,有 $AR=AC$,N 为 RC 的中点.

由 M 为 BC 的中点,可知 $MN \parallel AB$,有四边形 $ANMP$ 为平行四边形,于是 $MN=PA$.

易知 $QA=PA$,可知 $BP=AB-PA=BR+RA-QA=2MN+AC-QA=AC+AQ=QC$.

所以 $PB=QC$.

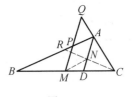

图 26.6

证明 7 如图 26.7,过 B 作 AD 的垂线交直线 AC 于 R,N 为垂足,连 MN.

由 AD 平分 $\angle BAC$,可知 R 与 B 关于 AD 对称,有 $AR=AB$,N 为 BR 的中点.

由 M 为 BC 的中点,可知 $MN \parallel AC$,有四边形 $ANMQ$ 为平行四边形,于是 $MN=AQ$.

易知 $AP=AQ$,可知 $MN=AP$,有 $BP=AB-AP=AR-MN=AC+CR-MN=AC+2MN-MN=AC+AQ=QC$.

所以 $PB=QC$.

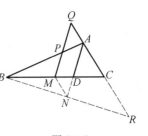

图 26.7

证明 8 如图 26.8,分别过 B,C 作 PQ 的垂线,F,E 为垂足.

由 M 为 BC 的中点,可知 M 为 EF 的中点,有 $\text{Rt}\triangle MFB \cong \text{Rt}\triangle MEC$,于是 $BF = EC$.

由 $\angle BPF = \angle QPA = \angle DAB = \angle DAC = \angle Q$,可知 $\text{Rt}\triangle PBF \cong \text{Rt}\triangle QCE$,有 $BP = QC$.

所以 $PB = QC$.

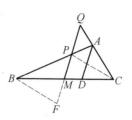

图 26.8

证明 9 如图 26.9,过 B 作 AC 的平行线交直线 QM 于 F,过 C 作 AB 的平行线交 QP 于 E.

由 M 为 BC 的中点,可知 M 为 QF 的中点,M 为 PE 的中点,有

$$\triangle MFB \cong \triangle MQC$$
$$\triangle MBP \cong \triangle MCE$$

于是 $BP = CE,QC = BF$.

易知 $\angle CEQ = \angle BAD = \angle CAD = \angle Q$,可知 $CE = QC$,有 $PB = QC$.

所以 $PB = QC$.

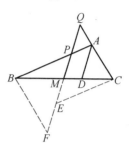

图 26.9

证明 10 如图 26.10,过 B 作 AD 的平行线交直线 CA 于 E.

显然 $\angle E = \angle DAC = \angle DAB = \angle ABE$,可知 $AE = AB$.

由 $PQ /\!/ AD$,可知 $PQ /\!/ BE$,可知四边形 $BPQE$ 为等腰梯形,有 $PB = QE$.

由 M 为 BC 的中点,可知 Q 为 EC 的中点,有 $QC = QE$.

所以 $PB = QC$.

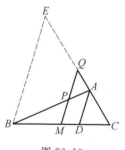

图 26.10

证明 11 如图 26.11,过 C 作 AD 的平行线交直线 BA 于 F.

由 AD 平分 $\angle BAC$,可知 $\angle F = \angle ACF,\angle Q = \angle APQ$,有 $AF = AC,AP = AQ$,于是 $AF + AP = AQ + AC$,就是 $PF = QC$.

由 M 为 BC 的中点,可知 P 为 BF 的中点,有 $PB = PF$.

所以 $PB = QC$.

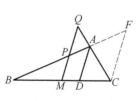

图 26.11

证明 12 如图 26.12,过 Q 作 AB 的平行线交直线 CB 于 E.

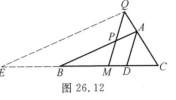

图 26.12

由 AD 平分 $\angle BAC$,可知 QM 平分 $\angle EQC$.

显然 $\dfrac{PB}{QE}=\dfrac{MB}{ME},\dfrac{QC}{QE}=\dfrac{MC}{ME}$.

由 M 为 BC 的中点,可知 $MB=MC$,有

$$\frac{PB}{QE}=\frac{MB}{ME}=\frac{MC}{ME}=\frac{QC}{QE}$$

于是 $PB=QC$.

所以 $PB=QC$.

证明 13 如图 26.13,过 P 作 QC 的平行线交 BC 于 F.

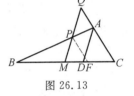

图 26.13

由 AD 平分 $\angle BAC$,可知 PM 平分 $\angle BPF$.

显然 $\dfrac{PB}{PF}=\dfrac{MB}{MF},\dfrac{QC}{PF}=\dfrac{MC}{MF}$.

由 D 为 BC 的中点,可知 $MC=MB$,有

$$\frac{PB}{PF}=\frac{MB}{MF}=\frac{MC}{MF}=\frac{QC}{PF}$$

于是 $PB=QC$.

所以 $PB=QC$.

证明 14 如图 26.14,过 M 作 AC 的平行线交 AB 于 E.

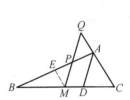

图 26.14

由 M 为 BC 的中点,可知 E 为 AB 的中点,$AC=2EM$.

由 AD 平分 $\angle BAC$,$MQ \parallel AD$,可知 $AP=AQ$.

由 $ME \parallel QC$,可知 $EP=EM$,有 $PB=BE+PE=AE+PE=AP+2PE=AQ+AC=QC$.

所以 $PB=QC$.

证明 15 如图 26.15,过 M 作 BA 的平行线交 AC 于 F.

由 M 为 BC 的中点,可知 F 为 AC 的中点,$AB=2MF$.

由 $AB \parallel MF$,可知 $QF=MF$.

由 AD 平分 $\angle BAC$,$QM \parallel AD$,可知 $AP=AQ$,有 $PB=AB-AP=2MF-AP=2QF-AQ=2AQ+2AF-AQ=AQ+AC=QC$.

所以 $PB = QC$.

证明 16 如图 26.16，设 E 为 PM 延长线上的一点，$ME = PM$，连 CP，CE，BE.

显然四边形 $BECP$ 为平行四边形，可知 $PB = CE$.

由 AD 平分 $\angle BAC$，$QM \parallel AD$，可知 $\angle CEQ = \angle APQ = \angle DAB = \angle DAC = \angle Q$，有 $QC = CE$.

所以 $PB = QC$.

证明 17 如图 26.17，设 E 为 QM 延长线上的一点，$ME = QP$，连 EB，EC，PC.

由 M 为 BC 的中点，可知

$$S_{\triangle MEB} = S_{\triangle MEC} = S_{\triangle PQC}, S_{\triangle MPB} = S_{\triangle MPC}$$

有 $S_{\triangle PEB} = S_{\triangle QMC}$，于是

$$\frac{1}{2} PB \cdot PE \sin \angle MPB = \frac{1}{2} QM \cdot QC \sin \angle MQC$$

其中 $PE = QM$，$\angle MPB = \angle DAB = \angle DAC = \angle MQC$.

所以 $PB = QC$.

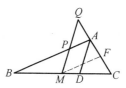

图 26.15

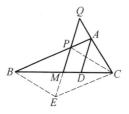

图 26.16

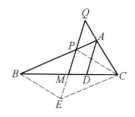

图 26.17

第 27 天

如图 27.1,在 $\triangle ABC$ 中,$\angle B = 60°$,CD,AE 分别为 AB,BC 边上的高.
求证:$DE = \frac{1}{2}AC$.

证明1 如图 27.1,设 H 为 AE,CD 的交点,FG 为 $\triangle ACH$ 的中位线.

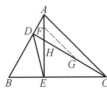

图 27.1

显然 $FG = \frac{1}{2}AC$.

由 CD,AE 分别为 AB,BC 边上的高,$\angle B = 60°$,可知 $\angle AHD = 60°$,$\angle EHC = 60°$,有 $DH = \frac{1}{2}AH = FH$,$EH = \frac{1}{2}CH = GH$.

由 $\angle DHE = \angle FHG$,可知 $\triangle DHE \cong \triangle FHG$,有 $DE = FG$,于是 $DE = \frac{1}{2}AC$.

所以 $DE = \frac{1}{2}AC$.

证明2 如图 27.2,设 F,G 分别为 BC,BA 的中点,连 FG.

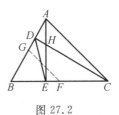

图 27.2

显然 $FG = \frac{1}{2}AC$.

由 $CD \perp AB$,$\angle B = 60°$,可知 $BD = \frac{1}{2}BC = BF$.

同理 $BE = \frac{1}{2}AB = BG$,可知 $\triangle BDE \cong \triangle BFG$,有 $DE = FG = \frac{1}{2}AC$.

所以 $DE = \frac{1}{2}AC$.

证明3 如图 27.3,设 F 为 BC 上一点,$BF = BA$,设 G 为直线 AB 上一点,$BG = BC$,连 GA,FG.

由 $\angle ABC = 60°$,可知 $AB = 2BE$,有 $BF = 2BE$.

由 $BC = 2BD$,可知 $BG = 2BD$,有 DE 为 $\triangle GBF$ 的中位线,于是 $DE = \frac{1}{2}GF$.

显然 $\triangle FBG \cong \triangle ABC$,可知 $AC = GF$.

所以 $DE = \frac{1}{2}AC$.

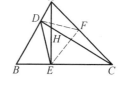

图 27.3

证明 4 如图 27.4,设 F 为 AC 的中点,连 FD, FE.

由 AE,CD 为 $\triangle ABC$ 的高线,可知 $EF = \frac{1}{2}AC = DF$.

由 $\angle B = 60°$,可知 $\angle BAC + \angle ACB = 120°$.

易知 $\angle AFD = 180° - 2\angle BAC$,$\angle EFC = 180° - 2\angle ACB$,可知 $\angle DFE = 180° - \angle AFD - \angle EFC = 2(\angle BAC + \angle ACB) - 180° = 240° - 180° = 60°$,有 $\triangle DEF$ 为正三角形,于是 $DE = EF = \frac{1}{2}AC$.

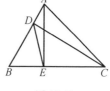

图 27.4

所以 $DE = \frac{1}{2}AC$.

证明 5 如图 27.5.

由 $AE \perp BC$,$\angle B = 60°$,可知 $BE = \frac{1}{2}AB$.

由 AE,CD 为 $\triangle ABC$ 的高线,可知 $ADEC$ 四点共圆,有 $\triangle BDE \backsim \triangle BCA$,于是

$$\frac{DE}{AC} = \frac{BE}{AB} = \frac{1}{2}$$

所以 $DE = \frac{1}{2}AC$.

证明 6 如图 27.5,由 CD,AE 分别为 AB,BC 边上的高,$\angle B = 60°$,可知 $\angle BAE = \angle DCB = 30°$,有 $BD = \frac{1}{2}BC$,$BE = \frac{1}{2}AB$,于是 $\triangle BDE \backsim \triangle BCA$,得 $\frac{DE}{CA} = \frac{BD}{BC} = \frac{1}{2}$.

所以 $DE = \frac{1}{2}AC$.

证明 7 如图 27.6.

由 CD,AE 分别为 AB,BC 边上的高,可知 A,D,E,C 四点共圆.

设 O 为圆心,可知 O 为 AC 的中点.

由 $\angle B=60°$,可知 $\angle BCD=30°$.

连 OD,OE.

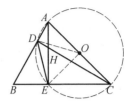

显然 $\angle DOE=2\angle DCE=60°$,可知 $DE=\dfrac{1}{2}AC$.

所以 $DE=\dfrac{1}{2}AC$.

图 27.6

第 28 天

在 $\triangle ABC$ 中,$AB = AC$,AD 为 BC 边上的高,AD 的中点为 M,CM 的延长线交 AB 于点 K.

求证:$AB = 3AK$.

证明 1 如图 28.1,过 D 作 CK 的平行线交 AB 于 L.

由 $AB = AC$,AD 为 BC 边上的高,可知 D 为 BC 的中点.

显然 L 为 BK 的中点.

由 M 为 AD 的中点,可知 K 为 AL 的中点,有 $AK = KL = LB$.

所以 $AB = 3AK$.

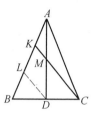

图 28.1

证明 2 如图 28.2,过 D 作 AB 的平行线交 KC 于 L.

由 $AB = AC$,AD 为 BC 边上的高,可知 D 为 BC 的中点.

显然 L 为 KC 的中点.

由 M 为 AD 的中点,可知 M 为 KL 的中点,有 $\triangle MAK \cong \triangle MDL$,于是 $AK = LD = \dfrac{1}{2}KB$.

所以 $AB = 3AK$.

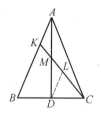

图 28.2

证明 3 如图 28.3,过 A 作 BC 的平行线交直线 CK 于 L,连 LD.

由 $AB = AC$,AD 为 BC 边上的高,可知 D 为 BC 的中点.

由 M 为 AD 的中点,可知 M 为 LC 的中点,有四边形 $ACDL$ 为平行四边形,于是 $LA = DC$,有 $BC = 2LA$.

显然 $\dfrac{AK}{KB} = \dfrac{LA}{BC} = \dfrac{1}{2}$.

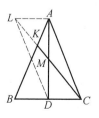

图 28.3

所以 $AB = 3AK$.

证明 4 如图 28.4, 过 D 作 AB 的平行线分别交 CK, CA 于 E, F.

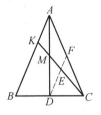

图 28.4

由 $AB = AC$, AD 为 BC 边上的高, 可知 D 为 BC 的中点.

显然 F 为 AC 的中点.

由 M 为 AD 的中点, 可知 E 为 $\triangle ADC$ 的重心, 有 $DE = 2EF$.

易知 $\dfrac{AK}{FE} = \dfrac{CK}{CE} = \dfrac{BK}{DE}$, 可知 $\dfrac{AK}{KB} = \dfrac{FE}{ED} = \dfrac{1}{2}$, 有 $AK = \dfrac{1}{2}KB$, 于是 $AB = 3AK$.

所以 $AB = 3AK$.

证明 5 如图 28.5, 过 A 作 BC 的平行线交直线 CK 于 L.

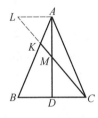

图 28.5

由 $AB = AC$, AD 为 BC 边上的高, 可知 D 为 BC 的中点.

由 M 为 AD 的中点, 可知 M 为 LC 的中点, 有 $\text{Rt}\triangle MAL \cong \text{Rt}\triangle MDC$, 于是 $LA = DC$.

显然 $\dfrac{AK}{KB} = \dfrac{AL}{BC} = \dfrac{1}{2}$, 可知 $AK = \dfrac{1}{2}KB$, 有 $AB = 3AK$.

所以 $AB = 3AK$.

证明 6 如图 28.6, 过 A 作 KC 的平行线交直线 BC 于 L.

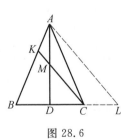

图 28.6

由 $AB = AC$, AD 为 BC 边上的高, 可知 D 为 BC 的中点.

由 M 为 AD 的中点, 可知 C 为 DL 的中点, 有 $BD = DC = CL$, 或 $BL = 3CL$.

显然 $\dfrac{AK}{AB} = \dfrac{CL}{BL} = \dfrac{1}{3}$.

所以 $AB = 3AK$.

证明 7 如图 28.7, 过 C 作 AB 的平行线交直线 AD 于 L.

由 D 为 BC 的中点, 可知 D 为 AL 的中点, 有 $\triangle DAB \cong \triangle DLC$, 于是 $CL = AB$. 由 M 为 AD 的中点, 可知 $ML = 3AM$.

显然 $\dfrac{AB}{AK} = \dfrac{CL}{AK} = \dfrac{ML}{AM} = \dfrac{3AM}{AM} = 3$.

所以 $AB = 3AK$.

证明 8 如图 28.8,过 C 作 AD 的平行线交直线 AB 于 L.

由 $AB = AC$,AD 为 BC 边上的高,可知 D 为 BC 的中点.

显然 A 为 BL 的中点,$LC = 2AD$.

由 M 为 AD 的中点,可知 $LC = 2AD = 4AM$,有

$$\dfrac{AB}{AK} = \dfrac{AL}{AK} = \dfrac{KL - KA}{AK} = \dfrac{KL}{AK} - 1 = \dfrac{CL}{AM} - 1$$
$$= 4 - 1 = 3$$

所以 $AB = 3AK$.

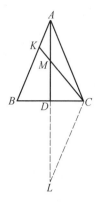

图 28.7

证明 9 如图 28.9,过 B 作 KC 的平行线交直线 AD 于 L.

由 $AB = AC$,AD 为 BC 边上的高,可知 D 为 BC 的中点.

显然 D 为 ML 的中点.

由 M 为 AD 的中点,可知 $AL = 3AM$.

显然 $\dfrac{AB}{AK} = \dfrac{AL}{AM} = \dfrac{3AM}{AM} = 3$.

所以 $AB = 3AK$.

证明 10 如图 28.10,过 B 作 AD 的平行线交直线 CK 于 L.

由 $AB = AC$,AD 为 BC 边上的高,可知 D 为 BC 的中点.

显然 $LB = 2MD$.

由 M 为 AD 的中点,可知 $AD = 2MD = LB$.

显然 $\dfrac{KB}{AK} = \dfrac{LB}{AM} = 2$,可知 $KB = 2AK$,有 $AB = AK + BK = AK + 2AK = 3AK$.

所以 $AB = 3AK$.

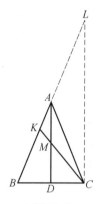

图 28.8

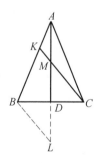

图 28.9

证明 11　如图 28.11,过 B 作 AC 的平行线分别交直线 AD,CK 于 E,F.

由 $AB=AC$,AD 为 BC 边上的高,可知 D 为 BC 的中点.

显然 D 为 AE 的中点,可知 $\triangle DBE \cong \triangle DCA$,由 $BE=AC$.

由 M 为 AD 的中点,可知 $ME=3AM$.

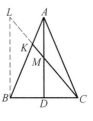

图 28.10

显然 $\dfrac{FE}{AC}=\dfrac{ME}{AM}=\dfrac{3AM}{AM}=3$,可知 $FE=3AC$,有 $FB=2AC$.

显然 $\dfrac{KB}{AK}=\dfrac{FB}{AC}=2$,可知 $KB=2AK$,有 $AB=3AK$.

所以 $AB=3AK$.

证明 12　如图 28.12,过 M 作 BC 的平行线分别交 AB,AC 于 E,F,过 F 作 KC 的平行线交 AB 于 G.

由 $AB=AC$,AD 为 BC 边上的高,可知 D 为 BC 的中点.

由 M 为 AD 的中点,可知 EF 为 $\triangle ABC$ 的中位线,且 M 为 EF 的中点,有 $BC=2EF=4EM$.

显然 $\dfrac{KE}{KB}=\dfrac{EM}{BC}=\dfrac{1}{4}$,可知

$$\dfrac{KE}{EA}=\dfrac{KE}{EB}=\dfrac{KE}{KB-KE}=\dfrac{1}{4-1}=\dfrac{1}{3}$$

所以 $EA=3KE$.

由 M 为 AD 的中点,可知 F 为 AC 的中点,有 G 为 AK 的中点,于是 $GA=GK=EK=\dfrac{1}{3}AE$,得 $AK=\dfrac{1}{3}AB$.

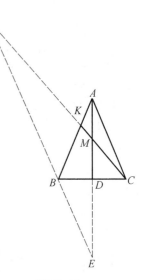

图 28.11

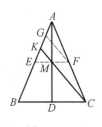

图 28.12

所以 $AB=3AK$.

证明 13　如图 28.13,过 M 作 AB 的平行线分别交 CA,CB 于 E,F.

由 M 为 AD 的中点,可知 F 为 BD 的中点.

由 $AB=AC$,AD 为 BC 边上的高,可知 D 为 BC 的中点,有 $FC=3BF$.

显然 $AB = 2MF$.

显然 $\dfrac{MF}{KB} = \dfrac{FC}{BC} = \dfrac{3}{4}$, 可知 $KB = \dfrac{4}{3}MF$, 有

$$\frac{AB}{KB} = \frac{2MF}{\frac{4}{3}MF} = \frac{3}{2}$$

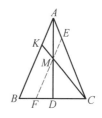

图 28.13

于是

$$\frac{AB}{AK} = \frac{AB}{AB - KB} = \frac{3}{3 - 2} = 3$$

所以 $AB = 3AK$.

证明 14 如图 28.14, 直线 CMK 截 $\triangle ABD$ 的三边, 依梅涅劳斯定理, 可知

$$\frac{BC}{DC} \cdot \frac{DM}{AM} \cdot \frac{AK}{BK} = 1$$

由 $AB = AC$, AD 为 BC 边上的高, 可知 D 为 BC 的中点.

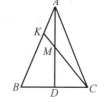

图 28.14

又 M 为 AD 的中点, 有 $BC = 2DC$, $AM = DM$, 于是 $BK = 2AK$.

所以 $AB = 3AK$.

证明 15 如图 28.15, 连 MB.

由 $AB = AC$, D 为 BC 边上的高, 可知 D 为 BC 的中点, 有 $S_{\triangle MDB} = S_{\triangle MDC}$.

由 M 为 AD 的中点, 可知 $S_{\triangle MAC} = S_{\triangle MDC}$, 有

$$\frac{S_{\triangle MAC}}{S_{\triangle MBC}} = \frac{S_{\triangle MAC}}{S_{\triangle MDB} + S_{\triangle MDC}} = \frac{1}{2}$$

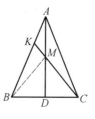

图 28.15

显然

$$\frac{AK}{KB} = \frac{S_{\triangle CKA}}{S_{\triangle CKB}} = \frac{S_{\triangle MKA}}{S_{\triangle MKB}} = \frac{S_{\triangle CKA} - S_{\triangle MKA}}{S_{\triangle CKB} - S_{\triangle MKB}} = \frac{S_{\triangle MAC}}{S_{\triangle MBC}} = \frac{1}{2}$$

所以 $AB = 3AK$.

证明 16 如图 28.16, 过 M 作 AC 的平行线分别交 BA, BC 于 F, E.

由 $AB = AC$, D 为 BC 边上的高, 可知 D 为 BC 的中点.

由 M 为 AD 的中点, 可知 E 为 DC 的中点, $BC = 4EC$, $ME = \dfrac{1}{2}AC$.

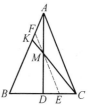

图 28.16

显然 $\dfrac{EF}{AC}=\dfrac{BE}{BC}=\dfrac{3}{4}$,可知 $EF=\dfrac{3}{4}AC$,有

$$FM=\frac{1}{4}AC$$

显然 $\dfrac{KF}{KA}=\dfrac{FM}{AC}=\dfrac{1}{4}$,可知 $KA=4KF$,$FA=3FK$.

显然 $FB=\dfrac{3}{4}AB=3FA=9FK$,可知 $KB=8FK$,有 $AB=12FK=3\times 4FK=3AK$.

所以 $AB=3AK$.

证明 17 如图 28.17,过 K 作 BC 的平行线分别交 AC,AD 于 G,H,分别过 K,G 作 BC 的垂线,E,F 为垂足,KE,MB 相交于 L,连 MB,MG.

由 $AB=AC$,D 为 BC 边上的高,可知 D 为 BC 的中点.

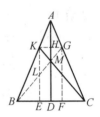

图 28.17

显然四边形 $KEFG$ 为矩形,H 为 KG 的中点.

由 $\dfrac{MH}{MD}=\dfrac{KH}{CD}=\dfrac{GH}{BD}$,$\angle MHG=90°=\angle MDB$,可知 $\triangle MGH \backsim \triangle MBD$,有 $\angle GMH=\angle BMD$,于是 B,M,G 三点共线.

显然 D 为 EF 的中点.

由 M 为 AD 的中点,可知 L 为 KF 的中点,有 $GF=2LE$,于是 E 为 BF 的中点.

显然 $BE=2ED$.

显然 $\dfrac{AK}{AB}=\dfrac{DE}{DB}=\dfrac{1}{3}$.

所以 $AB=3AK$.

证明 18 如图 28.18,过 K 作 BC 的垂线交直线 AC 于 F,H 为垂足,过 F 作 BC 的平行线分别交直线 AB,AD 于 E,G.

由 $AB=AC$,D 为 BC 边上的高,可知 D 为 BC 的中点.

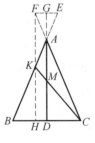

图 28.18

显然 G 为 EF 的中点,可知 A 为 KE 的中点.

由 M 为 AD 的中点,可知 K 为 FH 的中点.

显然 K 为 BE 的中点,可知 $AB=3AK$.

所以 $AB=3AK$.

证明 19 如图 28.19,过 K 作 BC 的平行线分别交 AD,AC 于 L,F,过 F 作 BC 的垂线交 KC 于 G,E 为垂足.

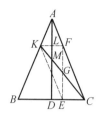

图 28.19

由 $AB = AC$,D 为 BC 边上的高,可知 D 为 BC 的中点.

显然 L 为 KF 的中点.

由 M 为 AD 的中点,可知 G 为 EF 的中点,有 G 为 KC 的中点,于是四边形 $KECF$ 为平行四边形,得 $EC = KF = 2LF$.

显然四边形 $LDEF$ 为矩形,可知 $DE = LF$,有 $BC = 2DC = 6DE = 3EC$.

由 $KE \parallel AC$,可知 $\dfrac{AK}{AB} = \dfrac{CE}{BC} = \dfrac{1}{3}$,有 $AB = 3AK$.

所以 $AB = 3AK$.

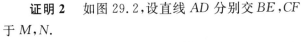

已知:如图 29.1,P 为 $\triangle ABC$ 的 $\angle A$ 平分线 AD 上一点,过 B 作 PC 的平行线交直线 AC 于 E,过 C 作 PB 的平行线交直线 AB 于 F.

求证:$BF = CE$.

证明 1 如图 29.1,设直线 AD 分别交 BE,CF 于 M,N,连 PE,PF.

由 $BP \parallel FC$,可知 $S_{\triangle PBF} = S_{\triangle PBC}$.

由 $PC \parallel BE$,可知 $S_{\triangle PCE} = S_{\triangle PCB}$,有

$$S_{\triangle PBF} = S_{\triangle PCE}$$

由 AP 平分 $\angle BAC$,可知点 P 到 BF,CE 的距离相等,有 $\triangle PBF$ 与 $\triangle PCE$ 的底边 BF 与 CE 相等.

所以 $BF = CE$.

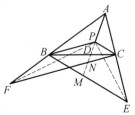

图 29.1

证明 2 如图 29.2,设直线 AD 分别交 BE,CF 于 M,N.

显然 $\triangle PBM \backsim \triangle NCP$,可知

$$\frac{PM}{PN} = \frac{PB}{NC} = \frac{BD}{DC} = \frac{AB}{AC}$$

有 $\dfrac{PM}{PN} = \dfrac{AB}{AC}$,于是

$$AB \cdot PN = AC \cdot PM \qquad (1)$$

由 $\dfrac{FB}{AB} = \dfrac{PN}{AP}$,可知

$$FB = \frac{AB \cdot PN}{PA} \qquad (2)$$

由 $\dfrac{EC}{AC} = \dfrac{PM}{PA}$,可知

$$EC = \frac{AC \cdot PM}{PA} \qquad (3)$$

由 (1),(2),(3),得 $BF = EC$.

所以 $BF = CE$.

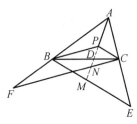

图 29.2

证明3 如图 29.3,设直线 AD 分别交 BE,CF 于 M,N,直线 BP,AC 交于 H,直线 CP,AB 交于 G.

由 AP 为 $\angle BAC$ 的平分线,可知点 P 到 BG,HC 距离相等,有 $\dfrac{S_{\triangle PGB}}{S_{\triangle PHC}}=\dfrac{BG}{CH}$,于是

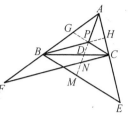

图 29.3

$$\frac{\dfrac{1}{2}PG \cdot PB\sin\angle GPB}{\dfrac{1}{2}PH \cdot PC\sin\angle HPC}=\frac{BG}{CH}$$

得

$$\frac{PG \cdot PB \cdot HC}{PH \cdot PC \cdot BG}=1$$

其中 $\dfrac{PG}{PC}=\dfrac{BG}{BF}$,$\dfrac{PB}{PH}=\dfrac{CE}{CH}$,故 $\dfrac{BG}{BF} \cdot \dfrac{CE}{CH} \cdot \dfrac{HC}{BG}=1$,只有 $BF=CE$.

所以 $BF=CE$.

本文参考自:

1.《中小学数学》1989 年 5 期 6 页(用正弦定理).

2.《中学数学研究》中国人大复印 1989 年 7 期 65 页.

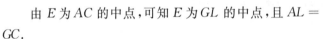

第 30 天

已知 $\triangle ABC$ 中，$AE = EC$，$AF = FB$，BE，CF 相交于 G。求证：$BG = 2GE$；$GC = 2GF$。

证明 1 如图 30.1，过 A 作 BE 的平行线交直线 CF 于 K，过 A 作 FC 的平行线交直线 BE 于 L。

由 F 为 AB 的中点，可知 F 为 KG 的中点，且 $KA = BG$。

由 E 为 AC 的中点，可知 E 为 GL 的中点，且 $AL = GC$。

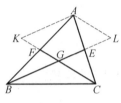

图 30.1

由 $AK = 2GE$，$AL = 2FG$，可知 $BG = 2GE$，$GC = 2GF$。

所以 $BG = 2GE$；$GC = 2GF$。

证明 2 如图 30.2，过 F 作 BE 的平行线交 AC 于 D。

由 F 是 AB 的中点，可知 D 为 AE 的中点。

由 E 为 AC 的中点，可知 $EC = AE = 2DE$。

在 $\triangle CDF$ 中，由 $GE \parallel FD$，可知 $\dfrac{GC}{GF} = \dfrac{EC}{ED} = \dfrac{2}{1}$，有

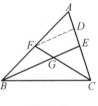

图 30.2

$GC = 2GF$。

同理 $BG = 2GE$。

所以 $BG = 2GE$；$GC = 2GF$。

证明 3 如图 30.3，过 F 作 AC 的平行线交 BE 于 D。

由 F 为 AB 的中点，可知 $FD = \dfrac{1}{2}AE$。

由 E 为 AC 的中点，可知 $EC = AE = 2DF$。

易知 $\dfrac{GF}{GC} = \dfrac{FD}{CE} = \dfrac{1}{2}$，可知 $GC = 2GF$。

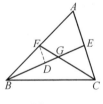

图 30.3

同理 $BG = 2GE$。

所以 $BG = 2GE$；$GC = 2GF$。

证明 4　如图 30.4,设 K,L 分别为 GB,GC 的中点,
连 KL,FE.

由 EF 为 $\triangle ABC$ 的中位线,可知 $FE \parallel BC$,$FE =$
$\frac{1}{2}BC$.

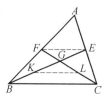

图 30.4

由 KL 为 $\triangle GBC$ 的中位线,可知 $KL \parallel BC$,$KL =$
$\frac{1}{2}BC$,有 $KL \parallel FE$,$KL = FE$.

易知 $\triangle GEF \cong \triangle GKL$,可知 $GE = GK$,$GF = GL$,有 $BG = 2GE$,$GC =$
$2GF$.

所以 $BG = 2GE$;$GC = 2GF$.

证明 5　如图 30.5,连 FE.

显然 $FE = \frac{1}{2}BC$.

由 $\triangle EFG \backsim \triangle BCG$,可知 $\dfrac{BG}{GE} = \dfrac{GC}{GF} = \dfrac{BC}{EF} = 2$,于是

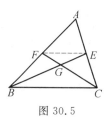

图 30.5

$BG = 2GE$,$GC = 2GF$.

所以 $BG = 2GE$;$GC = 2GF$.

证明 6　如图 30.6,连 AG,过 E 作 AG 的平行线交 FC
于 L,过 F 作 AG 的平行线交 BE 于 K.

显然 FK 与 EL 分别为 $\triangle BGA$ 与 $\triangle CGA$ 的中位线,可
知 $FK = \frac{1}{2}AG = EL$,$FK \parallel AG \parallel EL$.

易知 $\triangle GFK \cong \triangle GLE$,可知 $GE = GK = \frac{1}{2}BG$,$GF =$

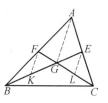

图 30.6

$GL = \frac{1}{2}GC$.

所以 $BG = 2GE$;$GC = 2GF$.

证明 7　如图 30.7,设 H 为 CF 延长线上的一
点,$HF = FC$,连 HA,HB.

显然四边形 $HBCA$ 为平行四边形,可知 $HB \parallel$
AC,$HB = AC$.

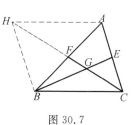

图 30.7

由 E 为 AC 的中点,可知 $\dfrac{HG}{GC} = \dfrac{HB}{EC} = 2$,有 $HG =$
$2GC$,于是 $HF + FG = 2(FC - FG)$,得 $FC = 3FG$.

所以 $GC = 2GF$.

同理 $BG = 2GE$.

所以 $BG = 2GE$；$GC = 2GF$.

证明 8 如图 30.8，过 G 作 AB 的平行线分别交 AC，BC 于 K，H，过 G 作 AC 的平行线分别交 AB，CB 于 L，D，连 LK.

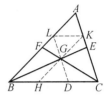

由 E 为 AC 的中点，可知 G 为 LD 的中点.

由 F 为 AB 的中点，可知 G 为 KH 的中点，有 $\triangle GKL \cong \triangle GHD$，于是 $LK = HD$，$LK \parallel BC$.

图 30.8

显然四边形 $LKHB$ 为平行四边形，四边形 $LDCK$ 为平行四边形，可知 $BH = LK = DC$，于是 $BH = HD = DC$.

由 $BD = 2DC$，可知 $BG = 2GE$.

由 $HC = 2BH$，可知 $GC = 2GF$.

所以 $BG = 2GE$；$GC = 2GF$.

证明 9 如图 30.9，过 B 作 FC 的平行线交直线 AC 于 H.

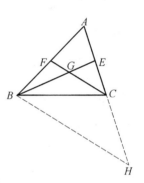

由 F 为 AB 的中点，可知 C 为 AH 的中点.

由 E 为 AC 中点，可知 $HC = AC = 2EC$.

易知 $\dfrac{BG}{GE} = \dfrac{HC}{EC} = 2$，可知 $BG = 2GE$.

同理 $GC = 2GF$.

所以 $BG = 2GE$；$GC = 2GF$.

证明 10 如图 30.10，设 K，L 分别为 GB，GC 的中点，连 AG，FK，KL，LE，EF.

图 30.9

显然 FK 与 EL 分别为 $\triangle BGA$ 与 $\triangle CGA$ 的中位线，可知 $FK = \dfrac{1}{2}AG = EL$，$FK \parallel AG \parallel EL$，有四边形 $EFKL$ 为平行四边形，于是 $GE = GK = KB$，$GF = GL = LC$.

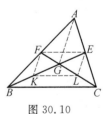

所以 $BG = 2GE$；$GC = 2GF$.

图 30.10

证明 11　如图 30.11,直线 BGE 截 $\triangle CAF$ 的三边,
依梅涅劳斯定理,可知

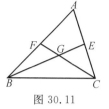

图 30.11

$$\frac{AB}{BF} \cdot \frac{FG}{GC} \cdot \frac{CE}{EA} = 1$$

由 $AB = 2BF$,$CE = EA$,可知 $\dfrac{FG}{GC} = \dfrac{1}{2}$,即 $GC = 2GF$.

同理 $BG = 2GE$.

所以 $BG = 2GE$;$GC = 2GF$.

本文参考自:

《数学教学》1983 年 2 期 16 页.

第 31 天

如图 31.1,M 为 Rt△ABC 的斜边 BC 的中点,P,Q 分别在 AB,AC 上,且 $PM \perp MQ$.

求证:$PQ^2 = PB^2 + QC^2$.

证明 1 如图 31.1,过 B 作 AC 的平行线交直线 QM 于 R,连 PR.

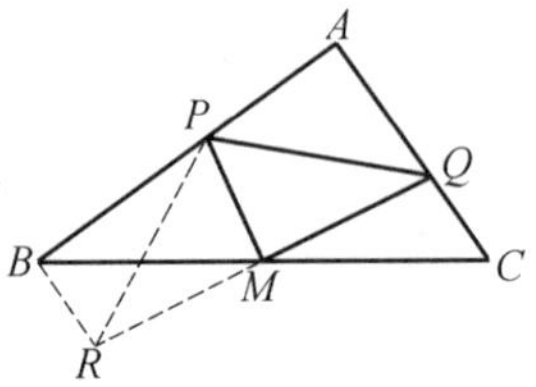

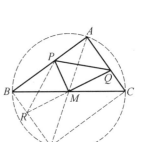

图 31.1

由 M 为 BC 的中点,可知 M 为 QR 的中点,$BR = QC$.

由 $PM \perp MQ$,可知 $PR = PQ$,$\angle PBR = \angle A = 90°$.

在 Rt△PBR 中,由勾股定理,可知
$$PR^2 = PB^2 + BR^2$$
所以 $PQ^2 = PB^2 + QC^2$.

证明 2 如图 31.2,设直线 AM 交 △ABC 的外接圆于 N,连 NB,NC,设直线 QM 交 BN 于 R,连 PR.

显然四边形 $ABNC$ 为矩形.

显然 M 为 RQ 的中点,$BR = CQ$,$PR = PQ$.

显然 $PR^2 = PB^2 + BR^2$.

所以 $PQ^2 = PB^2 + QC^2$.

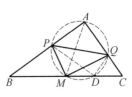

图 31.2

证明 3 如图 31.3,显然 P,M,Q,A 四点共圆,且 PQ 为直径.设此圆交 BC 于 D 点,连 DP,DQ,AM.

显然 AM 为 △ABC 的 BC 边上的中线,可知 $\angle MAB = \angle B$,有 $\angle QDC = \angle MAC = \angle C$,可知 $QD = CQ$.

由 $\angle PDB = \angle PAM = \angle B$,可知 $PD = PB$.

显然 $\angle PDQ = 90°$,可知 $PD^2 + QD^2 = PQ^2$.

所以 $PQ^2 = PB^2 + QC^2$.

图 31.3

证明 4 如图 31.4,过 P 作 BC 的垂线交 △APQ 的外接圆于 K,E 为垂

足,过 Q 作 BC 的垂线,F 为垂足,连 AM,KQ.

显然点 M 在 $\triangle APQ$ 的外接圆上,PQ 为圆的直径,可知 $KQ \perp PE$,有 $KQ \parallel BC$.

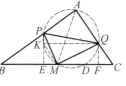

图 31.4

由 $\angle BAC = 90°$,M 为 BC 的中点,可知 $\angle MAC = \angle C$,有 $\angle MKQ = \angle MAC = \angle C$,于是四边形 $KMCQ$ 为平行四边形,得 $KQ = MC$.

显然四边形 $KEFQ$ 为矩形,可知 $EF = KQ$,有 $EF = MC$,于是 $EM = FC$,得 $KM = QC$,进而 $BE = MF$

$$PB^2 + CQ^2 = PE^2 + BE^2 + QF^2 + FC^2$$
$$= PE^2 + MF^2 + QF^2 + EM^2$$
$$= PM^2 + QM^2 = PQ^2$$

所以 $PB^2 + QC^2 = PQ^2$.

证明 5 如图 31.5.

由 $PM \perp MQ$,$\angle A = 90°$,可知 A,P,M,Q 四点共圆,设此圆与 BC 的另一个交点为 D,有

$$BP \cdot BA = BM \cdot BD, CQ \cdot CA = CD \cdot CM$$

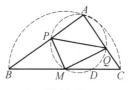

图 31.5

于是

$$BP \cdot BA + CQ \cdot CA = BM \cdot BD + CD \cdot CM = BC \cdot BM$$

显然

$$AB \cdot AP + AC \cdot AQ = AB \cdot (AB - BP) + AC \cdot (AC - QC)$$
$$= AB^2 + AC^2 - AB \cdot BP - AC \cdot QC$$
$$= BC^2 - (AB \cdot BP + AC \cdot QC)$$
$$= BC^2 - BC \cdot BM = 2BC \cdot BM - BC \cdot BM$$
$$= BC \cdot BM$$

可知

$$PB^2 + QC^2 = (AB - AP)^2 + (AC - AQ)^2$$
$$= AB^2 + AC^2 - 2AB \cdot AP - 2AC \cdot AQ ++ AP^2 + AQ^2$$
$$= BC^2 - 2(AB \cdot AP + AC \cdot AQ) + PQ^2$$
$$= BC^2 - 2BC \cdot BM + PQ^2 = PQ^2$$

所以 $PB^2 + QC^2 = PQ^2$.

本文参考自:

《中学数学教学》1982 年 2 期 47 页.

第 32 天

$\triangle ABC$ 中,$\angle ABC = \angle ACB = 50°$,$P$ 为形内一点,$\angle PBC = 10°$,$\angle PCB = 20°$,求 $\angle PAB$ 的度数.

解 1 如图 32.1,设 D 为 P 关于 AC 的对称点,连 DA,DB,DC,DP.

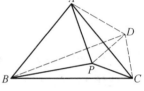

由 $\angle ABC = \angle ACB = 50°$,可知 $\angle BAC = 80°$.

由 $\angle ACB = 50°$,$\angle PCB = 20°$,可知 $\angle PCA = 30°$,有 $\triangle PCD$ 为正三角形.

由 $\angle PBC = 10°$,$\angle PCB = 20°$,可知 $\angle DCB = 80°$,有 BP 与 DC 互相垂直,进而 BP 为 DC 的中垂

图 32.1

线,于是 $\angle DBC = 2\angle PBC = 20°$,进而 $\angle BDC = 80° = \angle BAC$,得 A,B,C,D 四点共圆.

显然 $\angle DAC = \angle DBC = 20°$,可知 $\angle PAC = 20°$,有 $\angle PAB = \angle BAC - \angle PAC = 60°$.

所以 $\angle PAB = 60°$.

解 2 如图 32.2,设 D 为 A 关于 BP 的对称点,BP 交 AC 于 E,连 DA,DB,DC,DE,DP.

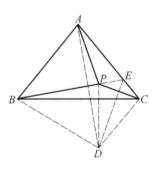

由 $\angle ABC = \angle ACB = 50°$,可知 $\angle BAC = 80°$,$AC = AB = AD$.

由 $\angle PBC = 10°$,可知 $\angle DBE = \angle ABE = 40°$,进而 $\angle DBA = 80° = \angle BAC$,有四边形 $ABDC$ 为等腰梯形,于是 $\angle DCA = \angle CDB = 100°$.

图 32.2

显然 $\angle PED = \angle PEA = 60°$,可知 $\angle CED = 180° - \angle PED - \angle PEA = 60° = \angle PED$.

由 $\angle PBC = 10°$,$\angle PCB = 20°$,可知 $\angle EPC = 30° = \angle ECP$,有 P 与 C 关于 ED 对称,于是 $\angle EPD = \angle ECD = 100°$,得 $\angle EPA = 100°$,进而 $\angle PAC = 20°$.

所以 $\angle PAB = \angle BAC - \angle PAC = 60°$.

解 3　如图 32.3,以 BC 为一底,以 PC 为一腰作等腰梯形 $EBCP$,连 EA,设 D 为 P 关于 AC 的对称点,连 DA,DC,DP.

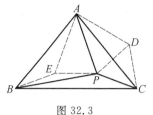

图 32.3

显然 $\triangle EAB \cong \triangle PAC \cong \triangle DAC$,可知 $AE = AP = AD$,$\angle EAB = \angle DAC$,进而 $\angle EAD = \angle BAC = 80°$.

由 $\angle PCA = 30°$,可知 $\triangle PCD$ 为正三角形,有 $PD = PC = EB$.

由 $\angle PBC = 10°$,$\angle PCB = 20°$,可知 $\angle EBC = 20°$,有 $\angle EBP = 10°$.

由 $\angle EPB = \angle PBC = 10° = \angle EBP$,可知 $EP = EB$,有 $EP = PD$,于是 E 与 D 关于 AP 对称,得 $\angle PAD = \angle PAE = \dfrac{1}{2}\angle EAD = \dfrac{1}{2}\angle BAC = 40°$,进而

$\angle PAC = \angle DAC = \dfrac{1}{2}\angle PAD = 20°$.

所以 $\angle PAB = \angle BAC - \angle PAC = 60°$.

解 4　如图 32.4,设 D 为 B 关于 PC 的对称点,连 DC 交 PA 于 E,连 EB,BD,DA.

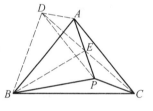

图 32.4

由 $\angle PBC = 10°$,$\angle PCB = 20°$,可知 $\angle PDC = 10°$,$\angle PCD = 20°$,有 $\angle BPD = 60°$,且 $PD = PB$,于是 $\triangle PBD$ 为正三角形.

由 $\angle ABC = \angle ACB = 50°$,可知 $\angle BAC = 80°$,$AC = AB$.

易知 $\angle DPC = \angle BPC = 150°$,可知 $\angle DPC + \angle PCA = 180°$,有 $DP \parallel AC$,于是 $\dfrac{AE}{EP} = \dfrac{AC}{DP} = \dfrac{AB}{PB}$,得 BE 平分 $\angle PBA$,故 $\angle DBA = 20° = \angle EBA$.

由 $\angle ABC + \angle DCB = 90°$,可知 D 与 E 关于 BA 对称,有 $BE = BD$,进而 $BE = BP$.

在 $\triangle PBE$ 中,由 $\angle PBE = 20°$,可得 $\angle BPE = 80°$.

在 $\triangle PAB$ 中,$\angle PAB = 60°$.

所以 $\angle PAB = 60°$.

本文参考自:

1.《数学教师》1995 年 8 期 49 页.

2.《数学教师》1998 年 1 期 48 页.

第 33 天

如图 33.1,在 $\triangle ABC$ 中,点 P 是形内一点,$\angle PBA = \angle PCA$,$PD \perp AB$,$PE \perp AC$,点 M 是 BC 的中点. 求证:$MD = ME$.

证明1 如图 33.1,设 F,G 分别为 PB,PC 的中点,连 FD,FM,GE,GM.

在 $Rt\triangle PBD$ 中,$DF = \dfrac{1}{2}BP = FP$.

同理 $EG = GP$.

显然四边形 $PFMG$ 为平行四边形,可知 $FP = MG$,$GP = MF$,有 $DF = MG$,$MF = EG$.

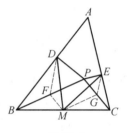

图 33.1

由 $\angle PFD = 2\angle PBD = 2\angle PCE = \angle PGE$,$\angle PFM = \angle MGP$,可知 $\angle MFD = \angle EGM$,有 $\triangle MFD \cong \triangle EGM$,于是 $MD = EM$.

所以 $MD = ME$.

证明2 如图 33.2,分别过 B,C,M 作直线 DE 的垂线,F,G,H 为垂足,设 K 为射线 CG 上一点,$\angle KEC = \angle DPE$.

由 $\angle PED = 90° - \angle CEG = \angle ECK$,可知
$$\triangle CEK \backsim \triangle EPD$$

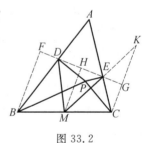

图 33.2

有 $\dfrac{EC}{PE} = \dfrac{EK}{PD}$.

由 $\triangle PCE \backsim \triangle PBD$,可知 $\dfrac{EC}{PE} = \dfrac{BD}{PD}$,有 $BD = EK$.

由 $\angle EKG = \angle PDE = \angle DBF$,可知 $\triangle BFD \cong \triangle KGE$,有 $DF = EG$.

显然 $BF \parallel MH \parallel CG$.

由 M 为 BC 的中点,可知 H 为 FG 的中点,有 H 为 DE 的中点.

显然 MH 为 DE 的中垂线,可知 $MD = ME$.

所以 $MD = ME$.

证明3 如图 33.3,分别过 B,C,M,P 作直线 DE 的垂线,F,G,N,H 为

垂足.

易知 $\triangle CGE \backsim \triangle EHP$,$\triangle BFD \backsim \triangle DHP$, $\triangle PCE \backsim \triangle PBD$,可知 $\dfrac{CE}{PE} = \dfrac{EG}{PH}$,$\dfrac{BD}{PD} = \dfrac{FD}{PH}$,$\dfrac{CE}{PE} = \dfrac{BD}{PD}$,有 $EG = FD$.

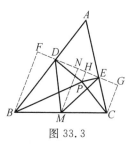

图 33.3

易知 N 为 FG 的中点,可知 N 为 DE 的中点.

显然 MN 为 DE 的中垂线,可知 $MD = ME$.

所以 $MD = ME$.

证明 4 如图 33.4,设 F 为 BD 延长线上一点, $DF = DB$,G 为 CE 延长线上一点,$EG = EC$.

由 $PD \perp BF$,$PE \perp CG$,可知 $PB = PF$,$PG = PC$.

由 $\angle PBA = \angle PCA$,可知 $\angle BPF = \angle GPC$,有 $\angle BPG = \angle BPF - \angle GPF = \angle GPC - \angle GPF = \angle FPC$,于是 $\triangle BPG \cong \triangle FPC$,得 $BG = FC$.

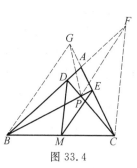

图 33.4

显然 $ME = \dfrac{1}{2} BG = \dfrac{1}{2} FC = MD$.

所以 $MD = ME$.

本文参考自：

《中等数学》2005 年 4 期 10 页.

第 34 天

已知:如图 34.1,在 $\triangle ABC$ 中,$AB = 3AC$,$\angle A$ 的平分线交 BC 于 D,过 B 作 $BE \perp AD$,垂足为 E. 求证:$AD = DE$.

证明1 如图 34.1,设直线 AC,BE 交于 F,过 E 作 BC 的平行线交 AF 于 G.

由 AE 平分 $\angle FAB$,$AE \perp BF$,可知 B 与 F 关于 AE 对称,有 $AF = AB = 3AC$,$BE = EF$.

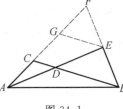

图 34.1

显然 $CG = GF = \dfrac{1}{2}CF = \dfrac{1}{3}AF = AC$,可知 CD 为 $\triangle AEG$ 的中位线.

所以 $AD = DE$.

证明2 如图 34.2,设直线 AC,BE 交于 F,过 E 作 FA 的平行线交 CB 于 G.

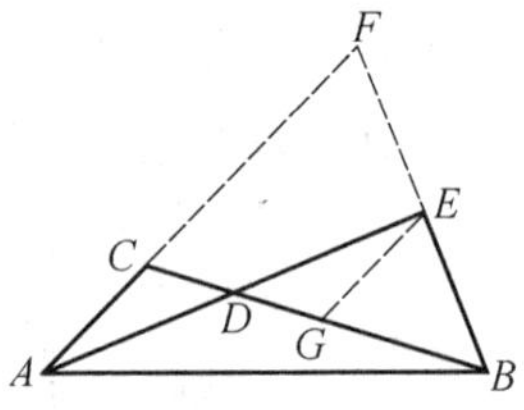

由 AE 平分 $\angle FAB$,$AE \perp BF$,可知 B 与 F 关于 AE 对称,有 $AF = AB = 3AC$,$BE = EF$.

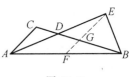

图 34.2

显然 $EG = \dfrac{1}{2}CF = \dfrac{1}{3}AF = AC$.

由 $\angle CAD = \angle GED$,$\angle ACD = \angle EGD$,可知 $\triangle ACD \cong \triangle EGD$,有 $AD = DE$.

所以 $AD = DE$.

证明3 如图 34.3,过 E 作 AC 的平行线分别交 CB,AB 于 G,F.

由 AE 平分 $\angle CAB$,可知 $\angle FEA = \angle CAE = \angle FAE$,有 $FE = FA$.

图 34.3

由 $BE \perp AE$,可知 FE 为 $\mathrm{Rt}\triangle ABE$ 的斜边 AB 上的中线,有 $EF = \dfrac{1}{2}AB$,$GF = \dfrac{1}{2}AC = \dfrac{1}{2} \times \dfrac{1}{3}AB = \dfrac{1}{6}AB$,于是 $EG = EF - GF = \dfrac{1}{3}AB = AC$.

由 $\angle CAD = \angle GED$,$\angle ACD = \angle EGD$,可知 $\triangle ACD \cong \triangle EGD$,有 $AD =$

DE.

所以 $AD = DE$.

证明 4　如图 34.4,设直线 AC,BE 交于 F,过 C 作 AE 的平行线交 BF 于 G.

由 AE 平分 $\angle FAB$,$AE \perp BF$,可知 B 与 F 关于 AE 对称,有 $AF = AB = 3AC$,$BE = EF$.

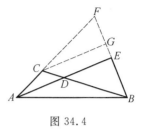

图 34.4

易知 $\dfrac{FG}{FE} = \dfrac{FC}{FA} = \dfrac{2}{3}$,可知

$$\frac{DE}{CG} = \frac{BE}{BG} = \frac{EF}{EF + EG} = \frac{EF}{2EF - FG} = \frac{3}{4}$$

由 $\dfrac{CG}{AE} = \dfrac{CF}{AF} = \dfrac{2}{3}$,可知

$$\frac{DE}{AE} = \frac{DE}{CG} \cdot \frac{CG}{CE} = \frac{3}{4} \cdot \frac{2}{3} = \frac{1}{2}$$

所以 $AD = DE$.

证明 5　如图 34.5,过 C 作 EB 的平行线交 AE 于 F.

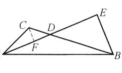

图 34.5

由 AE 平分 $\angle CAB$,$CF \perp AE$,可知 Rt$\triangle ACF \backsim$ Rt$\triangle ABE$.

由 $AB = 3AC$,可知 $AE = 3AF$,$BE = 3CF$.

由 $\dfrac{DE}{DF} = \dfrac{BE}{CF} = \dfrac{3}{1}$,可知 $DE = 3DF$,有 $AE + DE = 3AF + 3DF = 3AD$,或

$AD + 2DE = 3AD$,于是 $AD = DE$.

所以 $AD = DE$.

证明 6　如图 34.6,设直线 AC,BE 交于 H,过 E 作 AB 的平行线分别交直线 AC,BC 于 G,F,连 FA.

由 AE 平分 $\angle HAB$,$AE \perp BH$,可知 B 与 H 关于 AE 对称,有 $AH = AB = 3AC$,$BE = EH$.

图 34.6

显然 $GE = \dfrac{1}{2}AB$,$GA = GH = \dfrac{1}{2}AH = \dfrac{1}{2}AB$.

由 $AC = \dfrac{1}{3}AB$,可知 $CG = \dfrac{1}{6}AB$,有 $\dfrac{FG}{AB} = \dfrac{CG}{AC} = \dfrac{1}{2}$,于是 $FG = \dfrac{1}{2}AB$,得 $FE = AB$.

显然四边形 $ABEF$ 为平行四边形.

所以 $AD = DE$.

证明 7　如图 34.7,设直线 AC 与 BE 交于 F,过 C 作 AB 的平行线分别交 AE,BE 于 G,H.

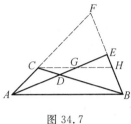

图 34.7

由 AE 平分 $\angle FAB$,$AE \perp BF$,可知 B 与 F 关于 AE 对称,有 $AF = AB = 3AC$,$BE = EF$.

易知 $HB = \dfrac{1}{3}FB = \dfrac{2}{3}EB$,可知 $AG = \dfrac{2}{3}AE$.

易知 $\dfrac{CH}{AB} = \dfrac{CF}{AB} = \dfrac{2}{3}$,可知 $CG = \dfrac{1}{3}AB = GH$.

显然 $\dfrac{AD}{DG} = \dfrac{AB}{CG} = 3$,可知 $AD = 3DG$,有 $AG = 4DG = \dfrac{2}{3}AE$,于是 $AE = 6DG = 2AD$.

所以 $AD = DE$.

证明 8,如图 34.8,设直线 AC,BE 交于 F,过 B 作 AC 的平行线交直线 AE 于 G.

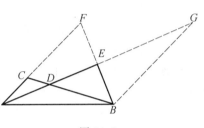

图 34.8

由 AE 平分 $\angle FAB$,$AE \perp BF$,可知 B 与 F 关于 AE 对称,有 $AF = AB = 3AC$,$BE = EF$.

显然 $EG = AE$,$BG = AF = AB$.

由 $\dfrac{AD}{DG} = \dfrac{AC}{BG} = \dfrac{1}{3}$,可知 $DG = 3AD$,有 $AG = 4AD$,于是 $AE = EG = \dfrac{1}{2}AG = 2AD$.

所以 $AD = DE$.

证明 9　如图 34.9,设直线 AC 与 BE 交于 F,过 B 作 AE 的平行线交直线 AC 于 G.

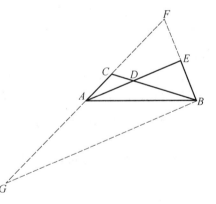

图 34.9

由 AE 平分 $\angle FAB$,$AE \perp BF$,可知 B 与 F 关于 AE 对称,有 $AF = AB = 3AC$,$BE = EF$.

显然 AE 为 $\triangle FGB$ 的中位线,可知 $GB = 2AE$.

显然 $AG = AF = 3AC$,可知 $GC = 4AC$,有 $GB = 4AD$,于是 $2AE = GB = 4AD$,得 $AE = 2AD$.

所以 $AD = DE$.

证明 10 如图 34.10,设直线 AC 与 BE 交于 F,过 A 作 CB 的平行线交直线 EB 于 G.

由 AE 平分 $\angle FAB$, $AE \perp BF$,可知 B 与 F 关于 AE 对称,有 $AF = AB = 3AC$, $BE = EF$.

易知 $\dfrac{FG}{BG} = \dfrac{FA}{CA} = 3$,可知 $BE = BG$,有 DB 为 $\triangle EAG$ 的中位线,即 D 为 AE 的中点.

所以 $AD = DE$.

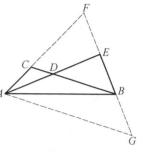

图 34.10

证明 11 如图 34.11,设直线 AC 与 BE 交于 F,过 A 作 BE 的平行线交直线 BC 于 G.

由 AE 平分 $\angle FAB$, $AE \perp BF$,可知 B 与 F 关于 AE 对称,有 $AF = AB = 3AC$, $BE = EF$.

显然 $\dfrac{AG}{FB} = \dfrac{AC}{CF} = \dfrac{1}{2}$,可知 $AG = \dfrac{1}{2}FB = EB$,于是 $\triangle ADG \cong \triangle EDB$,得 $AD = DE$.

所以 $AD = DE$.

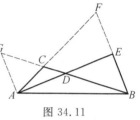

图 34.11

证明 12 如图 34.12,设直线 AC 与 BE 交于 F,过 F 作 AE 的平行线交直线 BC 于 G.

由 AE 平分 $\angle FAB$, $AE \perp BF$,可知 B 与 F 关于 AE 对称,有 $AF = AB = 3AC$, $BE = EF$.

显然 $DE = \dfrac{1}{2}GF$.

易知 $\dfrac{AD}{GF} = \dfrac{AC}{CF} = \dfrac{1}{2}$,可知 $AD = \dfrac{1}{2}GF = DE$.

所以 $AD = DE$.

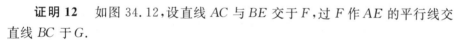

图 34.12

证明 13 如图 34.13,设直线 AC 与 BE 交于 F,过 F 作 CB 的平行线交直线 AE 于 G.

由 AE 平分 $\angle FAB$, $AE \perp BF$,可知 B 与 F 关于 AE 对称,有 $AF = AB = 3AC$, $BE = EF$.

显然 $EG = DE$,或 $DG = 2DE$.

易知 $\dfrac{DG}{AD} = \dfrac{CF}{AC} = 2$,可知 $DG = 2AD$,有 $2DE = 2AD$.

所以 $AD = DE$.

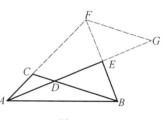

图 34.13

证明 14 如图 34.14,设直线 AC 与 BE 交于 F,过 F 作 AB 的平行线分别交直线 AE,BC 于 G,H.

由 AE 平分 $\angle FAB$,$AE \perp BF$,可知 B 与 F 关于 AE 对称,有 $AF = AB = 3AC$,$BE = EF$.

显然 $EG = AE$.

易知 $\dfrac{HF}{AB} = \dfrac{CF}{AC} = 2$,可知 $\dfrac{AD}{DG} = \dfrac{AB}{HG} = \dfrac{1}{3}$,有 $DG = 3AD$,或 $AG = 4AD = 2AE$,于是 $AE = 2AD$.

所以 $AD = DE$.

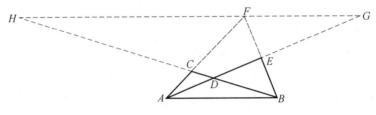

图 34.14

证明 15 如图 34.1,设直线 AC,BE 交于 F,过 E 作 BC 的平行线交 AF 于 G.

直线 CDB 截 $\triangle AEF$ 的三边,依梅涅劳斯定理,可知 $\dfrac{FB}{BE} \cdot \dfrac{ED}{DA} \cdot \dfrac{AC}{CF} = 1$.

由 $BF = 2EF$,$CF = 2GF$,可知 $\dfrac{ED}{DA} = 1$,有 $AD = DE$.

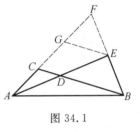

图 34.1

所以 $AD = DE$.

本文参考自:

安徽《中学数学教学》1983 年 3 期 54 页.

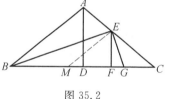

第 35 天

如图 35.1,在 $\triangle ABC$ 中,$AB = AC$,AD 是 BC 边上的高,BE 为角平分线,$EF \perp BC$ 于 F,过 E 引 BE 的垂线交 BC 于 G. 求证:$BG = 4DF$.

证明1 如图 35.1,设直线 GE 与 BA 交于 H,过 E 作 BC 的平行线交 AB 于 L,过 L 作 BC 的垂线,K 为垂足.

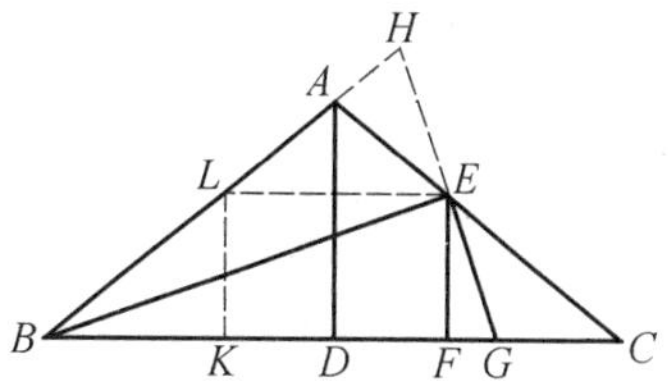

由 $EF \perp BC$ 于 F,可知四边形 $LKFE$ 为矩形.

由 $AB = AC$,AD 为 $\triangle ABC$ 的高线,可知 K 与 F 关于 AD 对称,有 $LE = 2DF$.

由 BE 为角平分线,$EG \perp BE$,可知 H 与 G 关于 BE 对称,有 E 为 HG 的中点,进而 LE 为 $\triangle HBG$ 的中位线,于是 $BG = 2LE = 4DF$.

所以 $BG = 4DF$.

证明2 如图 35.2,过 E 作 AB 的平行线交 BC 于 M.

由 BE 为角平分线,可知 $\angle MEB = \angle ABE = \angle MBE$,有 $ME = MB$.

由 $BG \perp BE$,可知 M 为 BG 的中点,即 $BG = 2MG = 2ME$.

由 $AB = AC$,可知 $EM = EC$.

由 $AD \perp BC$,$EF \perp BC$,可知 $AD \parallel EF$,有 $\dfrac{AE}{AC} = \dfrac{DF}{DC} = \dfrac{DF}{\frac{1}{2}BC}$.

由 BE 为角平分线,可知

$$\frac{EC}{BC} = \frac{AE}{AB} = \frac{AE}{AC} = \frac{DF}{\frac{1}{2}BC}$$

有 $EC = 2DF$,于是 $ME = 2DF$,得 $BG = 4DF$.

所以 $BG = 4DF$.

证明3 如图 35.3,过 E 作 BC 的平行线分别交 AB,AD 于 L,H,过 E 作

图 35.1

图 35.2

AB 的平行线交 BC 于 M.

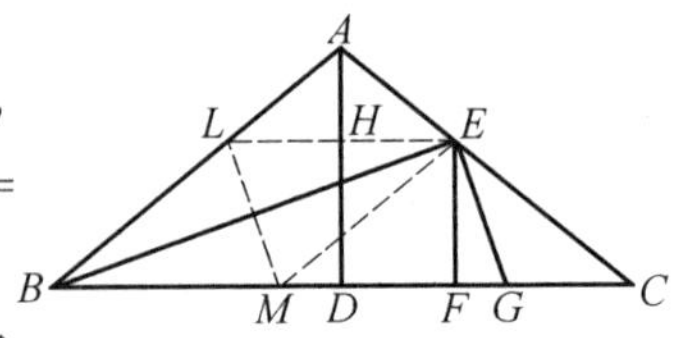

易知四边形 $BMEL$ 为菱形,可知 $LM \perp BE$,进而四边形 $MGEL$ 为平行四边形,有 $BM = LE = MG$.

由 $AB = AC$,AD 为 $\triangle ABC$ 的高线,可知 E 与 L 关于 AD 对称,有 $LE = 2HE$.

显然四边形 $DFEH$ 为矩形,可知 $HE = DF$,有 $LE = 2DF$,从而 $BG = 2LE = 4DF$.

所以 $BG = 4DF$.

图 35.3

第 36 天

在 $\triangle ABC$ 中,$AB = AC$,$\angle BAC = 20°$,在 AB 边上取点 D,使 $AD = BC$. 求 $\angle BDC$ 的度数.

解 1 如图 36.1,以 AB 为一边在 $\triangle ABC$ 内侧一方作正三角形 ABE,连 CE.

由 $AB = AC$,$\angle BAC = 20°$,可知 $AE = AB = AC$,$\angle CAE = 40°$,有 $\angle AEC = \angle ACE = 70°$,于是 $\angle CEB = 10°$.

显然 $\angle ABC = \angle ACB = 80°$,可知 $\angle EBC = 20° = \angle CAD$.

由 $BE = BA = AC$,$BC = AD$,可知 $\triangle BCE \cong \triangle ADC$,有 $\angle DCA = \angle CEB = 10°$,于是 $\angle BDC = \angle DAC + \angle DCA = 30°$.

所以 $\angle BDC = 30°$.

图 36.1

解 2 如图 36.2,以 AD 为一边在 $\triangle ABC$ 内侧一方作 $\triangle EAD$,使 $\triangle EAD \cong \triangle ABC$,连 EC.

由 $\angle BAC = 20°$,可知 $\angle AED = 20°$.

显然 $\angle EAC = 60°$,$EA = AB = CA$,可知 $\triangle EAC$ 为正三角形,有 $EC = EA = ED$,于是 E 为 $\triangle ADC$ 的外心,得 $\angle DCA = \dfrac{1}{2} \angle AED = 10°$,进而

$$\angle BDC = \angle DAC + \angle DCA = 30°$$

所以 $\angle BDC = 30°$.

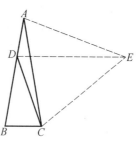

图 36.2

解3 如图 36.3,以 BC 为一边在 $\triangle ABC$ 内作正三角形 EBC,连 AE.

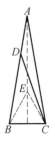

由 $AB = AC$,$\angle BAC = 20°$,可知 $\angle ACB = \angle ABC = 80°$,有 $\angle ECA = 20° = \angle DAC$.

显然 EA 为 BC 的中垂线,可知 $\angle EAC = 10°$.

显然 $EC = BC = DA$,可知 $\triangle ECA \cong \triangle DAC$,有 $\angle DCA = \angle EAC = 10°$,于是 $\angle BDC = \angle DAC + \angle DCA = 30°$.

所以 $\angle BDC = 30°$.

图 36.3

解4 如图 36.4,以 AD 为一边在 $\triangle ABC$ 外侧作正三角形 EDA,连 EC.

由 $AB = AC$,$\angle BAC = 20°$,可知 $\angle ACB = \angle ABC = 80°$.

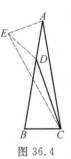

显然 $\angle EAC = 80° = \angle ACB$,$EA = DA = BC$,可知 $\triangle ECA \cong \triangle BAC$,有 $\angle ECA = \angle BAC = 20°$,$CA = CE$,于是 DC 为 AE 的中垂线,得 $\angle DCA = \dfrac{1}{2}\angle ECA = 10°$,进而 $\angle BDC = \angle DAC + \angle DCA = 30°$.

所以 $\angle BDC = 30°$.

图 36.4

解5 如图 36.5,设 F 为 D 关于 AC 的对称点,E 为 F 关于 BC 的中垂线的对称点,连 FA,FC,FE,EA,EB.

显然 $AE = AF = AD = BC$.

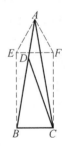

显然 $\angle EAB = \angle FAC = \angle DAC = 20°$,可知 $\angle EAF = 60°$,有 $\triangle AEF$ 为正三角形,于是 $EF = AE = BC$.

易知四边形 $BCFE$ 为矩形,可知 $\angle FCB = 90°$,有 $\angle FCA = 10°$,于是 $\angle DCA = 10°$,得

$$\angle BDC = \angle DAC + \angle DCA = 30°$$

所以 $\angle BDC = 30°$.

图 36.5

解6 如图 36.6,设 F 为 B 关于 AC 的对称点,E 为 C 关于 AB 的对称点,连 AE,AF,EF,CF,EB,ED.

易知 $\triangle AEF$ 为正三角形,可知 $EF = AE$.

显然 $CF = BC = AD$.

易知 $\angle AFC = 80°$,可知 $\angle CFE = 20° = \angle DAE$,有 $\triangle ECF \cong \triangle EDA$,于是 $EC = ED$,$\angle DEC = \angle AEF = 60°$,得 $\triangle DEC$ 为正三角形.

显然 AB 为 EC 的中垂线,可知

$$\angle BDC = \frac{1}{2}\angle EDC = 30°$$

所以 $\angle BDC = 30°$.

解 7 如图 36.7,设 E 为 B 关于 AC 的对称点,过 A 作 CE 的垂线,F 为垂足,过 D 作 AF 的垂线,G 为垂足.

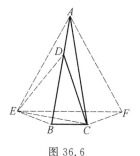

图 36.6

由 $AB = AC$,$\angle BAC = 20°$,可知 $AE = AC$,$\angle EAC = 20°$,有 AF 为 CE 的中垂线,且 $\angle CAF = 10°$,于是 $\angle BAF = 30°$,得 $DG = \frac{1}{2}DA = \frac{1}{2}BC = \frac{1}{2}CE = CF$.

显然四边形 $CDGF$ 为矩形,可知 $DC \parallel AF$,有 $\angle DCA = \angle CAF = 10°$,于是

$$\angle BDC = \angle DAC + \angle DCA = 30°$$

所以 $\angle BDC = 30°$.

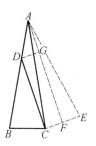

图 36.7

解 8 如图 36.8,过 A 作 BC 的平行线与 $\angle ACB$ 的平分线相交于 E,EC 与 AB 交于 F,设 G 为 EC 上一点,$\angle EDG = 40°$,连 DE,DG.

由 $AB = AC$,$\angle BAC = 20°$,可知 $\angle ACB = \angle ABC = 80°$,有 $\angle ACE = \angle BCE = 40°$,于是 $\angle AEC = \angle BCE = 40° = \angle ACE$,得 $AE = AC$.

由 $AD = BC$,$\angle EAD = \angle ABC = 80° = \angle ACB$,可知 $\triangle EDA \cong \triangle ABC$,有 $\angle DEA = \angle BAC = 20°$,于是 $\angle DEG = 20° = \angle CAF$.

显然 $\triangle EDG \cong \triangle ACF$,可知 $GD = FC$.

易知 $\triangle DFG$ 为正三角形,可知 $FG = FD = DG = FC$,即 FD 为 Rt$\triangle CDG$ 的斜边 GC 上的中线,有 $\angle BDC = \angle FDC = \angle FCD = 30°$.

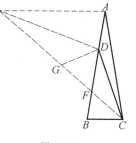

图 36.8

所以 $\angle BDC = 30°$.

解 9 如图 36.9,设 E 为 B 关于 AC 的对称点,以 AB 为一边在 $\triangle ABC$ 的内侧作正三角形 ABF,G 为 BF 与 AE 的交点,连 EC,EF,GC,GD.

显然 $\triangle AEF \cong \triangle ACE \cong \triangle ABC$,可知四边形 $BCEF$ 为等腰梯形,有四边形 $CEFG$ 为菱形,于是四边形 $ADGF$ 为等腰梯形,得 $\triangle BDG$ 为正三角形.

易知 DC 为 BG 的中垂线,可知

$$\angle BDC = \frac{1}{2}\angle BDG = 30°$$

所以 $\angle BDC = 30°$.

解 10 如图 36.10,设 F 为 B 关于 AC 的对称点,E 为 C 关于 AF 的对称点,设 G 为 AE 上一点,$AG = AD$,连 FC,FA,FE,FG,DG.

由 $AB = AC$,$\angle BAC = 20°$,可知 $\angle ACB = \angle ABC = 80°$.

显然 $FE = FC = BC$,$GE = DB$,$\angle E = \angle B$,可知 $\triangle GFE \cong \triangle DCB$,有 $GF = DC$.

显然 $\angle DAG = 3\angle BAC = 60°$,可知 $\triangle ADG = 60°$,有 $\triangle ADG$ 为正三角形,于是 $DG = AD = BC = CF$.

易知 A 为 DG 中垂线上的点,A 也为 CF 中垂线上的点,可知四边形 $DCFG$ 为矩形,有 $\angle DCF = 90°$,于是 $\angle DCA = 10°$,得

$$\angle BDC = \angle DAC + \angle DCA = 30°$$

所以 $\angle BDC = 30°$.

证明 11 如图 36.11,以 BC 为一边在 $\triangle ABC$ 内作正三角形 BCE,连 DE.

易知四边形 $ACED$ 为等腰梯形,$\triangle BDE$ 为等腰三角形,可知 $ED = EC$,有 $\angle DCE = \angle EDC = \angle ACD = \frac{1}{2}\angle ACE = 10°$,于是 $\angle BDC = \angle BDE + \angle EDC = 30°$.

所以 $\angle BDC = 30°$.

本文参考自:

《中学生数学》1994 年 5 期 22 页.

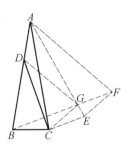

图 36.9

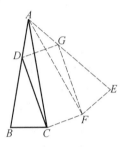

图 36.10

图 36.11

第 37 天

如图 37.1,D 是 Rt$\triangle ABC$ 的斜边 AB 的中点,E 是 BC 上的一点,且 $BE=\frac{1}{3}BC$,$\angle B=30°$,$DE=1$. 求 BC 的长.

解 1 如图 37.1,设 F 为 CE 的中点,连 AF.

显然 DE 为 $\triangle ABF$ 的中位线,可知 $AF=2DE=2$.

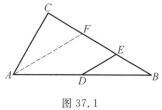

图 37.1

由 $FE=BE=\frac{1}{3}BC$,可知 $CF=\frac{1}{3}BC$.

由 $\angle C=90°$,$\angle B=30°$,可知 $BC=\sqrt{3}AC$,有

$CF=\frac{\sqrt{3}}{3}AC$,于是 $\angle FAC=30°$,得 $\angle FAB=30°$.

显然 $AF \parallel DE$,可知 $\angle EDB=\angle FAB=30°=\angle B$,有 $BE=DE=1$,有 $BC=3BE=3$.

所以 $BC=3$.

解 2 如图 37.2,过 D 作 AB 的垂线交直线 AC 于 G,交 BC 于 F.

由 $\angle ACB=90°$,$\angle B=30°$,D 为 AB 的中点,

$AC=\frac{1}{2}AB=DA$,可知 Rt$\triangle ADG \cong$ Rt$\triangle ACB$,

有 Rt$\triangle CFG \cong$ Rt$\triangle DFB$,于是 $FC=FD=\frac{1}{2}FB=$

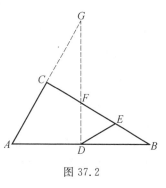

图 37.2

$\frac{1}{3}BC=BE$,得 DE 为 Rt$\triangle BDF$ 的斜边 BF 上的中线.

显然 $FB=2BE$,可知 $BC=3BE=3$.

所以 $BC=3$.

解 3 如图 37.1,过 A 作 DE 的平行线交 BC 于 F.

由 D 为 AB 的中点,可知 E 为 BF 的中点,有 $FB=2BE=\frac{2}{3}BC$,于是

$CF = FE = BE$.

由 $\angle B = 30°$, 可知 $AB = 2AC$, 有 $\dfrac{CF}{FB} = \dfrac{1}{2} = \dfrac{AC}{AB}$, 于是 AF 为 $\angle BAC$ 的平分线, 得 $\angle FAB = 30°$.

显然 $\angle EDB = \angle FAB = 30° = \angle B$, 可知 $BE = DE = 1$, 有 $BC = 3BE = 3$.

所以 $BC = 3$.

解 4 如图 37.1, 设 $\angle BAC$ 的平分线交 BC 于 F.

显然 $\dfrac{CF}{BF} = \dfrac{AC}{AB}$.

由 $\angle C = 90°$, $\angle B = 30°$, 可知 $AB = 2AC$, 有 $FB = 2CF$, 或 $CF = \dfrac{1}{3}BC = BE$, 于是 $FE = EB$.

由 D 为 AB 的中点, 可知 DE 为 $\triangle ABE$ 的中位线, 有 $DE \parallel AF$, 于是 $\angle EDB = \angle FAB = 30° = \angle B$, 得 $EB = DE = 1$.

所以 $BC = 3$.

解 5 如图 37.3, 设 F 为 BA 延长线上一点, $FA = CA$, 连 FC.

显然 $\angle F = \angle ACF = \dfrac{1}{2} \angle CAB = 30° = \angle B$, 可知 $CF = CB$.

由 $\angle C = 90°$, $\angle B = 30°$, D 为 AB 中点, 可知 $AC = \dfrac{1}{2} AB$, 有 $FA = DA = DB$, 或 $\dfrac{DB}{FB} = \dfrac{1}{3} = \dfrac{BE}{BC}$, 于是 $DE \parallel FC$, 得 $\angle EDB = \angle CFB = 30° = \angle B$, 进而 $EB = DE = 1$.

所以 $BC = 3$.

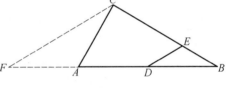

图 37.3

解 6 如图 37.4, 过 D 作 AB 的垂线交 BC 于 F, 连 AF.

由 D 为 AB 的中点, 可知 DF 为 AB 的中垂线, 有 A 与 B 关于 DF 对称, 于是 $\angle FAB = \angle B = 30°$, 得 AF 平分 $\angle CAB$.

由 $\angle C = 90°$, $\angle B = 30°$, D 为 AB 中点, 可知 $AC = \dfrac{1}{2} AB$.

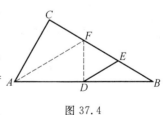

图 37.4

显然 $\dfrac{CF}{BF} = \dfrac{AC}{AB} = \dfrac{1}{2}$, 可知 $CF = \dfrac{1}{3}BC = BE$, 有 $FE = BE$.

由 D 为 AB 的中点, 可知 $AF \parallel DE$, 有 $\angle EDB = \angle FAB = 30° = \angle B$, 于

是 $BE=DE=1$,得 $BC=3BE=3$.

所以 $BC=3$.

解 7 如图 37.5,连 CD.

由 $\angle ACB=90°$,$\angle B=30°$,D 为 AB 中点,可

知 $AC=\dfrac{1}{2}AB=AD=CD$(斜边中线),有 $\triangle ACD$

为正三角形,于是 $\angle DCE=30°=\angle B$.

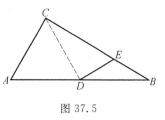

图 37.5

由 $CE=\dfrac{2}{3}BC=\dfrac{2}{3}\sqrt{3}AC=\dfrac{2}{3}\sqrt{3}CD$,可知

$\dfrac{CE}{CD}=\dfrac{2\sqrt{3}}{3}=\dfrac{BA}{BC}$,有 $\triangle CDE \backsim \triangle BCA$,于是 $\angle CDE=\angle BCA=90°$,得 $CE=$

$2DE=2$,进而 $CB=\dfrac{3}{2}CE=3$.

所以 $BC=3$.

解 8 如图 37.5,连 CD.

同上解可得到 $\angle DCE=30°=\angle B$. 易知

$$\frac{EB}{DB}=\frac{\dfrac{1}{3}BC}{\dfrac{1}{2}AB}=\frac{\dfrac{1}{3}\cdot\sqrt{3}AC}{AC}=\frac{\sqrt{3}}{3}=\frac{AC}{BC}=\frac{DB}{BC}$$

即 $\dfrac{EB}{DB}=\dfrac{DB}{BC}$,可知 $\triangle EDB \backsim \triangle DCB$,有 $\angle EDB=\angle DCB=30°$,于是 $BE=$

$DE=1$.

所以 $BC=3$.

解 9 如图 37.6,过 D 作 BC 的垂线,F 为

垂足.

由 $\angle C=90°$,D 为 AB 的中点,可知 F 为

BC 的中点.

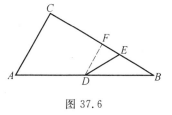

图 37.6

由 $EB=\dfrac{1}{3}BC$,可知 $\dfrac{FE}{EB}=\dfrac{1}{2}=\dfrac{DF}{DB}$,有 DE

平分 $\angle FDB$.

由 $\angle FDB=\angle A=60°$,可知 $\angle EDB=30°=\angle B$,有 $BE=DE=1$.

所以 $BC=3$.

解 10 如图 37.6,过 D 作 BC 的垂线,F 为垂足.

由上解可得 $EF=\dfrac{1}{6}BC=\dfrac{\sqrt{3}}{6}AC$.

由 $FC = \frac{1}{2}AC$，可知 $\frac{FD}{FE} = \sqrt{3} = \frac{BC}{AC}$，有 Rt$\triangle DFE \backsim$ Rt$\triangle BCA$，于是

$\angle EDB = 30° = \angle B$，得 $BE = DE = 1$.

所以 $BC = 3$.

解 11 如图 37.7，过 E 作 BC 的垂线交 AB 于 F.

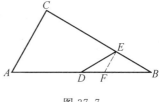

图 37.7

显然 $EF \parallel CA$.

由 $CE = 2EB$，可知 $AF = 2FB$.

由 $AD = DB$，可知 $FB = 2DF$.

显然 $FB = 2EF$，可知 $FE = FD$.

由 $\angle EFB = 60°$，可知

$$\angle EDF = \angle DEF = \frac{1}{2}\angle EFB = 30° = \angle B$$

有

$$BE = DE = 1$$

所以 $BC = 3$.

解 12 如图 37.8，过 E 作 AB 的垂线，F 为垂足.

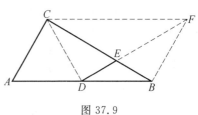

图 37.8

在 Rt$\triangle EFB$ 中，易知

$$EF = \frac{1}{2}EB = \frac{1}{6}BC = \frac{\sqrt{3}}{6}AC$$

可知 $FB = \sqrt{3}EF = \frac{1}{2}AC = \frac{1}{2}DB$，有 EF 为 DB 的

中垂线，于是 $\angle EDB = 30° = \angle B$，得 $BE = DE = 1$.

所以 $BC = 3$.

解 13 如图 37.9，过 C 作 AB 的平行线交直线 DE 于 F，连 BF，CD.

由 $BE = \frac{1}{3}BC$，D 为 AB 的中点，可知

$\frac{FC}{DB} = \frac{CE}{BE} = \frac{2}{1} = \frac{AB}{DB}$，有 $CF = AB$，于是四

边形 $ABFC$ 为平行四边形，得 $BF = AC$.

由 $\angle ACB = 90°$，$\angle ABC = 30°$，可知 $AC = \frac{1}{2}AB = DB$，有 $BF = BD$.

显然 $\angle ABF = 120°$，可知 $\angle EDB = \angle DFB = 30° = \angle DCB$，有 $BE = $

$DE =1$.

所以 $BC =3$.

解 14 如图 37.9,过 C 作 AB 的平行线交直线 DE 于 F,连 BF,CD.

由前解得到四边形 $ABFC$ 为平行四边形,可知 $\dfrac{FB}{FC} = \dfrac{1}{2} = \dfrac{EB}{EC}$,有 DF 平分 $\angle BFC$,于是

$$\angle EDB = \angle DFC = \frac{1}{2}\angle BFC = 30° = \angle B$$

得 $BE = DE = 1$.

所以 $BC =3$.

解 15 如图 37.10,设 F 为 CD 延长线上的一点,$DF = CD$,连 FA,FB.

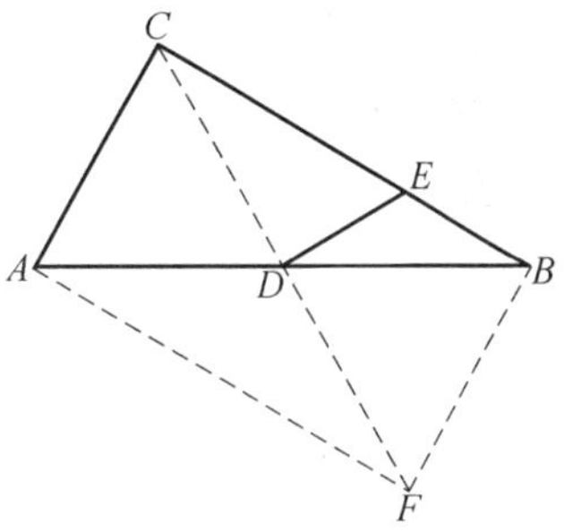

显然四边形 $AFBC$ 为矩形.

由解 7 可得 $\triangle CDE \backsim \triangle CBF$,可知 $\angle CED = 60°$,有 $\angle EDB = \angle CED - \angle ABC = 30° = \angle ABC$,于是 $BE = DE = 1$.

所以 $BC =3$.

解 16 如图 37.11,过 B 作 DE 的平行线交直线 CD 于 F.

显然 $\triangle ACD$ 为正三角形.

易知 $\dfrac{DF}{CD} = \dfrac{EB}{CE} = \dfrac{1}{2}$,可知 $DB = 2DF$,$\angle BDF = 60°$,有 $\angle F = 90°$,于是 $ED \perp CF$,得 $\angle EDB = 30° = \angle ABC$.

显然 $BE = DE = 1$.

所以 $BC =3$.

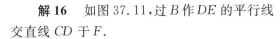

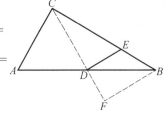

图 37.10

图 37.11

解 17 如图 37.11,连 CD,过 B 作 CD 的垂线,F 为垂足.

显然 $\triangle ACD$ 为正三角形,可知 $\angle BDF = 60°$,有 $DF = \dfrac{1}{2}DB = \dfrac{1}{2}CD$.

由 $BE = \dfrac{1}{2}CE$,可知 $DE \parallel FB$,有 $ED \perp CF$,于是 $\angle EDB = 30° = \angle ABC$.

显然 $BE = DE = 1$.

所以 $BC =3$.

解 18 如图 37.12,过 B 作 DE 的平行线交直线 CD 于 F,设 H 为 DB 的

中点,连 FH.

易知 $\triangle ACD$ 为正三角形,可知 $\angle ADC = 60°$.

显然 $\dfrac{DF}{DB} = \dfrac{DF}{CD} = \dfrac{BE}{EC} = \dfrac{1}{2}$,可知 $DF = DH$.

显然 $\angle BDF = \angle ADC = 60°$,可知 $\triangle DFH$ 为正三角形,有 $HF = HD = HB$,即 H 为 $\triangle BDF$ 的外心,于是 $BF \perp CF$,得 $ED \perp CF$.

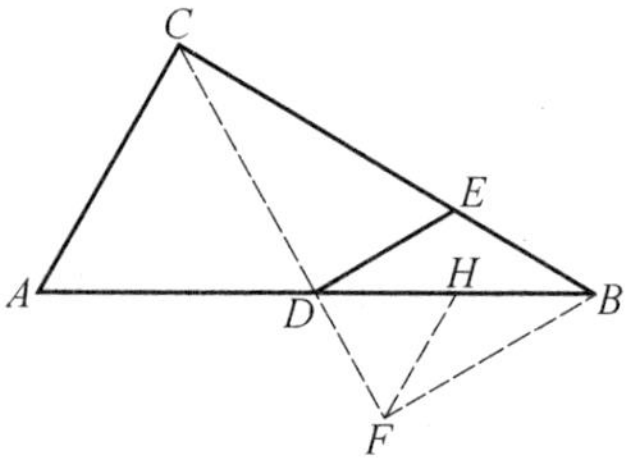

易知 $\angle EDB = 30° = \angle ABC$.

显然 $BE = DE = 1$.

所以 $BC = 3$.

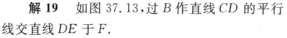

图 37.12

解 19　如图 37.13,过 B 作直线 CD 的平行线交直线 DE 于 F.

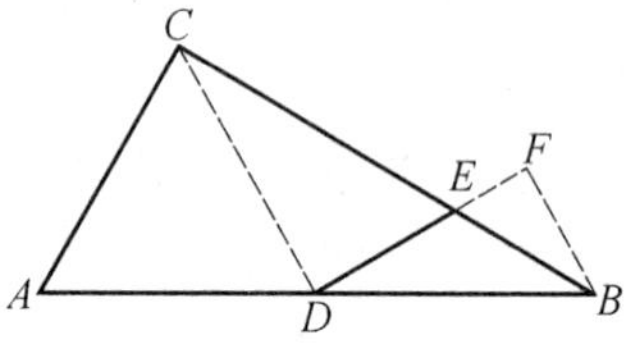

易知 $\triangle ACD$ 为正三角形,可知 $\angle ADC = 60°$.

显然 $\dfrac{BF}{BD} = \dfrac{BF}{CD} = \dfrac{BE}{EC} = \dfrac{1}{2}$,$\angle FBA = \angle CDA = 60°$,可知 $BF \perp DF$,有 $CD \perp DF$.

图 37.13

易知 $\angle EDB = 30° = \angle ABC$.

显然 $BE = DE = 1$.

所以 $BC = 3$.

解 20　如图 37.14,过 A 作 CB 的平行线交直线 ED 于 F,过 F 作 BC 的垂线,H 为垂足.

由 D 为 AB 的中点,可知 D 为 EF 的中点,有 $AF = EB$.

显然四边形 $AFHC$ 为矩形,可知 $CH = AF = EB = \dfrac{1}{3}BC$,有 $HE = \dfrac{1}{3}BC = EB = CH$.

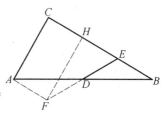

图 37.14

由 $\dfrac{BC}{AC} = \sqrt{3}$,可知 $\dfrac{HE}{HF} = \dfrac{HE}{AC} = \dfrac{\sqrt{3}}{3} = \dfrac{AC}{BC}$,有 $\text{Rt}\triangle EFH \backsim \text{Rt}\triangle ABC$,于是 $\angle FEH = \angle BAC = 60°$,得 $\angle EDB = 30° = \angle B$,进而 $BE = DE = 1$.

所以 $BC = 3$.

解 21　如图 37.15,设直线 AC,DE 相交于 F,过 A 作 BC 的平行线交 EF 于 H.

由 D 为 AB 的中点,可知 D 为 HE 的中点,有 $AH = BE = \dfrac{1}{3}BC = \dfrac{1}{2}CE$,于是 A 为 CF 的中点,H 为 EF 的中点.

显然 $\dfrac{EC}{FC} = \dfrac{\dfrac{2}{3}BC}{2AC} = \dfrac{\dfrac{BC}{AC}}{3} = \dfrac{\sqrt{3}}{3} = \dfrac{AC}{BC}$,可知 $\mathrm{Rt}\triangle ECF \backsim \mathrm{Rt}\triangle ACB$,有 $\angle CEF = \angle CAB = 60°$,于是 $\angle EDB = 30° = \angle B$,得 $BE = DE = 1$.

所以 $BC = 3$.

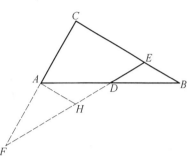

图 37.15

本文参考自:

《理科考试研究》1997 年 7 期 9 页.

第 38 天

$\triangle ABC$ 中，$\angle BAC=120°$，$\angle ABC=15°$，$\angle A$，$\angle B$，$\angle C$ 的对边分别为 a，b，c，求 $a:b:c$.

解 1 如图 38.1，设 BC 的中垂线交直线 CA 于 D，连 BD.

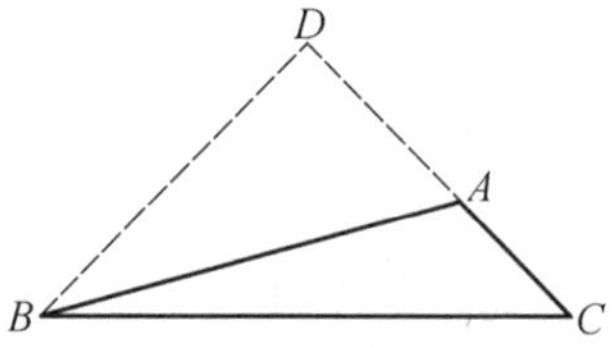

图 38.1

由 $\angle BAC=120°$，$\angle ABC=15°$，可知 $\angle C=45°$，有 $\angle DBC=45°$，$\angle D=90°$.

由 $\angle ABC=15°$，可知 $\angle ABD=30°$，有 $AB=2AD$，$BD=\sqrt{3}AD$，于是 $AC=(\sqrt{3}-1)AD$，$BC=\sqrt{2}BD=\sqrt{6}AD$，得

$$\begin{aligned}a:b:c&=\sqrt{6}AD:(\sqrt{3}-1)AD:2AD\\&=\sqrt{6}:(\sqrt{3}-1):2\end{aligned}$$

所以 $a:b:c=\sqrt{6}:(\sqrt{3}-1):2$.

解 2 如图 38.2，过 A 作 AC 的垂线交 BC 于 E，过 B 作 AE 的垂线交直线 AE 于 D.

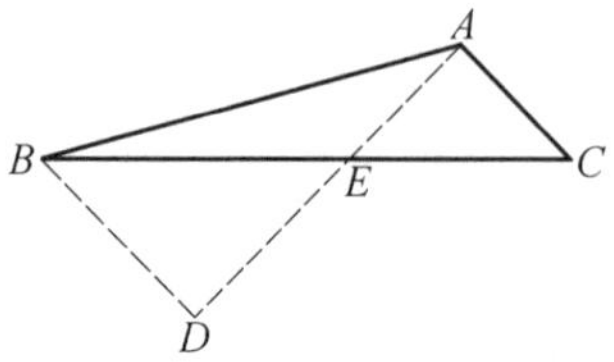

图 38.2

由 $\angle BAC=120°$，$\angle ABC=15°$，可知 $\angle C=45°$，有 $\angle DBC=45°$，$\angle D=90°$，于是 $\triangle AEC$ 与 $\triangle DEB$ 均为等腰直角三角形，得 $AE=AC$，$DE=DB$.

显然 $\angle BAD=30°$，可知 $AB=2BD$，$AD=\sqrt{3}BD$，有 $AE=(\sqrt{3}-1)BD$，$AC=(\sqrt{3}-1)BD$，$BE=\sqrt{2}BD$，$EC=\sqrt{2}AE$，于是 $BC=\sqrt{2}(BD+AE)=\sqrt{6}BD$，得

$$\begin{aligned}a:b:c&=\sqrt{6}BD:(\sqrt{3}-1)BD:2BD\\&=\sqrt{6}:(\sqrt{3}-1):2\end{aligned}$$

所以 $a:b:c=\sqrt{6}:(\sqrt{3}-1):2$.

解 3 如图 38.3，过 C 作 AC 的垂线交直线 BA 于 D，过 B 作 DC 的垂线，

E 为垂足.

显然 $\angle D = 30°$，$\triangle BCE$ 为等腰直角三角形.

易知 $BD = 2BE$，$BC = \sqrt{2}\,BE$，$DE = \sqrt{3}\,BE$，可知 $CD = (\sqrt{3}-1)BE$，有

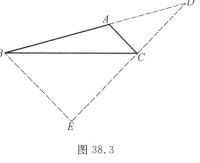

$$AC = \frac{BE \cdot CD}{DE} = \frac{\sqrt{3}-1}{\sqrt{3}}BE$$

$$AB = 2BE - 2AC = \frac{2}{\sqrt{3}}BE$$

图 38.3

所以 $a : b : c = \sqrt{6} : (\sqrt{3}-1) : 2$.

解 4 如图 38.4，过 A 作 BC 的垂线，D 为垂足，设 AB 的中垂线交 BC 于 E，连 AE.

显然 $\triangle ADC$ 为等腰直角三角形，$\angle AED = 30°$.

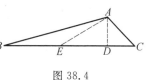

图 38.4

易知 $AC = \sqrt{2}\,AD$，$AE = 2AD$，$DE = \sqrt{3}\,AD$，可知 $BE = 2AD$，$BC = (3+\sqrt{3})AD$.

在 $\text{Rt}\triangle ABD$ 中，由勾股定理，可知

$$AB = \sqrt{AD^2 + BD^2} = \sqrt{AD^2 + (2+\sqrt{3})^2 AD^2}$$
$$= (\sqrt{6}+\sqrt{2})AD$$

所以 $a : b : c = \sqrt{6} : (\sqrt{3}-1) : 2$.

解 5 如图 38.5，设 BC 的中垂线交 AB 于 E，连 CE，过 A 分别作 CB，CE 的垂线，D，F 为垂足.

显然 $\triangle ADC$ 为等腰直角三角形，$\angle AEC = \angle ACE = 30°$.

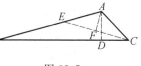

图 38.5

易知

$$AE = AC = \sqrt{2}\,AD$$

$$EB = EC = 2FC = 2 \times \frac{\sqrt{3}}{2}AC = \sqrt{6}\,AD$$

可知 $AB = (\sqrt{6}+\sqrt{2})AD$.

在 $\text{Rt}\triangle ABD$ 中由勾股定理，可知 $BD = (2+\sqrt{3})AD$，于是

$$BC = (3+\sqrt{3})AD$$

所以 $a:b:c=\sqrt{6}:(\sqrt{3}-1):2$.

解 6 如图 38.6,设 D 为 AC 延长线上的一点,$AD=AB$,过 C 分别作 BD,BA 的垂线,E,F 为垂足.

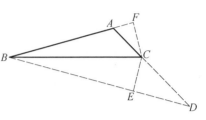

图 38.6

显然 $\angle D=\angle ABD=\dfrac{1}{2}\angle FAD=30°$,

可知

$$AF=\frac{1}{2}AC,EC=FC=\frac{\sqrt{3}}{2}AC$$

有 $CD=2CE=\sqrt{3}AC$,于是 $AB=AD=(\sqrt{3}+1)AC$,$BF=\dfrac{3+2\sqrt{3}}{2}AC$.

在 Rt$\triangle BCF$ 中,由勾股定理,可知

$$BC=\sqrt{6+3\sqrt{3}}=\sqrt{\frac{12+6\sqrt{3}}{2}}=\frac{3+\sqrt{3}}{\sqrt{2}}$$

所以 $a:b:c=\sqrt{6}:(\sqrt{3}-1):2$.

解 7 如图 38.7,设 E 为 $\triangle ABC$ 的外心,CG 为 $\triangle ABC$ 的外接圆的直径,过 A 作 BC 的垂线,D 为垂足,连 EA 交 BC 于 F,连 BG,EB.

显然 $\angle GBC=90°$.

由 $\angle BAC=120°$,可知 $\angle BGC=60°$,有 $\angle BCG=30°$.

显然 $\triangle ADC$ 与 $\triangle ABE$ 均为等腰直角三角形,$\triangle BGE$ 为正三角形.

记 R 为圆的半径.

由 $\angle BEC=2\angle BGC=120°$,可知 $BC=\sqrt{3}R$,$BA=\sqrt{2}R$.

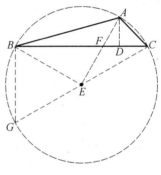

图 38.7

易知 $EF=\dfrac{\sqrt{3}}{3}R$,可知 $FA=(1-\dfrac{\sqrt{3}}{3})R$.

在 Rt$\triangle ADF$ 中,$AD=\dfrac{\sqrt{3}}{2}FA$.

在 Rt$\triangle ADC$ 中,$AC=\sqrt{2}AD=\dfrac{\sqrt{6}-\sqrt{2}}{2}R$.

所以 $a:b:c=\sqrt{6}:(\sqrt{3}-1):2$.

解 8 如图 38.8,以 BC 为一边在 $\triangle ABC$ 的外侧作正三角形 BCD,AD 与 BC 相交于 E,过 B 作 AD 的垂线,F 为垂足.

由 $\angle BAC + \angle BDC = 180°$,可知 D 就是 $\triangle ABC$ 的外接圆上面的点,有 $\angle ADB = \angle ACB = 180° - \angle BAC - \angle ABC = 45°$,$\angle BAD = \angle BCD = 60°$,于是 $\angle ABF = 30°$.

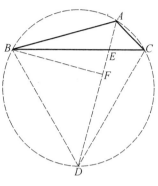

图 38.8

在 Rt$\triangle BDF$ 中,可知

$$DF = BF = \frac{1}{\sqrt{2}}BD = \frac{1}{\sqrt{2}}BC$$

在 Rt$\triangle ABF$ 中,可知 $BA = \frac{2}{\sqrt{3}}BF = \frac{\sqrt{6}}{3}BC$,有 $AF = \frac{\sqrt{6}}{6}BC$,于是 $AD = \frac{\sqrt{6}+3\sqrt{2}}{6}BC$.

由 A 为正三角形 BCD 的外接圆的弧 BC 上的一点,熟知的结论有 $AC + AB = AD$,于是

$$AC = AD - AB = \frac{3\sqrt{2}-\sqrt{6}}{6}BC$$

所以 $a : b : c = \sqrt{6} : (\sqrt{3}-1) : 2$.

解 9 如图 38.9,过 A 作 BC 的垂线,D 为垂足. $S_{\triangle ABC} = \frac{1}{2}bc\sin 120° = \frac{1}{2}a \cdot AD = \frac{\sqrt{2}}{4}ab$.

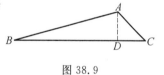

图 38.9

可知 $c = \frac{\sqrt{6}}{3}a$.

由 $BC = BD + DC$,可知

$$a - \frac{\sqrt{2}}{2}b = \sqrt{c^2 - \left(\frac{\sqrt{2}}{2}b\right)^2} = \sqrt{\frac{2}{3}a^2 - \frac{1}{2}b^2}$$

有

$$b = \frac{3\sqrt{2}-\sqrt{6}}{6}a \quad \left(b = \frac{3\sqrt{2}+\sqrt{6}}{6}a > a,舍去\right)$$

所以 $a : b : c = \sqrt{6} : (\sqrt{3}-1) : 2$.

解 10 如图 38.10,过 A 作 BC 的垂线,D 为垂足,E 为 DA 延长线上的一点,$\angle EBA = \angle ABC$.

显然 $\triangle ADC$ 为等腰直角三角形,Rt$\triangle BDE$ 中,$\angle EBD = 30°$.

设 $AD=1$，$AE=x$，可知 $AC=\sqrt{2}$，有

$$BD=\sqrt{3}\,DE=\sqrt{3}\,(1+x)$$

显然 $\dfrac{BE}{BD}=\dfrac{AE}{AD}$，可知 $BE=\sqrt{3}\,x(1+x)$.

在 Rt$\triangle BDE$ 中，由勾股定理，可知 $x=\dfrac{2}{\sqrt{3}}$，有

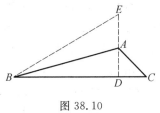

图 38.10

$$BD=2+\sqrt{3}, BC=3+\sqrt{3}.$$

在 Rt$\triangle ABD$ 中，由勾股定理，可知

$$AB=\sqrt{6}+\sqrt{2}$$

所以 $a:b:c=\sqrt{6}:(\sqrt{3}-1):2$.

第 39 天

不查表,试求 sin 15° 的值.

解 1　如图 39.1,设 $\triangle ABC$ 中,$\angle B=90°$,$\angle A=15°$,D 为 AB 延长线上的一点,$BD=BC$,过 A 作直线 CD 的垂线,E 为垂足.

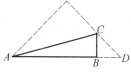

图 39.1

显然 $\triangle BCD$ 与 $\triangle ADE$ 都是等腰直角三角形,$\angle EAC=30°$.

设 $EC=1$,可知 $AC=2$,$AE=\sqrt{3}$,有 $CD=\sqrt{3}-1$,

于是 $CB=\dfrac{\sqrt{2}}{2}CD=\dfrac{\sqrt{6}-\sqrt{2}}{2}$.

所以 $\sin 15°=\sin A=\dfrac{CB}{CA}=\dfrac{\sqrt{6}-\sqrt{2}}{4}$.

解 2　如图 39.2,设 $\triangle ABC$ 中,$\angle B=90°$,$\angle A=15°$,D 为 AB 延长线上的一点,$DC=2BC$,过 A 作直线 CD 的垂线,E 为垂足.

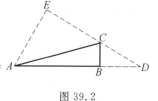

图 39.2

显然 $\angle D=30°$,$\angle EAD=60°$,可知 $\angle EAC=45°=\angle ECA$,于是 $EC=EA=\dfrac{1}{2}AD$.

设 $AE=1$,可知 $EC=1$,$AD=2$,$ED=\sqrt{3}$,$AC=\sqrt{2}$,有 $CD=\sqrt{3}-1$,于是 $CB=\dfrac{1}{2}(\sqrt{3}-1)$.

所以 $\sin 15°=\sin A=\dfrac{CB}{CA}=\dfrac{\sqrt{6}-\sqrt{2}}{4}$.

解 3　如图 39.3,设 $\triangle ABC$ 中,$\angle B=90°$,$\angle A=15°$,AC 的中垂线交 AB 于 D,连 CD.

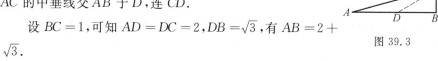

图 39.3

设 $BC=1$,可知 $AD=DC=2$,$DB=\sqrt{3}$,有 $AB=2+\sqrt{3}$.

在 $Rt\triangle ABC$ 中,由勾股定理,可知 $AC^2=8+4\sqrt{3}$,有 $AC=\sqrt{6}+\sqrt{2}$,于是

$$\sin A = \frac{1}{\sqrt{6}+\sqrt{2}} = \frac{\sqrt{6}-\sqrt{2}}{4}$$

所以 $\sin 15° = \dfrac{\sqrt{6}-\sqrt{2}}{4}$.

解 4 如图 39.4,设 $\triangle ABC$ 中,$\angle B = 90°$,$\angle A = 15°$,D 为 BC 延长线上的一点,$AD = 2DB$.

显然 $\angle DAB = 30°$,AC 平分 $\angle DAB$.

设 $BD = 1$,可知 $AD = 2$,$AB = \sqrt{3}$.

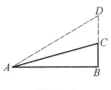

图 39.4

由 $\dfrac{AD}{AB} = \dfrac{DC}{BC}$,有 $\dfrac{AD+AB}{AB} = \dfrac{DC+BC}{BC}$,可知 $BC = 2\sqrt{3}-3$.

在 $\text{Rt}\triangle ABC$ 中,由勾股定理,可知 $AC = \sqrt{24-12\sqrt{3}} = \sqrt{6}(\sqrt{3}-1)$,于是

$$\sin \angle CAB = \frac{CB}{CA} = \frac{2\sqrt{3}-3}{\sqrt{6}(\sqrt{3}-1)} = \frac{\sqrt{6}-\sqrt{2}}{4}$$

所以 $\sin 15° = \dfrac{\sqrt{6}-\sqrt{2}}{4}$.

解 5 如图 39.5,设 $\triangle ABC$ 中,$\angle B = 90°$,$\angle A = 15°$,在 AB 上取一点 D,使 $DB = CB$,过 A 作直线 CD 的垂线,E 为垂足.

显然 $\triangle AED$ 与 $\triangle BCD$ 都是等腰直角三角形,$AC = 2AE = 2ED$.

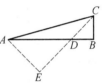

图 39.5

设 $AE = 1$,可知 $ED = 1$,$AC = 2$,$EC = \sqrt{3}$,$DC = \sqrt{3}-1$,有 $BC = \dfrac{\sqrt{2}}{2}DC = \dfrac{\sqrt{6}-\sqrt{2}}{2}$.

所以 $\sin 15° = \sin A = \dfrac{CB}{CA} = \dfrac{\sqrt{6}-\sqrt{2}}{4}$.

解 6 如图 39.6,设 $\triangle ABC$ 中,$\angle B = 90°$,$\angle A = 15°$,在 AB 的延长线上取一点 D,使 $DB = CB$,过 D 作 CD 的垂线交直线 AC 于 E,过 A 作直线 ED 的垂线,F 为垂足.

显然 $\triangle BCD$ 与 $\triangle ADF$ 均为等腰直角三角形,$FA = FD = \dfrac{1}{2}AE$,$CD = \dfrac{1}{2}CE$.

设 $BC = 1$,可知 $DC = \sqrt{2}$,有 $CE = 2\sqrt{2}$,$DE = \sqrt{6}$.

设 $FA=x$,可知 $FD=x$,$AE=2x$.

$AC=2x-2\sqrt{2}$,$DE=(\sqrt{3}-1)x=\sqrt{6}$,有

$x=\dfrac{\sqrt{6}}{\sqrt{3}-1}$,于是 $AC=\sqrt{6}+\sqrt{2}$,得

$$\sin A=\frac{CB}{CA}=\frac{\sqrt{6}-\sqrt{2}}{4}$$

所以 $\sin 15°=\dfrac{\sqrt{6}-\sqrt{2}}{4}$.

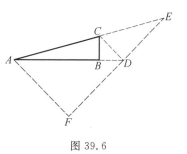

图 39.6

本文参考自:

《中小学数学》1998 年 1 期 27 页.

第 40 天

在 $\triangle ABC$ 中, $\angle A = 45°$, $AD \perp BC$ 于 D. 已知 $BD = 3$, $CD = 2$, 求 $\triangle ABC$ 的面积.

解 1 如图 40.1, 设 E 是 D 关于 AB 的对称点, G 是 D 关于 AC 的对称点, EB 与 GC 交于 F, 连 AE, AG.

显然四边形 $AEFG$ 是正方形, 可知 $EB = BD = 3$, $GC = DC = 2$.

设正方形边长为 a, 可知 $BF = a - 3$, $FC = a - 2$.

在 $\text{Rt}\triangle BCF$ 中, 由勾股定理, 可知
$$(a-3)^2 + (a-2)^2 = 5^2$$

解得 $a = 6$ (舍去负值), 可知 $AD = 6$, 有
$$S_{\triangle ABC} = \frac{1}{2} BC \cdot AD = 15$$

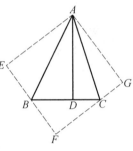

图 40.1

所以 $\triangle ABC$ 的面积是 15.

解 2 如图 40.2, 设 $\angle DAC = \alpha$, $\angle DAB = \beta$, $AD = a$, 可知 $\alpha + \beta = 45°$.

由 $DC = 2$, $BD = 3$, 可知 $\tan \alpha = \dfrac{2}{a}$, $\tan \beta = \dfrac{3}{a}$, 有

$$\tan 45° = \tan(\alpha + \beta) = \frac{\tan \alpha + \tan \beta}{1 - \tan \alpha \cdot \tan \beta}$$

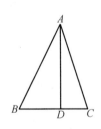

图 40.2

$$= \frac{\dfrac{2}{a} + \dfrac{3}{a}}{1 - \dfrac{2}{a} \cdot \dfrac{3}{a}} = \frac{5a}{a^2 - 6} = 1$$

于是 $a^2 - 5a - 6 = 0$, 解得 $a = 6$ (舍去负值), 即 $AD = 6$, 故
$$S_{\triangle ABC} = \frac{1}{2} BC \cdot AD = 15$$

所以 $\triangle ABC$ 的面积是 15.

解 3 如图 40.3, 过 C 作 AB 的垂线, E 为垂足.

显然

$$AB = \sqrt{AD^2 + 9}, AC = \sqrt{AD^2 + 4}$$

$$CE = AC \cdot \sin 45°$$

$$S_{\triangle ABC} = \frac{1}{2}BC \cdot AD = \frac{1}{2}AB \cdot AC \cdot \sin 45°$$

可知 $5AD = \frac{\sqrt{2}}{2}\sqrt{AD^2 + 9} \cdot \sqrt{AD^2 + 4}$，有

$$AD^4 - 37AD^2 + 36 = 0$$

或

$$(AD^2 - 1) \cdot (AD^2 - 36) = 0$$

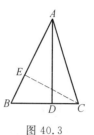

图 40.3

于是 $AD^2 = 1$，或 $AD^2 = 36$，得到 AD 的四个数值，其中只有 $AD = 6$ 符合题意（另外三个舍去）．

显然 $S_{\triangle ABC} = \frac{1}{2}BC \cdot AD = 15$．

所以 $\triangle ABC$ 的面积是 15．

解 4 如图 40.4，设 E，F 为 AD 上的两个点，$ED = 3$，$FD = 2$，连 BE，CF．

显然 $\triangle BDE$ 与 $\triangle BCF$ 均为等腰直角三角形，可知 $\angle BED = 45° = \angle BAC = \angle CFD$，有 $\angle EBA = 45° - \angle EAB = \angle FAC$，$\angle EAB = 45° - \angle FAC = \angle FCA$，于是 $\triangle ABE \backsim \triangle CAF$，得 $\dfrac{BE}{AF} = \dfrac{AE}{CF}$．

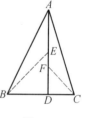

图 40.4

显然 $\dfrac{3\sqrt{2}}{AD - 2} = \dfrac{AD - 3}{2\sqrt{2}}$，可知 $AD^2 - 5AD - 6 = 0$，有

$AD = 6$（舍去 $AD = -1$），于是

$$S_{\triangle ABC} = \frac{1}{2}BC \cdot AD = 15$$

所以 $\triangle ABC$ 的面积是 15．

证明 5 如图 40.5，设 O 为 $\triangle ABC$ 的外心，过 O 作 BC 的垂线，E 为垂足，过 O 作 AD 的垂线，F 为垂足，连 OA，OB，OC．

显然四边形 $OEDF$ 为矩形．

显然 E 为 BC 的中点，可知 $BE = EC = \dfrac{5}{2}$，$OF = \dfrac{1}{2}$．

显然 $\angle BOC = 2\angle BAC = 90°$，可知 $\triangle OBC$ 为等腰

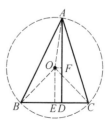

图 40.5

直角三角形,有 $OA = OB = \dfrac{5\sqrt{2}}{2}$.

在 Rt$\triangle AOF$ 中,可知 $AF = \dfrac{7}{2}$,有 $AD = 6$,于是 $S_{\triangle ABC} = \dfrac{1}{2}BC \cdot AD = 15$.

所以 $\triangle ABC$ 的面积是 15.

证明 6　如图 40.6,设 E,F 为直线 BC 上的两个点,$ED = DF = DA$,设 G 为 C 关于 AB 的对称点,连 AE,AF,GA,GB.

显然 $AG = AC$,$\angle GAB = \angle CAB = 45°$,可知 $\angle GAC = 90° = \angle EAF$,有 $\angle GAE = \angle CAF$,于是 $\triangle AEG \cong \triangle AFC$,得 $\angle GEA = \angle F = 45°$.

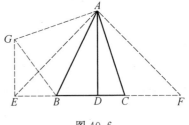

图 40.6

显然 $\angle GEC = 90°$,$GB = BC = 5$,$EB = ED - BD = AD - 3$,$GE = CF = DF - DC = AD - 2$,依勾股定理,可知 $EG^2 + EB^2 = GB^2$,有
$$(AD-3)^2 + (AD-2)^2 = 5^2$$
于是 $AD^2 - 5AD - 6 = 0$ 有 $AD = 6$(舍去 $AD = -1$),于是
$$S_{\triangle ABC} = \dfrac{1}{2}BC \cdot AD = 15$$

所以 $\triangle ABC$ 的面积是 15.

本文参考自:

1.《数学教师》1998 年 3 期 38 页.

2.《中学生数学》2002 年 7 期 15 页.

第 41 天

如图 41.1,设 △DEF 与 △ABC 均为正三角形,P,Q,R 分别为 AD,BE,CF 的中点.

求证:△PQR 为正三角形.

证明 1 如图 41.1,设 M,N 分别为 EA,EC 的中点,连 MQ,MP,MN,NQ,NR.

易知 $MQ = \dfrac{1}{2}AB,QN = \dfrac{1}{2}BC$,可知 $MQ = QN$.

显然 $MP = \dfrac{1}{2}ED,NR = \dfrac{1}{2}EF$,可知 $MP = NR$.

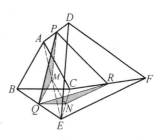

图 41.1

由 $MQ \parallel AB,QN \parallel BC,\angle ABC = 60°$,可知 QM 与 QN 成 $60°$ 的角.

同理 MP 与 NR 成 $60°$ 的角,可知 $\angle QMP = \angle QNR$,有 △$QMP \cong$ △QNR,于是 $QP = QR$.

同理 $PQ = PR$.

所以 △PQR 为正三角形.

证明 2 如图 41.2,设 M 为 EP 延长线上一点,$PM = PE$,设 N 为 ER 延长线上一点,$RN = ER$,连 $MA,MB,MD,MN,AE,NB,NC,NF,CE$.

显然四边形 $AEDM$ 与四边形 $CEFN$ 均为平行四边形,可知 $AM = ED,CN = EF$,有 $AM = CN$.

由直线 ED 与 EF 成角为 $60°$,可知 AM 与 CN 成角为 $60°$.

由 $\angle ABC = 60°$,可知 $\angle MAB = \angle NCB$,有 △$MAB \cong$ △NCB,于是 $BM = BN$,$\angle ABM = \angle CBN$,进而 $\angle MBN = 60°$,得 △MBN 为正三角形.

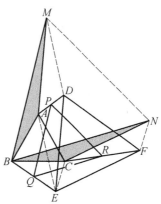

图 41.2

所以 $\triangle PQR$ 为正三角形.

证明 3　如图 41.3,以 BE,BC 为邻边作平行四边形 $EBCH$,以 BE,BA 为邻边作平行四边形 $EBAG$,连 DG,GH,HF,设 M,N 分别为 AG,CH 的中点,连 MQ,QN,NM,PM,RN.

图 41.3

显然四边形 $ACHG$ 为平行四边形,$\triangle GEH \cong \triangle MQN \cong \triangle ABC$.

易知 $\triangle GED \cong \triangle HEF$,可知 $GD = HF$,有 $MP = NR$,于是 $\triangle MQP \cong \triangle NQR$,得 $QP = QR$.

显然 $\angle PQR = \angle MQN = 60°$,可知 $\triangle PQR$ 为正三角形.

所以 $\triangle PQR$ 为正三角形.

本文参考自:

安徽《中学数学教学》1984 年第 1 期第 46 页.

第 42 天

已知等腰 △ABC 的顶角 A 为 108°,D 为 AC 延长线上一点,且 AD=BC,M 为 BD 的中点.

求 ∠CMA 的度数.

解 1　如图 42.1,延长 CM 到 E,使 ME=CM,连 EA,EB,ED.

由 M 为 BD 的中点,可知四边形 BCDE 为平行四边形,有 ED=BC=AD,∠EDA=∠BCA=$\frac{1}{2}$(180°−∠BAC)=36°.

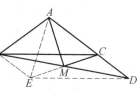

图 42.1

显然 ∠AED=∠EAD=$\frac{1}{2}$(180°−∠EDA)=72°,可知 ∠BAE=36°.

由 ∠EBC=∠ACB=36°,可知 ∠ABE=72°,有 ∠AEB=72°=∠ABE,于是 AE=AB,进而 AE=AC.

显然 AM 是 EC 的中垂线.

所以 ∠CMA=90°.

解 2　如图 42.2,设 E 为 AM 延长线上一点,ME=AM,连 ED,EC,EB.

显然 BE=AD=BC,可知 ∠ECB=∠CEB=∠ECD.

由 ∠ACB=$\frac{1}{2}$(180°−∠BAC)=36°,可知

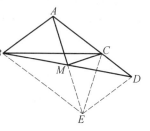

图 42.2

∠BCE=$\frac{1}{2}$(180°−∠ACB)=72°,有 ∠CEB=72°,于是 ∠CBE=36°,进而 ∠ABE=72°.

显然 ∠ADE=∠ABE,可知 ∠ADE=72°=∠DCE,有 CE=DE=AB=AC.

在 △CAE 中,易知 CM 为 AE 的中垂线.

所以 ∠CMA=90°.

解 3　如图 42.3,设 ∠ABC 的平分线交 AD 于 E,在 BC 上取一点 G,使

$BG = BA$，连 EG.

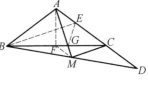

显然 $\triangle EBA \cong \triangle EBG$，可知 $\angle EGB = \angle EAB = 108°$，有 $\angle EGC = 72°$.

由 $AB = AC$，$\angle BAC = 108°$，可知 $\angle ACB = \angle ABC = 36°$，有 $\angle GEC = 72° = \angle EGC$，于是 $EC = GC$.

图 42.3

由 $BC = AD$，可知 $BG + GC = AC + CD$，有 $GC = CD$，于是 $EC = CD$.

显然 MC 为 $\triangle DEB$ 的中位线，可知 $MC \parallel BE$，有 $\angle BCM = \angle EBC = 18°$，于是 $\angle MCA = 54°$.

过 A 作 BC 的垂线，F 为垂足，连 FM.

显然 F 为 BC 的中点，可知 $FM \parallel AC$.

由 $\angle FAC = 54° = \angle MCA$，可知四边形 $AFMC$ 为等腰梯形，有 $\angle CMA = \angle AFC = 90°$.

所以 $\angle CMA = 90°$.

（注：G 为 BC 与 AM 的交点）

解 4 如图 42.4，分别以 BA，BC 为邻边作平行四边形 $ABCE$，设直线 EC，AM 相交于 F，直线 AM，BC 相交于 N，连 DE，DF.

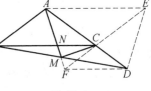

由 $\angle BAC = 108°$，$AB = AC$，可知 $\angle ABC = \angle ACB = 36°$，有 $\angle AEF = 36°$，$CE = CA$.

图 42.4

显然 $AE = BC = AD$，$\angle EAD = \angle ACB = 36° = \angle AEF$，可知 $\angle AED = \angle ADE = 72°$，有 EF 平分 $\angle AED$，于是 $\angle ECD = 72° = \angle ADE$，得 $\angle ACF = 72°$.

显然 BC 平分 $\angle ACF$，可知 $\dfrac{AN}{NF} = \dfrac{CA}{CF} = \dfrac{CE}{CF}$，有 $FD \parallel BC$，于是 $\angle EFD = \angle AEF = 36°$，$\angle ADF = \angle EAD = 36° = \angle EFD$，进而 $CD = CF$，$EF = AD$.

显然四边形 $AFDE$ 为等腰梯形，可知 $AF = ED = AC$，$\angle FAC = 36° = \angle ACB$，$\angle CNF = 72° = \angle CFN$，有 $CN = CF$.

由 M 为 BD 的中点，可知 M 为 NF 的中点，有 CM 为等腰三角形 CFN 的底边 FN 上的高线.

所以 $\angle CMA = 90°$.

本文参考自：

《中等数学》1999 年第 2 期第 49 页.

第 43 天

已知 AD 是 $\triangle ABC$ 的中线,E 是 AD 的中点,F 是 BE 的延长线与 AC 的交点.

求证:$AF = \dfrac{1}{2}FC$.

证明 1 如图 43.1,过 D 作 BF 的平行线交 AC 于 G.

由 D 为 BC 的中点,可知 G 为 FC 的中点,即 $FG = GC$.

由 E 为 AD 的中点,可知 F 为 AG 的中点,有 $AF = FG$,于是 $AF = FG = GC$.

所以 $AF = \dfrac{1}{2}FC$.

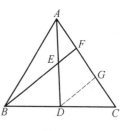

图 43.1

证明 2 如图 43.2,过 D 作 AC 的平行线交 BF 于 G.

由 D 为 BC 的中点,可知 G 为 BF 的中点,有 $DG = \dfrac{1}{2}FC$.

由 E 为 AD 的中点,可知 E 为 GF 的中点,有 $\triangle EDG \cong \triangle EAF$,于是 $GD = AF$,得 $AF = \dfrac{1}{2}FC$.

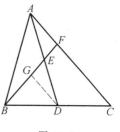

图 43.2

所以 $AF = \dfrac{1}{2}FC$.

证明 3 如图 43.3,过 D 作 AC 的平行线,分别交 BF,BA 于 H,G.

由 D 为 BC 的中点,可知 H 为 BF 的中点,G 为 BA 的中点,有 $GH = \dfrac{1}{2}AF$.

由 E 为 AD 的中点,可知 E 为 HF 的中点,有 $\triangle EDH \cong \triangle EAF$,于是 $DH = AF$,得 $GH = \dfrac{1}{2}DH$.

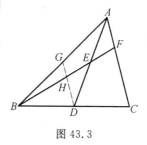

图 43.3

易知 $\dfrac{AF}{GH}=\dfrac{BF}{BH}=\dfrac{FC}{HD}$,可知 $\dfrac{AF}{FC}=\dfrac{GH}{HD}$,有 $\dfrac{AF}{FC}=\dfrac{1}{2}$.

所以 $AF=\dfrac{1}{2}FC$.

证明 4 如图 43.4,过 C 作 AD 的平行线交直线 BF 于 G.

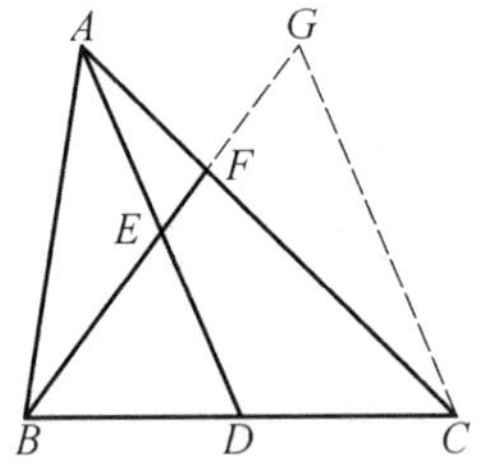

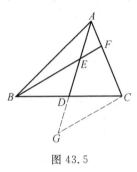

由 D 为 BC 的中点,可知 DE 为 $\triangle BCG$ 的中位线,有 $DE=\dfrac{1}{2}GC$.

由 E 为 AD 的中点,可知 $AE=ED=\dfrac{1}{2}GC$,有 $\dfrac{AE}{GC}=\dfrac{1}{2}$.

图 43.4

显然 $\triangle FAE\backsim\triangle FCG$,可知 $\dfrac{AF}{FC}=\dfrac{AE}{GC}$.

所以 $AF=\dfrac{1}{2}FC$.

证明 5 如图 43.5,过 C 作 BF 的平行线交直线 AD 于 G.

由 D 为 BC 的中点,可知 D 为 EG 的中点,有 $ED=\dfrac{1}{2}EG$.

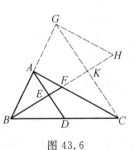

由 E 为 AD 的中点,可知 $AE=ED$,有 $AE=\dfrac{1}{2}EG$,于是 $\dfrac{AE}{EG}=\dfrac{1}{2}$.

图 43.5

显然 $\dfrac{AF}{FC}=\dfrac{AE}{EG}$.

所以 $AF=\dfrac{1}{2}FC$.

证明 6 如图 43.6,过 C 作 AD 的平行线交直线 AB 于 G,过 G 作 AC 的平行线交直线 BF 于 H,K 为 BH,CG 的交点.

由 D 为 BC 的中点,可知 A 为 BG 的交点,有 F 为 BH 的中点,于是 $AF=\dfrac{1}{2}GH$.

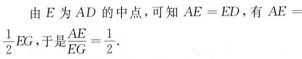

由 E 为 AD 的中点,可知 K 为 GC 的中点,有 K 为 FH 的中点,于是 $\triangle KFC\cong\triangle KHG$,得 $FC=$

图 43.6

GH.

所以 $AF = \dfrac{1}{2}FC$.

证明 7 如图 43.7,过 C 作 AD 的平行线分别交直线 AB,FB 于 G,H.

由 D 为 BC 的中点,可知 A 为 BG 的中点,E 为 BH 的中点,有 $AE = \dfrac{1}{2}GH$.

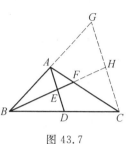

图 43.7

由 E 为 AD 的中点,可知 H 为 GC 的中点,有 $HC = GH$,于是 $AE = \dfrac{1}{2}HC$,得 $\dfrac{AE}{HC} = \dfrac{1}{2}$.

显然 $\triangle FAE \backsim \triangle FCH$,可知 $\dfrac{AF}{FC} = \dfrac{AE}{HC}$,有 $\dfrac{AF}{FC} = \dfrac{1}{2}$.

所以 $AF = \dfrac{1}{2}FC$.

证明 8 如图 43.8,过 A 作 FB 的平行线交直线 BC 于 G.

由 E 为 AD 的中点,可知 B 为 GD 的中点,有 $GB = BD$.

由 D 为 BC 的中点,可知 $BD = DC$,或 $BD = \dfrac{1}{2}BC$,有 $GB = \dfrac{1}{2}BC$,于是 $\dfrac{GB}{BC} = \dfrac{1}{2}$.

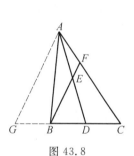

图 43.8

显然 $\dfrac{AF}{FC} = \dfrac{GB}{BC} = \dfrac{1}{2}$.

所以 $AF = \dfrac{1}{2}FC$.

证明 9 如图 43.9,过 A 作 BC 的平行线交直线 BF 于 G.

由 E 为 AD 的中点,可知 E 为 BG 的中点,有 $\triangle EAG \cong \triangle EDB$,于是 $AG = DB$.

由 D 为 BC 的中点,可知 $DC = BD$,有 $AG = \dfrac{1}{2}BC$,于是 $\dfrac{AG}{BC} = \dfrac{1}{2}$.

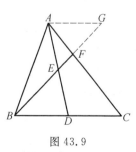

图 43.9

显然 $\triangle FAG \backsim \triangle FCB$,可知 $\dfrac{AF}{FC} = \dfrac{AG}{BC} = \dfrac{1}{2}$.

所以 $AF = \dfrac{1}{2}FC$.

证明 10　如图 43.10,过 B 作 AC 的平行线交直线 AD 于 H.

由 D 为 BC 的中点,可知 D 为 AH 的中点,有 $\triangle DCA \cong \triangle DBH$,于是 $BH = AC$.

由 E 为 AD 的中点,可知 $\dfrac{AE}{EH} = \dfrac{1}{3}$.

显然 $\triangle EFA \backsim \triangle EBH$,可知 $\dfrac{AF}{BH} = \dfrac{AE}{EH} = \dfrac{1}{3}$,有

$\dfrac{AF}{AC} = \dfrac{1}{3}$,于是 $\dfrac{AF}{AC - AF} = \dfrac{1}{3-1} = \dfrac{1}{2}$,得 $\dfrac{AF}{FC} = \dfrac{1}{2}$.

所以 $AF = \dfrac{1}{2}FC$.

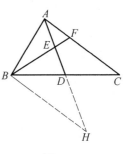

图 43.10

证明 11　如图 43.11,过 B 作 AD 的平行线交直线 AC 于 G.

由 D 为 BC 的中点,可知 A 为 GC 的中点,有 $AG = AC$,$AD = \dfrac{1}{2}BG$.

由 E 为 AD 的中点,可知 $AE = \dfrac{1}{2}AD = \dfrac{1}{4}BG$.

显然 $\dfrac{AF}{GF} = \dfrac{AE}{BG} = \dfrac{1}{4}$,可知 $\dfrac{AF}{AG} = \dfrac{1}{3}$,有 $\dfrac{AF}{AC} = \dfrac{1}{3}$,

于是 $\dfrac{AF}{FC} = \dfrac{1}{2}$.

所以 $AF = \dfrac{1}{2}FC$.

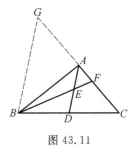

图 43.11

证明 12　如图 43.12,设 G 为 AD 延长线上一点,$DG = AD$,连 GB,GC.

由 D 为 BC 的中点,可知四边形 $ABGC$ 为平行四边形,有 $BG \ / \ / \ AC$,$BG = AC$,于是

$$\frac{AF}{AC} = \frac{AF}{BG} = \frac{AE}{EG}$$

由 E 为 AD 的中点,可知 $\dfrac{AE}{EG} = \dfrac{1}{3}$,于是 $\dfrac{AF}{AC} = \dfrac{1}{3}$,

得 $\dfrac{AF}{FC} = \dfrac{1}{2}$.

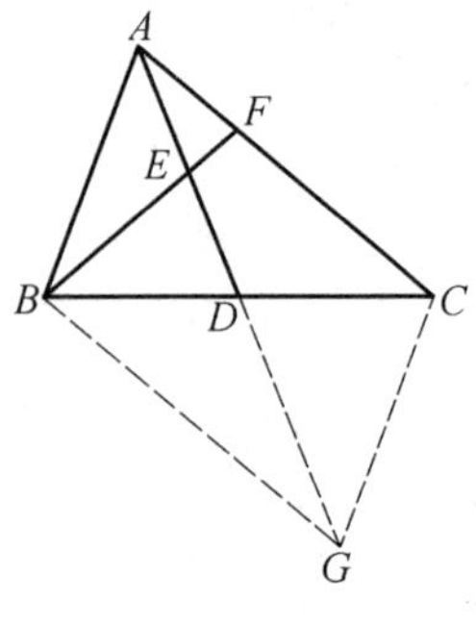

图 43.12

所以 $AF = \dfrac{1}{2}FC$.

证明 13　如图 43.13,直线 BEF 截 $\triangle ADC$ 的三边,由梅涅劳斯定理,可知

$$\frac{CB}{DB} \cdot \frac{DE}{AE} \cdot \frac{AF}{CF} = 1$$

代入 $AE = DE, CB = 2DB$,得 $\dfrac{AF}{FC} = \dfrac{1}{2}$.

所以 $AF = \dfrac{1}{2}FC$.

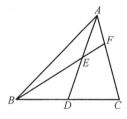

图 43.13

证明 14　如图 43.14,设 H 为 BF 延长线上一点,$EH = BE$,连 AH,DH,DH,AC 相交于 G.

由 E 为 AD 的中点,可知四边形 $ABDH$ 为平行四边形,有 $AH /\!/ BC$,$AH = BD$.

由 D 为 BC 的中点,可知 $BC = 2BD$.

显然 $\dfrac{AF}{FC} = \dfrac{AH}{BC} = \dfrac{1}{2}$.

所以 $AF = \dfrac{1}{2}FC$.

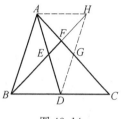

图 43.14

证明 15　如图 43.15,过 E 作 BC 的平行线交 AC 于 G.

由 E 为 AD 的中点,可知 G 为 AC 的中点,可知 $EG = \dfrac{1}{2}DC$.

由 D 为 BC 的中点,可知 $EG = \dfrac{1}{4}DC$.

显然 $\dfrac{FG}{FC} = \dfrac{EG}{BC} = \dfrac{1}{4}$,可知 $AG = GC = 3FG$,$FC =$

$4FG$,有 $AF = 2FG$,于是 $\dfrac{AF}{FC} = \dfrac{1}{2}$.

所以 $AF = \dfrac{1}{2}FC$.

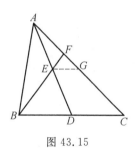

图 43.15

证明 16　如图 43.16,过 E 作 AB 的平行线分别交 BC,AC 于 K,L,过 E 作 AC 的平行线分别交直线 BA,BC 于 G,H.

由 E 为 AD 的中点,可知 K 为 BD 的中点,H 为 DC 的中点.

由 D 为 BC 的中点,可知 $BK = KD = DH = HC$,有 $\dfrac{GE}{EH} = \dfrac{BK}{KH} = \dfrac{1}{2}$.

由$\dfrac{AF}{GE}=\dfrac{BF}{BE}=\dfrac{FC}{EH}$,有$\dfrac{AF}{FC}=\dfrac{GE}{EH}=\dfrac{1}{2}$.

所以$AF=\dfrac{1}{2}FC$.

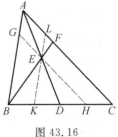

图 43.16

证明 17 如图 43.17,过 E 作 BC 的平行线交 AB 于 K,过 E 作 AC 的平行线分别交 AB,BC 于 G, H.

由 E 为 AD 的中点,可知 KE 为 $\triangle ABD$ 的中位线,有 $KE=\dfrac{1}{2}BD$.

由 E 为 AD 的中点,可知 H 为 DC 的中点,有 $DH=HC$.

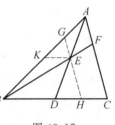

图 43.17

由 D 为 BC 的中点,可知 $BD=2DH$,或 $BH=3DH$,有$\dfrac{KE}{BH}=\dfrac{1}{3}$,于是$\dfrac{GE}{GH}=\dfrac{KE}{BH}=\dfrac{1}{3}$,得$\dfrac{GE}{EH}=\dfrac{1}{2}$.

由$\dfrac{AF}{GE}=\dfrac{BF}{BE}=\dfrac{FC}{EH}$,有$\dfrac{AF}{FC}=\dfrac{GE}{EH}=\dfrac{1}{2}$.

所以 $AF=\dfrac{1}{2}FC$.

证明 18 如图 43.18,过 F 作 BC 的平行线分别交 AB,AD 于 G,H,连 GE,CE,分别过 G,F 作 AD 的平行线交 BC 于 K,L.

有 D 为 BC 的中点,可知 H 为 FG 的中点.

由 $\triangle EFH \backsim \triangle EBD$,可知$\dfrac{EF}{EB}=\dfrac{HF}{BD}=\dfrac{GF}{BC}$,有 $\triangle EFG \backsim \triangle EBC$,于是 $\angle GEF=\angle CEB$,得 G,E,C 三点共线.

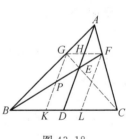

图 43.18

由 E 为 AD 的中点,可知 P 为 GK 的中点.

显然四边形 $GKLF$ 为平行四边形,可知 $FL=GK=2PK$,有 K 为 BL 的中点.

由 D 为 BC 的中点,D 为 KL 的中点,可知 $LC=2DL$.

显然$\dfrac{AF}{FC}=\dfrac{DL}{LC}=\dfrac{1}{2}$.

所以 $AF=\dfrac{1}{2}FC$.

证明 19 如图 43.19,过 F 作 AD 的平行线分别交直线 BC,AB 于 G,H,

过 H 作 BC 的平行线分别交直线 AD ,AC 于 K ,L .

由 E 为 AD 的中点,可知 F 为 GH 的中点,有 F 为 LC 的中点.

易知 $\dfrac{KH}{BD}=\dfrac{AK}{AD}=\dfrac{HL}{BC}$,由 $BC=2BD$,可知 $LH=2KH$,有 A 为 LF 的中点,于是 $\dfrac{AF}{FC}=\dfrac{1}{2}$

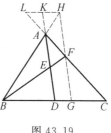

图 43.19

所以 $AF=\dfrac{1}{2}FC$.

证明 20 如图 43.20,过 F 作 BC 的平行线分别交 AB ,AD 于 K ,L ,过 K 作 AD 的平行线分别交 BC ,BF 于 G ,H ,连 FG 交 AD 于 M .

由 E 为 AD 的中点,可知 H 为 KG 的中点,有 $\triangle HKF \cong \triangle HGB$,于是 $KF=BG$,得四边形 $BGFK$ 为平行四边形.

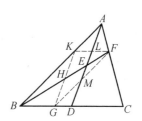

图 43.20

显然四边形 $KGDL$ 为平行四边形,可知 $GD=KL=LF$,有 M 为 LD 的中点.

由 L 为 KF 的中点,可知 L 为 AM 的中点,有 $\dfrac{AL}{LD}=\dfrac{1}{2}$,于是 $\dfrac{AF}{FC}=\dfrac{AL}{LD}=\dfrac{1}{2}$.

所以 $AF=\dfrac{1}{2}FC$.

证明 21 如图 43.21,连 EC .

由 D 为 BC 的中点,可知 $S_{\triangle EDB}=S_{\triangle EDC}$.

由 E 为 AD 的中点,可知 $S_{\triangle EDB}=S_{\triangle EAB}$,有

$$\dfrac{AF}{FC}=\dfrac{S_{\triangle ABF}}{S_{\triangle CBF}}=\dfrac{S_{\triangle AEF}}{S_{\triangle CEF}}=\dfrac{S_{\triangle ABF}-S_{\triangle AEF}}{S_{\triangle CBF}-S_{\triangle CEF}}$$

$$=\dfrac{S_{\triangle ABE}}{S_{\triangle CBE}}=\dfrac{S_{\triangle EAB}}{S_{\triangle EDB}+S_{\triangle EDC}}=\dfrac{1}{2}$$

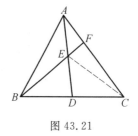

图 43.21

所以 $AF=\dfrac{1}{2}FC$.

证明 22 如图 43.3,过 D 作 AC 的平行线分别交直线 BA ,BF 于 G ,H .

由 D 为 BC 的中点,可知 G 为 AB 的中点.

由 E 为 AD 的中点,可知 H 为 $\triangle ABD$ 的重心,有 $\dfrac{GH}{HD}=\dfrac{1}{2}$.

易知 $\dfrac{AF}{GH}=\dfrac{BF}{BH}=\dfrac{FC}{HD}$,可知

$$\frac{AF}{FC} = \frac{GH}{HD} = \frac{1}{2}$$

所以 $AF = \frac{1}{2}FC$.

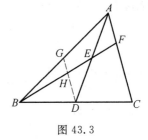

图 43.3

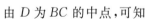

如图 44.1,设 D 为 $\triangle ABC$ 的 BC 边的中点,经过 D 点的直线分别交直线 AC,AB 于 E,F.

求证:$\dfrac{EA}{EC} = \dfrac{FA}{FB}$.

证明 1 如图 44.1,过 A 作 BC 的平行线交 FD 于 G.

显然 $\dfrac{EA}{EC} = \dfrac{AG}{DC} = \dfrac{AG}{BD} = \dfrac{FA}{FB}$.

所以 $\dfrac{EA}{EC} = \dfrac{FA}{FB}$.

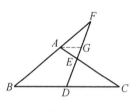

图 44.1

证明 2 如图 44.2,过 A 作 FD 的平行线交 BC 于 G.

显然 $\dfrac{EA}{EC} = \dfrac{DG}{DC} = \dfrac{DG}{BD} = \dfrac{FA}{FB}$.

所以 $\dfrac{EA}{EC} = \dfrac{FA}{FB}$.

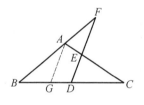

图 44.2

证明 3 如图 44.3,过 B 作 AC 的平行线交直线 FD 于 G.

由 D 为 BC 的中点,可知

$$BG = CE$$

$$\dfrac{EA}{EC} = \dfrac{EA}{BG} = \dfrac{FA}{FB}$$

所以 $\dfrac{EA}{EC} = \dfrac{FA}{FB}$.

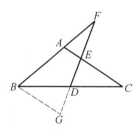

图 44.3

证明 4 如图 44.4,过 B 作 DF 的平行线交直线 AC 于 G.

由 D 为 BC 的中点,可知 E 为 GC 的中点.

易知 $\dfrac{EA}{AG} = \dfrac{FA}{AB}$,可知 $\dfrac{EA}{AG + EA} = \dfrac{FA}{AB + FA}$,即 $\dfrac{EA}{EG} = \dfrac{FA}{FB}$,于是

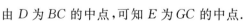

$$\frac{EA}{EC}=\frac{EA}{EG}=\frac{FA}{FB}$$

所以 $\dfrac{EA}{EC}=\dfrac{FA}{FB}$.

证明5 如图 44.5,过 C 作 BF 的平行线交直线 FD 于 G.

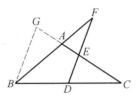

图 44.4

由 D 为 BC 的中点,可知 $GC=FB$.

显然 $\dfrac{EA}{EC}=\dfrac{FA}{CG}=\dfrac{FA}{FB}$.

所以 $\dfrac{EA}{EC}=\dfrac{FA}{FB}$.

证明6 如图 44.6,过 C 作 DF 的平行线交直线 BF 于 G.

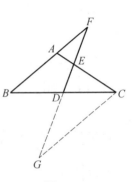

由 D 为 BC 的中点,可知 F 为 BG 的中点.

显然 $\dfrac{EA}{EC}=\dfrac{FA}{FG}=\dfrac{FA}{FB}$.

所以 $\dfrac{EA}{EC}=\dfrac{FA}{FB}$.

证明7 如图 44.7,过 D 作 BF 的平行线交 AC 于 G.

图 44.5

由 D 为 BC 的中点,可知 G 为 AC 的中点,$DG=\dfrac{1}{2}AB$.

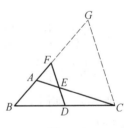

易知

$$\frac{AF}{DG}=\frac{AE}{EG}$$

$$\frac{FB}{DG}=\frac{FA}{DG}+\frac{AB}{DG}=\frac{AE}{EG}+2=\frac{AE+2EG}{EG}$$

图 44.6

可知

$$\frac{FB}{FA}=\frac{AE+2EG}{AE}=\frac{AG+EG}{AE}$$

$$=\frac{GC+EG}{AE}=\frac{EC}{AE}$$

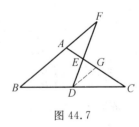

图 44.7

所以 $\dfrac{EA}{EC}=\dfrac{FA}{FB}$.

证明8 如图 44.8,过 D 作 CA 的平行线交 AB 于 G.

由 D 为 BC 的中点,可知 G 为 AB 的中点,$GD =$
$\dfrac{1}{2}AC.$ 易知

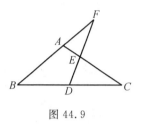

图 44.8

$$\frac{FB}{FA} = \frac{FA + 2AG}{FA} = \frac{2FG - FA}{FA} = \frac{2FG}{FA} - 1$$

$$= \frac{2GD}{AE} - 1 = \frac{AC}{AE} - 1 = \frac{AC - AE}{AE} = \frac{EC}{EA}$$

所以 $\dfrac{EA}{EC} = \dfrac{FA}{FB}$.

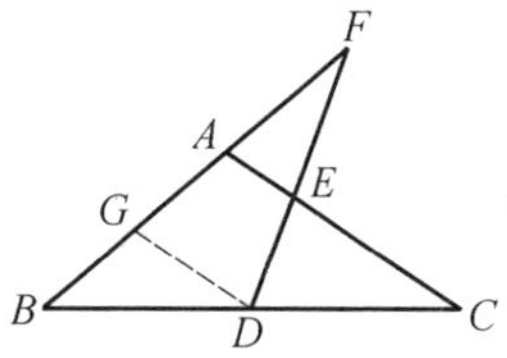

证明 9　如图 44.9,直线 DEF 截 $\triangle CBA$.

由梅涅劳斯定理,可知 $\dfrac{BF}{FA} \cdot \dfrac{AE}{EC} \cdot \dfrac{CD}{DB} = 1$,其中
$CD = DB$.

所以 $\dfrac{EA}{EC} = \dfrac{FA}{FB}$.

图 44.9

第 45 天

如图 45.1,一直线分别交 $\triangle ABC$ 的 AC, AB, CB 延长线于 D, E, F, $AD = FB$. 求证:$\dfrac{CA}{CB} = \dfrac{EF}{ED}$.

证明1 如图 45.1,过 D 作 FC 的平行线交 AB 于 G.

易知 $\dfrac{EF}{ED} = \dfrac{FB}{GD} = \dfrac{AD}{GD} = \dfrac{CA}{CB}$.

所以 $\dfrac{CA}{CB} = \dfrac{EF}{ED}$.

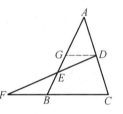

图 45.1

证明2 如图 45.2,过 D 作 AB 的平行线交 FC 于 G.

易知 $\dfrac{EF}{ED} = \dfrac{BF}{BG} = \dfrac{AD}{BG} = \dfrac{CA}{CB}$.

所以 $\dfrac{CA}{CB} = \dfrac{EF}{ED}$.

证明3 如图 45.3,过 F 作 AB 的平行线交直线 AC 于 G.

易知 $\dfrac{EF}{ED} = \dfrac{AG}{AD} = \dfrac{AG}{BF} = \dfrac{CA}{CB}$.

所以 $\dfrac{CA}{CB} = \dfrac{EF}{ED}$.

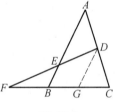

图 45.2

证明4 如图 45.4,过 F 作 AC 的平行线交直线 AB 于 G.

易知 $\dfrac{EF}{ED} = \dfrac{GF}{AD} = \dfrac{GF}{BF} = \dfrac{CA}{CB}$.

所以 $\dfrac{CA}{CB} = \dfrac{EF}{ED}$.

证明5 如图 45.5,由梅涅劳斯定理,可知

$$\frac{FB}{BC} \cdot \frac{CA}{AD} \cdot \frac{DE}{EF} = 1$$

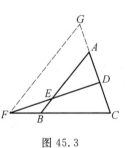

图 45.3

代入 $AD = FB$,得 $\dfrac{CA}{CB} = \dfrac{EF}{ED}$.

所以 $\dfrac{CA}{CB} = \dfrac{EF}{ED}$.

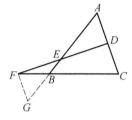

图 45.4

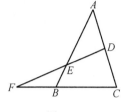

图 45.5

第 46 天

如图 46.1，$\triangle ABC$ 中，$AB=AC$，E 为 AB 上一点，F 为 AC 的延长线上一点，直线 EF 交 BC 于 D.

求证：$\dfrac{DF}{DE}=\dfrac{FC}{BE}$.

证明 1 如图 46.1，过 E 作 AF 的平行线交 BC 于 G.

由 $AB=AC$，可知 $EB=EG$.

显然 $\dfrac{DF}{DE}=\dfrac{FC}{GE}=\dfrac{FC}{BE}$.

所以 $\dfrac{DF}{DE}=\dfrac{FC}{BE}$.

证明 2 如图 46.2，过 E 作 BC 的平行线交 AF 于 G.

由 $AB=AC$，可知 $EB=GC$.

显然 $\dfrac{DF}{DE}=\dfrac{FC}{GC}=\dfrac{FC}{BE}$

所以 $\dfrac{DF}{DE}=\dfrac{FC}{BE}$.

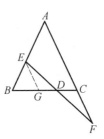

图 46.1

证明 3 如图 46.3，过 F 作 BC 的平行线交直线 AB 于 G.

由 $AB=AC$，可知 $BG=FC$.

显然 $\dfrac{DF}{DE}=\dfrac{BG}{BE}=\dfrac{FC}{BE}$

所以 $\dfrac{DF}{DE}=\dfrac{FC}{BE}$.

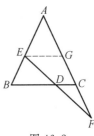

图 46.2

证明 4 如图 46.4，以 DC 为一底，以 CF 为一腰作等腰梯形 $DGFC$.

易知 $DG \parallel AB$，可知 $\triangle EBD \backsim \triangle DGF$，有

$$\frac{DF}{DE}=\frac{DG}{BE}=\frac{FC}{BE}$$

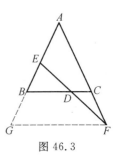

图 46.3

所以 $\dfrac{DF}{DE} = \dfrac{FC}{BE}$.

证明 5　如图 46.5,分别以 EB,BD 为邻边作平行四边形 $EBDH$,过 F 作 BC 的平行线交直线 HD 于 G.

显然四边形 $DGFC$ 为等腰梯形,可知
$$DG = CF$$
$$\frac{DF}{DE} = \frac{DG}{DH} = \frac{FC}{BE}$$

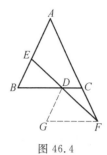

图 46.4

所以 $\dfrac{DF}{DE} = \dfrac{FC}{BE}$.

证明 6　如图 46.6,分别以 CD,CF 为邻边作平行四边形 $CDGF$,过 E 作 BC 的平行线交直线 GD 于 H.

显然四边形 $EBDH$ 为等腰梯形,可知 $HD = BE$.

易知 $\dfrac{DF}{DE} = \dfrac{DG}{DH} = \dfrac{FC}{BE}$.

所以 $\dfrac{DF}{DE} = \dfrac{FC}{BE}$.

证明 7　如图 46.7,过 D 作 AF 的平行线,过 E 作 BC 的平行线得交点 G.

图 46.5

易知四边形 $EBDG$ 为等腰梯形,可知 $GD = EB$.

易知 $\triangle EDG \backsim \triangle DFC$,可知 $\dfrac{DF}{DE} = \dfrac{FC}{GD} = \dfrac{FC}{BE}$,所以 $\dfrac{DF}{DE} = \dfrac{FC}{BE}$.

证明 8　如图 46.8,注意到直线 CDB 截 $\triangle FAE$ 的三边,依梅涅劳斯定理,可知 $\dfrac{AB}{BE} \cdot \dfrac{ED}{DF} \cdot \dfrac{FC}{CA} = 1$.

由 $AB = AC$,可知 $\dfrac{ED}{DF} \cdot \dfrac{FC}{BE} = 1$. 所以 $\dfrac{DF}{DE} = \dfrac{FC}{BE}$.

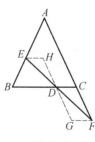
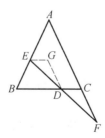
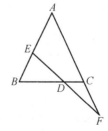

图 46.6　　　　　图 46.7　　　　　图 46.8

第 47 天

如图 47.1，设 E 为 $\triangle ABC$ 的 AC 边上的一点，F 为 AB 的延长线上的一点，D 为 EF 与 BC 交点，$BD = DC$. 求证：$\dfrac{EA}{EC} = \dfrac{FA}{FB}$.

证明 1 如图 47.1，过 B 作 AC 的平行线交 EF 于 G.

由 D 为 BC 的中点，可知 $BG = EC$.

显然 $\dfrac{EA}{EC} = \dfrac{EA}{BG} = \dfrac{FA}{FB}$.

所以 $\dfrac{EA}{EC} = \dfrac{FA}{FB}$.

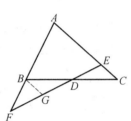

图 47.1

证明 2 如图 47.2，过 B 作 FE 的平行线交 AC 于 G.

由 D 为 BC 的中点，可知 E 为 GC 的中点.

显然 $\dfrac{EA}{EC} = \dfrac{EA}{EG} = \dfrac{FA}{FB}$.

所以 $\dfrac{EA}{EC} = \dfrac{FA}{FB}$.

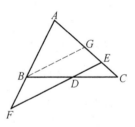

图 47.2

证明 3 如图 47.3，过 C 作 AF 的平行线交直线 FE 于 G.

由 D 是 BC 的中点，可知 $CG = FB$.

显然 $\dfrac{EA}{EC} = \dfrac{FA}{CG} = \dfrac{FA}{FB}$.

所以 $\dfrac{EA}{EC} = \dfrac{FA}{FB}$.

证明 4 如图 47.4，过 C 作 FE 的平行线交直线 AF 于 G.

由 D 为 BC 的中点，可知 F 为 BG 的中点.

显然 $\dfrac{EA}{EC} = \dfrac{FA}{FG} = \dfrac{FA}{FB}$.

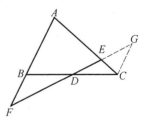

图 47.3

所以 $\dfrac{EA}{EC} = \dfrac{FA}{FB}$.

证明 5 如图 47.5,过 A 作 FE 的平行线交直线 BC 于 G. 显然 $\dfrac{BA}{BF} = \dfrac{BG}{BD}$,可知 $\dfrac{BA + BF}{BF} = \dfrac{BG + BD}{BD}$,即

$$\dfrac{FA}{BF} = \dfrac{DG}{CD} = \dfrac{EA}{EC}$$

所以 $\dfrac{EA}{EC} = \dfrac{FA}{FB}$.

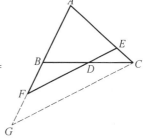

图 47.4

证明 6 如图 47.6,过 A 作 BC 的平行线交直线 FE 于 G.

显然 $\dfrac{FA}{BF} = \dfrac{AG}{BD} = \dfrac{AG}{DC} = \dfrac{EA}{EC}$.

所以 $\dfrac{EA}{EC} = \dfrac{FA}{FB}$.

证明 7 如图 47.7.

注意到直线 EDF 截 $\triangle CAB$,依梅涅劳斯定理,可知 $\dfrac{FA}{FB} \cdot \dfrac{BD}{DC} \cdot \dfrac{EC}{EA} = 1$. 其中 $BD = DC$.

所以 $\dfrac{EA}{EC} = \dfrac{FA}{FB}$.

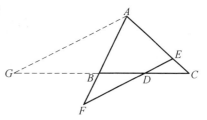

图 47.5

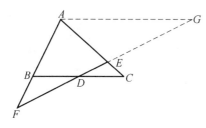

图 47.6

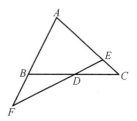

图 47.7

第 48 天

如图 48.1，D,E 分别为 $\triangle ABC$ 的边 AB,AC 上的点，$BD = CE$．求证：$AC \cdot EF = AB \cdot DF$．

证明 1 如图 48.1，过 D 作 AC 的平行线交 BF 于 G．

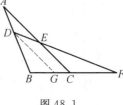

图 48.1

显然 $\triangle FEC \backsim \triangle FDG$，可知 $\dfrac{EC}{DG} = \dfrac{EF}{DF}$．

显然 $\triangle DBG \backsim \triangle ABC$，可知 $\dfrac{AB}{AC} = \dfrac{DB}{DG}$．

由 $BD = CE$，可知 $\dfrac{DB}{DG} = \dfrac{EC}{DG}$，于是

$$\frac{AB}{AC} = \frac{DB}{DG} = \frac{EC}{DG} = \frac{EF}{DF}$$

即 $\dfrac{AB}{AC} = \dfrac{EF}{DF}$．

所以 $AC \cdot EF = AB \cdot DF$．

证明 2 如图 48.2，过 E 作 AB 的平行线交 BF 于 G．

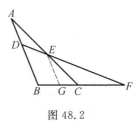

图 48.2

显然 $\triangle FEG \backsim \triangle FDB$，可知 $\dfrac{EG}{DB} = \dfrac{EF}{DF}$．

显然 $\triangle ABC \backsim \triangle EGC$，可知 $\dfrac{AB}{AC} = \dfrac{EG}{EC}$．

由 $BD = CE$，可知 $\dfrac{EG}{EC} = \dfrac{EG}{DB}$，于是

$$\frac{AB}{AC} = \frac{EG}{EC} = \frac{EG}{DB} = \frac{EF}{DF}$$

即 $\dfrac{AB}{AC} = \dfrac{EF}{DF}$．

所以 $AC \cdot EF = AB \cdot DF$．

证明 3 如图 48.3，过 D 作 BC 的平行线交 AC 于 G．

显然 $\dfrac{AB}{AC} = \dfrac{DB}{GC}$．

由 $\dfrac{EF}{DE}=\dfrac{EC}{EG}$,可知 $\dfrac{EF}{DE+EF}=\dfrac{EC}{EG+EC}$,有

$\dfrac{EF}{DF}=\dfrac{EC}{GC}=\dfrac{DB}{GC}$,于是 $\dfrac{AB}{AC}=\dfrac{EF}{DF}$.

所以 $AC \cdot EF = AB \cdot DF$.

证明 4　如图 48.4,过 E 作 BC 的平行线交 AB 于 G.

显然 $\dfrac{AB}{AC}=\dfrac{GB}{EC}$,$\dfrac{GB}{DB}=\dfrac{EF}{DF}$.

由 $BD=CE$,可知 $\dfrac{GB}{EC}=\dfrac{GB}{DB}$,于是 $\dfrac{AB}{AC}=\dfrac{GB}{EC}=$

$\dfrac{GB}{DB}=\dfrac{EF}{DF}$,即 $\dfrac{AB}{AC}=\dfrac{EF}{DF}$.

所以 $AC \cdot EF = AB \cdot DF$.

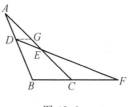

图 48.3

证明 5　如图 48.5,以 CB,CE 为邻边作平行四边形 $BCEG$,EG,AB 相交于 H.

显然 $\triangle ABC \backsim \triangle BHG$,可知 $\dfrac{AB}{AC}=\dfrac{HB}{GB}$.

显然 $\dfrac{EF}{DF}=\dfrac{HB}{DB}$.

由 $DB=EC=GB$,可知 $\dfrac{HB}{DB}=\dfrac{HB}{EC}=\dfrac{HB}{GB}$,于是

$\dfrac{AB}{AC}=\dfrac{EF}{DF}$.

所以 $AC \cdot EF = AB \cdot DF$.

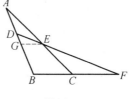

图 48.4

证明 6　如图 48.6,以 DE,DB 为邻边作平行四边形 $BDEG$,设 H 为 EG,BC 的交点.

由 $DE=BG$,可知 $\dfrac{EF}{DE}=\dfrac{EF}{BG}$.

由 $\triangle HEF \backsim \triangle HGB$,可知 $\dfrac{EF}{BG}=\dfrac{EH}{GH}$,有 $\dfrac{EF}{DE}=$

$\dfrac{EF}{BG}=\dfrac{EH}{GH}$,于是 $\dfrac{EF}{DE+EF}=\dfrac{EH}{GH+EH}$,得 $\dfrac{EF}{DF}=$

$\dfrac{EH}{DB}$.

由 $DB=EC$,可知 $\dfrac{EH}{DB}=\dfrac{EH}{EC}$,有

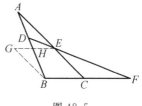

图 48.5

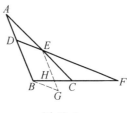

图 48.6

$$\frac{EF}{DF} = \frac{EH}{DB} = \frac{EH}{EC}$$

显然 $\triangle ABC \backsim \triangle EHC$，可知 $\frac{AB}{AC} = \frac{EH}{EC}$，有 $\frac{AB}{AC} = \frac{EF}{DF}$.

所以 $AC \cdot EF = AB \cdot DF$.

证明7　如图 48.7，过 E 作 AB 的平行线交 BF 于

$G.$

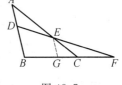

图 48.7

显然 $\frac{AB}{AC} = \frac{EG}{EC} = \frac{EG}{DB} = \frac{EF}{DF}$，即

$$\frac{AB}{AC} = \frac{EF}{DF}$$

所以 $AC \cdot EF = AB \cdot DF$.

第 49 天

如图 49.1,设 D,E 分别为 $\triangle ABC$ 的 AB,AC 边上的一点($AB > AC$),$AD = AE$,直线 DE 与 BC 交于 P. 求证:$\dfrac{BP}{CP} = \dfrac{BD}{CE}$.

证明 1 如图 49.1,过 C 作 AB 的平行线交 DP 于 Q.

显然 $\triangle EDA \backsim \triangle EQC$,可知 $\dfrac{CQ}{AD} = \dfrac{CE}{AE}$.

由 $AD = AE$,可知 $CQ = CE$.

显然 $\triangle PDB \backsim \triangle PQC$,可知 $\dfrac{BP}{CP} = \dfrac{BD}{CQ} = \dfrac{BD}{CE}$.

所以 $\dfrac{BP}{CP} = \dfrac{BD}{CE}$.

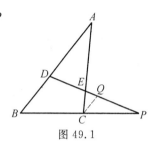

图 49.1

证明 2 如图 49.2,过 B 作 AC 的平行线交直线 DP 于 Q.

显然 $\triangle EDA \backsim \triangle QDB$,可知 $\dfrac{BQ}{AE} = \dfrac{BD}{AD}$.

由 $AD = AE$,可知 $BQ = BD$.

显然 $\triangle PQB \backsim \triangle PEC$,可知 $\dfrac{BP}{CP} = \dfrac{BQ}{CE} = \dfrac{BD}{CE}$.

所以 $\dfrac{BP}{CP} = \dfrac{BD}{CE}$.

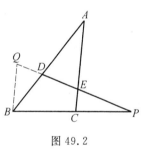

图 49.2

证明 3 如图 49.3,过 C 作 DP 的平行线交 AB 于 Q.

显然 $\dfrac{DQ}{AD} = \dfrac{EC}{AE}$.

由 $AD = AE$,可知 $DQ = EC$.

显然 $\dfrac{BP}{CP} = \dfrac{BD}{QD} = \dfrac{BD}{CE}$.

所以 $\dfrac{BP}{CP} = \dfrac{BD}{CE}$.(平行线分线段成比例定理)

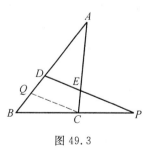

图 49.3

证明 4　如图 49.4,过 B 作 DP 的平行线交直线 AC 于 Q.

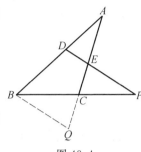

显然 $\dfrac{DB}{AD} = \dfrac{EQ}{AE}$.

由 $AD = AE$,可知 $DB = EQ$.

显然 $\triangle CBQ \backsim \triangle CPE$,可知 $\dfrac{BC}{CP} = \dfrac{CQ}{CE}$,有

$\dfrac{BC+CP}{CP} = \dfrac{CQ+CE}{CE}$,就是 $\dfrac{BP}{CP} = \dfrac{QE}{CE} = \dfrac{BD}{CE}$.

图 49.4

所以 $\dfrac{BP}{CP} = \dfrac{BD}{CE}$.

证明 5　如图 49.5,分别过 A,B,C 作 DP 的垂线,Q,M,N 为垂足.

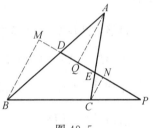

显然 $\triangle DBM \backsim \triangle DAQ$,可知 $\dfrac{BD}{AD} = \dfrac{BM}{AQ}$.

显然 $\triangle ECN \backsim \triangle EAQ$,可知 $\dfrac{AE}{CE} = \dfrac{AQ}{CN}$,有

$$\dfrac{BD}{AD} \cdot \dfrac{AE}{CE} = \dfrac{BM}{AQ} \cdot \dfrac{AQ}{CN} = \dfrac{BM}{CN}$$

图 49.5

由 $AD = AE$,可知 $\dfrac{BD}{CE} = \dfrac{BM}{CN} = \dfrac{BP}{CP}$.

所以 $\dfrac{BP}{CP} = \dfrac{BD}{CE}$.

证明 6　如图 49.6,直线 PED 截 $\triangle ABC$ 的三边.

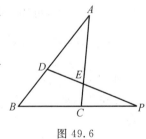

由梅涅劳斯定理,可知 $\dfrac{AD}{DB} \cdot \dfrac{BP}{PC} \cdot \dfrac{CE}{EA} = 1$,代入

$AD = AE$,就得 $\dfrac{BP}{CP} = \dfrac{BD}{CE}$.

图 49.6

所以 $\dfrac{BP}{CP} = \dfrac{BD}{CE}$.

第 50 天

设 P,Q 为 $\triangle ABC$ 两腰 AB,AC 上的点,且 $AP=AQ$,若 PQ 交 BC 上的中线 AM 于 N. 则 $\dfrac{PN}{NQ}=\dfrac{AC}{AB}$.

证明1 如图50.1,分别过 B,C 作 PQ 的平行线交直线 AF 于 E,F.

显然 $BE /\!/ CF$.

由 M 为 BC 的中点,可知 M 为 EF 的中点,有 $\text{Rt}\triangle MBE \cong \text{Rt}\triangle MCF$,于是 $BE=CF$.

显然 $\dfrac{PN}{BE}=\dfrac{AP}{AB}$,可知 $PN \cdot AB = AP \cdot BE$.

显然 $\dfrac{FC}{NQ}=\dfrac{AC}{AQ}$,可知 $NQ \cdot AC = AQ \cdot FC$.

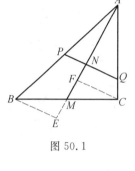

图 50.1

由 $AP=AQ$,并代入 $BE=CF$,可知
$$PN \cdot AB = NQ \cdot AC$$

所以 $\dfrac{PN}{NQ}=\dfrac{AC}{AB}$.

证明2 如图50.2,设 D 为 AM 延长线上的一点,$MD=AM$,过 C 作 PQ 的平行线分别交 AB,AM 于 E,F,连 DB,DC.

显然四边形 $ABDC$ 为平行四边形,可知 $AB=CD$.

显然 $\dfrac{AE}{AP}=\dfrac{AC}{AQ}$,由 $AP=AQ$,可知 $AE=AC$.

易知 $\dfrac{PN}{NQ}=\dfrac{EF}{FC}=\dfrac{AE}{CD}=\dfrac{AC}{AB}$.

所以 $\dfrac{PN}{NQ}=\dfrac{AC}{AB}$.

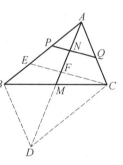

图 50.2

证明 3　如图 50.3,分别过 P,Q 作 AM 的平行线交 BC 于 E,F.

显然 $PE \parallel AM \parallel QF$,可知 $\dfrac{PN}{NQ} = \dfrac{EM}{FM}$.

易知 $\dfrac{AC}{AQ} = \dfrac{CM}{FM}, \dfrac{AP}{AB} = \dfrac{EM}{BM}$,可知

$$\frac{AC}{AQ} \cdot \frac{AP}{AB} = \frac{CM}{FM} \cdot \frac{EM}{BM}$$

代入 $AP = AQ, BM = CM$,有 $\dfrac{PN}{NQ} = \dfrac{AC}{AB}$.

所以 $\dfrac{PN}{NQ} = \dfrac{AC}{AB}$.

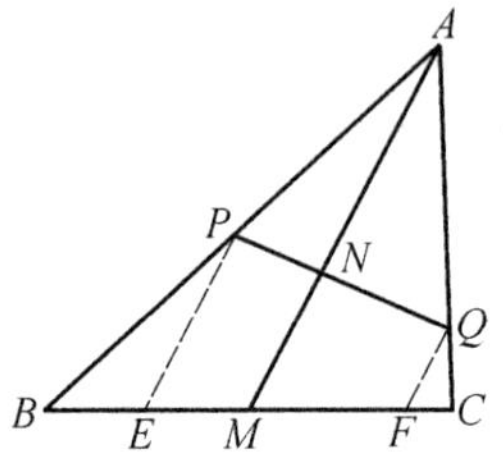

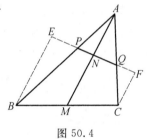

图 50.3

证明 4　如图 50.4,分别过 B,C 作 AM 的平行线交直线 PQ 于 E,F.

显然 $BE \parallel AM \parallel CF$.

由 M 为 BC 的中点,可知 N 为 EF 的中点.

显然 $\dfrac{PB}{PA} = \dfrac{PE}{PN}$,可知

$$\frac{PB + PA}{PA} = \frac{PE + PN}{PN}$$

即 $\dfrac{AB}{PA} = \dfrac{EN}{PN}$,有

$$AB \cdot PN = PA \cdot EN$$

同理可得 $AC \cdot QN = QA \cdot FN$.

由 $PA = QA, EN = FN$,可知

$$AB \cdot PN = AC \cdot QN.$$

所以 $\dfrac{PN}{NQ} = \dfrac{AC}{AB}$.

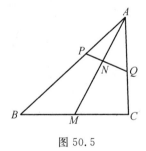

图 50.4

证明 5　如图 50.5.

由 M 为 BC 的中点,可知 $S_{\triangle ABM} = S_{\triangle ACM}$.

易知

$$\frac{S_{\triangle APN}}{S_{\triangle ABM}} = \frac{AP \cdot AN}{AB \cdot AM}$$

$$\frac{S_{\triangle AQN}}{S_{\triangle ACM}} = \frac{AQ \cdot AN}{AC \cdot AM}$$

图 50.5

两式相除,可知 $\dfrac{S_{\triangle APN}}{S_{\triangle AQN}} = \dfrac{AC}{AB}$.

显然 $\dfrac{S_{\triangle APN}}{S_{\triangle AQN}} = \dfrac{PN}{NQ}$,可得 $\dfrac{PN}{NQ} = \dfrac{AC}{AB}$.

所以 $\dfrac{PN}{NQ} = \dfrac{AC}{AB}$.

证明 6 如图 50.6,设直线 PQ,BC 相交于 E.

直线 ANM 截 $\triangle EBP$ 的三边,依梅涅劳斯定理,

可知 $\dfrac{BA}{AP} \cdot \dfrac{PN}{NE} \cdot \dfrac{EM}{MB} = 1$.

直线 ANM 截 $\triangle ECQ$ 的三边,依梅涅劳斯定理,

可知 $\dfrac{QA}{AC} \cdot \dfrac{EN}{NQ} \cdot \dfrac{CM}{ME} = 1$.

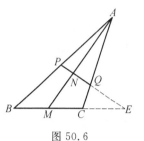

图 50.6

两式相乘,并代入 $AP = AQ, CM = BM$,可得

$$\dfrac{PN}{NQ} = \dfrac{AC}{AB}$$

所以 $\dfrac{PN}{NQ} = \dfrac{AC}{AB}$.

证明 7 如图 50.7,分别过 P,Q 作 BC 的平行线交 AM 于 E,F.

显然 $\dfrac{AB}{AP} = \dfrac{BM}{PE}, \dfrac{AQ}{AC} = \dfrac{QF}{CM}$.

两式相乘,并代入 $AP = AQ, BM = CM$,可知

$\dfrac{AB}{AC} = \dfrac{QF}{PE}$.

显然 $\dfrac{QF}{PE} = \dfrac{NQ}{PN}$.

所以 $\dfrac{PN}{NQ} = \dfrac{AC}{AB}$.

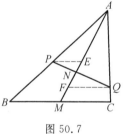

图 50.7

本文参考自:

1.《数学教学通讯》1980 年 4 期 28 页.

2.《数学教师》1985 年 5 期 6 页.

第 51 天

如图 51.1,直线 DEF 截 $\triangle ABC$,分别交 BC,CA 于 D,E,交 BA 的延长线于 F,且 $\angle AEF = \angle BFE$.

求证:$\dfrac{BD}{CD} = \dfrac{FB}{CE}$.

证明 1　如图 51.1,直线 DEF 截 $\triangle ABC$ 的三边,依梅涅劳斯定理,可知

$$\frac{AF}{FB} \cdot \frac{BD}{DC} \cdot \frac{CE}{EA} = 1$$

由 $\angle AEF = \angle BFE$,可知 $AF = EA$.

将 $AF = EA$ 代入上式,就得 $\dfrac{BD}{DC} \cdot \dfrac{CE}{FB} = 1$.

所以 $\dfrac{BD}{CD} = \dfrac{FB}{CE}$.

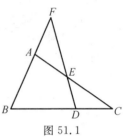

图 51.1

证明 2　如图 51.2,过 C 作 DF 的平行线交直线 BA 于 G.

显然 $\dfrac{FG}{FA} = \dfrac{EC}{EA}$.

由 $\angle AEF = \angle BFE$,可知 $AF = EA$,有 $FG = EC$,于是 $\dfrac{BD}{CD} = \dfrac{FB}{FG} = \dfrac{FB}{CE}$.

所以 $\dfrac{BD}{CD} = \dfrac{FB}{CE}$.

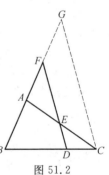

图 51.2

证明 3　如图 51.3,过 C 作 FB 的平行线交直线 FD 于 G.

显然 $\dfrac{CG}{AF} = \dfrac{CE}{AE}$.

由 $\angle AEF = \angle BFE$,可知 $AF = EA$,有 $CG = CE$.

显然 $\dfrac{BD}{CD} = \dfrac{FB}{CG} = \dfrac{FB}{CE}$.

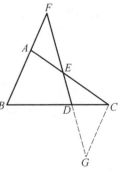

图 51.3

所以 $\dfrac{BD}{CD} = \dfrac{FB}{CE}$.

证明 4 如图 51.4,过 B 作 DF 的平行线交直线 CA 于 G.

显然 $\dfrac{AB}{AF} = \dfrac{AG}{AE}$,可知 $\dfrac{AB + AF}{AF} = \dfrac{AG + AE}{AE}$,即

$\dfrac{FB}{AF} = \dfrac{EG}{AE}$.

由 $\angle AEF = \angle BFE$,可知 $AF = EA$,有 $EG = FB$,于是 $\dfrac{BD}{CD} = \dfrac{EG}{CE} = \dfrac{FB}{CE}$.

所以 $\dfrac{BD}{CD} = \dfrac{FB}{CE}$.

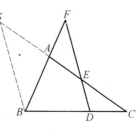

图 51.4

证明 5 如图 51.5,过 B 作 AC 的平行线交直线 FD 于 G.

显然 $\dfrac{FB}{AF} = \dfrac{BG}{AE}$.

由 $\angle AEF = \angle BFE$,可知 $AF = EA$,有 $BG = FB$,于是 $\dfrac{BD}{CD} = \dfrac{BG}{CE} = \dfrac{FB}{CE}$.

所以 $\dfrac{BD}{CD} = \dfrac{FB}{CE}$.

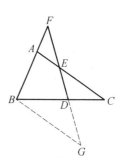

图 51.5

证明 6 如图 51.6,过 A 作 BC 的平行线交 FD 于 G.

由 $\angle AEF = \angle BFE$,可知 $AF = EA$.

易知 $\dfrac{BD}{FB} = \dfrac{AG}{FA} = \dfrac{AG}{AE} = \dfrac{CD}{CE}$,即 $\dfrac{BD}{FB} = \dfrac{CD}{CE}$.

所以 $\dfrac{BD}{CD} = \dfrac{FB}{CE}$.

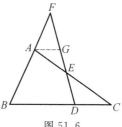

图 51.6

证明 7 如图 51.7,过 A 作 FD 的平行线交 BC 于 G.

由 $\angle AEF = \angle BFE$,可知 $AF = EA$.

易知 $\dfrac{BD}{FB} = \dfrac{GD}{FA} = \dfrac{GD}{AE} = \dfrac{CD}{CE}$,即 $\dfrac{BD}{FB} = \dfrac{CD}{CE}$.

所以 $\dfrac{BD}{CD} = \dfrac{FB}{CE}$.

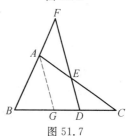

图 51.7

证明 8 如图 51.8,过 E 作 FB 的平行线交 BC 于 G.

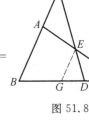

图 51.8

显然 $\angle GED = \angle F$,$\angle DEC = \angle AEF$.

由 $\angle AEF = \angle BFE$,可知 DE 平分 $\angle GEC$,有 $\dfrac{GD}{CD} = \dfrac{EG}{CE}$,于是 $\dfrac{CD}{CE} = \dfrac{GD}{EG}$.

显然 $\dfrac{BD}{FB} = \dfrac{GD}{EG}$,可知 $\dfrac{BD}{FB} = \dfrac{CD}{CE}$.

所以 $\dfrac{BD}{CD} = \dfrac{FB}{CE}$.

证明 9 如图 51.9,过 F 作 AC 的平行线交直线 BC 于 G.

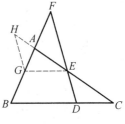

图 51.9

显然 $\angle DFG = \angle AEF = \angle AFE$,可知 DF 为 $\angle BFG$ 的平分线,有 $\dfrac{FB}{FG} = \dfrac{BD}{DG}$,于是 $\dfrac{FB}{BD} = \dfrac{FG}{DG}$.

显然 $\dfrac{FG}{DG} = \dfrac{CE}{CD}$,可知 $\dfrac{CE}{CD} = \dfrac{FB}{BD}$.

所以 $\dfrac{BD}{CD} = \dfrac{FB}{CE}$.

证明 10 如图 51.10,过 E 作 BC 的平行线交 FB 于 G,过 G 作 FD 的平行线交直线 AC 于 H.

显然 $\triangle HGE \backsim \triangle EDC$,可知 $\dfrac{HE}{GE} = \dfrac{CE}{CD}$.

显然 $\dfrac{AH}{AE} = \dfrac{AG}{AF}$

由 $\angle AEF = \angle BFE$,可知 $AF = EA$,有 $AH = AG$,于是 $GF = HE$.

显然 $\dfrac{FB}{FG} = \dfrac{BD}{GE}$,可知 $\dfrac{FB}{BD} = \dfrac{FG}{GE} = \dfrac{HE}{GE}$,有 $\dfrac{CE}{CD} = \dfrac{FB}{BD}$.

所以 $\dfrac{BD}{CD} = \dfrac{FB}{CE}$.

证明 11 如图 51.11,过 D 作 AC 的平行线交 FB 于 G,过 G 作 FD 的平行线分别交直线 AC,BC 于 K,H.

显然四边形 $DEKG$ 为平行四边形,可知 $GD = KE$.

由 $\angle AEF = \angle BFE$,可知 $\angle GDF = \angle F$,有 $GF = GD$.

显然 $\triangle GHD \backsim \triangle EDC$, 可知 $\dfrac{GD}{CE} = \dfrac{HD}{CD}$, 有 $\dfrac{CE}{CD} =$

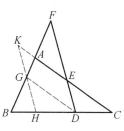

$\dfrac{GD}{HD} = \dfrac{GF}{HD} = \dfrac{FB}{BD}$, 于是 $\dfrac{CE}{CD} = \dfrac{FB}{BD}$.

所以 $\dfrac{BD}{CD} = \dfrac{FB}{CE}$.

图 51.11

证明 12 如图 51.12, 过 D 作 BF 的平行线交 AC 于 G, 过 G 作 FD 的平行线交 BC 于 H.

由 $\angle AEF = \angle BFE$, 可知 $AF = EA$, 有 $GE = GD$.

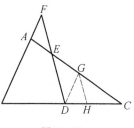

显然 $\angle HGD = \angle F = \angle AEF = \angle DEC = \angle HGC$, 即 GH 为 $\angle DGC$ 的平分线, 有 $\dfrac{GD}{GC} = \dfrac{DH}{CH}$, 于是

图 51.12

$\dfrac{GD}{GC + GD} = \dfrac{DH}{CH + DH}$, 即 $\dfrac{GD}{EC} = \dfrac{DH}{CD}$, 得 $\dfrac{CE}{CD} = \dfrac{GD}{DH}$.

显然 $\triangle FBD \backsim \triangle GDH$, 可知 $\dfrac{FB}{BD} = \dfrac{GD}{DG}$, 有 $\dfrac{CE}{CD} = \dfrac{FB}{BD}$.

所以 $\dfrac{BD}{CD} = \dfrac{FB}{CE}$.

证明 13 如图 51.13, 过 F 作 BC 的平行线交直线 AC 于 G, 过 G 作 FB 的平行线交直线 FD 于 H.

由 $\angle AEF = \angle BFE = \angle H$, 可知 $GH = GE$.

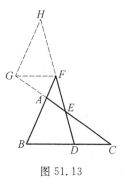

显然 $\dfrac{CE}{CD} = \dfrac{GE}{GF} = \dfrac{GH}{GF}$.

显然 $\triangle HGF \backsim \triangle FBD$, 可知 $\dfrac{FB}{BD} = \dfrac{HG}{GF}$, 有 $\dfrac{CE}{CD} = \dfrac{FB}{BD}$.

图 51.13

所以 $\dfrac{BD}{CD} = \dfrac{FB}{CE}$.

第 52 天

如图 52.1，D 为 $\triangle ABC$ 的 AB 边上一点，F 为 BC 延长线上一点，AC 与 DF 交于 E，$\angle ADF = \angle ACB$，求证：$\dfrac{CF}{AD} = \dfrac{EF}{AE}$.

证明 1　如图 52.1，设 G 为 DF 上一点，$AG = AD$.

显然 $\angle AGD = \angle ADG$. 由 $\angle ADF = \angle ACB$，可知 $\angle AGD = \angle ACB$，有 $\angle AGE = \angle FCE$，于是 $\triangle AGE \backsim \triangle FCE$，得 $\dfrac{EF}{AE} = \dfrac{CF}{AG} = \dfrac{CF}{AD}$.

所以 $\dfrac{CF}{AD} = \dfrac{EF}{AE}$.

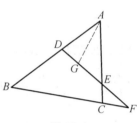

图 52.1

证明 2　如图 52.2，设 G 为 AC 延长线上的一点，$FG = FC$.

显然 $\angle FCG = \angle G$. 由 $\angle ADF = \angle ACB$，可知 $\angle ADE = \angle G$，有 $\triangle ADE \backsim \triangle FGE$，于是

$$\frac{EF}{AE} = \frac{FG}{AD} = \frac{CF}{AD}$$

所以 $\dfrac{CF}{AD} = \dfrac{EF}{AE}$.

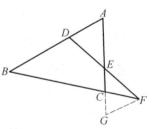

图 52.2

证明 3　如图 52.3，分别过 A，F 作 DF，AC 的垂线，G，H 为垂足.

由 $\angle ADF = \angle ACB$，可知 $\angle ADG = \angle FCH$，可知 $Rt\triangle ADG \backsim Rt\triangle FCH$，有 $\dfrac{CF}{AD} = \dfrac{HF}{GA}$.

显然 $\triangle AEG \backsim \triangle FEH$，可知 $\dfrac{EF}{AE} = \dfrac{HF}{GA}$.

所以 $\dfrac{CF}{AD} = \dfrac{EF}{AE}$.

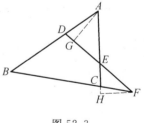

图 52.3

证明 4 如图52.4,过 E 作 AB 的平行线交 BC 于 G.

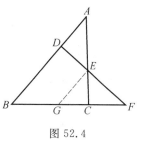

图 52.4

由 $\angle ADF = \angle ACB$,可知 $\triangle ADE \backsim \triangle ECG$,有

$$\frac{AD}{AE} = \frac{EC}{EG}.$$

由 $\angle ADF = \angle ACB$,可知 $\angle AED = \angle B$,有 $\angle FEC = \angle FGE$,于是 $\triangle FEC \backsim \triangle FGE$,得

$$\frac{CF}{EF} = \frac{EC}{EG}$$

显然 $\dfrac{CF}{EF} = \dfrac{AD}{AE}$.

所以 $\dfrac{CF}{AD} = \dfrac{EF}{AE}$.

证明 5 如图52.5.

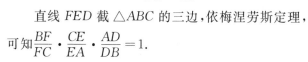

由 $\angle ADF = \angle ACB$,可知 $\angle BDF = \angle ACF$,有 $\triangle FEC \backsim \triangle FBD$,于是 $\dfrac{CE}{DB} = \dfrac{EF}{BF}$.

直线 FED 截 $\triangle ABC$ 的三边,依梅涅劳斯定理,可知 $\dfrac{BF}{FC} \cdot \dfrac{CE}{EA} \cdot \dfrac{AD}{DB} = 1$.

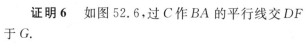

图 52.5

所以 $\dfrac{CF}{AD} = \dfrac{EF}{AE}$.

证明 6 如图52.6,过 C 作 BA 的平行线交 DF 于 G.

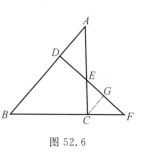

图 52.6

显然 $\dfrac{AD}{AE} = \dfrac{GC}{CE}$.

由 $\angle ADF = \angle ACB$,可知 $\angle FEC = \angle AED = \angle B = \angle GCF$,有 $\triangle GCF \backsim \triangle CEF$,于是 $\dfrac{CF}{EF} = \dfrac{GC}{CE}$,得 $\dfrac{CF}{EF} = \dfrac{AD}{AE}$.

所以 $\dfrac{CF}{AD} = \dfrac{EF}{AE}$.

证明 7 如图52.7,过 B 作 DF 的平行线交直线 AC 于 G,设 H 为 AC 上一点,$BH = BC$.

显然 $\angle BHG = \angle ACB = \angle ADE$,$\angle G = \angle AED$,可知 $\triangle GBH \backsim \triangle EAD$,有

161

$$\frac{AD}{AE} = \frac{BH}{BG} = \frac{BC}{BG} = \frac{CF}{EF}$$

所以 $\frac{CF}{AD} = \frac{EF}{AE}$.

证明8 如图52.8,过 B 作 AC 的平行线交直线 DF 于 G,设 H 为 AC 延长线上的一点,$HF = CF$.

显 然 $\angle G = \angle HEF$,$\angle GDB = \angle ADE = \angle ACB = \angle FCH = \angle H$,可知 $\triangle GBD \backsim \triangle EFH$,有 $\frac{CF}{BD} = \frac{HF}{BD} = \frac{EF}{GB}$,或 $\frac{CF}{EF} = \frac{BD}{GB} = \frac{AD}{AE}$,即

$$\frac{CF}{EF} = \frac{AD}{AE}$$

所以 $\frac{CF}{AD} = \frac{EF}{AE}$.

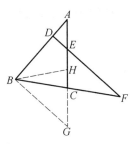

图 52.7

证明9 如图52.9,过 A 作 BC 的平行线交直线 DF 于 G.

由 $\angle ADF = \angle ACB$,可知 $\angle AED = \angle B = \angle GAD$,有 $\triangle ADG \backsim \triangle EAG$,于是

$$\frac{AD}{AE} = \frac{GD}{GA} = \frac{FD}{FB}$$

由 $\angle ADF = \angle ACB$,可知 $\angle BDF = \angle ECF$,有 $\triangle BDF \backsim \triangle ECF$,于是 $\frac{FD}{FB} = \frac{CF}{EF}$,得 $\frac{CF}{EF} = \frac{AD}{AE}$.

所以 $\frac{CF}{AD} = \frac{EF}{AE}$.

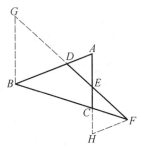

图 52.8

证明10 如图52.10,过 A 作 DF 的平行线交直线 BC 于 G,设 H 为直线 DF 上一点,$AH = AD$.

显然 $\angle H = \angle ADH$.

由 $\angle ADF = \angle ACB$,可 知 $\angle H = \angle ADH = \angle ACG$.

由 $\angle AEH = \angle CEF = \angle CAG$,可知 $\triangle AEH \backsim \triangle GAC$,有 $\frac{AD}{AE} = \frac{AH}{AE} = \frac{GC}{GA} = \frac{CF}{EF}$.

所以 $\frac{CF}{AD} = \frac{EF}{AE}$.

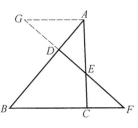

图 52.9

证明11 如图52.11,过 F 作 AC 的平行线交直

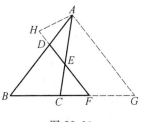

图 52.10

线 BA 于 G 设 H 为直线 DF 上一点,$GH = GD$.

显然 $\angle GHD = \angle ADF$.

由 $\angle ADF = \angle ACB$,可知 $\angle GHD = \angle ACB$,有 $\angle GHF = \angle ECF$.

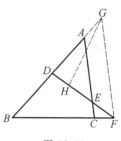

图 52.11

由 $\angle GFH = \angle FEC$,可知 $\triangle GFH \backsim \triangle FEC$,有 $\dfrac{GH}{GF} = \dfrac{CF}{EF}$.

显然 $\dfrac{AD}{AE} = \dfrac{GD}{GF} = \dfrac{GH}{GF} = \dfrac{CF}{EF}$,即 $\dfrac{CF}{EF} = \dfrac{AD}{AE}$.

所以 $\dfrac{CF}{AD} = \dfrac{EF}{AE}$.

证明 12　如图 52.12,过 F 作 AB 的平行线交直线 AC 于 G,设 H 为直线 AC 上一点,$FH = FC$.

由 $\angle ADF = \angle ACB$,可知 $\angle EFG = \angle FCH = \angle EHF$,有 $\triangle EFG \backsim \triangle EHF$,于是

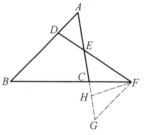

$$\frac{CF}{EF} = \frac{HF}{EF} = \frac{GF}{GE} = \frac{AD}{AE}$$

所以 $\dfrac{CF}{AD} = \dfrac{EF}{AE}$.

图 52.12

证明 13　如图 52.13,设 G 为 BC 上一点,$AG = AC$.

显然 $\angle AGC = \angle ACG$.

由 $\angle ADF = \angle ACB$,可知 $\triangle ADE \backsim \triangle ACB$,有 $\dfrac{AD}{AE} = \dfrac{AC}{AB} = \dfrac{AG}{AB}$.

由 $\angle ADF = \angle ACB$,可知 $\angle BDF = \angle ECF = \angle AGB$,有 $\triangle ECF \backsim \triangle BGA$,于是 $\dfrac{CF}{EF} = \dfrac{AG}{AB}$,得

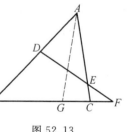

图 52.13

$$\frac{CF}{EF} = \frac{AD}{AE}.$$

所以 $\dfrac{CF}{AD} = \dfrac{EF}{AE}$.

证明 14　如图 52.14,过 C 作 DF 的平行线交 AB 于 G.

由 $\angle ADF = \angle ACB$,可知 B,C,E,D 四点共圆,有 $AD \cdot AB = AE \cdot AC$,$FE \cdot FD = FC \cdot FB$,于是 $\dfrac{AD}{AE} = \dfrac{AC}{AB} = \dfrac{CG}{CB} = \dfrac{FD}{FB} = \dfrac{CF}{EF}$.

所以 $\dfrac{CF}{AD}=\dfrac{EF}{AE}$.

证明 15　如图 52.15,过 D 作 AC 的平行线交 BF 于 G.

由 $\angle ADF=\angle ACB=\angle DGB$, $\angle A=\angle BDG$, 可知 $\triangle ADE\backsim\triangle DGB$, 有 $\dfrac{AD}{AE}=\dfrac{DG}{DB}$.

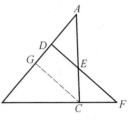

图 52.14

由 $\angle ADF=\angle ACB$, 可知 $\angle BDF=\angle ECF=\angle DGF$, 有 $\triangle BDF\backsim\triangle DGF$, 于是 $\dfrac{DG}{DB}=\dfrac{DF}{BF}=\dfrac{CF}{EF}$,

得 $\dfrac{AD}{AE}=\dfrac{CF}{EF}$.

所以 $\dfrac{CF}{AD}=\dfrac{EF}{AE}$.

证明 16　如图 52.16,过 D 作 BC 的平行线交 AC 于 G.

由 $\angle ADF=\angle ACB$, 可知 $\angle AED=\angle B=\angle ADG$, 可知 $\triangle ADG\backsim\triangle AED$, 有 $\dfrac{AD}{AE}=\dfrac{DG}{DE}=\dfrac{CF}{EF}$,

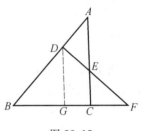

图 52.15

即 $\dfrac{AD}{AE}=\dfrac{CF}{EF}$.

所以 $\dfrac{CF}{AD}=\dfrac{EF}{AE}$.

证明 17　如图 52.17,过 E 作 BC 的平行线交 AB 于 G.

显然 $\dfrac{DE}{GE}=\dfrac{DF}{BF}$.

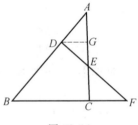

图 52.16

由 $\angle ADF=\angle ACB=\angle AEG$, 可知 $\triangle ADE\backsim\triangle AEG$, 有 $\dfrac{AD}{AE}=\dfrac{DE}{GE}$

由 $\angle ADF=\angle ACB$, 可知 $\angle BDF\backsim\triangle ECF$, 可知 $\dfrac{DF}{BF}=\dfrac{CF}{EF}$, 有 $\dfrac{AD}{AE}=\dfrac{DE}{GE}=\dfrac{DF}{BF}=\dfrac{CF}{EF}$, 即 $\dfrac{AD}{AE}=\dfrac{CF}{EF}$.

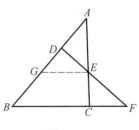

图 52.17

所以 $\dfrac{CF}{AD}=\dfrac{EF}{AE}$.

证明 18　如图 52.18,过 B 作 DF 的平行线交直线 AC 于 G.

由 $\angle ADF=\angle ACB$, 可知 $\angle AED=\angle ABC$, 有 $\angle G=\angle ABC$, 于是

$\triangle AGB \backsim \triangle ABC$,得
$$\frac{AD}{AE} = \frac{AB}{AG} = \frac{BC}{BG} = \frac{CF}{EF}$$

所以 $\dfrac{CF}{AD} = \dfrac{EF}{AE}$.

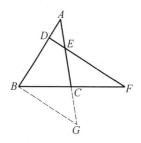

图 52.18

第 53 天

在 $\triangle ABC$ 中,作直线平行于中线 AM,设这条直线交边 AB 于点 D,交边 CA 的延长线于点 E,交边 BC 于点 N. 求证: $\dfrac{AD}{AB}=\dfrac{AE}{AC}$.

证明 1 如图 53.1,过 B 作 AM 的平行线交直线 AC 于 F.

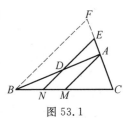

图 53.1

显然 $EN \parallel AM \parallel FB$.

由 M 为 BC 的中点,可知 A 为 FC 的中点.

显然 $\dfrac{AD}{AB}=\dfrac{AE}{AF}=\dfrac{AE}{AC}$

所以 $\dfrac{AD}{AB}=\dfrac{AE}{AC}$.

证明 2 如图 53.2.

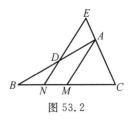

图 53.2

显然 $\dfrac{AD}{AB}=\dfrac{MN}{MB},\dfrac{AE}{AC}=\dfrac{MN}{MC}$.

由 $MB=MC$,可知 $\dfrac{MN}{MB}=\dfrac{MN}{MC}$,有

$$\dfrac{AD}{AB}=\dfrac{AE}{AC}.$$

所以 $\dfrac{AD}{AB}=\dfrac{AE}{AC}$.

证明 3 如图 53.3,过 C 作 AM 的平行线交直线 BA 于 F.

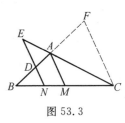

图 53.3

显然 $NE \parallel AM \parallel FC$,可知

$$\dfrac{AD}{AB}=\dfrac{MN}{MB}=\dfrac{MN}{MC}=\dfrac{AD}{AF}=\dfrac{AE}{AC}$$

所以 $\dfrac{AD}{AB}=\dfrac{AE}{AC}$.

证明 4　如图 53.4,过 C 作 AB 的平行线分别交直线 AM,EN 于 F,G. 有

$$\frac{AD}{AB}=\frac{MN}{MB}=\frac{MN}{MC}=\frac{GF}{FC}=\frac{AE}{AC}$$

所以 $\dfrac{AD}{AB}=\dfrac{AE}{AC}$.

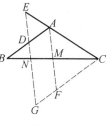

图 53.4

证明 5　如图 53.5,过 B 作 EC 的平行线分别交直线 AM,EN 于 F,G. 有

$$\frac{AD}{AB}=\frac{FG}{FB}=\frac{MN}{MB}=\frac{MN}{MC}=\frac{AE}{AC}$$

所以 $\dfrac{AD}{AB}=\dfrac{AE}{AC}$.

证明 6　如图 53.6,过 D 作 BC 的平行线分别交 AH,AC 于 H,F.

易知 $\dfrac{DH}{BM}=\dfrac{AH}{AM}=\dfrac{FH}{CM}$.

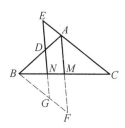

图 53.5

由 $BM=CM$,可知 $DH=FH$,有 $AE=AF$.

显然 $\dfrac{AD}{AB}=\dfrac{AF}{AC}=\dfrac{AE}{AC}$.

所以 $\dfrac{AD}{AB}=\dfrac{AE}{AC}$.

证明 7　如图 53.7,过 E 作 BC 的平行线分别交直线 AM,AB 于 F,H.

易知 $\dfrac{EF}{MC}=\dfrac{AF}{AM}=\dfrac{FH}{BM}$.

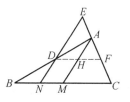

图 53.6

由 $BM=MC$,可知 $EF=FH$,有 A 为 DH 的中点.

显然 $\dfrac{AD}{AB}=\dfrac{AH}{AB}=\dfrac{AE}{AC}$.

所以 $\dfrac{AD}{AB}=\dfrac{AE}{AC}$.

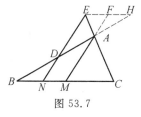

图 53.7

证明 8　如图 53.8,过 D 作 BC 的平行线交 AM 于 F.

显然四边形 $DFMN$ 为平行四边形,可知 $DF=NM$.

易知 $\dfrac{AD}{AB}=\dfrac{DF}{BM}=\dfrac{NM}{MC}=\dfrac{AE}{AC}$.

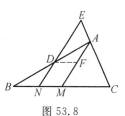

图 53.8

所以 $\dfrac{AD}{AB} = \dfrac{AE}{AC}$.

证明 9 如图 53.9,过 A 作 BC 的平行线交 EN 于 F.

显然四边形 $AMNF$ 为平行四边形,可知 $FA = NM$.

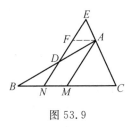

图 53.9

易知 $\dfrac{AD}{DB} = \dfrac{FA}{BN}$,可知 $\dfrac{AD}{DB+AD} = \dfrac{FA}{BN+FA}$,即

$$\dfrac{AD}{AB} = \dfrac{NM}{MC} = \dfrac{AE}{AC}.$$

所以 $\dfrac{AD}{AB} = \dfrac{AE}{AC}$.

证明 10 如图 53.10,过 E 作 BC 的平行线交直线 AM 于 F.

显然四边形 $EFMN$ 为平行四边形,可知 $EF = NM$.

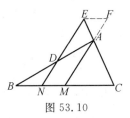

图 53.10

易知 $\dfrac{AD}{AB} = \dfrac{MN}{MB} = \dfrac{EF}{MC} = \dfrac{AE}{AC}$.

所以 $\dfrac{AD}{AB} = \dfrac{AE}{AC}$.

证明 11 如图 53.11,过 M 作 AB 的平行线分别交直线 EN、EC 于 G,F.

显然四边形 $ADGM$ 为平行四边形,可知 $DA = GM$.

由 M 为 BC 的中点,可知 F 为 AC 的中点.

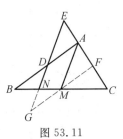

图 53.11

易知 $\dfrac{AE}{\frac{1}{2}AC} = \dfrac{AE}{AF} = \dfrac{GM}{MF} = \dfrac{AD}{\frac{1}{2}AB}$.

所以 $\dfrac{AD}{AB} = \dfrac{AE}{AC}$.

证明 12 如图 53.12,过 C 作 AM 的平行线交直线 BA 于 Q,过 B 作 AM 的平行线交直线 AC 于 P.

显然 $PB \; / \! / \; EN \; / \! / \; AM \; / \! / \; QC$.

由 M 为 BC 的中点,可知 A 为 BQ 的中点,A 为 CP 的中点,有 $\triangle APB \cong \triangle ACQ$,于是 $PB = CQ$.

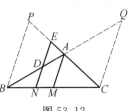

图 53.12

易知 $\dfrac{AD}{AB} = \dfrac{DE}{PB} = \dfrac{DE}{CQ} = \dfrac{AE}{AC}$.

所以 $\dfrac{AD}{AB}=\dfrac{AE}{AC}$.

证明 13 如图 53.13,过 M 作 AC 的平行线分别交 DE, DA 于 F, G.

显然四边形 $AMFE$ 为平行四边形,可知 $FM=EA$.

易知 $\triangle FNM \backsim \triangle ENC$,可知

$$\dfrac{AE}{AC}=\dfrac{FM}{AC}=\dfrac{MN}{MC}=\dfrac{MN}{MB}=\dfrac{AD}{AB}$$

所以 $\dfrac{AD}{AB}=\dfrac{AE}{AC}$.

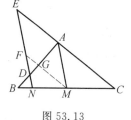

图 53.13

证明 14 如图 53.14,过 D 作 AC 的平行线分别交 MA, MC 于 G, H.

由 $\dfrac{NM}{BM}=\dfrac{AD}{AB}=\dfrac{HC}{BC}=\dfrac{HC}{2BM}$,可知 $HC=2NM$.

易知 $\dfrac{AD}{AB}=\dfrac{HC}{BC}=\dfrac{2NM}{2MC}=\dfrac{NM}{MC}=\dfrac{AE}{AC}$.

所以 $\dfrac{AD}{AB}=\dfrac{AE}{AC}$.

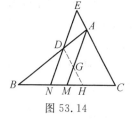

图 53.14

证明 15 如图 53.15,过 E 作 AB 的平行线交直线 BC 于 F.

由 $\dfrac{FB}{2MC}=\dfrac{FB}{CB}=\dfrac{AE}{AC}=\dfrac{NM}{MC}$,可知

$$FB=2NM$$

易知 $\dfrac{AD}{AB}=\dfrac{NM}{BM}=\dfrac{2NM}{2BM}=\dfrac{FB}{BC}=\dfrac{AE}{AC}$.

所以 $\dfrac{AD}{AB}=\dfrac{AE}{AC}$.

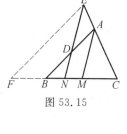

图 53.15

证明 16 如图 53.16,过 N 作 BA 的平行线交 AM 于 H.

显然四边形 $AHND$ 为平行四边形,可知 $HN=AD$.

易知 $\dfrac{AD}{AB}=\dfrac{HN}{AB}=\dfrac{MN}{MB}=\dfrac{MN}{MC}=\dfrac{AE}{AC}$.

所以 $\dfrac{AD}{AB}=\dfrac{AE}{AC}$.

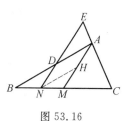

图 53.16

证明 17　如图 53.17,过 N 作 AC 的平行线交 AB 于 F,过 F 作 DN 的平行线交 BC 于 H.

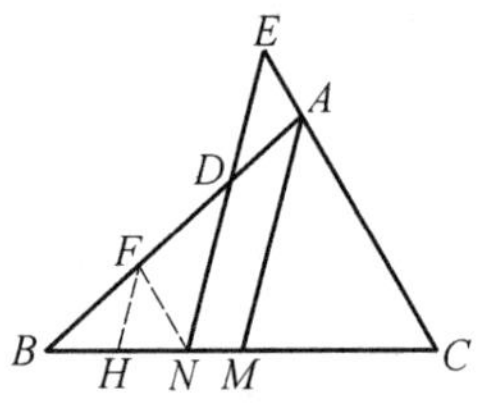

显然 $\triangle FBN \backsim \triangle ABC$.

由 M 为 BC 的中点,可知 H 为 BN 的中点,有 F 为 DB 的中点.

易知 $\dfrac{AE}{FN} = \dfrac{AD}{FD}, \dfrac{FN}{AC} = \dfrac{FB}{AB}$.

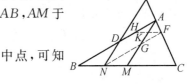

图 53.17

两式相乘,并代入 $BF = FD$ 可得 $\dfrac{AD}{AB} = \dfrac{AE}{AC}$.

所以 $\dfrac{AD}{AB} = \dfrac{AE}{AC}$.

证明 18　如图 53.18,过 N 作 AB 的平行线分别交 AM, AC 于 G, F,过 F 作 BC 的平行线分别交 AB, AM 于 H, K.

由 M 为 BC 的中点,可知 K 为 HF 的中点,可知 $AH = FG$.

显然 $\triangle ADE \backsim \triangle FGA$,可知 $\dfrac{AE}{AD} = \dfrac{FA}{FG}$.

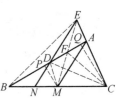

图 53.18

显然 $\dfrac{AB}{AC} = \dfrac{AH}{AF}$.

两式相乘,并代入 $AH = FG$,可得 $\dfrac{AE}{AD} = \dfrac{AC}{AB}$.

所以 $\dfrac{AD}{AB} = \dfrac{AE}{AC}$.

证明 19　如图 53.19,设直线 ME, AB 相交于 F,连 CF, CD, MD, BE,分别过 M, C 作 AB 的垂线,P, Q 为垂足.

显然 $MP = \dfrac{1}{2} CQ$,可知 $S_{\triangle DFM} = \dfrac{1}{2} S_{\triangle DFC}$.

图 53.19

由 $AM \parallel EN$,可知 $S_{\triangle AEF} = S_{\triangle DFM}$,有

$$2S_{\triangle AEF} = S_{\triangle DFC}$$

由 $S_{\triangle BFE} = S_{\triangle CFE}$,可知

$$S_{\triangle BFE} + 2S_{\triangle AEF} = S_{\triangle CFE} + S_{\triangle DFC}$$

或

$$S_{\triangle BFE} + S_{\triangle AEF} = S_{\triangle CFE} + S_{\triangle DFC} - S_{\triangle AEF}$$

即 $S_{\triangle ABE} = S_{\triangle ADC}$,有

$$\frac{1}{2}AE \cdot AB\sin \angle AEB = \frac{1}{2}AD \cdot AC\sin \angle DAC$$

于是 $AE \cdot AB = AD \cdot AC$.

所以 $\dfrac{AD}{AB} = \dfrac{AE}{AC}$.

第 54 天

如图 54.1,在 $\triangle ABC$ 中,点 E 在 AC 上,且 $\dfrac{AE}{EC}=\dfrac{1}{2}$,$F$ 为 BE 的中点,AF 的延长线交 BC 于点 D.

求证:$\dfrac{BD}{DC}=\dfrac{1}{3}$.

证明 1 如图 54.1,过 E 作 BC 的平行线交 AD 于 G.

由 F 为 BE 的中点,可知 F 为 GD 的中点,有 $\triangle FGE \cong \triangle FDB$,于是 $GE=BD$.

由 $\dfrac{AE}{EC}=\dfrac{1}{2}$,可知 $\dfrac{AE}{AC}=\dfrac{1}{3}$.

显然 $\triangle AGE \backsim \triangle ADC$,可知 $\dfrac{GE}{DC}=\dfrac{AE}{AC}=\dfrac{1}{3}$.

所以 $\dfrac{BD}{DC}=\dfrac{1}{3}$.

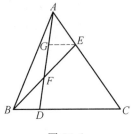

图 54.1

证明 2 如图 54.2,过 E 作 AD 的平行线交 BC 于 G.

由 F 为 BE 的中点,可知 D 为 BG 的中点.

由 $\dfrac{AE}{EC}=\dfrac{1}{2}$,可知 $\dfrac{DG}{GC}=\dfrac{1}{2}$,有

$$\frac{DG}{GC+DG}=\frac{1}{2+1}$$

于是 $\dfrac{DG}{DC}=\dfrac{1}{3}$.

所以 $\dfrac{BD}{DC}=\dfrac{1}{3}$.

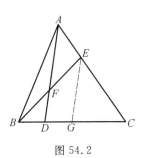

图 54.2

证明 3 如图 54.3,设 G 为 AF 延长线上一点,$FG=AF$,连 GB,GE.

由 F 为 BE 的中点,可知四边形 $ABGE$ 为平行四边形,有 $BG=AE$.

由 $\dfrac{AE}{EC}=\dfrac{1}{2}$,可知 $\dfrac{AE}{AC}=\dfrac{1}{3}$.

172

显然 $\triangle DGB \backsim \triangle DAC$,可知

$$\frac{BD}{DC} = \frac{BG}{AC} = \frac{AE}{AC} = \frac{1}{3}$$

所以 $\frac{BD}{DC} = \frac{1}{3}$.

证明 4　如图 54.4,过 B 作 AD 的平行线交直线 AC 于 G.

由 F 为 BE 的中点,可知 A 为 GE 的中点.

由 $\frac{AE}{EC} = \frac{1}{2}$,可知 $\frac{AE}{AC} = \frac{1}{3}$,有 $\frac{GA}{AC} = \frac{1}{3}$.

显然 $\frac{BD}{DC} = \frac{GA}{AC}$.

所以 $\frac{BD}{DC} = \frac{1}{3}$.

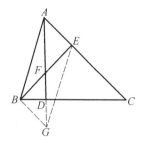

图 54.3

证明 5　如图 54.5,过 C 作 AD 的平行线交直线 BE 于 G.

由 $\frac{AE}{EC} = \frac{1}{2}$,可知 $\frac{FE}{EG} = \frac{1}{2}$,有 $\frac{FE}{FE + EG} = \frac{1}{1+2}$,

于是 $\frac{FE}{FG} = \frac{1}{3}$,得 $\frac{BF}{FG} = \frac{1}{3}$.

显然 $\frac{BD}{DC} = \frac{BF}{FG}$.

所以 $\frac{BD}{DC} = \frac{1}{3}$.

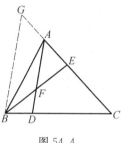

图 54.4

证明 6　如图 54.6,过 F 作 BC 的平行线交 AC 于 G.

由 F 为 BE 的中点,可知 G 为 EC 的中点.

由 $\frac{AE}{EC} = \frac{1}{2}$,可知 $AE = \frac{1}{2}EC = EG = GC$.

易知 $\frac{FG}{DC} = \frac{AG}{AC} = \frac{2}{3}$,$FG = \frac{1}{2}BC$,可知 $\frac{BC}{DC} = \frac{4}{3}$,有 $\frac{BC - DC}{DC} = \frac{4-3}{3}$,就是

$\frac{BD}{DC} = \frac{1}{3}$.

所以 $\frac{BD}{DC} = \frac{1}{3}$.

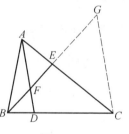

图 54.5

证明 7　如图 54.7,过 A 作 BC 的平行线交直线 BE 于 G.

显然 $\frac{GE}{EB} = \frac{AG}{BC} = \frac{AE}{EC} = \frac{1}{2}$,可知

$$AG = \frac{1}{2}BC, GE = \frac{1}{2}BE$$

由 F 为 BE 的中点,可知 $BF = FE = EG$,有 $\frac{BD}{AG} =$

$\frac{BF}{FG} = \frac{1}{2}$,于是 $\frac{BD}{BC} = \frac{BD}{2AG} = \frac{1}{4}$,得

$$\frac{BD}{BC - BD} = \frac{1}{4-1}$$

就是 $\frac{BD}{DC} = \frac{1}{3}$.

所以 $\frac{BD}{DC} = \frac{1}{3}$.

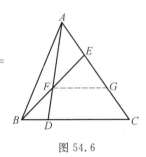

图 54.6

证明8 如图 54.8,过 C 作 AB 的平行线分别交直线 BE,AD 于 G,H.

显然 $\frac{BE}{EG} = \frac{AB}{GC} = \frac{AE}{EC} = \frac{1}{2}$,可知 $GC = 2AB$,$EG = 2BE$.

由 F 为 BE 的中点,可知 $EG = 4FE = 4BF$,有 $FG = 5BF$,于是 $\frac{AB}{GH} = \frac{BF}{FG} = \frac{1}{5}$,得 $GH = 5AB$,进而 $CH = 3AB$.

显然 $\frac{BD}{DC} = \frac{AB}{CH} = \frac{1}{3}$.

所以 $\frac{BD}{DC} = \frac{1}{3}$.

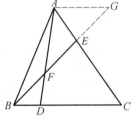

图 54.7

证明9 如图 54.9,过 C 作 BE 的平行线交直线 AD 于 G.

由 $\frac{AE}{EC} = \frac{1}{2}$,可知 $\frac{AE}{AC} = \frac{1}{3}$.

显然 $\frac{FE}{GC} = \frac{AE}{AC} = \frac{1}{3}$,可知由 F 为 BE 的中点,可知 $\frac{BF}{GC} = \frac{1}{3}$.

显然 $\frac{BD}{DC} = \frac{BF}{GC} = \frac{1}{3}$.

所以 $\frac{BD}{DC} = \frac{1}{3}$.

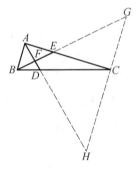

图 54.8

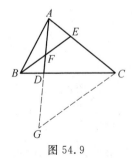

图 54.9

证明 10 如图 54.10,过 A 作 BE 的平行线交直线 BC 于 G.

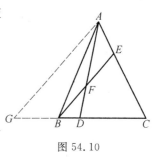

由 $\dfrac{AE}{EC}=\dfrac{1}{2}$,可知 $\dfrac{AE}{AC}=\dfrac{1}{3}$,有 $\dfrac{CE}{CA}=\dfrac{2}{3}$.

显然 $\dfrac{BC}{GC}=\dfrac{BE}{GA}=\dfrac{CE}{CA}=\dfrac{2}{3}$,可知 $BC=2GB$.

由 F 为 BE 的中点,可知 $\dfrac{BD}{GD}=\dfrac{BF}{GA}=\dfrac{1}{3}$,有

$GB=2BD$,于是 $BC=2GB=4BD$,得 $DC=3BD$.

所以 $\dfrac{BD}{DC}=\dfrac{1}{3}$.

图 54.10

证明 11 如图 54.11,连 FC.

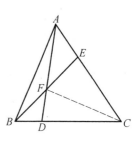

由 F 为 BE 的中点,可知 $S_{\triangle FBA}=S_{\triangle FEA}$,由 $\dfrac{AE}{EC}=$

$\dfrac{1}{2}$,可知 $S_{\triangle FEC}=2S_{\triangle FEA}$,有

$$S_{\triangle FAC}=3S_{\triangle FAB}, \text{或} \dfrac{S_{\triangle FAB}}{S_{\triangle FAC}}=\dfrac{1}{3}$$

显然

图 54.11

$$\dfrac{BD}{DC}=\dfrac{S_{\triangle FBD}}{S_{\triangle FCD}}=\dfrac{S_{\triangle ABD}}{S_{\triangle ACD}}$$

$$=\dfrac{S_{\triangle ABD}-S_{\triangle FBD}}{S_{\triangle ACD}-S_{\triangle FCD}}=\dfrac{S_{\triangle FAB}}{S_{\triangle FAC}}=\dfrac{1}{3}$$

所以 $\dfrac{BD}{DC}=\dfrac{1}{3}$.

证明 12 如图 54.12,分别过 B,C,E 作 AD 的垂线,G,H,K 为垂足.

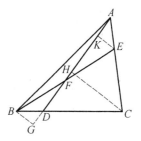

显然 $BG \parallel HC \parallel KE$.

有 F 为 BE 的中点,可知 F 为 GK 的中点,有

$BG=KE$.

由 $\dfrac{AE}{EC}=\dfrac{1}{2}$,可知 $\dfrac{AE}{AC}=\dfrac{1}{3}$.

显然 $\dfrac{BD}{DC}=\dfrac{BG}{HC}=\dfrac{KE}{HC}=\dfrac{AE}{AC}=\dfrac{1}{3}$.

所以 $\dfrac{BD}{DC}=\dfrac{1}{3}$.

图 54.12

证明 13 如图 54.13,直线 AFD 截 $\triangle BCE$ 各边,依梅涅劳斯定理,可知

$$\frac{CA}{AE} \cdot \frac{EF}{FB} \cdot \frac{BD}{DC} = 1$$

由 F 为 BE 的中点,$\dfrac{AE}{EC} = \dfrac{1}{2}$,可知 $EF = FB$,

$AC = 3AE$,有 $\dfrac{BD}{DC} = \dfrac{1}{3}$.

所以 $\dfrac{BD}{DC} = \dfrac{1}{3}$.

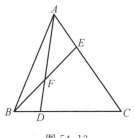

图 54.13

证明 14 如图 54.14,过 F 作 AC 的平行线分别
交 BA,BC 于 G,H.

由 F 为 BE 的中点,可知 H 为 BC 的中点.

当然 $FH = \dfrac{1}{2}EC$.

由 $\dfrac{AE}{EC} = \dfrac{1}{2}$,可知 $AE = \dfrac{1}{2}EC = FH$,有 $\dfrac{DH}{DC} =$

$\dfrac{FH}{AC} = \dfrac{1}{3}$,于是 $DH = \dfrac{1}{2}HC = \dfrac{1}{2}BH$,得 D 为 BH 的

中点,进而 $DC = 3BD$.

所以 $\dfrac{BD}{DC} = \dfrac{1}{3}$.

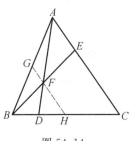

图 54.14

证明 15 如图 54.15,过 F 作 AB 的平行线分别
交 CA,CB 于 G,H.

由 F 为 BE 的中点,可知 G 为 AE 的中点,有

$GF = \dfrac{1}{2}AB$.

由 $\dfrac{AE}{EC} = \dfrac{1}{2}$,可知 $\dfrac{AE}{AC} = \dfrac{1}{3}$,有 $\dfrac{AG}{AC} = \dfrac{1}{6}$,于是

$GH = \dfrac{5}{6}AB$,得 $FH = (\dfrac{5}{6} - \dfrac{1}{2})AB = \dfrac{1}{3}AB$.

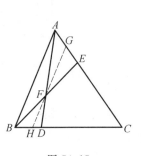

图 54.15

显然 $BD = 3HD$.

显然 $\dfrac{HC}{BC} = \dfrac{GC}{AC} = \dfrac{5}{6}$,可知 $HC = 5BH = 10\ HD$,有 $DC = 9HD$.

所以 $\dfrac{BD}{DC} = \dfrac{1}{3}$.

证明 16 如图 54.16,过 D 作 AC 的平行线分别交 BA,BE 于 G,H,过 G
作 BE 的平行线分别交 AD,AC 于 L,P,设直线 GF 交 AC 于 K.

由 F 为 BE 的中点,可知 L 为 GP 的中点,有 $GD = AP$.

显然四边形 $PGHE$ 为平行四边形,可知 $GH =$
PE.

显然 $\dfrac{GH}{HD}=\dfrac{AE}{EC}=\dfrac{1}{2}$,可知 $\dfrac{PE}{PA}=\dfrac{1}{3}$,有 $\dfrac{PA}{PC}=\dfrac{1}{3}$.

显然 $\dfrac{EK}{AE}=\dfrac{GH}{HD}=\dfrac{1}{2}$,可知 $AE=2EK$,有 $EC=$
$4EK$,于是 $KC=3EK=AK$,得 K 为 AC 的中点,进而
P 为 AK 的中点.

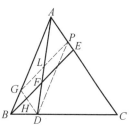

图 54.16

显然 $\dfrac{BD}{DC}=\dfrac{AP}{PC}=\dfrac{1}{3}$.

所以 $\dfrac{BD}{DC}=\dfrac{1}{3}$.

证明 17 如图 54.17,过 D 作 AC 的平行线分别
交 BA,BE 于 G,H,过 G 作 BE 的平行线分别交 AD,
AC 于 L,P,连 PD.

由 F 为 BE 的中点,可知 L 为 GP 的中点,有 $GD=$
AP.

显然四边形 $PGHE$ 为平行四边形,可知 PD ∥
AB.

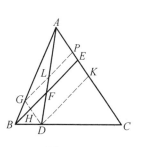

图 54.17

显然 $\dfrac{GH}{HD}=\dfrac{AE}{EC}=\dfrac{1}{2}$,可知 $\dfrac{PE}{PA}=\dfrac{1}{3}$,有

$$\frac{PA}{PC}=\frac{1}{3}$$

显然 $\dfrac{BD}{DC}=\dfrac{AP}{PC}=\dfrac{1}{3}$.

所以 $\dfrac{BD}{DC}=\dfrac{1}{3}$.

证明 18 如图 54.18,过 D 作 AC 的平行线分别
交 BA,BE 于 G,H,过 G 作 BE 的平行线分别交 AD,
AC 于 L,P,过 D 作 BE 的平行线交 AC 于 K.

由 F 为 BE 的中点,可知 L 为 GP 的中点,有
$GD=AP$.

显然四边形 $PKDG$ 为平行四边形,可知 $PK=$
$GD=AP$.

显然 $\dfrac{GH}{HD}=\dfrac{AE}{EC}=\dfrac{1}{2}$,可知 $\dfrac{PE}{PA}=\dfrac{1}{3}$,$EK=2PE$,

有 $\dfrac{PA}{PC} = \dfrac{1}{3}$，于是 $\dfrac{PK}{PC} = \dfrac{1}{3}$，得 $KC = 2PK = 2PA = 6PE$.

显然 $\dfrac{BD}{DC} = \dfrac{EK}{KC} = \dfrac{2PE}{6PE} = \dfrac{1}{3}$. 所以 $\dfrac{BD}{DC} = \dfrac{1}{3}$.

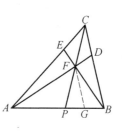

第 55 天

如图 55.1,D,E 分别为 $\triangle ABC$ 的 BC,AC 边上一点,AD,BE 相交于 F,直线 CF 交 AB 于 P,如果 $\triangle FAB$ 的面积等于 $\triangle ABC$ 的面积的一半.

求证:$\dfrac{BA}{BP}=\dfrac{AD}{2FD}$.

证明 1 如图 55.1,过 F 作 CB 的平行线交 AB 于 G.

由 F 为 PC 的中点,可知 G 为 PB 的中点.

易知 $\dfrac{BA}{BP}=\dfrac{BA}{2BG}=\dfrac{AD}{2FD}$.

所以 $\dfrac{BA}{BP}=\dfrac{AD}{2FD}$.

证明 2 如图 55.2,过 P 作 BC 的平行线交 AD 于 G.

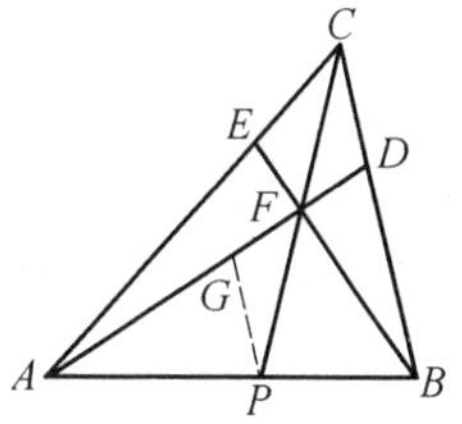

易知 $\dfrac{BA}{BP}=\dfrac{AD}{DG}=\dfrac{AD}{2FD}$.

所以 $\dfrac{BA}{BP}=\dfrac{AD}{2FD}$.

证明 3 如图 55.3,过 F 作 AB 的平行线交 BC 于 H,过 P 作 AC 的平行线交 BE 于 G.

易知 $\dfrac{BA}{BP}=\dfrac{BA}{2FH}=\dfrac{AD}{2FD}$.

所以 $\dfrac{BA}{BP}=\dfrac{AD}{2FD}$.

证明 4 如图 55.4,过 C 作 EB 的平行线交直线 AB 于 G,过 G 作 BC 的平行线分别交直线 AD,PC 于 H,K.

由 F 为 CP 的中点,可知 B 为 PG 的中点,进而 C 为 PK 的中点,有 $CK=CP=2CF$,于是 $DH=2FD$.

易知 $\dfrac{BA}{BP}=\dfrac{BA}{BG}=\dfrac{AD}{DH}=\dfrac{AD}{2FD}$.

图 55.1

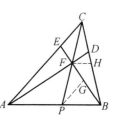

图 55.2

图 55.3

所以 $\dfrac{BA}{BP} = \dfrac{AD}{2FD}$.

证明5 如图 55.5,过 C 作 EB 的平行线交直线 AB 于 G.

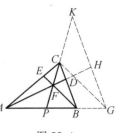

图 55.4

直线 EFB 截 $\triangle PCA$ 的三边,由梅涅劳斯定理,可知 $\dfrac{AB}{BP} \cdot \dfrac{PF}{FC} \cdot \dfrac{CE}{EA} = 1$.

由 $\triangle FAB$ 的面积等于 $\triangle ABC$ 的面积的一半,可知 F 为 CP 的中点,有 $PF = FC$,于是 $\dfrac{AB}{BP} = \dfrac{EA}{CE}$.

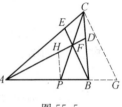

图 55.5

由 F 为 CP 的中点,可知 F 为 HD 的中点,B 为 PG 的中点,即 $HD = 2FD$,$PB = BG$.

显然 $\dfrac{EA}{CE} = \dfrac{BA}{GB} = \dfrac{BA}{PB} = \dfrac{AD}{HD} = \dfrac{AD}{2FD}$,可知 $\dfrac{AB}{BP} = \dfrac{EA}{CE} = \dfrac{AD}{2FD}$.

所以 $\dfrac{BA}{BP} = \dfrac{AD}{2FD}$.

(梅涅劳斯定理在此题中使用可行,但不可取,因为看不出简捷)

第 56 天

已知:如图 56.1,$AD = BD$,$\angle BDE = \angle DAC$.

求证:$\dfrac{AE}{EB} = \dfrac{BD}{DC}$.

证明 1 如图 56.1,过 B 作 DA 的平行线交直线 DE 于 F.

显然 $\angle FBD = \angle ADC$.

由 $BD = AD$,$\angle BDF = \angle DAC$,可知
$$\triangle BDF \cong \triangle DAC$$

有 $BF = DC$,于是

$$\frac{AE}{EB} = \frac{AD}{BF} = \frac{BD}{DC}$$

所以 $\dfrac{AE}{EB} = \dfrac{BD}{DC}$.

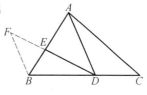

图 56.1

证明 2 如图 56.2,过 D 作 CA 的平行线交 AB 于 F.

显然 $\angle FDA = \angle DAC = \angle BDE$.

由 $AD = BD$,可知 F 与 E 关于 AB 的中垂线对称,有 $\triangle DAF \cong \triangle DBE$,于是 $FA = EB$,$EA = BF$,得
$\dfrac{AE}{EB} = \dfrac{BF}{FA} = \dfrac{BD}{DC}$.

所以 $\dfrac{AE}{EB} = \dfrac{BD}{DC}$.

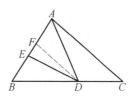

图 56.2

证明 3 如图 56.3,过 B 作 ED 的平行线交直线 AD 于 F.

显然 $\angle DBF = \angle BDE = \angle DAC$.

由 $AD = BD$,可知 $\triangle DBF \cong \triangle DAC$,有 $DF = DC$,于是 $\dfrac{AE}{EB} = \dfrac{AD}{DF} = \dfrac{BD}{DC}$.

所以 $\dfrac{AE}{EB} = \dfrac{BD}{DC}$.

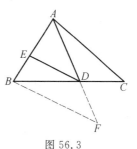

图 56.3

证明 4 如图 56.4,过 E 作 BC 的平行线分别交 AD,AC 于 F,G.

显然 $\angle FED = \angle BDE = \angle DAC$.

由 $AD = BD$,可知 $AF = EF$,有

$$\triangle DEF \cong \triangle GAF$$

于是 $FD = FG$,得

$$\frac{AE}{EB} = \frac{AF}{FD} = \frac{EF}{FG} = \frac{BD}{DC}$$

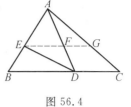

图 56.4

所以 $\dfrac{AE}{EB} = \dfrac{BD}{DC}$.

证明 5 如图 56.5.

由 $AD = BD$,可知 $\angle DAE = \angle CBA$.

由 $\angle BDE = \angle DAC, \angle EDA + \angle EDB = \angle ADB = \angle DAC + \angle C$, 可知 $\angle ADE = \angle C$,有 $\triangle EAD \backsim \triangle ABC$,于是

$$\frac{AB}{AE} = \frac{BC}{AD} = \frac{BC}{BD}$$

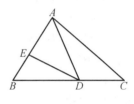

图 56.5

进而 $\dfrac{EB}{AE} = \dfrac{AB - AE}{AE} = \dfrac{BC - BD}{BD} = \dfrac{DC}{BD}$.

所以 $\dfrac{AE}{EB} = \dfrac{BD}{DC}$.

证明 6 如图 56.6,过 E 作 BC 的平行线交 AD 于 F.

由 $AD = BD$,可知 $AF = EF$,有

$$\frac{AE}{EB} = \frac{AF}{FD} = \frac{EF}{FD}$$

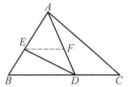

图 56.6

由 $\angle BDE = \angle DAC, \angle EDA + \angle EDB = \angle ADB = \angle DAC + \angle C$,可知 $\angle ADE = \angle C$,有 $\triangle EFD \backsim \triangle ADC$,于是

$$\frac{EF}{FD} = \frac{AD}{DC} = \frac{BD}{DC}$$

所以 $\dfrac{AE}{EB} = \dfrac{BD}{DC}$.

本文参考自:

《中学生数学》2000 年 12 期 11 页.

第 57 天

定理　如果一个直角三角形的斜边和一条直角边与另一个直角三角形的斜边和一条直角边对应成比例,那么这两个直角三角形相似.

已知:如图 57.1,在 $\text{Rt}\triangle ABC$ 与 $\text{Rt}\triangle A_1B_1C_1$ 中,$\angle C = \angle C_1 = 90°$,$\dfrac{AB}{A_1B_1} = \dfrac{AC}{A_1C_1}$.

求证:$\text{Rt}\triangle ABC \backsim \text{Rt}\triangle A_1B_1C_1$.

证明 1　如图 57.1.

由 $\dfrac{AB}{A_1B_1} = \dfrac{AC}{A_1C_1}$,可知 $\dfrac{AB}{AC} = \dfrac{A_1B_1}{A_1C_1}$,有

$\dfrac{AB^2}{AC^2} = \dfrac{A_1B_1{}^2}{A_1C_1{}^2}$,于是

$$\frac{AB^2 - AC^2}{AC^2} = \frac{A_1B_1{}^2 - A_1C_1{}^2}{A_1C_1{}^2}$$

得

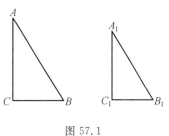

图 57.1

$$\frac{BC^2}{AC^2} = \frac{B_1C_1{}^2}{A_1C_1{}^2},\text{或} \frac{BC^2}{B_1C_1{}^2} = \frac{AC^2}{A_1C_1{}^2}$$

由 $\dfrac{BC}{B_1C_1}$ 与 $\dfrac{AC}{A_1C_1}$ 均为正数,可知

$$\frac{BC}{B_1C_1} = \frac{AC}{A_1C_1}$$

由 $\angle C = \angle C_1 = 90°$,可知

$$\text{Rt}\triangle ABC \backsim \text{Rt}\triangle A_1B_1C_1$$

所以 $\text{Rt}\triangle ABC \backsim \text{Rt}\triangle A_1B_1C_1$.

证明 2　如图 57.2,分别延长 AC,A_1C_1 至 D,D_1,使 $CD = AC,C_1D_1 = A_1C_1$,连 DB,D_1B_1.

由 $\dfrac{AB}{A_1B_1} = \dfrac{AC}{A_1C_1}$,可知

$$\frac{DB}{D_1B_1} = \frac{AB}{A_1B_1} = \frac{AC}{A_1C_1}$$

有 $\triangle ABD \backsim \triangle A_1B_1D_1$,于是 $\angle A = \angle A$.

所以 $\mathrm{Rt}\triangle ABC \backsim \mathrm{Rt}\triangle A_1B_1C_1$.

证明3 如图 57.3,设 D 为直线 AC 上一点,$AD = A_1C_1$,过 D 作 BC 的平行线交直线 AB 于 E.

由 $\dfrac{AB}{AE} = \dfrac{AC}{AD} = \dfrac{AC}{A_1C_1} = \dfrac{AB}{A_1B_1}$,可知 $AE = A_1B_1$,有

$$\mathrm{Rt}\triangle AED \cong \mathrm{Rt}\triangle A_1B_1C_1$$

于是 $\angle A = \angle A_1$,得

$$\mathrm{Rt}\triangle ABC \backsim \mathrm{Rt}\triangle A_1B_1C_1$$

所以 $\mathrm{Rt}\triangle ABC \backsim \mathrm{Rt}\triangle A_1B_1C_1$.

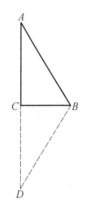 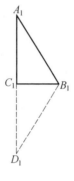 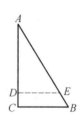 

图 57.2　　　　　　　　　　　　　　　　图 57.3

证明4 如图 57.4,设 D 为 AB 的中点,D_1 为 A_1B_1 的中点,连 CD,C_1D_1.

由 $\dfrac{AB}{A_1B_1} = \dfrac{AC}{A_1C_1}$,可知

$$\dfrac{CD}{C_1D_1} = \dfrac{AD}{A_1D_1} = \dfrac{AB}{A_1B_1} = \dfrac{AC}{A_1C_1}$$

有 $\triangle ACD \backsim \triangle A_1C_1D_1$,于是 $\angle A = \angle A_1$,得

$$\mathrm{Rt}\triangle ABC \backsim \mathrm{Rt}\triangle A_1B_1C_1$$

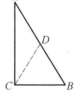 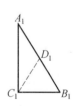

图 57.4

所以 $\mathrm{Rt}\triangle ABC \backsim \mathrm{Rt}\triangle A_1B_1C_1$.

证明5 如图 57.5,设 D 为 CA 延长线上的一点,$AD = A_1C_1$,过 D 作 BC 的平行线交直线 AB 于 E.

由 $\dfrac{AB}{AE} = \dfrac{AC}{AD} = \dfrac{AC}{A_1C_1} = \dfrac{AB}{A_1B_1}$,可知 $AE = A_1B_1$,有 $\mathrm{Rt}\triangle AED \cong \mathrm{Rt}\triangle A_1B_1C_1$,于是

$$\angle A_1 = \angle DAE = \angle A$$

得

$$\mathrm{Rt}\triangle ABC \backsim \mathrm{Rt}\triangle A_1 B_1 C_1$$

所以 $\mathrm{Rt}\triangle ABC \backsim \mathrm{Rt}\triangle A_1 B_1 C_1$.

证明6 如图 57.6,设 D 为直线 AC 上一点,$DC = A_1 C_1$,过 D 作 AB 的平行线交直线 BC 于 E.

由 $\dfrac{AB}{DE} = \dfrac{AC}{DC} = \dfrac{AC}{A_1 C_1} = \dfrac{AB}{A_1 B_1}$,可知 $DE = A_1 B_1$,有

$$\mathrm{Rt}\triangle DEC \cong \mathrm{Rt}\triangle A_1 B_1 C_1$$

于是

$$\angle A_1 = \angle CDE = \angle A$$

得

$$\mathrm{Rt}\triangle ABC \backsim \mathrm{Rt}\triangle A_1 B_1 C_1$$

所以 $\mathrm{Rt}\triangle ABC \backsim \mathrm{Rt}\triangle A_1 B_1 C_1$.

证明7 如图 57.7,设 D 为直线 AC 上一点,$AD = A_1 B_1$,过 D 作 AB 的垂线,E 为垂足.

由 $\dfrac{AB}{A_1 B_1} = \dfrac{AC}{A_1 C_1}$,可知 $\dfrac{AB}{AC} = \dfrac{A_1 B_1}{A_1 C_1}$.

显然 $\mathrm{Rt}\triangle ADE \backsim \mathrm{Rt}\triangle ABC$,可知 $\dfrac{AD}{AB} = \dfrac{AE}{AC}$,有 $\dfrac{AD}{AE} = \dfrac{AB}{AC} = \dfrac{A_1 B_1}{A_1 C_1} = \dfrac{AD}{A_1 C_1}$,于是 $AE = A_1 C_1$,得 $\mathrm{Rt}\triangle ADE \cong \mathrm{Rt}\triangle A_1 B_1 C_1$.

显然 $\angle A = \angle A_1$,可知 $\mathrm{Rt}\triangle ABC \backsim \mathrm{Rt}\triangle A_1 B_1 C_1$.

所以 $\mathrm{Rt}\triangle ABC \backsim \mathrm{Rt}\triangle A_1 B_1 C_1$.

证明8 如图 57.2,分别延长 AC,$A_1 C_1$ 至 D,D_1,使 $CD = AC$,$C_1 D_1 = A_1 C_1$,连 DB,$D_1 B_1$.

由 $\dfrac{AB}{A_1 B_1} = \dfrac{AC}{A_1 C_1}$,可知

$$\frac{DB}{D_1 B_1} = \frac{AB}{A_1 B_1} = \frac{AC}{A_1 C_1}$$

有

图 57.5

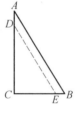
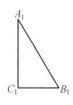

图 57.6

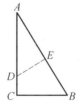

图 57.7

$$\triangle ABD \backsim \triangle A_1 B_1 D_1$$

所以 Rt$\triangle ABC \backsim$ Rt$\triangle A_1 B_1 C_1$.

（相似多边形中的对应三角形相似）

证明 9　如图 57.1.

设 $\dfrac{AB}{A_1 B_1} = k$,可知 $AB = kA_1 B_1$,有

$$AC = kA_1 C_1$$

由勾股定理,可知 $BC = \sqrt{AB^2 - AC^2} = kB_1 C_1$,有

$$\frac{BC}{B_1 C_1} = k = \frac{AB}{A_1 B_1} = \frac{AC}{A_1 C_1}$$

所以 Rt$\triangle ABC \backsim$ Rt$\triangle A_1 B_1 C_1$.

证明 10　如图 57.1.

在 Rt$\triangle ABC$ 与 Rt$\triangle A_1 B_1 C_1$ 中,显然 $\sin B = \dfrac{AC}{AB} = \dfrac{A_1 C_1}{A_1 B_1} = \sin B_1$,且 $\angle B$ 与 $\angle B_1$ 均为锐角,可知 $\angle B = \angle B_1$.

所以 Rt$\triangle ABC \backsim$ Rt$\triangle A_1 B_1 C_1$.

本文参考自:

《中小学数学》1997 年 4 期 11 页.

第 58 天

已知:如图 58.1,△ABC 中,$AC=BC$,$\angle C=90°$,O 为 BC 中点,由 C 引 AO 的垂线交 AB 于 D,E 为垂足. 求证:$AD=2BD$.

证明 1 如图 58.1,过 D 作 BC 的垂线,F 为垂足.

显然 $DF=BF$.

由 $AC=BC$,O 为 BC 中点,可知 $AC=2OC$.

由 $CD \perp AO$,$AC \perp BC$,可知

$$\text{Rt}\triangle DFC \backsim \text{Rt}\triangle OCA$$

有 $\dfrac{FC}{AC}=\dfrac{DF}{OC}$,于是 $FC=2DF=2BF$.

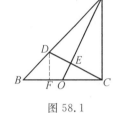

图 58.1

所以 $AD=2BD$.

证明 2 如图 58.2,过 D 作 BC 的平行线交 AC 于 F.

显然 $DF=AF$.

由 $AC=BC$,O 为 BC 中点,可知 $AC=2OC$.

由 $\angle FDC=\angle DCB=\angle OAC$,可知

$$\text{Rt}\triangle FDC \backsim \text{Rt}\triangle CAO$$

有 $\dfrac{DF}{AC}=\dfrac{FC}{CO}$,于是 $DF=2FC$,得 $AF=2FC$.

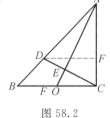

图 58.2

所以 $AD=2BD$.

证明 3 如图 58.3,过 B 作 CA 的平行线交直线 CD 于 F.

显然 $\text{Rt}\triangle FBC \cong \text{Rt}\triangle OCA$,可知 $FB=OC=\dfrac{1}{2}AC$,有

$BD=\dfrac{1}{2}AD$.

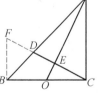

图 58.3

所以 $AD=2BD$.

证明 4 如图 58.4,过 B 作 DC 的平行线交直线 AC 于 F.

由 $\angle FBC=\angle BCD=\angle OAC$,$BC=AC$,可知 $\text{Rt}\triangle BCF \cong \text{Rt}\triangle ACO$,有

$$CF = OC = \frac{1}{2}AC.$$

由 $\dfrac{AD}{DB} = \dfrac{AC}{CF}$,可知 $BD = \dfrac{1}{2}AD$.

所以 $AD = 2BD$.

证明 5 如图 58.5,在 AO 延长线上取一点 F,使 $OF = AO$,连 FB,FC.

由 $BO = OC$,可知四边形 $ABFC$ 为平行四边形,有 $AD \parallel CF$.

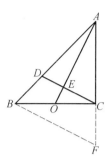

图 58.4

由 $AC = BC$,O 为 BC 中点,可知 $AC = 2OC$.

显然 $\mathrm{Rt}\triangle EOC \backsim \mathrm{Rt}\triangle ECA \backsim \mathrm{Rt}\triangle COA$,可知 $EA = 2EC = 4EO$,有 $FO = AO = 5EO$,于是 $\dfrac{AE}{EF} = \dfrac{4EO}{6EO} = \dfrac{2}{3}$. 得 $\dfrac{AD}{AB} = \dfrac{AD}{FC} = \dfrac{AE}{EF} = \dfrac{2}{3}$.

所以 $AD = 2BD$.

证明 6 如图 58.6,分别过 B,A 作 AC,BC 的平行线得交点 F,设直线 CD 交 BF 于 G,取 AC 的中点 H,连 FH 交 AB 于 K.

显然四边形 $FBCA$ 为正方形.

由 $AO \perp CD$,可知 $\mathrm{Rt}\triangle GBC \cong \mathrm{Rt}\triangle OCA$,有 G 为 FB 的中点.

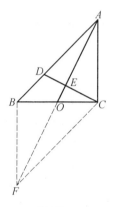

图 58.5

显然四边形 $FGCH$ 为平行四边形,可知 $FH \parallel GC$.

由 G 为 FB 中点,可知 D 为 BK 中点.

由 H 为 AC 中点,可知 K 为 DA 中点,于是 $BD = DK = KA$.

所以 $AD = 2BD$.

证明 7 如图 58.7,过 A 做 BC 的平行线交直线 CD 于 H,过 B 作 CA 的平行线分别交 CH,AH 于 G,F.

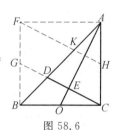

图 58.6

显然四边形 $ACBF$ 为正方形.

显然 $\mathrm{Rt}\triangle AOC \backsim \mathrm{Rt}\triangle HCA$,可知

$$HA = 2AC = 2BC$$

易知 $\dfrac{AD}{BD} = \dfrac{HA}{BC} = 2$. 所以 $AD = 2BD$.

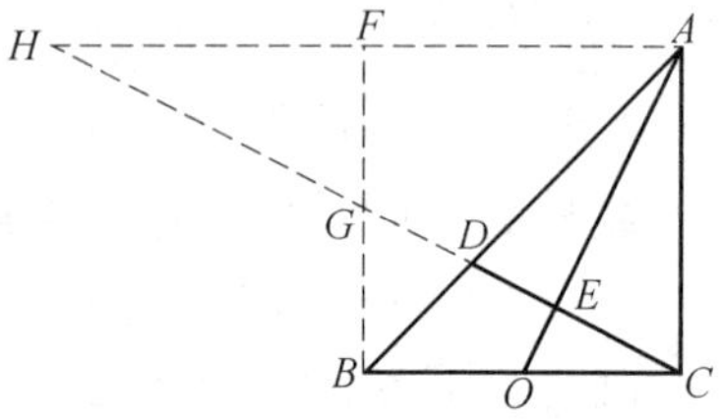

图 58.7

第 59 天

在 $\triangle ABC$ 中，$\angle BAC = 100°$，$\angle BAD = 20°$，$\angle B$ 的平分线 BE 交 AC 于 E. 求 $\angle BED$ 的度数.

解 1 如图 59.1，设 $\angle BAD$ 的平分线交 BE 于 I，连 DI.

显然 I 为 $\triangle ABD$ 的内心，可知

$$\angle DIE = \frac{1}{2}(\angle ABD + \angle ADB) = 80°$$

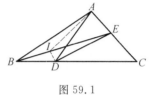

图 59.1

由 $\angle BAC = 100°$，$\angle BAD = 20°$，可知 $\angle DAC = 80°$，有 A, I, D, E 四点共圆，于是 $\angle BED = \angle IAD = 10°$.

所以 $\angle BED = 10°$.

解 2 如图 59.1，设 $\angle BAD$ 的平分线交 BE 于 I，连 DI.

显然 I 为 $\triangle ABD$ 的内心，由 $\angle BAC = 100°$，$\angle BAD = 20°$，可知 $\angle IAC = 90°$.

由 AI 平分 $\angle BAD$，可知 AC 为 $\triangle ABD$ 的 $\angle BAD$ 的外角平分线，有点 E 到 AB，AD 的距离相等.

由 BE 平分 $\angle ABC$，可知点 E 到 AB，BC 的距离相等，有点 E 到 AD，BC 的距离相等，于是 DE 为 $\angle ADC$ 的平分线.

由 DI 平分 $\angle ADB$，可知 $\angle IDE = 90°$，有 A, I, D, E 四点共圆，于是 $\angle BED = \angle IAD = 10°$.

所以 $\angle BED = 10°$.

解 3 如图 59.2，设 $\triangle ABD$ 的外接圆交直线 CA 于 O，连 BO，DO.

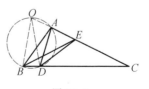

图 59.2

由 $\angle BAC = 100°$，$\angle BAD = 20°$，可知 $\angle OAB = 80°$，有 $\angle ODB = \angle OAB = 80°$，于是 $\angle OBC = 80° = \angle ODB$，得 $OD = OB$.

由 $\angle OAB = 80° = \angle OBC$，可知 $\triangle OAB \backsim \triangle OBC$，有 $\angle OBA = \angle C$，于是

$$\angle OBA + \angle EBA = \angle C + \angle EBC$$

就是 $\angle OBE = \angle OEB$,得 $OE = OB$,进而
$$OE = OB = OD$$

显然 O 为 $\triangle BDE$ 的外心,可知
$$\angle BED = \frac{1}{2}\angle BOD = 10°$$

所以 $\angle BED = 10°$.

解4 如图 59.3,设 $\angle BAD$ 的平分线交 BC 于 F.

由 $\angle BAC = 100°$,$\angle BAD = 20°$,可知 $\angle IAC = 90°$.

由 AI 平分 $\angle BAD$,可知 AC 为 $\triangle ABD$ 的 $\angle BAD$ 的外角平分线,有

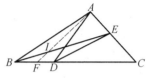

图 59.3

$$\frac{AD}{AB} = \frac{CD}{CB},\text{或}\frac{AD}{DC} = \frac{AB}{CB}$$

由 BE 平分 $\angle ABC$,可知 $\frac{AB}{BC} = \frac{AE}{EC}$,有 $\frac{AD}{DC} = \frac{AE}{EC}$,于是 DE 平分 $\angle ADC$,

得
$$\angle BED = \angle EDC - \angle EBC$$
$$= \frac{1}{2}(\angle ADC - \angle ABC) = \frac{1}{2}\angle BAD = 10°$$

所以 $\angle BED = 10°$.

本文参考自:

安徽《中学数学教学》1997 年 3 期 28 页.

第 60 天

$\triangle ABC$ 中,D 为 BC 的中点,O 为 AD 上一点,BO 交 AC 于 E,CO 交 AB 于 F. 求证:$EF \parallel BC$.

证明 1 如图 60.1,由塞瓦定理,可知

$$\frac{AF}{FB} \cdot \frac{BD}{DC} \cdot \frac{CE}{EA} = 1$$

又 $BD = DC$,有 $\dfrac{AF}{FB} = \dfrac{EA}{CE}$.

所以 $EF \parallel BC$.

证明 2 如图 60.1.

由 $BD = DC$,可知 $S_{\triangle ABO} = S_{\triangle ACO}$,有

$$\frac{AE}{EC} = \frac{S_{\triangle AOB}}{S_{\triangle COB}} = \frac{S_{\triangle ACO}}{S_{\triangle COB}} = \frac{AF}{FB}$$

所以 $EF \parallel BC$.

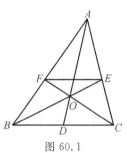

图 60.1

证明 3 如图 60.2,延长 OD 到 G 使 $DG = OD$,连 GB,GC.

显然四边形 $BGCO$ 为平行四边形,可知 $GC \parallel BE$,$GB \parallel CF$,有 $\dfrac{AE}{AC} = \dfrac{AO}{AG} = \dfrac{AF}{AB}$,于是 $EF \parallel BC$.

所以 $EF \parallel BC$.

证明 4 如图 60.3,过 D 分别作 AC,AB 的平行线交 BE,FC 于 G,H.

易知 $\dfrac{AE}{DG} = \dfrac{AO}{DO} = \dfrac{AF}{DH}$,可知

$$\frac{AE}{EC} = \frac{AE}{2DG} = \frac{AF}{2DH} = \frac{AF}{FB}$$

即 $\dfrac{AF}{FB} = \dfrac{EA}{CE}$.

所以 $EF \parallel BC$.

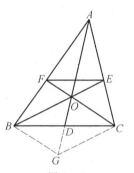

图 60.2

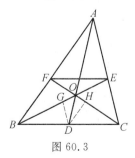

图 60.3

证明 5 如图 60.4.

过 A 作 BC 的平行线分别交直线 CF, BE 于 G, H.

由 $\dfrac{AH}{BD} = \dfrac{AO}{OD} = \dfrac{AG}{DC}$, 及 $BD = DC$, 可知 $AH = AG$.

由 $\dfrac{AF}{FB} = \dfrac{AG}{BC} = \dfrac{AH}{BC} = \dfrac{AE}{EC}$, 可知

$$\frac{AF}{FB} = \frac{EA}{CE}$$

所以 $EF \parallel BC$.

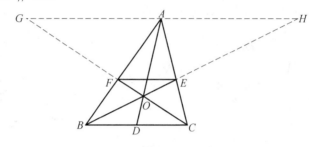

图 60.4

证明 6 如图 60.5, 过 A 分别作 BE, FC 的平行线交直线 BC 于 G, H.

显然 $\dfrac{GB}{BD} = \dfrac{AO}{OD} = \dfrac{HC}{CD}$, 其中 $BD = CD$, 可知 $GB = HC$.

由 $\dfrac{AE}{EC} = \dfrac{GB}{BC} = \dfrac{HC}{BC} = \dfrac{AF}{FB}$, 可知 $EF \parallel BC$.

所以 $EF \parallel BC$.

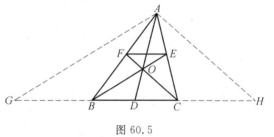

图 60.5

证明 7 如图 60.6, 过 B 作 DA 的平行线交直线 CF 于 G, 过 C 作 DA 的平行线交直线 BE 于 H.

由 $BD = DC$, 可知 $BO = OH$, $GO = OC$, 有 $\triangle BOG \cong \triangle HOC$, 于是 $BG = HC$.

显然 $\dfrac{AF}{FB} = \dfrac{AO}{BG} = \dfrac{AO}{CH} = \dfrac{AE}{EC}$, 即 $\dfrac{AF}{FB} = \dfrac{EA}{CE}$.

所以 $EF \parallel BC$.

证明 8 如图 60.7, 过 O 作 BC 的平行线分别交

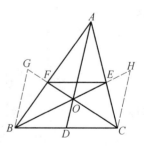

图 60.6

AB,AC 于 H,G.

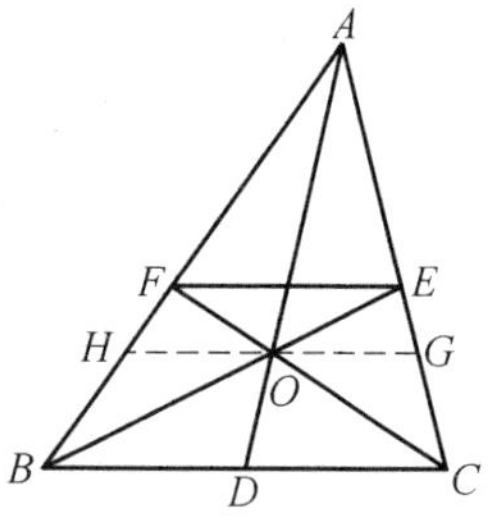

由 $BD = DC$,及 $\dfrac{HO}{BD} = \dfrac{AO}{AD} = \dfrac{OG}{DC}$,可知 $HO = OG$.

由 $\dfrac{EO}{EB} = \dfrac{OG}{BC} = \dfrac{HO}{BC} = \dfrac{FO}{FC}$,可知 $\dfrac{EO}{EB - EO} =$

$\dfrac{FO}{FC - FO}$,即 $\dfrac{EO}{OB} = \dfrac{FO}{OC}$. 有 $\triangle EOF \backsim \triangle BOC$,于是

$\angle BEF = \angle EBC$.

所以 $EF \parallel BC$.

图 60.7

本文参考自:

《中小学数学》1985 年 6 期 18 页.

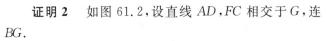

已知 $\triangle ABC$ 中,$AB=AC$,AD 是中线,P 是 AD 上的一点,过 C 作 AB 的平行线交直线 BP 于 F,BF 交 AC 于 E,

求证:$PB^2=PE \cdot PF$.

证明 1 如图 61.1,连 PC.

由 $AB=AC$,AD 为中线,可知 AD 为 BC 的中垂线,有 $PC=PB$,$\angle PCE=\angle PBA$.

由 $FC \parallel AB$,可知 $\angle F=\angle PBA$,有 $\angle F=\angle PCA$.

显然 $\triangle PCE \backsim \triangle PFC$,可知 $\dfrac{PC}{PF}=\dfrac{PE}{PC}$,有

$$PC^2=PE \cdot PF$$

代入 $PB=PC$,就是 $PB^2=PE \cdot PF$.

所以 $PB^2=PE \cdot PF$.

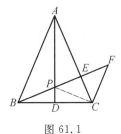

图 61.1

证明 2 如图 61.2,设直线 AD,FC 相交于 G,连 BG.

由 $FC \parallel AB$,D 为 BC 的中点,可知 D 为 AG 的中点,有四边形 $ABGC$ 为平行四边形.

由 $AB=AC$,可知四边形 $ABGC$ 为菱形.

由 $\dfrac{AE}{EC}=\dfrac{AB}{FC}$,可知 $\dfrac{AE}{AE+EC}=\dfrac{AB}{AB+FC}$,有 $\dfrac{AE}{AC}=$

$\dfrac{AB}{GC+FC}=\dfrac{GC}{GF}$,即 $\dfrac{AE}{AC}=\dfrac{GC}{GF}$.

显然 $\dfrac{PE}{PB}=\dfrac{AE}{BG}=\dfrac{AE}{AC}$,$\dfrac{PF}{PB}=\dfrac{GF}{AB}=\dfrac{GF}{GC}$,可知

$$\dfrac{PE}{PB} \cdot \dfrac{PF}{PB}=\dfrac{AE}{AC} \cdot \dfrac{GF}{GC}=\dfrac{GC}{GF} \cdot \dfrac{GF}{GC}=1$$

所以 $PB^2=PE \cdot PF$.

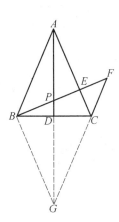

图 61.2

证明 3 如图 61.3,过 P 分别作 AB,AC 的平行线交 BC 于 M,N.

显然 $\dfrac{MD}{BD}=\dfrac{PD}{AD}=\dfrac{ND}{CD}$.

由 $BD=CD$，可知 $MD=ND$，有 $MB=NC,MC=NB$.

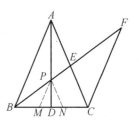

图 61.3

显然 $\dfrac{PB}{PE}=\dfrac{NB}{NC}$，$\dfrac{PB}{PF}=\dfrac{MB}{MC}$，可知

$$\dfrac{PB}{PE}\cdot\dfrac{PB}{PF}=\dfrac{NB}{NC}\cdot\dfrac{MB}{MC}=\dfrac{MC}{MB}\cdot\dfrac{MB}{MC}=1$$

所以 $PB^2=PE\cdot PF$.

（注意：本证明并不用"$AB=AC$"，说明"$AB=AC$"
为过剩条件）

证明 4　如图 61.4.

由 $AB=AC,AD$ 为中线，可知 AD 为 $\angle BAE$ 的平分
线，可知

$$\dfrac{PB}{PE}=\dfrac{AB}{AE}=\dfrac{AC}{AE}=\dfrac{BF}{BE}$$

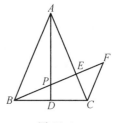

图 61.4

即 $\dfrac{PB}{PE}=\dfrac{BF}{BE}$，或 $\dfrac{BE}{PE}=\dfrac{BF}{PB}$，可知

$$\dfrac{BE-PE}{PE}=\dfrac{BF-PB}{PB}$$

有 $\dfrac{PB}{PE}=\dfrac{PF}{PB}$，于是 $PB^2=PE\cdot PF$.

所以 $PB^2=PE\cdot PF$.

证明 5　如图 61.5，过 P 作 AB 的平行线分别交
CA,CB 于 G,H.

由 $AB=AC,AD$ 为中线，可知 AD 平分 $\angle BAC$，有
$\angle GPA=\angle PAB=\angle PAG$，于是 $GP=GA$.

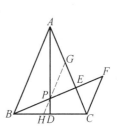

图 61.5

易知 $\dfrac{BP}{BF}=\dfrac{BH}{BC}=\dfrac{AG}{AC}=\dfrac{AG}{AB}=\dfrac{GP}{AB}=\dfrac{PE}{BE}$，即 $\dfrac{BP}{BF}=$

$\dfrac{PE}{BE}$，于是 $\dfrac{BP}{BF-BP}=\dfrac{PE}{BE-PE}$，得 $\dfrac{PB}{PF}=\dfrac{PE}{PB}$.

所以 $PB^2=PE\cdot PF$.

证明 6　如图 61.6，过 P 作 AC 的平行线分别交直线 FC,AB 于 H,G.

显然四边形 $AGHC$ 为平行四边形，可知 $GH=AC$.

由 $AB=AC,AD$ 为中线，可知 AD 平分 $\angle BAC$，有 $\angle GPA=\angle PAC=$
$\angle PAG$，于是 $GA=GP$.

显然 $PH=GH-PG=AB-GA=GB$，即 $PH=GB$，可知 $\dfrac{PB}{PE}=\dfrac{BG}{AG}=$

$\dfrac{PH}{PG} = \dfrac{PF}{PB}$,即 $\dfrac{PB}{PE} = \dfrac{PF}{PB}$.

所以 $PB^2 = PE \cdot PF$.

证明 7 如图 61.7,过 P 作 BC 的平行线分别交 CA, CF, AB 于 G, H, K.

由 D 为 BC 的中点,可知 P 为 KG 的中点.

显然四边形 $KBCH$ 为平行四边形,可知 $KH = BC$.

易知 $\dfrac{PE}{BE} = \dfrac{PG}{BC} = \dfrac{KP}{BC} = \dfrac{KP}{KH} = \dfrac{PB}{BF}$,即 $\dfrac{PE}{BE} = \dfrac{PB}{BF}$,可

知 $\dfrac{PE}{BE - PE} = \dfrac{PB}{BF - PB}$,即 $\dfrac{PE}{PB} = \dfrac{PB}{PF}$.

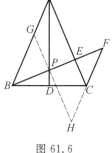

图 61.6

所以 $PB^2 = PE \cdot PF$.

证明 8 如图 61.8,过 C 作 BF 的平行线交直线 AD 于 G.

由 AD 为中线,可知 D 为 PG 的中点,有 $GC = PB$.

由 $\dfrac{PB}{PE} = \dfrac{GO}{PE} = \dfrac{AC}{AE} = \dfrac{BF}{BE}$,即 $\dfrac{PB}{PE} = \dfrac{BF}{BE}$,或 $\dfrac{PB}{PE} = \dfrac{BF}{BE}$,

可知 $\dfrac{PB}{BF} = \dfrac{PE}{BE}$,有 $\dfrac{PB}{BF - PB} = \dfrac{PE}{BE - PE}$,即 $\dfrac{PB}{PF} = \dfrac{PE}{PB}$.

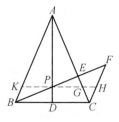

图 61.7

所以 $PB^2 = PE \cdot PF$.

证明 9 如图 61.9,过 E 作 BC 的平行线交 AD 于 G.

显然 $\dfrac{PB}{PE} = \dfrac{BD}{GE} = \dfrac{DC}{GE} = \dfrac{AC}{AE} = \dfrac{BF}{BE}$,即 $\dfrac{PB}{PE} = \dfrac{BF}{BE}$,或

$\dfrac{PB}{PE} = \dfrac{BF}{BE}$,可知 $\dfrac{PB}{BF} = \dfrac{PE}{BE}$,有 $\dfrac{PB}{BF - PB} = \dfrac{PE}{BE - PE}$,即

$\dfrac{PB}{PF} = \dfrac{PE}{PB}$.

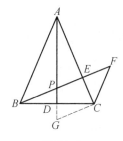

图 61.8

所以 $PB^2 = PE \cdot PF$.

证明 10 如图 61.10,连 AF,过 E 作 AB 的平行线分别交 AF, BC 于 G, H.

显然四边形 $ABCF$ 为梯形,熟知的结论有 $EG = EH$.

由 $AB = AC$,AD 为中线,可知 AP 平分 $\angle BAE$,可

知 $\dfrac{PB}{PE} = \dfrac{AB}{AE} = \dfrac{AC}{AE} = \dfrac{FC}{GE} = \dfrac{FC}{EH} = \dfrac{BF}{BE}$,即 $\dfrac{PB}{PE} = \dfrac{BF}{BE}$,或 $\dfrac{PB}{PE} = \dfrac{BF}{BE}$,可知 $\dfrac{PB}{BF} = \dfrac{PE}{BE}$,

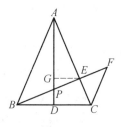

图 61.9

有 $\dfrac{PB}{BF-PB}=\dfrac{PE}{BE-PE}$,即 $\dfrac{PB}{PF}=\dfrac{PE}{PB}$.

所以 $PB^2=PE\cdot PF$.

证明 11 如图 61.11,连 AF,过 E 作 AB 的平行线分别交直线 AF,BC,AD 于 G,H,K.

由 $AB=AC,AD$ 为中线,可知 AD 平分 $\angle BAC$,有 $\angle GKA=\angle KAB=\angle KAC$,于是 $EA=EK$.

易知 $EG=EH=EC$,可知 $KG=AC=AB$.

显然四边形 $ABKG$ 为平行四边形.

由 $\dfrac{PB}{PE}=\dfrac{AB}{EK}=\dfrac{AC}{AE}=\dfrac{BF}{BE}$,即 $\dfrac{PB}{PE}=\dfrac{BF}{BE}$,或 $\dfrac{PB}{PE}=\dfrac{BF}{BE}$,

可知 $\dfrac{PB}{BF}=\dfrac{PE}{BE}$,有 $\dfrac{PB}{BF-PB}=\dfrac{PE}{BE-PE}$,即 $\dfrac{PB}{PF}=\dfrac{PE}{PB}$.

所以 $PB^2=PE\cdot PF$.

证明 12 如图 61.12,设直线 CP,AB 相交于 G,连 GE.

由 $AB=AC,AD$ 为中线,可知 AD 为 BC 的中垂线,有 $PC=PB$,于是 $\angle PBC=\angle PCB$,得 $\triangle EBC\cong\triangle GCB$,进而 $EC=GB$.

显然 $GE\parallel BC$,可知 $\dfrac{PB}{PE}=\dfrac{PG}{PC}=\dfrac{PB}{PF}$,即 $\dfrac{PE}{PB}=\dfrac{PB}{PF}$.

所以 $PB^2=PE\cdot PF$.

本文参考自:

《理科考试研究》1998 年 1 期 6 页.

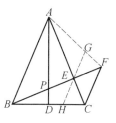

图 61.10

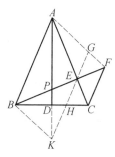

图 61.11

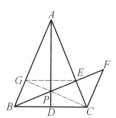

图 61.12

第 62 天

在 $\triangle ABC$ 中, $AB = AC$, AD 是高, E 是 AB 上一点, $CF \perp BC$ 交 ED 的延长线于 F, M, N 分别是 DE, DF 的中点. 求证: $\angle MAD = \angle NAD$.

证明 1 如图 62.1, 设直线 CN 交 AD 于 G.

由 $AB = AC$, $AD \perp BC$, 可知 AD 平分 $\angle BAC$.

由 $AD \perp BC$, $FC \perp BC$, N 为 DF 的中点, 可知 N 为 GC 的中点, $\angle G = \angle GCF = \angle DFC = \angle GDF = \angle ADE$, $\angle GCD = \angle FDC$, 进而 $ND = NC$, 于是 $DF = GC$.

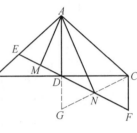

图 62.1

显然 $\triangle ADE \backsim \triangle AGC$, 可知

$$\frac{AE}{AC} = \frac{ED}{CG} = \frac{EM}{CN}$$

有 $\triangle AEM \backsim \triangle CAN$, 于是 $\angle MAB = \angle NAC$.

所以 $\angle MAD = \angle NAD$.

证明 2 如图 62.2, 设直线 AD 与 CN 相交于 G, 过 D 作 GC 的平行线分别交直线 AN, AC 于 K, H.

由 $AB = AC$, $AD \perp BC$, 可知 $BD = DC$.

由 $AD \perp BC$, $FC \perp BC$, N 为 DF 的中点, 可知 N 为 GC 的中点.

易知 K 为 DH 的中点.

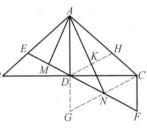

图 62.2

由 $\angle HDC = \angle DCG = \angle FDC = \angle EDB$, 可知 $\triangle HDC \cong \triangle EDB$, 有 $DH = DE$, 于是 $DK = DM$.

显然 $\angle ADK = \angle ADM$, 可知 K 与 M 关于 AD 对称.

所以 $\angle MAD = \angle NAD$.

证明 3 如图 62.3, 在 AM 的延长线上取一点 G, 使 $MG = AM$, 连 GE, GD, GD 交 AC 于 H, 连 HN.

由 M 为 ED 的中点, 可知四边形 $AEGD$ 为平行四边形, 有 $GH \parallel BA$.

由 $AB = AC$，$AD \perp BC$，可知 D 为 BC 的中点，有 H 为 AC 的中点.

由 N 为 DF 的中点，可知 $HN \parallel AD$，$DH = \frac{1}{2}AC = AH$.

由 AD 平分 $\angle BAC$，可知 $\angle AEG = \angle AHN$.

显然 $\frac{EG}{HN} = \frac{GD}{DH} = \frac{AE}{AH}$，可知

$$\triangle AEG \backsim \triangle AHN$$

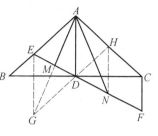

图 62.3

有 $\angle EAM = \angle HAN$.

所以 $\angle MAD = \angle NAD$.

证明 4 如图 62.4，设 S，T 分别为 BD，DC 的中点，SM 与 NT 相交于 Q，SQ 交 AD 于 P，过 P 作 AD 的垂线交 AM 于 R，连 DR.

显然 P 为 AD 的中点，D 为 ST 的中点.

由 $AD \parallel QN$，可知 P 为 SQ 的中点，有 $\triangle APQ \cong \triangle DPS$，于是 $AQ = SD = DT$，$AQ \parallel BC \parallel RP$.

由 $\frac{MD}{DN} = \frac{MP}{PQ} = \frac{MR}{RA}$，可知 $RD \parallel AN$，有 $\angle NAD = \angle RDA$.

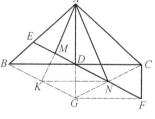

图 62.4

显然 RP 为 AD 的中垂线，可知 $\angle MAD = \angle RDA$.

所以 $\angle MAD = \angle NAD$.

证明 5 如图 62.5，过 B 作 EF 的平行线分别交直线 AM，AD 于 K，G，连 KN，GF，GC.

由 M 为 ED 的中点，$\frac{BK}{EM} = \frac{AK}{AM} = \frac{KG}{MD}$，可知 K 为 BG 的中点.

由 $AB = AC$，$AD \perp BC$，$CF \perp BC$，可知 D 为 BC 的中点，进而 $\triangle BGD \cong \triangle DFC$，有 $DG = CF$，四边形 $CDGF$ 为矩形，于是 N 为 GC 的中点，即 KN 为 $\triangle GCB$ 的中位线.

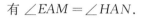

图 62.5

显然 AG 为 BC 的中垂线，可知 AG 为 KN 的中垂线.

所以 $\angle MAD = \angle NAD$.

证明 6 如图 62.6，过 F 作 CB 的平行线交直线 AD 于 G，连 GC. 过 D 作

GC 的平行线分别交 AN,AC 于 K,H, 连 MK, EH.

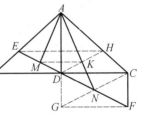

图 62.6

显然四边形 $CDGF$ 为矩形.

由 N 为 DF 中点, 可知 N 为 GC 与 DF 的交点, 有 N 为 GC 的中点.

由 $\dfrac{DK}{GN} = \dfrac{AK}{AN} = \dfrac{KH}{NC}$, 可知 $DK = KH$.

由 $\angle HDC = \angle CGF = \angle CDF = \angle EDB$, $DC = DB, \angle ACB = \angle B$, 可知 $\triangle HDC \cong \triangle EDB$, 有 $HC = EB$, 于是 $AE = AH$, 得 AG 为 EH 的中垂线.

由 $DH = DE, MK$ 为 $\triangle DHE$ 的中位线, 可知 AG 是 MK 的中垂线.

所以 $\angle MAD = \angle NAD$.

本文参考自：

1.《中等数学》1998 年 5 期.

2.《中学生数学》1999 年 9 期 10 页.

第 63 天

$\triangle ABC$ 中,$AB=AC$,$\angle A=90°$,D 是 AC 的中点,$AE \perp BD$,E 为垂足. 求 $\angle DEC$ 的度数.

解 1 如图 63.1,由 $AB=AC$,$\angle A=90°$,可知 $\angle ACB=\angle ABC=45°$.

由 $\angle A=90°$,D 是 AC 的中点,$AE \perp BD$,可知 $CD^2=AD^2=DE \cdot DB$,有 $\triangle DEC \backsim \triangle DCB$,于是 $\angle DEC=\angle DCB=45°$.

所以 $\angle DEC=45°$.

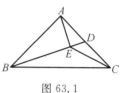

图 63.1

解 2 如图 63.2,过 C 作 AC 的垂线交直线 AE 于 F,连 DF.

由 $\angle A=90°$,$AE \perp BD$,可知 $\angle FAC=90°-\angle ADE=\angle DBA$.

由 $AB=AC$,可知 $\text{Rt}\triangle ABD \cong \text{Rt}\triangle CAF$,有 $FC=AD=DC$,于是 $\angle DFC=45°$.

由 $EF \perp BD$,可知 C,D,E,F 四点共圆,有
$$\angle DEC=\angle DFC=45°$$

所以 $\angle DEC=45°$.

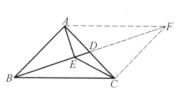

图 63.2

解 3 如图 63.3,在 BD 延长线上取一点 F,使 $DF=BD$,连 FA,FC.

显然四边形 $ABCF$ 是平行四边形,可知 $FC \parallel AB$,有 $\angle CFE=\angle DBA=\angle CAE$,于是 A,E,C,F 四点共圆,得 $\angle DEC=\angle FAC=\angle ACB=45°$.

所以 $\angle DEC=45°$.

解 4 如图 63.4,过 A 作 BC 的垂线,F 为垂足,连 DF,FE.

由 $AB=AC$,可知 F 为 BC 的中点.

由 D 是 AC 的中点,可知 $FD \parallel BA$,有 $FD \perp AC$,$FD=CD$,即 $\triangle DFC$ 为等腰直角三角形,于是 $\angle DFC=45°$.

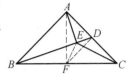

图 63.4

由 $AE \perp BD$，可知 A,B,F,E 四点共圆，有 $\angle BEF = \angle BAF = 45° = \angle FCD$，于是 C,D,E,F 四点共圆，得 $\angle DEC = \angle DFC = 45°$.

所以 $\angle DEC = 45°$.

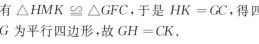

第 64 天

如图 64.1, AD 是 $\triangle ABC$ 的中线,过 CD 上任意一点 F 作 $EG \parallel AB$,与 AC 和 AD 的延长线分别相交于 $G,E,FH \parallel AC$ 交 AB 于点 H.

求证: $BE = GH$.

证明 1 如图 64.1,设 K 为 AE 与 FH 的交点,过 K 作 BC 的平行线分别交 AB,AC 于 M,N,连 KC.

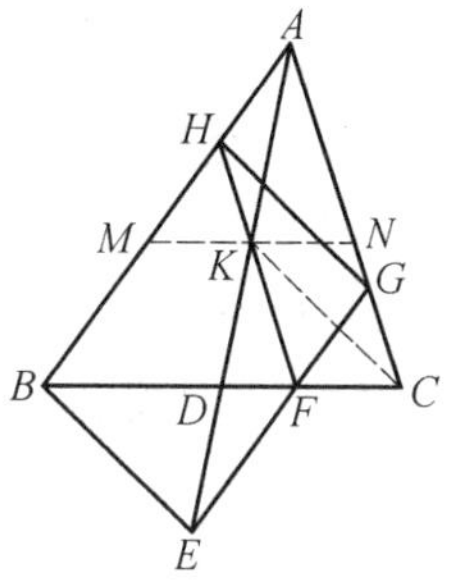

由 $AB \parallel EF$,可知 $\dfrac{AD}{DE} = \dfrac{BD}{DF} = \dfrac{DC}{DF}$.

由 $AC \parallel HF$,可知 $\dfrac{AD}{DK} = \dfrac{DC}{DF}$,有 $\dfrac{AD}{DE} = \dfrac{AD}{DK}$,于是 $DK = DE$,得 $\triangle DBE \cong \triangle DCK$,故 $KC = BE$.

显然四边形 $KFCN$ 为平行四边形,可知 $FC = KN = MK$,有 $\triangle HMK \cong \triangle GFC$,于是 $HK = GC$,得四边形 $HKCG$ 为平行四边形,故 $GH = CK$.

所以 $BE = GH$.

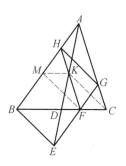

图 64.1

证明 2 如图 64.2,设 K 为 AE 与 FH 的交点,过 F 作 BE 的平行线交 AB 于 M,连 MK,KC.

显然四边形 $BEFM$ 为平行四边形,可知 $MF = BE$, $MF \parallel BE$.

由 $AB \parallel EF$,可知 $\dfrac{AD}{DE} = \dfrac{BD}{DF} = \dfrac{DC}{DF}$.

由 $AC \parallel HF$,可知 $\dfrac{AD}{DK} = \dfrac{DC}{DF}$,有 $\dfrac{AD}{DE} = \dfrac{AD}{DK}$,于是 $DK = DE$,得 $\triangle DBE \cong \triangle DCK$,故 $KC = BE$, $KC \parallel BE$.

图 64.2

显然 $MF = KC$, $MF \parallel KC$,可知四边形 $MFCK$ 为平行四边形,有 $MK = FC$.

易知 $\triangle HMK \cong \triangle GFC$,可知 $HK = GC$.

由 $HK \parallel GC$,可知四边形 $KCGH$ 为平行四边形,有 $HG = KC$.

所以 $BE = GH$.

证明 3 如图 64.3,设 K 为 AE 与 FH 的交点,连 BK,EC,CK.

由 $AB \parallel EF$,可知 $\dfrac{AD}{DE} = \dfrac{BD}{DF} = \dfrac{DC}{DF}$.

由 $AC \parallel HF$,可知 $\dfrac{AD}{DK} = \dfrac{DC}{DF}$,有 $\dfrac{AD}{DE} = \dfrac{AD}{DK}$,于是

$DK = DE$.

由 $BD = DC$,可知四边形 $BECK$ 为平行四边形,有 $BK = EC$.

易知 $\angle BKH = \angle ECG$,$\angle HBK = \angle GEC$,可知 $\triangle BKH \cong \triangle ECG$,有 $BH = EG$,于是四边形 $BEGH$ 为平行四边形.

所以 $BE = GH$.

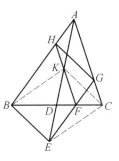

图 64.3

证明 4 如图 64.4,设 K 为 AE 与 FH 的交点,过 B 作 HF 的平行线交直线 GE 于 Q,连 HE,BG,过 D 作 HF 的平行线分别交 HE,BG,QG 于 S,L,R.

显然四边形 $BQFH$ 为平行四边形,可知 $BQ = HF$.

由 $AB \parallel EF$,可知 $\dfrac{AD}{DE} = \dfrac{BD}{DF} = \dfrac{DC}{DF}$.

由 $AC \parallel HF$,可知 $\dfrac{AD}{DK} = \dfrac{DC}{DF}$,有 $\dfrac{AD}{DE} = \dfrac{AD}{DK}$,于是

$DK = DE$,得 $SR = \dfrac{1}{2}HF$.

由 $BD = DC$,可知 $BL = LG$,$LR = \dfrac{1}{2}BQ = \dfrac{1}{2}HF$,有 $SR = LR$,于是 S,L 为同一个点,即 B,S,G 三点共线,且 $BS = SG$,得四边形 $BEGH$ 为平行四边形.

所以 $BE = GH$.

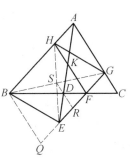

图 64.4

证明 5 如图 64.5,在 AD 的延长线上取一点 P,使 $DP = AD$,连 PB,PC,设直线 GE 交 PB 于 Q.

显然四边形 $ABPC$ 为平行四边形,四边形 $FGAH$ 和四边形 $QGAB$ 也都是平行四边形.(我们使用这诸多的平行关系)

易知 $\dfrac{FG}{AB} = \dfrac{FC}{BC} = \dfrac{PQ}{PB} = \dfrac{QE}{AB}$,可知 $FG = QE$.

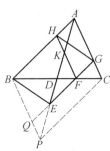

图 64.5

由 $AH = FG$,可知 $AH = QE$,有 $AB - AH = GQ - EQ$,即 $BH = EG$.

由 $BH \parallel EG$,可知四边形 $BEGH$ 为平行四边形.

所以 $BE = GH$.

证明 6　如图 64.5,同证明 5,证出 $FG = QE$.

易知 $\triangle BQE \cong \triangle HFG$,

所以 $BE = GH$.

证明 7　如图 64.6,在 AD 的延长线上取一点 P,使 $DP = AD$,连 PB,PC,设直线 GE 交 PB 于 Q. 连 QH.

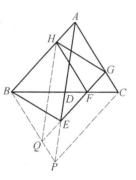

显然四边形 $ABPC$ 为平行四边形,四边形 $FGAH$ 和四边形 $QGAB$ 也都是平行四边形.(我们使用这诸多的平行关系)

易知 $\dfrac{BH}{BA} = \dfrac{BF}{BC} = \dfrac{BQ}{BP}$,可知 $HQ \parallel AP$,有四边形 $AHQE$ 为平行四边形,于是 $HQ = AE$.

易知 $\dfrac{EG}{PC} = \dfrac{AE}{AP} = \dfrac{HQ}{AP} = \dfrac{BH}{AB} = \dfrac{BH}{PC}$,可知 $EG = BH$.

图 64.6

由 $EG \parallel BH$,可知四边形 $HBEG$ 为平行四边形,所以 $BE = GH$.

证明 8　如图 64.7,过 E 作 BC 的平行线交直线 AC 于 T,过 E 作 AC 的平行线交 BC 于 V.

显然四边形 $VETC$ 为平行四边形.

由证明 1,证出 $DK = DE$.

由 $KF \parallel VE$,可知 $VD = DF$.

由 $BC = DC$,可知 $BF = VC = ET$,有 $\triangle HBF \cong \triangle GET$,于是 $BH = EG$.

（以下同证明 3,略）

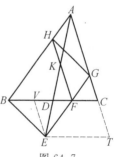

图 64.7

证明 9　如图 64.8,过 E 作 AC 的平行线交 BC 于 V.

由证明 1,证出 $KD = DE$.

由 $VE \parallel HF$,可知 $VD = DF$.

由 $BD = DC$,可知 $BF = VC$.

由 $VE \parallel AC$,可知 $\dfrac{EG}{FG} = \dfrac{VC}{FC}$.

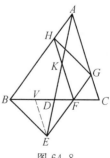

图 64.8

由 $\triangle HBF \backsim \triangle GFC$,可知 $\dfrac{HB}{FG} = \dfrac{BF}{FC} = \dfrac{VC}{FC}$,有 $\dfrac{EG}{FG} = \dfrac{HB}{FG}$,于是 $EG = HB$.

（以下同证明 3,略）

证明 10　如图 64.9,由 $EG \mathbin{/\mkern-5mu/} AB$,可知

$$\dfrac{EF}{AB} = \dfrac{DF}{BD} = \dfrac{DF}{DC},\dfrac{FG}{AB} = \dfrac{FC}{BC} = \dfrac{FC}{2DC}$$

有 $FE + 2FG = \dfrac{AB(DF + FC)}{DC} = AB$,于是 $EG = HB$.

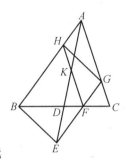

图 64.9

由 $EG \mathbin{/\mkern-5mu/} HB$,可知四边形 $BEGH$ 为平行四边形,所以 $BE = GH$.

证明 11　如图 64.10,过 A 作 HG 的平行线交直线 EG 于 W.

显然四边形 $AHGW$ 与四边形 $AHFG$ 都是平行四边形,有 $AH = FG = GW$.

由证明 10,证出 $AB = EF + 2FG$,可知 $EG = BH$.

（以下同证明 10,略）

证明 12　如图 64.11,设 K 为 AE 与 FH 的交点,直线 CK 分别交 AB,EG 于 I,J.

由证明 1,证出 $DK = DE$.

由 $BD = DC$,可知 $KC = BE$,$KC \mathbin{/\mkern-5mu/} BE$.

由 $IJ = BE$,$IJ \mathbin{/\mkern-5mu/} BE$,可知 $IK = JC$,有 $\triangle HIK \cong \triangle GJC$,于是 $IH = JG$.

由四边形 $BEJI$ 是平行四边形,可知 $BI = EJ$,有 $BH = EG$.

（以下同证明 10,略）

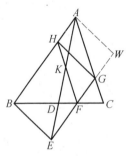

图 64.10

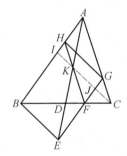

图 64.11

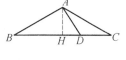

第65天

如图 65.1,$\triangle ABC$ 中,$AB = AC = \sqrt{3}$,D 是 BC 上的一点,且 $AD = 1$,求 $BD \cdot DC$ 的值.

解 1 如图 65.1,过 A 作 BC 的垂线,H 为垂足.

在 Rt$\triangle ADH$ 与 Rt$\triangle ABH$ 中,由勾股定理,可知

$$BD \cdot DC = (BH + HD) \cdot (CH - HD)$$
$$= BH^2 - HD^2 = AB^2 - AD^2 = 2$$

图 65.1

所以 $BD \cdot DC = 2$.

解 2 如图 65.1,分别在 $\triangle ABD$ 与 $\triangle ACD$ 中使用余弦定理,可知

$$BD^2 - 2\sqrt{3}\,BD\cos B + 2 = 0 \tag{1}$$

$$CD^2 - 2\sqrt{3}\,CD\cos B + 2 = 0$$

$$CD^2 - 2\sqrt{3}\,CD\cos C + 2 = 0 \tag{2}$$

由(1),(2)可知 BD,CD 都是方程

$$x^2 - 2\sqrt{3}\,x\cos C + 2 = 0(\angle B = \angle C)$$

的根,可知 $BD \cdot DC = 2$.

所以 $BD \cdot DC = 2$.

解 3 如图 65.1,过 A 作 BC 的垂线,H 为垂足.

在 Rt$\triangle AHC$ 中,显然 $HC = AC\cos C$,可知 $BC = 2AC\cos C$,有 $\cos C = \dfrac{BC}{2\sqrt{3}}$.

在 $\triangle ACD$ 中,由余弦定理,可知

$$AD^2 = DC^2 + AC^2 - 2DC \cdot AC\cos C$$

有
$$\cos C = \frac{DC^2 + 3 - 1}{2\sqrt{3}\,DC} = \frac{2 + DC^2}{2\sqrt{3}\,DC}$$

于是
$$\frac{2 + DC^2}{2\sqrt{3}\,DC} = \frac{BC}{2\sqrt{3}}$$

得
$$2 + DC^2 = BC \cdot DC = BD \cdot DC + DC^2$$

所以 $BD \cdot DC = 2$.

解 4 如图 65.2,在 AC 上取一点 E,使 $\angle ADE = \angle C$.

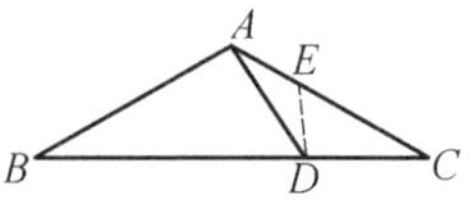

图 65.2

显然 $\triangle EAD \backsim \triangle DAC$,可知 $AD^2 = AE \cdot AC$,有 $AE = \dfrac{\sqrt{3}}{3}$,进而 $EC = \dfrac{2\sqrt{3}}{3}$.

易知 $\angle EDC = \angle BAD$,可知 $\triangle ABD \backsim \triangle DCE$,有 $\dfrac{AB}{BD} = \dfrac{DC}{EC}$,于是 $BD \cdot DC = AB \cdot EC = 2$.

所以 $BD \cdot DC = 2$.

解 5 如图 65.3,设直线 AD 交 $\triangle ABC$ 的外接圆于 E,连 CE.

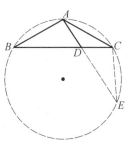

由 $AC = \sqrt{3}$,$AD = 1$,$\angle E = \angle B = \angle ACB$,可知 $\triangle ADC \backsim \triangle ACE$,有 $AD \cdot AE = AC^2 = 3$,于是 $AE = 3$,得 $DE = 2$,进而

$$BD \cdot DC = AD \cdot DE = 2$$

所以 $BD \cdot DC = 2$

图 65.3

解 6 如图 65.4,以 A 为圆心,以 AD 为半径作圆交直线 AC 于 E,F,交 BD 于 G.

易知

$$BD \cdot DC = CG \cdot CD = CF \cdot CE$$
$$= (AC - AD) \cdot (AC + AD)$$
$$= AC^2 - AD^2 = 2$$

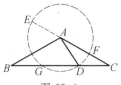

图 65.4

所以 $BD \cdot DC = 2$.

解 7 如图 65.5,以 A 为圆心,以 AC 为半径作圆交直线 AD 于 F,E.

易知 $BD \cdot DC = DF \cdot DE = (AC + AD) \cdot (AC - AD) = AC^2 - AD^2 = 2$,所以 $BD \cdot DC = 2$.

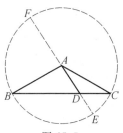

解 8 如图 65.6,过 A 作 BC 的平行线交 $\triangle ABD$ 的外接圆于 E,连 EB,ED.

显然四边形 $EBDA$ 为等腰梯形,可知 $EB = AD = 1$.

由 $\angle EDB = \angle ABD = \angle C$,可知 $ED \parallel AC$,有四边形 $ACDE$ 为平行四边形,于是 $ED = AC = \sqrt{3}$,$EA = DC$.

由托勒密定理,可知

$$BD \cdot DC = BD \cdot EA = AB \cdot DE - AD \cdot BE = 2$$

图 65.5

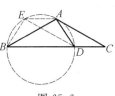

图 65.6

所以 $BD \cdot DC = 2$.

本文参考自:

《中学生数学》1998 年 9 期 26 页.

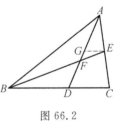

第 66 天

$\triangle ABC$ 中,D 为 BC 边上一点,BE 是 AC 边的中线,BE 交 AD 于 F,若 $BD=3$,$BC=5$.

求 $\dfrac{BE}{EF}$.

解 1　如图 66.1,过 E 作 AD 的平行线交 BC 于 G.

由 E 为 AC 的中点,可知 G 为 DC 的中点.

由 $BD=3$,$BC=5$,可知 $DC=2$,有 $DG=GC=1$,于是 $BG=4$.

显然 $\dfrac{BE}{EF}=\dfrac{BG}{GD}=\dfrac{4}{1}$.

解 2　如图 66.2,过 E 作 BC 的平行线交 AD 于 G.

由 E 为 AC 的中点,可知 G 为 AD 的中点,有 $GE=\dfrac{1}{2}DC$.

由 $BD=3$,$BC=5$,可知 $DC=2$,$GE=1$.

显然 $\dfrac{BF}{EF}=\dfrac{BD}{GE}=\dfrac{3}{1}=3$,可知 $BF=3EF$,有 $BE=4EF$.

所以 $\dfrac{BE}{EF}=4$.

解 3　如图 66.3,过 D 作 AC 的平行线交 BE 于 G.

由 $BD=3$,$BC=5$,可知 $DC=2$.

由 E 为 AC 的中点,可知

$$\frac{EF}{GF}=\frac{AE}{GD}=\frac{EC}{GD}=\frac{BC}{BD}=\frac{5}{3},\frac{BG}{GE}=\frac{BD}{DC}=\frac{3}{2}$$

设 $GF=3a$,可知 $EF=5a$,$BF=12a$,有 $BE=20a$,于是 $\dfrac{BE}{EF}=\dfrac{20a}{5a}=4$.

所以 $\dfrac{BE}{EF}=4$.

解 4 如图 66.4,过 C 作 DA 的平行线交直线 BE 于 G.

由 E 为 AC 的中点,可知 E 为 FG 的中点.

由 $BD=3,BC=5$,可知 $DC=2$.

显然 $\dfrac{BF}{FE}=\dfrac{BF}{\frac{1}{2}FG}=\dfrac{2BF}{FG}=\dfrac{2BD}{DC}=3$,可知 $BF=3EF$,

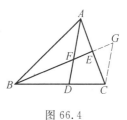

图 66.4

有 $BE=4EF$.

所以 $\dfrac{BE}{EF}=4$.

解 5 如图 66.5,过 C 作 BE 的平行线交直线 AD 于 G.

由 E 为 AC 的中点,可知 F 为 AG 的中点,有 $GC=2FE$.

由 $BD=3,BC=5$,可知 $DC=2$.

显然 $\dfrac{BF}{EF}=\dfrac{BF}{\frac{1}{2}GC}=\dfrac{2BF}{GC}=\dfrac{2BD}{DC}=3$,可知 $BF=$

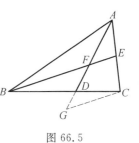

图 66.5

$3EF$,有 $BE=4EF$.

所以 $\dfrac{BE}{EF}=4$.

解 6 如图 66.6,过 A 作 BC 的平行线交直线 BE 于 G.

由 E 为 AC 的中点,可知 E 为 BG 的中点,$AG=$ BC.

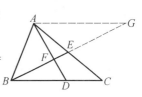

图 66.6

由 $BD=3,BC=5$,可知 $DC=2$.

显然 $\dfrac{BF}{FG}=\dfrac{BD}{AG}=\dfrac{3}{5}$.

设 $BF=3a$,可知 $FG=5a$.

由 $BE=EG$,可知 $BF+EF=FG-EF$,有 $2EF=FG-BF=2a$,于是 $EF=a$,得 $BE=4a$.

所以 $\dfrac{BE}{EF}=4$.

解 7 如图 66.7,过 B 作 AC 的平行线交直线 AD 于 G.

由 $BD=3,BC=5$,可知 $DC=2$.

由 E 为 AC 的中点,可知

$$\frac{BF}{EF}=\frac{BG}{AE}=\frac{BG}{\frac{1}{2}AC}=\frac{2BG}{AC}=\frac{2BD}{DC}=3$$

有 $BF=3EF$，于是 $BE=4EF$.

所以 $\frac{BE}{EF}=4$.

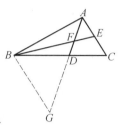

图 66.7

解 8 如图 66.8，过 B 作 DA 的平行线交直线 CA 于 G.

由 $BD=3,BC=5$，可知 $DC=2$.

由 E 为 AC 的中点，可知

$$\frac{BF}{EF}=\frac{GA}{AE}=\frac{GA}{\frac{1}{2}AC}=\frac{2GA}{AC}=\frac{2BD}{DC}=3$$

于是 $BF=3EF$，得 $BE=4EF$.

所以 $\frac{BE}{EF}=4$.

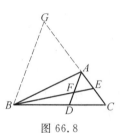

图 66.8

解 9 如图 66.9，由梅涅劳斯定理，设直线 AFD 截 $\triangle BCE$，可知 $\frac{BD}{DC}\cdot\frac{CA}{AE}\cdot\frac{EF}{FB}=1$.

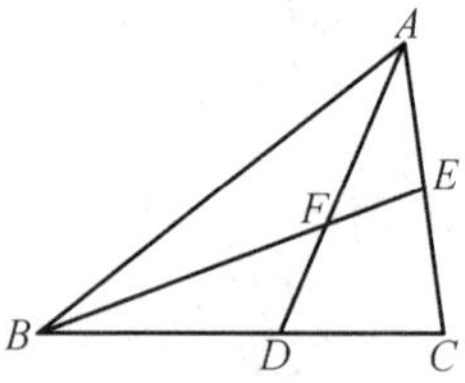

由 $BD=3,BC=5$，可知 $DC=2$.

由 E 为 AC 的中点，可知 $CA=2CE$，有 $BF=3EF$，于是 $BE=4EF$.

所以 $\frac{BE}{EF}=4$.

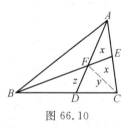

图 66.9

解 10 如图 66.10，设 $S_{\triangle AFE}=x,S_{\triangle FDC}=y,S_{\triangle FBD}=z$.

由 E 为 AC 中点，可知 $S_{\triangle CFE}=x.S_{\triangle AFB}=y+z$.

由 $BD=3,BC=5$，可知 $DC=2$，有

$$\frac{S_{\triangle ABF}}{S_{\triangle ACF}}=\frac{3}{2}=\frac{y+z}{2x}$$

图 66.10

于是 $\frac{y+z}{x}=3$，得

$$\frac{BE}{EF}=\frac{y+z+x}{x}=4$$

所以 $\frac{BE}{EF}=4$.

解 11 如图 66.11，过 D 作 BE 的平行线交 AC 于 G.

由 $BD=3$,$BC=5$,可知 $DC=2$.

由 E 为 AC 的中点,可知 $AE=EC$.

显然

$$\frac{BE}{DG}=\frac{BC}{DC}=\frac{5}{2}$$

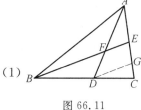

(1)

图 66.11

$$\frac{DG}{EF}=\frac{AG}{AE}=\frac{EG+AE}{AE}=\frac{EG}{EC}+1=\frac{BD}{BC}+1$$

$$=\frac{3}{5}+1=\frac{8}{5}$$

(2)

(1),(2) 两式相乘,得

$$\frac{BE}{EF}=\frac{BE}{DG}\cdot\frac{DG}{EF}=\frac{5}{2}\cdot\frac{8}{5}=4$$

所以 $\dfrac{BE}{EF}=4$.

解 12　如图 66.12,过 D 作 BA 的平行线分别交直线 BE,AC 于 G,H.

由 $BD=3$,$BC=5$,可知 $DC=2$.

由 E 为 AC 的中点,可知 $AE=EC$.

显然 $\dfrac{AH}{HC}=\dfrac{BD}{DC}=\dfrac{3}{2}$.

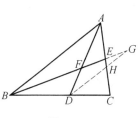

图 66.12

设 $EH=a$,可知 $\dfrac{AE+a}{EC-a}=\dfrac{AE+a}{AE-a}=\dfrac{3}{2}$,有 $AE=5a$,于是 $AE=5EH$,得 $BE=5EG$.

显然 $\dfrac{HG}{AB}=\dfrac{1}{5}$,$\dfrac{DH}{AB}=\dfrac{2}{5}$,可知

$$\frac{FG}{BF}=\frac{DG}{BA}=\frac{HG}{BA}+\frac{DH}{BA}=\frac{3}{5}$$

设 $BF=5b$,可知 $FG=3b$,有 $BG=8b$,$EG=\dfrac{8}{6}b=\dfrac{4}{3}b$,于是

$$EF=FG-EG=\frac{5}{3}b=\frac{1}{3}BF=\frac{1}{4}BE$$

所以 $\dfrac{BE}{EF}=4$.

注　此解法看上去有些舍近求远,其意义在于说明这条路通,而不是不通!

解 13　如图 66.13,过 E 作 AB 的平行线分别交直线 BC,AD 于 G,H.

由 $BD=3$,$BC=5$,可知 $DC=2$.

由 E 为 AC 的中点,可知 G 为 BC 的中点,有 $\dfrac{BD}{DC} =$

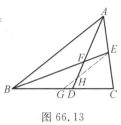

$\dfrac{BG+GD}{GC-GD} = \dfrac{3}{2}$,代入 $BG = GC = \dfrac{5}{2}$,得 $GD = \dfrac{1}{2}$.

显然 $\dfrac{GE}{AB} = \dfrac{1}{2}$,$\dfrac{GH}{AB} = \dfrac{GD}{BD} = \dfrac{1}{6}$,可知

图 66.13

$$\dfrac{EF}{FB} = \dfrac{HE}{AB} = \dfrac{GE}{AB} - \dfrac{GH}{AB} = \dfrac{1}{2} - \dfrac{1}{6} = \dfrac{1}{3}$$

即 $BF = 3EF$,于是 $BE = 4EF$

所以 $\dfrac{BE}{EF} = 4$.

解 14 如图 66.14,过 A 作 BE 的平行线交直线
BC 于 G.

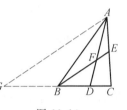

由 E 为 AC 的中点,可知 B 为 GC 的中点,有 $BE =$
$\dfrac{1}{2}AG$.

图 66.14

由 $BD = 3$,$BC = 5$,可知 $GB = 5$,有 $GD = 8$.

显然 $\dfrac{BF}{GA} = \dfrac{BD}{GD} = \dfrac{3}{8}$,可知

$$\dfrac{EF}{GA} = \dfrac{BE}{GA} - \dfrac{BF}{GA} = \dfrac{1}{8}$$

有 $\dfrac{BF}{EF} = \dfrac{BF}{GA} \cdot \dfrac{GA}{EF} = 3$,于是 $BF = 3EF$,$BE = 4EF$.

所以 $\dfrac{BE}{EF} = 4$.

解 15 如图 66.15,过 C 作 AB 的平行线分别交直
线 BE,AD 于 G,H.

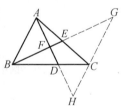

由 E 为 AC 的中点,可知 E 为 BG 的中点,有 $CG =$
BA.

图 66.15

由 $BD = 3$,$BC = 5$,可知 $DC = 2$.

易知 $\dfrac{CH}{AB} = \dfrac{DC}{BD} = \dfrac{2}{3}$,可知

$$\dfrac{FG}{BF} = \dfrac{HG}{BA} = \dfrac{CH}{AB} + \dfrac{CG}{AB} = \dfrac{5}{3}$$

有 $\dfrac{EG+EF}{BE-EF} = \dfrac{5}{3}$,于是 $BE = 4EF$.

所以 $\dfrac{BE}{EF} = 4$.

本文参考自：

《中学生数学》1994 年 6 期 26 页.

第 67 天

如图 67.1，M,N 分别是凸四边形 $ABCD$ 的对角线 BD,AC 的中点，直线 MN 分别交 AB,DC 于 P,Q，求证：$\dfrac{AP}{PB}=\dfrac{CQ}{QD}$.

证明1 如图 67.1，分别过 A,D 作 DC,AB 的平行线交直线 PQ 于 E,F.

由 M,N 分别为 BD,AC 的中点，可知 $AE=QC$，$DF=PB$.

由 $\angle APQ=\angle DFQ$，$\angle AEP=\angle DQP$，可知 $\triangle APE \backsim \triangle DFQ$，有 $\dfrac{AP}{DF}=\dfrac{AE}{DQ}$，于是 $\dfrac{AP}{PB}=\dfrac{CQ}{QD}$.

所以 $\dfrac{AP}{PB}=\dfrac{CQ}{QD}$.

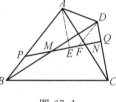

图 67.1

证明2 如图 67.2，过 B 作 PQ 的平行线交直线 DN 于 H，连 AH 交 PQ 于 G.

由 M 为 BD 的中点，可知 N 为 DH 的中点.

由 N 为 AC 的中点，可知线段 CD 与 AH 关于 N 点对称，有 $AG=CQ$，$GH=QD$.

显然 $\dfrac{AP}{PB}=\dfrac{AG}{GH}=\dfrac{CQ}{QD}$.

所以 $\dfrac{AP}{PB}=\dfrac{CQ}{QD}$.

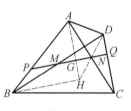

图 67.2

证明3 如图 67.3，过 B 作 PQ 的平行线交直线 DN 于 H，连 AH 交 PQ 于 G，连 HC.

由 M 为 BD 的中点，可知 N 为 DH 的中点.

由 N 为 AC 的中点，可知四边形 $AHCD$ 为平行四边形，有 $AH \parallel DC$.

由 N 为 AC 的中点，可知 $\triangle AGN \cong \triangle CQN$，$\triangle HGN \cong \triangle DQN$，有 $AG=CQ$，$GH=QD$.

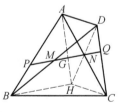

图 67.3

显然$\dfrac{AP}{PB}=\dfrac{AG}{GH}=\dfrac{CQ}{QD}$.

所以$\dfrac{AP}{PB}=\dfrac{CQ}{QD}$.

证明4 如图67.4,在AM的延长线上取一点H,使$MH=AM$,连HB,HC,HD,G为PQ与DH的交点.

由M为BD的中点,可知四边形$ABHD$为平行四边形,有$DH\ /\!/\ AB$.

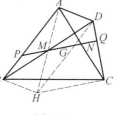

图 67.4

显然$\triangle MPB\cong\triangle MGD$,$\triangle MPA\cong\triangle MGH$,可知$PB=GD$,$PA=GH$.

易知$\dfrac{AP}{PB}=\dfrac{GH}{DG}=\dfrac{CQ}{QD}$.

所以$\dfrac{AP}{PB}=\dfrac{CQ}{QD}$.

证明5 如图67.5,过B作CD的平行线交直线PQ于E,过C作BA的平行线交直线PQ于F.

显然$BE=DQ$,$CF=AP$.

易知$\triangle BPE\backsim\triangle CFQ$,可知$\dfrac{FC}{PB}=\dfrac{CQ}{BE}$,

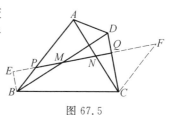

图 67.5

所以$\dfrac{AP}{PB}=\dfrac{CQ}{QD}$.

证明6 如图67.6,设E为BN延长线上的一点,$NE=BN$,F为直线PQ与EC的交点,连EA,EC,ED.

显然四边形$ABCE$是平行四边形,可知$EC\ /\!/\ AB$,有$EF=PB$,$FC=AP$.

显然MN为$\triangle BDE$的中位线,可知$DE\ /\!/\ MN$,有

$$\frac{AP}{PB}=\frac{CF}{FE}=\frac{CQ}{QD}$$

所以$\dfrac{AP}{PB}=\dfrac{CQ}{QD}$.

证明7 如图67.7,设E为CM延长线上的一点,$ME=CM$,直线PQ交EB于F,连EA,EB,ED.

显然四边形$BCDE$为平行四边形,可知$EB\ /\!/\ DC$,有$FB=QD$,$FE=QC$.

显然 MN 为 $\triangle CAE$ 的中位线,可知 $EA \parallel MN$,

有 $\dfrac{AP}{PB} = \dfrac{EF}{FB} = \dfrac{CQ}{QD}$.

所以 $\dfrac{AP}{PB} = \dfrac{CQ}{QD}$.

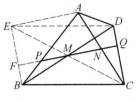

图 67.7

第 68 天

如图 68.1,$\triangle ABC$ 中,三内角 $\angle A : \angle B : \angle C = 4 : 2 : 1$,$AE$,$BF$ 都是角平分线.

求证:$AB^2 = AE \cdot BF$.

证明 1 如图 68.1,设 $\angle BAE$ 的平分线交 BC 于 G.

易知 $\angle AGE = 3\angle C = \angle AEG$,可知 $AG = AE$.

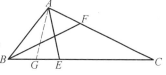

图 68.1

易知 $\triangle ABG \backsim \triangle BFA$,可知 $AB^2 = AE \cdot BF$.

所以 $AB^2 = AE \cdot BF$.

证明 2 如图 68.1,设 $\angle BAE$ 的平分线交 BC 于 G.

易知 $\angle AGE = 3\angle C = \angle AEG$,可知 $AG = AE$.

易知 $\triangle ABG \backsim \triangle CBA$,可知 $\dfrac{AB}{AG} = \dfrac{BC}{AC}$.

易知 $\triangle ABF \backsim \triangle ACB$,可知

$$\frac{BF}{AB} = \frac{BC}{AC} = \frac{AB}{AG} = \frac{AB}{AE}$$

所以 $AB^2 = AE \cdot BF$.

证明 3 如图 68.2,设 AC 的中垂线交 BC 于 H,连 AH,FH.

在 $\triangle BHF$ 中,由 $\angle HAC = \angle HCA = \angle FBC$,可知 A,B,H,F 四点共圆,有

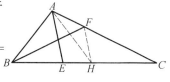

图 68.2

$$\angle AHB = \angle AFB = 2\angle C$$
$$\angle AHF = \angle ABF = \angle C$$

于是 $\angle FHB = 3\angle C = \angle BFH$,得 $BH = BF$.

易知 $\triangle ABE \backsim \triangle HBA$,可知

$$AB^2 = AE \cdot BH = AE \cdot BF$$

所以 $AB^2 = AE \cdot BF$.

证明 4　如图 68.2,设 AC 的中垂线交 BC 于 H,连 AH,FH.

在 $\triangle ABH$ 中,由 $\angle AHB = 2\angle C = \angle ABH$,可知 $AH = AB$.

易知 $\triangle AEH \backsim \triangle BAF$,可知 $AE \cdot BF = AH \cdot AB = AB^2$.

所以 $AB^2 = AE \cdot BF$.

证明 5　如图 68.2,设 AC 的中垂线交 BC 于 H,连 AH,FH.

如前已证 $AH = AB$,可知 $HC = AB$.

易知 $\triangle AEH \backsim \triangle CHF$,可知 $AH \cdot HC = AE \cdot FC$,有 $AB^2 = AE \cdot BF$.

所以 $AB^2 = AE \cdot BF$.（这是舍近求远的证明）

第 69 天

如图 69.1,梯形 $ABCD$ 中,$DC \parallel AB$,AC,BD 相交于 O,$EF \parallel AB$,且 EF 过 O 点.

求证:$\dfrac{1}{AB} + \dfrac{1}{CD} = \dfrac{2}{EF}$.

证明 1 如图 69.1,设 h 为 DC 与 AB 之间的距离.

显然 $EF \parallel DC \parallel AB$,可知 $S_{\triangle ADC} = S_{\triangle BDC}$,有 $S_{\triangle AOD} = S_{\triangle BOC}$,于是 $\dfrac{1}{2}OE \cdot h = \dfrac{1}{2}OF \cdot h$,得 $OF = OE$.

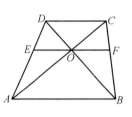

图 69.1

易知

$$\frac{OF}{AB} + \frac{OF}{CD} = \frac{CF}{CB} + \frac{BF}{CB} = \frac{CF + BF}{CB}$$
$$= \frac{CB}{CB} = 1$$

可知 $\dfrac{OF}{AB} + \dfrac{OF}{CD} = 1$,有

$$\frac{1}{AB} + \frac{1}{CD} = \frac{1}{OF} = \frac{2}{2OF} = \frac{2}{EF}$$

所以 $\dfrac{1}{AB} + \dfrac{1}{CD} = \dfrac{2}{EF}$.

证明 2 如图 69.2,过 C 作 DB 的平行线交直线 AB 于 G.

显然 $EF \parallel DC \parallel AB$,可知

$$\frac{OF}{AB} = \frac{OC}{AC} = \frac{OD}{DB} = \frac{OE}{AB}$$

有 $\dfrac{OF}{AB} = \dfrac{OE}{AB}$,于是 $OF = OE$.

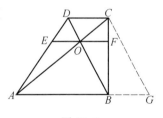

图 69.2

显然四边形 $BGCD$ 为平行四边形,可知

$$BG = CD$$

易知 $\dfrac{AB + BG}{AB} = \dfrac{AG}{AB} = \dfrac{AC}{AO} = \dfrac{DC}{EO}$,可知

$$\frac{AB + BG}{AB} = \frac{DC}{EO}$$

或

$$\frac{AB + CD}{AB \cdot CD} = \frac{1}{EO} = \frac{2}{EF}$$

所以 $\frac{1}{AB} + \frac{1}{CD} = \frac{2}{EF}$.

证明 3 如图 69.3,过 F 作 AD 的平行线分别交直线 DC, AB 于 M, N.

易知 $\frac{CM}{BN} = \frac{CF}{FB} = \frac{CO}{OA} = \frac{CD}{AB}$,可知 $\frac{CM}{BN} = \frac{CD}{AB}$,有

$$\frac{EF - CD}{AB - EF} = \frac{CD}{AB}$$

于是

$$\frac{EF - CD}{CD} = \frac{AB - EF}{AB}$$

得

$$\frac{EF}{AB} + \frac{EF}{CD} = 2$$

所以 $\frac{1}{AB} + \frac{1}{CD} = \frac{2}{EF}$.

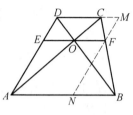

图 69.3

第 **70** 天

如图 70.1,AC,BD 为 AB 的垂线,E 为 AD,BC 的交点,过 E 作 AB 的垂线,F 为垂足.

求证:$\dfrac{1}{AC}+\dfrac{1}{BD}=\dfrac{1}{EF}$.

证明 1 如图 70.1.

显然 $AC \parallel EF \parallel DB$.

易知 $\dfrac{EF}{AC}=\dfrac{BF}{BA}$,$\dfrac{EF}{DB}=\dfrac{AF}{AB}$,可知

$$\dfrac{EF}{AC}+\dfrac{EF}{DB}=\dfrac{BF}{BA}+\dfrac{AF}{AB}=\dfrac{BF+AF}{AB}=\dfrac{AB}{AB}=1$$

所以 $\dfrac{1}{AC}+\dfrac{1}{BD}=\dfrac{1}{EF}$.

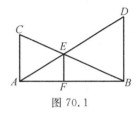

图 70.1

证明 2 如图 70.2,过 D 作 BC 的平行线交直线 AC 于 G.

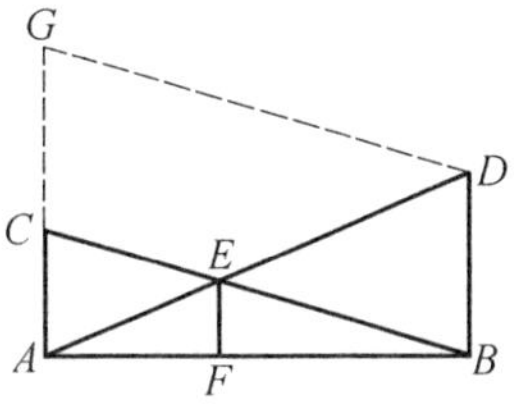

显然四边形 $BCGD$ 为平行四边形,可知 $GC=DB$.

由 $\triangle AEF \backsim \triangle ADB$,可知 $\dfrac{AD}{AE}=\dfrac{DB}{EF}$.

显然 $\dfrac{AC+BD}{AC}=\dfrac{AG}{AC}=\dfrac{AD}{AE}=\dfrac{DB}{EF}$,可知

$$\dfrac{AC+BD}{AC}=\dfrac{DB}{EF},或\dfrac{AC+BD}{AC \cdot DB}=\dfrac{1}{EF}$$

所以 $\dfrac{1}{AC}+\dfrac{1}{BD}=\dfrac{1}{EF}$.

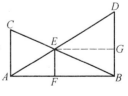

图 70.2

证明 3 如图 70.3,过 E 作 AB 的平行线交 DB 于 G.

显然四边形 $BGEF$ 为矩形,可知 $GB=EF$ 有 $DG=DB-EF$.

由 $\triangle EFA \backsim \triangle DBA$,可知

$$\dfrac{DB-EF}{EF}=\dfrac{DG}{EF}=\dfrac{ED}{EA}$$

图 70.3

由 $\triangle EAC \backsim \triangle EDB$，可知 $\dfrac{ED}{EA} = \dfrac{DB}{AC}$，有 $\dfrac{DB-EF}{EF} = \dfrac{DB}{AC}$，或

$$\dfrac{DB-EF}{EF \cdot DB} = \dfrac{1}{AC}$$

所以 $\dfrac{1}{AC} + \dfrac{1}{BD} = \dfrac{1}{EF}$.

第 71 天

如图 71.1,设 P 为 $\triangle ABC$ 内任一点,AP 交 BC 于 D,BP 交 AC 于 E,CP 交 AB 于 F.

求证:$\dfrac{PD}{AD} + \dfrac{PE}{BE} + \dfrac{PF}{CF} = 1$.

证明 1 如图 71.1,分别过 P,A 作 BC 的垂线,M,N 为垂足.

显然 $\dfrac{S_{\triangle PBC}}{S_{\triangle ABC}} = \dfrac{\frac{1}{2}PM \cdot BC}{\frac{1}{2}AN \cdot BC} = \dfrac{PM}{AN} = \dfrac{PD}{AD}$,可知 $S_{\triangle PBC} =$

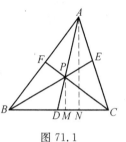

图 71.1

$\dfrac{PD}{AD}$.

同理 $\dfrac{S_{\triangle PCA}}{S_{\triangle BCA}} = \dfrac{PE}{BE}$,$\dfrac{S_{\triangle PAB}}{S_{\triangle CAB}} = \dfrac{PF}{CF}$,于是

$$\dfrac{PD}{AD} + \dfrac{PE}{BE} + \dfrac{PF}{CF} = \dfrac{S_{\triangle PBC}}{S_{\triangle ABC}} + \dfrac{S_{\triangle PCA}}{S_{\triangle BCA}} + \dfrac{S_{\triangle PAB}}{S_{\triangle CAB}}$$

$$= \dfrac{S_{\triangle PBC} + S_{\triangle PCA} + S_{\triangle PAB}}{S_{\triangle ABC}} = \dfrac{S_{\triangle ABC}}{S_{\triangle ABC}} = 1$$

所以 $\dfrac{PD}{AD} + \dfrac{PE}{BE} + \dfrac{PF}{CF} = 1$.

证明 2 如图 71.2,过 P 分别作 AB,AC 的平行线交 BC 于 M,N.

显然 $\triangle PMN \backsim \triangle ABC$,可知 $\dfrac{PD}{AD} = \dfrac{MN}{BC}$.

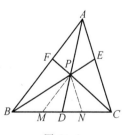

图 71.2

由 $PN /\!/ AC$,可知 $\dfrac{PE}{BE} = \dfrac{NC}{BC}$.

由 $PM /\!/ AB$,可知 $\dfrac{PF}{CF} = \dfrac{BM}{BC}$,有

$$\dfrac{PD}{AD} + \dfrac{PE}{BE} + \dfrac{PF}{CF} = \dfrac{MN}{BC} + \dfrac{NC}{BC} + \dfrac{BM}{BC}$$

$$= \frac{BM + MN + NC}{BC} = \frac{BC}{BC} = 1$$

所以 $\frac{PD}{AD} + \frac{PE}{BE} + \frac{PF}{CF} = 1.$

证明3 如图71.3,以 CB, CA 为邻边作平行四边形 $ACBQ$,过 P 作 BC 的平行线分别交 BQ, BA, CA 于 M, $R, N.$

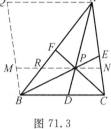

图 71.3

易知

$$\frac{PD}{AD} = \frac{RB}{AB} = \frac{MR}{AQ} = \frac{MR}{MN}$$

$$\frac{PE}{BE} = \frac{PN}{BC} = \frac{PN}{MN}; \frac{PF}{CF} = \frac{PR}{BC} = \frac{PR}{MN}$$

可知

$$\frac{PD}{AD} + \frac{PE}{BE} + \frac{PF}{CF} = \frac{MR}{MN} + \frac{PN}{MN} + \frac{PR}{MN}$$

$$= \frac{MR + PN + PR}{MN} = \frac{MN}{MN} = 1$$

所以 $\frac{PD}{AD} + \frac{PE}{BE} + \frac{PF}{CF} = 1.$

证明4 如图71.4,过 P 作 BC 的平行线分别交 AB, AC 于 $M, N.$

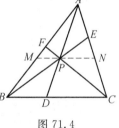

图 71.4

显然 $\frac{PE}{BE} = \frac{PN}{BC}, \frac{PF}{CF} = \frac{PM}{BC}.$

由 $\frac{PA}{AD} = \frac{MN}{BC}$,有 $\frac{AD - PA}{AD} = \frac{BC - MN}{BC}$,即 $\frac{PD}{AD} = \frac{BC - MN}{BC}$,于是

$$\frac{PD}{AD} + \frac{PE}{BE} + \frac{PF}{CF} = \frac{BC - MN}{BC} + \frac{PN}{BC} + \frac{PM}{BC}$$

$$= \frac{BC - MN + PN + PM}{BC} = \frac{BC}{BC} = 1$$

所以 $\frac{PD}{AD} + \frac{PE}{BE} + \frac{PF}{CF} = 1.$

证明5 如图71.5,过 P 作 BC 的平行线分别交 AB, AC 于 G, H,过 P 作 CA 的平行线分别交 BA, BC 于 J, I,过 P 作 AB 的平行线分别交 CB, CA 于 K, $L.$

显然 $\frac{PE}{BE} = \frac{PH}{BC}, \frac{PF}{CF} = \frac{PG}{BC}$,可知 $\frac{PE}{BE} + \frac{PF}{CF} = \frac{PH + PG}{BC} = \frac{GH}{BC}.$

同理$\dfrac{PF}{CF}+\dfrac{PD}{AD}=\dfrac{JI}{AC}$,$\dfrac{PE}{BE}+\dfrac{PD}{AD}=\dfrac{KL}{AB}$,于是

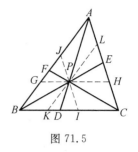

图 71.5

$$2\left(\dfrac{PD}{AD}+\dfrac{PE}{BE}+\dfrac{PF}{CF}\right)=\dfrac{GH}{BC}+\dfrac{JI}{AC}+\dfrac{LK}{AB}$$

$$=\dfrac{BK+IC}{BC}+\dfrac{BI}{BC}+\dfrac{KC}{BC}$$

$$=\dfrac{2BC}{BC}=2$$

所以$\dfrac{PD}{AD}+\dfrac{PE}{BE}+\dfrac{PF}{CF}=1$.

第 72 天

过 $\triangle ABC$ 的重心 G 作直线 MN 分别交边 AB, AC 于 M, N. 求证: $\dfrac{BM}{AM} + \dfrac{CN}{AN} = 1$.

证明 1 如图 72.1, 分别过 B, D 作 AC 的平行线交直线 MN 于 E, F.

由 G 为 $\triangle ABC$ 的重心, 可知 D 为 BC 的中点, $\dfrac{DF}{AN} = \dfrac{DG}{GA} = \dfrac{1}{2}$, 有 $2DF = AN$.

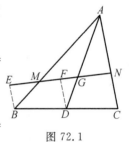

图 72.1

显然四边形 $BCNE$ 为梯形, 可知 $BE + CN = 2DF = AN$.

显然 $\dfrac{BM}{AM} = \dfrac{BE}{AN}$, 可知

$$\frac{BM}{AM} + \frac{CN}{AN} = \frac{BE}{AN} + \frac{CN}{AN} = \frac{BE + CN}{AN} = \frac{2DF}{AN} = \frac{AN}{AN} = 1$$

所以 $\dfrac{BM}{AM} + \dfrac{CN}{AN} = 1$.

证明 2 如图 72.2, 分别过 B, C 作 AD 的平行线交直线 MN 于 E, F.

由 G 为 $\triangle ABC$ 的重心, 可知 D 为 BC 的中点, $AG = 2DG$.

显然四边形 $BCNE$ 为梯形, 可知 $BE + CN = 2DG = AG$.

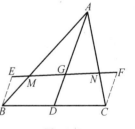

图 72.2

显然 $\dfrac{BM}{AM} = \dfrac{BE}{AG}$, $\dfrac{CN}{AN} = \dfrac{CF}{AG}$, 可知

$$\frac{BM}{AM} + \frac{CN}{AN} = \frac{BE}{AG} + \frac{CF}{AG} = \frac{BE + CF}{AG} = \frac{2DG}{AG} = \frac{AG}{AG} = 1$$

所以 $\dfrac{BM}{AM} + \dfrac{CN}{AN} = 1$.

证明 3 如图 72.3,分别过 D,C 作 AB 的平行线交直线 MN 于 E,F.

由 G 为 $\triangle ABC$ 的重心,可知 D 为 BC 的中点, $\dfrac{DE}{AM}=\dfrac{DG}{GA}=\dfrac{1}{2}$,有 $2DE=AM$.

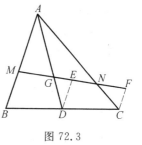

图 72.3

显然四边形 $BCFM$ 为梯形,可知 $BM+CF=2DE=AM$.

显然 $\dfrac{CN}{AN}=\dfrac{CF}{AM}$,可知

$$\frac{BM}{AM}+\frac{CN}{AN}=\frac{BM}{AM}+\frac{CF}{AM}=\frac{BM+CF}{AM}=\frac{2DE}{AM}=\frac{AM}{AM}=1$$

所以 $\dfrac{BM}{AM}+\dfrac{CN}{AN}=1$.

证明 4 如图 72.4,分别过 B,C 作 MN 的平行线交直线 AD 于 E,F.

由 G 为 $\triangle ABC$ 的重心,可知 D 为 BC 的中点,$AG=2DG$.

显然 $BE \parallel FC$,可知 D 为 EF 的中点,有 $GE+GF=2GD$.

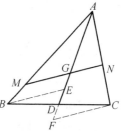

图 72.4

易知

$$\frac{BM}{AM}+\frac{CN}{AN}=\frac{GE}{AG}+\frac{GF}{AG}=\frac{GE+GF}{AG}=\frac{2DG}{AG}=\frac{AG}{AG}=1$$

所以 $\dfrac{BM}{AM}+\dfrac{CN}{AN}=1$.

证明 5 如图 72.5,设直线 MN,BC 相交于 H,过 D 分别作 AC,AB 的平行线交 MN 于 E,F.

由 G 为 $\triangle ABC$ 的重心,可知 $AG=2GD$.

显然 $\dfrac{DF}{AM}=\dfrac{DG}{AG}=\dfrac{1}{2}$,可知 $AM=2DF$,有

$$\frac{BM}{AM}=\frac{BM}{2DF}=\frac{BH}{2DH}$$

图 72.5

同理 $AN=2DE$,可知 $\dfrac{CN}{AN}=\dfrac{CN}{2DE}=\dfrac{CH}{2DH}$,有

$$\frac{BM}{AM}+\frac{CN}{AN}=\frac{BH}{2DH}+\frac{CH}{2DH}=\frac{BH+CH}{2DH}=\frac{2DH}{2DH}=1$$

所以 $\dfrac{BM}{AM}+\dfrac{CN}{AN}=1$.

证明 6　如图 72.6,设直线 BG 交 AC 于 E,过 B 作 MN 的平行线交 AC 于 F.

显然 E 为 AF 的中点.

易知 $\dfrac{EN}{FN} = \dfrac{EG}{BG} = \dfrac{1}{2}$,可知 $FN = 2EN$,有 $FN +$

$CN = 2EN + CN = EN + CE = EN + AE = AN$.

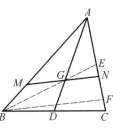

图 72.6

显然 $\dfrac{BM}{AM} = \dfrac{FN}{AN}$,可知

$$\frac{BM}{AM} + \frac{CN}{AN} = \frac{BM}{AM} + \frac{CN}{AN} = \frac{FN}{AN} + \frac{CN}{AN} = \frac{FN + CN}{AN} = \frac{AN}{AN} = 1$$

所以 $\dfrac{BM}{AM} + \dfrac{CN}{AN} = 1$.

证明 7　如图 72.7,设直线 MN,BC 相交于 F,过 A 作 FN 的平行线交直线 FC 于 E.

显然 $\dfrac{DF}{EF} = \dfrac{DG}{AG} = \dfrac{1}{2}$,可知 $EF = 2FD$.

由 D 为 BC 的中点,可知 $FB + FC = 2FB + 2BD = 2FD = EF$.

显然 $\dfrac{BM}{AM} = \dfrac{BF}{EF}$,$\dfrac{CN}{AN} = \dfrac{CF}{EF}$,可知

$$\frac{BM}{AM} + \frac{CN}{AN} = \frac{BF}{EF} + \frac{CF}{EF} = \frac{BF + CF}{EF} = \frac{EF}{EF} = 1$$

所以 $\dfrac{BM}{AM} + \dfrac{CN}{AN} = 1$.

第 73 天

已知:在 $\triangle ABC$ 中,$\angle B=45°$,$AC < BC$,作 $AD \perp BC$ 于 D,在 AC 上取一点 E,使 $DE=AD$.

求证:$BC \cdot CD = AC \cdot CE + BC \cdot AD$.

证明 1 如图 73.1,在 DC 上取一点 F,使 $DF=DE$,连 EF.

在四边形 $ADFE$ 中,易知

$$2\angle AED + 2\angle FED + \angle ADF = 360°$$

可知

$$\angle AED + \angle FED = \frac{1}{2}(360° - \angle ADF) = 135°$$

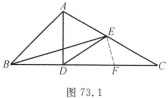

图 73.1

有 $\angle FEC = 45° = \angle ABC$,于是 $\triangle FEC \backsim \triangle ABC$,得 $\dfrac{AC}{BC} = \dfrac{CF}{CE}$.

显然

$$AC \cdot CE = BC \cdot CF = BC(CD - DF)$$
$$= BC(CD - AD) = BC \cdot CD - BC \cdot AD$$

所以 $BC \cdot CD = AC \cdot CE + BC \cdot AD$.

证明 2 如图 73.2,设 F 为 AC 的中点,连 DF.

由 $AD=BD$,可知

$$CD \cdot BD + AD^2$$
$$= CD \cdot AD + AD^2$$
$$= AD(CD + AD)$$
$$= AD(CD + BD)$$
$$= BC \cdot AD$$

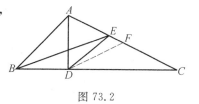

图 73.2

由 $DA=DE$,$FA=FD$,可知 $\triangle DEA \backsim \triangle FDA$,有 $AD^2 = AE \cdot AF = \frac{1}{2}AE \cdot AC = \frac{1}{2}AC(AC - CE) = \frac{1}{2}AC^2 - \frac{1}{2}AC \cdot CE$,于是

$$AC \cdot CE = AC^2 - 2AD^2$$
$$= DC^2 - AD^2$$

$$= CD \cdot (BC - BD) - AD^2$$
$$= BC \cdot CD - (CD \cdot BD + AD^2)$$
$$= BC \cdot CD - BC \cdot AD$$

所以 $BC \cdot CD = AC \cdot CE + BC \cdot AD$.

证明 3 如图 73.2,设 F 为 AC 的中点,连 DF.

由 $S_{\triangle ABD} + S_{\triangle ADC} = S_{\triangle ABC}$,可知 $\frac{1}{2}AD^2 + \frac{1}{2}AD \cdot DC = \frac{1}{2}AD \cdot BC$,有

$$CD \cdot BD + AD^2 = BC \cdot AD$$

以下同证明 2,即:

由 $DA = DE$,$FA = FD$,可知 $\triangle DEA \backsim \triangle FDA$,有 $AD^2 = AE \cdot AF =$
$\frac{1}{2}AE \cdot AC = \frac{1}{2}AC(AC - CE) = \frac{1}{2}AC^2 - \frac{1}{2}AC \cdot CE$,于是

$$AC \cdot CE = AC^2 - 2AD^2$$
$$= DC^2 - AD^2$$
$$= CD \cdot (BC - BD) - AD^2$$
$$= BC \cdot CD - (CD \cdot BD + AD^2)$$
$$= BC \cdot CD - BC \cdot AD$$

所以 $BC \cdot CD = AC \cdot CE + BC \cdot AD$.

证明 4 如图 73.3,设 $\triangle ABE$ 的外接圆交
DC 于 F,连 EF.

显然 D 为 $\triangle ABE$ 的外心,有 $DF = AD$.

易知

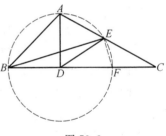

$$AC \cdot CE = CF \cdot CB$$
$$= BC(CD - DF)$$
$$= BC \cdot CD - BC \cdot DF$$
$$= BC \cdot CD - BC \cdot AD$$

图 73.3

所以 $BC \cdot CD = AC \cdot CE + BC \cdot AD$.

本文参考自:

《数学教师》1986 年 4 期 21 页.

第 74 天

设 E,F 为 $\triangle ABC$ 的 BC 边上的两个点,$\angle EAB = \angle FAC$. 求证:$\dfrac{BE \cdot BF}{CE \cdot CF} = \dfrac{AB^2}{AC^2}$.

证明 1 如图 74.1,设 $\triangle AEF$ 的外接圆分别交 AB,AC 于 P,Q 两点,连 PQ.

由 $\angle EAB = \angle FAC$,可知弧 $PE =$ 弧 QF,有 $PQ \parallel BC$,于是 $\dfrac{BP}{CQ} = \dfrac{BA}{CA}$.

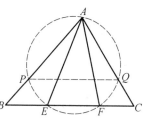

图 74.1

显然 $BE \cdot BF = BP \cdot BA$,$CE \cdot CF = CQ \cdot CA$,可知

$$\frac{BE \cdot BF}{CE \cdot CF} = \frac{BP \cdot BA}{CQ \cdot CA} = \frac{BP}{CQ} \cdot \frac{BA}{CA}$$

$$= \frac{BA}{CA} \cdot \frac{BA}{CA} = \frac{AB^2}{AC^2}$$

所以 $\dfrac{BE \cdot BF}{CE \cdot CF} = \dfrac{AB^2}{AC^2}$.

证明 2 如图 74.2,设 $\angle EAB = \alpha$,$\angle EAF = \beta$,可知 $\angle FAC = \alpha$,有 $\angle FAB = \angle EAC = \alpha + \beta$.

易知 $\dfrac{BE}{CF} = \dfrac{S_{\triangle EAB}}{S_{\triangle FAC}}$,$\dfrac{BF}{CE} = \dfrac{S_{\triangle FAB}}{S_{\triangle EAC}}$,可知

$$\frac{BE \cdot BF}{CE \cdot CF} = \frac{BE}{CF} \cdot \frac{BF}{CE} = \frac{S_{\triangle EAB}}{S_{\triangle FAC}} \cdot \frac{S_{\triangle FAB}}{S_{\triangle EAC}}$$

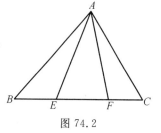

图 74.2

$$= \frac{\dfrac{1}{2}AB \cdot AE\sin\alpha \cdot \dfrac{1}{2}AF \cdot AB\sin(\alpha+\beta)}{\dfrac{1}{2}AF \cdot AC\sin\alpha \cdot \dfrac{1}{2}AE \cdot AC\sin(\alpha+\beta)} = \frac{AB^2}{AC^2}$$

所以 $\dfrac{BE \cdot BF}{CE \cdot CF} = \dfrac{AB^2}{AC^2}$.

证明 3 如图 74.3,分别过 E,F 作 AB 的平行线交 AC 于 P,Q. 显然 $\angle APE = \angle FQA$.

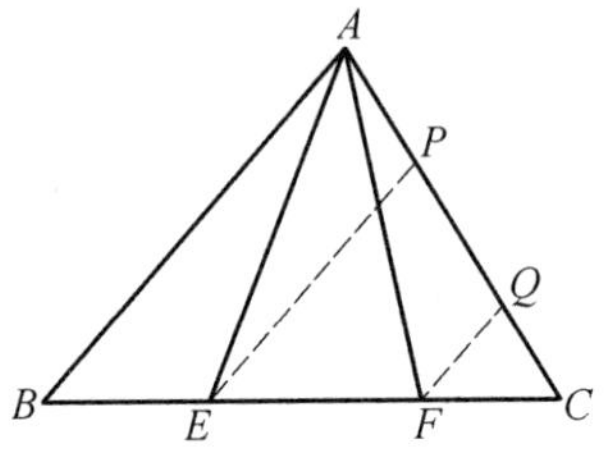

由 $\angle EAB = \angle FAC$，可知 $\angle AEP = \angle EAB =$ $\angle FAQ$，有 $\triangle APE \backsim \triangle FQA$，于是 $\dfrac{AP}{FQ} = \dfrac{PE}{QA}$，得

$AP \cdot AQ = PE \cdot QF.$

图 74.3

显然 $\dfrac{AB}{AC} = \dfrac{PE}{PC} = \dfrac{QF}{QC}$，可知

$$\frac{AB^2}{AC^2} = \frac{PE}{PC} \cdot \frac{QF}{QC} = \frac{AP \cdot AQ}{PC \cdot QC} \qquad (1)$$

由 $\dfrac{EB}{EC} = \dfrac{PA}{PC}$，$\dfrac{FB}{FC} = \dfrac{QA}{QC}$，可知

$$\frac{EB \cdot FB}{EC \cdot FC} = \frac{PA \cdot QA}{PC \cdot QC} \qquad (2)$$

对照(1),(2),得

$$\frac{BE \cdot BF}{CE \cdot CF} = \frac{AB^2}{AC^2}$$

所以 $\dfrac{BE \cdot BF}{CE \cdot CF} = \dfrac{AB^2}{AC^2}.$

本文参考自：

《数学教学通讯》1980 年 4 期 29 页.

第 75 天

如图75.1，BD，CE 是 $\triangle ABC$ 的角平分线，P 为 ED 上一点，过 P 引 $PQ \perp BC$，Q 为垂足，$PM \perp AB$，M 为垂足，$PN \perp AD$，N 为垂足.

求证：$PQ = PM + PN$.

证明1 如图75.1，过 P 作 AB 的平行线交 BD 于 F，过 F 作 BC 的平行线分别交 PQ，AC 于 H，G，连 PG.

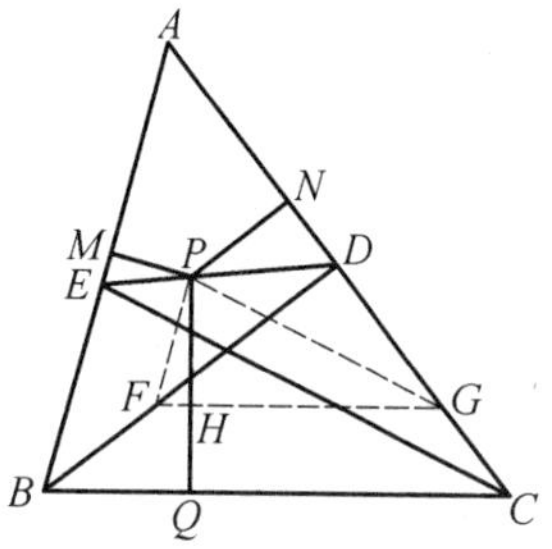

图 75.1

显然 $\frac{DP}{PE} = \frac{DF}{FB} = \frac{DG}{GC}$，可知 $PG \parallel EC$.

由 CE 平分 $\angle ACB$，可知 PG 平分 $\angle AGF$，有 $PM = PH$.

易知 $PN = HQ$，可知 $PM + PN = PH + HQ = PQ$.

所以 $PQ = PM + PN$.

证明2 如图75.2，过 D 分别作 BA，BC 的垂线，G，H 为垂足，过 E 分别作 CA，CB 的垂线，K，L 为垂足.

图 75.2

显然 $DG = DH$，$EK = EL$.

显然 $EL \parallel PQ \parallel DH$，可知 $\frac{PE}{DE} = \frac{PQ - LE}{DH - LE}$，有 $PE(DH - LE) = DE(PQ - LE)$，于是

$$\begin{aligned} PQ \cdot DE - PE \cdot DH &= DE \cdot LE - PE \cdot LE \\ &= LE \cdot PD \end{aligned}$$

或

$$PQ \cdot DE = PD \cdot LE + PE \cdot DH$$

得

$$\frac{PD \cdot LE + PE \cdot DH}{DE} = PQ$$

易知 $\frac{EP}{ED} = \frac{PN}{DG} = \frac{PN}{DH}$，$\frac{DP}{DE} = \frac{PM}{EK} = \frac{PM}{EL}$，可知

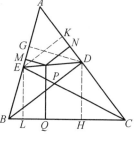

$$PN = \frac{DH \cdot PE}{DE}, PM = \frac{EL \cdot PD}{DE}$$

有

$$PM + PN = \frac{DH \cdot PE}{DE} + \frac{EL \cdot PD}{DE}$$

$$= \frac{PD \cdot LE + PE \cdot DH}{DE} = PQ$$

所以 $PQ = PM + PN$.

第 76 天

已知:如图 76.1,△ABC 中,$\angle A = 90°$,$AB = AC$,$DB = AE = \dfrac{1}{3}AC$. 求证:$\angle ADE = \angle EBC$.

证明 1 如图 76.1,过 E 作 BC 的垂线,F 为垂足.

在 △DEA 与 △BEF 中,由 $AB = AC$,$DB = AE = \dfrac{1}{3}AC$,可知 $AD = 2AE$.

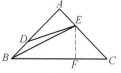

图 76.1

易知 $EF = FC = \dfrac{\sqrt{2}}{2}EC = \dfrac{\sqrt{2}}{2} \times \dfrac{2}{3}AC = \dfrac{\sqrt{2}}{3}AC = \dfrac{1}{3}BC$,可知 $BF = 2FC$,有 $BF = 2FE$.

显然 $\angle DAE = 90° = \angle BFE$,$\dfrac{AE}{AD} = \dfrac{1}{2} = \dfrac{FE}{BF}$,可知 △$DAE \backsim$ △BFE,于是 $\angle ADE = \angle FBE$.

所以 $\angle ADE = \angle EBC$.

证明 2 如图 76.2,过 A 作 BC 的垂线交 BE 于 K,G 为垂足.过 G 作 BE 的平行线交 AC 于 F.

由 $AB = AC$,可知 G 为 BC 的中点,有 F 为 EC 的中

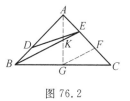

图 76.2

点,于是 $EF = \dfrac{1}{2}EC = AE$,得 $KG = AK = \dfrac{1}{2}AG = \dfrac{1}{2}BG$.

由 $\dfrac{BG}{KG} = \dfrac{2}{1} = \dfrac{DA}{EA}$,$\angle BGK = 90° = \angle DAE$,可知 △$BGK \backsim$ △DAE,有 $\angle ADE = \angle GBK$.

所以 $\angle ADE = \angle EBC$.

证明 3 如图 76.3,过 C 作 BC 的垂线分别交直线 BA,BE 于 F,G.

由 $\angle A = 90°$,$AB = AC$,$AE = \dfrac{1}{3}AC$,可知 AC 为 BF 的中线,E 为 △FBC 的重心,有 G 为 FC 的中点,于是 $\dfrac{BC}{GC} = \dfrac{2}{1}$.

由 $\dfrac{AD}{AE}=\dfrac{2}{1}=\dfrac{BC}{GC}$，$\angle BCG=90°=\angle DAE$，可知

$\triangle BCG \backsim \triangle DAE$，有 $\angle ADE=\angle GBC$.

所以 $\angle ADE=\angle EBC$.

证明 4 如图 76.4，过 B 作 DE 的平行线交 AC 于 F，过 F 作 BC 的垂线，G 为垂足.

由 $\dfrac{AF}{AE}=\dfrac{AB}{AD}=\dfrac{3}{2}$，可知 $AF=\dfrac{3}{2}\times\dfrac{1}{3}AC=\dfrac{1}{2}AC$，有

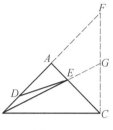

图 76.3

$FG=GC=\dfrac{1}{4}BC$，于是 $\dfrac{FG}{BG}=\dfrac{1}{3}$.

由 $\dfrac{AE}{AB}=\dfrac{1}{3}=\dfrac{FG}{BG}$，$\angle BGF=90°=\angle BAE$，可知

$\triangle BGF \backsim \triangle BAE$，有 $\angle ABE=\angle GBF$.

由 $\angle DEB=\angle EBF$，可知 $\angle ADE=\angle ABE+$

$\angle DEB=\angle GBF+\angle EBF=\angle EBC$.

图 76.4

所以 $\angle ADE=\angle EBC$.

证明 5 如图 76.5，过 E 作 BC 的平行线交 AB 于 F.

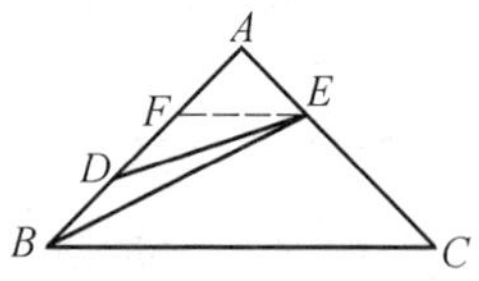

显然 $AF=AE=\dfrac{1}{3}AB=DB$，可知 $FD=\dfrac{1}{3}AB$，

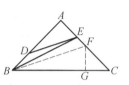

$FB=\dfrac{2}{3}AB$，有 $FD\cdot FB=\dfrac{1}{3}AB\cdot\dfrac{2}{3}AB=\dfrac{2}{9}AB^2$.

图 76.5

由 $FE=\sqrt{2}AF=\dfrac{\sqrt{2}}{3}AB$，可知 $FE^2=\dfrac{2}{9}AB^2$，有 $FE^2=FD\cdot FB$，于是

$\triangle BEF \backsim \triangle EDF$，有 $\angle BEF=\angle EDF=\angle ADE$.

由 $\angle BEF=\angle EBC$，可知 $\angle ADE=\angle EBC$.

所以 $\angle ADE=\angle EBC$.

证明 6 如图 76.6，过 C 作 BE 的垂线，F 为垂足.

设 $AE=a$，可知 $AB=3a$，由勾股定理可得

$$BE=\sqrt{10}a,\quad BC=\sqrt{2}a$$

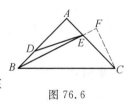

显然 $\dfrac{EF}{FC}=\dfrac{EA}{AB}=\dfrac{1}{3}$. 设 $EF=x$，可知 $FC=3x$. 在

图 76.6

$\triangle BCF$ 中，由勾股定理，有 $x=\dfrac{\sqrt{10}}{5}a$. 于是

$$FC = 3 \cdot \frac{\sqrt{10}}{5}a, FB = 6 \cdot \frac{\sqrt{10}}{5}a = 2FC$$

由 $\frac{FC}{FB} = \frac{1}{2} = \frac{AE}{AD}$，$\angle BFC = 90° = \angle DAE$，可知 $\triangle BFC \backsim \triangle DAE$，有 $\angle ADE = \angle FBC$.

所以 $\angle ADE = \angle EBC$.

证明7 如图 76.7，过 C 作 ED 的平行线交直线 AB 于 F，过 C 作 EB 的平行线交直线 AB 于 G.

易证 $BF = AB$，$BG = 2AB$，可知 $BF \cdot BG = 2AB^2 = BC^2$，有 $\triangle BFC \backsim \triangle BCG$，于是 $\angle BFC = \angle BCG$.

显然 $\angle ADE = \angle BFC$，$\angle EBC = \angle BCG$.

所以 $\angle ADE = \angle EBC$.

证明8 如图 76.8，设 $\triangle BDE$ 的外接圆分别交直线 BC，AC 于 F，G，连 FD 交 AC 于 K，连 FG.

设 $AE = a$，可知 $BC = 3\sqrt{2}a$，$AD = EC = 2a$，$AB = AC = 3a$.

由 $AD \cdot AB = AE \cdot AG$，可知 $AG = 6a = 2AC$，有 $CG = 3a = AC$.

由 $BC \cdot CF = EC \cdot CG$，可知 $CF = \sqrt{2}a$.

在 $\triangle ABE$ 中，由勾股定理可得 $BE = \sqrt{10}a$.

在 $\triangle ADE$ 中，由勾股定理可得 $DE = \sqrt{5}a$.

由 $\frac{FG}{EB} = \frac{CG}{CB}$，可知 $FG = \sqrt{5}a = DE$，有

$$KE = KF, KG = KD$$

设 $EK = x$，可知 $DK = GK = 5a - x$.

在 $\triangle ADK$ 中，由勾股定理可得

$$(2a)^2 + (a + x)^2 = (5a - x)^2$$

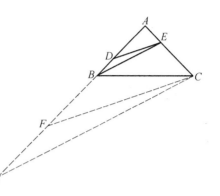

图 76.7

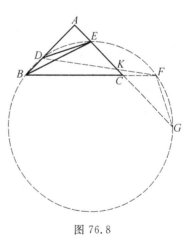

图 76.8

有 $x = \dfrac{5}{3}a$，于是 $DK = 5a - \dfrac{5}{3}a = \dfrac{10}{3}a$.

由 $\dfrac{DA}{DK} = \dfrac{2a}{\dfrac{10a}{3}} = \dfrac{3a}{5} = \dfrac{a}{\dfrac{5a}{3}} = \dfrac{EA}{EK}$，可知 DE 平分 $\angle ADK$，有

$$\angle ADE = \angle EDK = \angle EBF$$

所以 $\angle ADE = \angle EBC$.

本文参考自：

1.《中学生数学》2004 年 4 期 20 页.

2.《中小学数学》1983 年 6 期 15 页.

第 77 天

$\triangle ABC$ 的三个内角 $\angle A$，$\angle B$，$\angle C$ 的对边分别是 a，b，c，如果 $a^2=b^2+bc$.

求证：$\angle A=2\angle B$.

证明 1 如图 77.1，设 D 为 CA 延长线上的一点，$AD=AB$，连 BD.

显然 $\angle BDC=\angle DBA$，可知 $\angle BAC=2\angle D$.

由 $a^2=b^2+bc$，可知 $\dfrac{CB}{CD}=\dfrac{CA}{CB}$，有 $\triangle ABC \backsim \triangle BDC$，

于是 $\angle ABC=\angle BDC$.

所以 $\angle BAC=2\angle ABC$.

图 77.1

证明 2 如图 77.2，以 BA，BC 为邻边作平行四边形 $ABCD$，在 AC 的延长线上取一点 E，使 $CE=CD$，连 DE.

显然 $CE=CD=AB=c$，$AD=BC=a$，可知 $AE=b+c$，$\angle BAC=\angle ACD=2\angle E$.

由 $a^2=b^2+bc$，可知 $\dfrac{AD}{AC}=\dfrac{AE}{AD}$，有 $\triangle AED \backsim \triangle ADC$，于是 $\angle E=\angle ADC=\angle B$.

所以 $\angle BAC=2\angle ABC$.

图 77.2

证明 3 如图 77.3，以 AB，AC 为邻边作平行四边形 $ABEC$，设 D 为 BE 延长线上的一点，$ED=EC$，连 CD.

显然 $ED=EC=AB=c$，$BE=AC=b$，可知 $BD=b+c$，$\angle A=\angle BEC=2\angle D$.

由 $a^2=b^2+bc$，可知 $\dfrac{CB}{BE}=\dfrac{BD}{CB}$，有 $\triangle BEC \backsim \triangle BCD$，

于是 $\angle D=\angle BCE=\angle ABC$.

所以 $\angle BAC=2\angle ABC$.

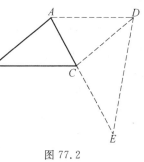

图 77.3

证明 4 如图 77.4，设 D 为 BC 的延长线上的一点，$CD=BC$，过 D 作 AB 的平行线交直线 AC 于 F，设 E 为 AF 的延长线上的一

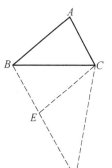

点，$FE = FD$，连 DE.

显然 $FE = FD = AB = c$，$CD = BC = a$，可知 $CE = b + c$，$\angle A = \angle CFD = 2\angle E$.

由 $a^2 = b^2 + bc$，可知 $\dfrac{CD}{CF} = \dfrac{CE}{CD}$，有 $\triangle CDF \backsim \triangle CED$，于是 $\angle E = \angle CFD = \angle B$.

所以 $\angle BAC = 2\angle ABC$.

证明 5 如图 77.5，设 D 为 CA 延长线上的一点，$AD = AB$，连 DB.

显然 $\angle ABD = \angle D$，$\angle BAC = 2\angle D$，$CD = b + c$.

由 $a^2 = b^2 + bc = b(b + c)$，可知 $BC^2 = CA \cdot CD$，有 CB 为 $\triangle ABD$ 的外接圆的切线，于是 $\angle ABC = \angle D$.

所以 $\angle BAC = 2\angle ABC$.

证明 6 如图 77.6，设 D 为 BC 的延长线上的一点，$CD = BC$，过 D 作 AB 的平行线交直线 AC 于 F，设 E 为 AF 的延长线上的一点，$FE = FD$，连 DE.

显然 $FE = FD = AB = c$，$CD = BC = a$，可知 $CE = b + c$，$\angle A = \angle CFD = 2\angle E$.

由 $a^2 = b^2 + bc$，可知 $CB \cdot CD = CA \cdot CE$，有 A，B，E，D 四点共圆，于是 $\angle E = \angle B$.

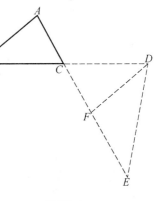

图 77.4

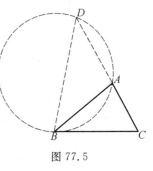

图 77.5

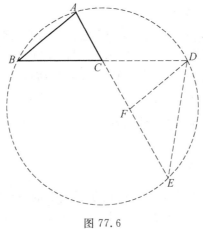

图 77.6

所以 $\angle BAC = 2\angle ABC$.

证明 7　如图 77.7,设 E 为 BA 延长线上一点,$AE = AC$,D 为直线 AB 上一点,$BD = AC$.

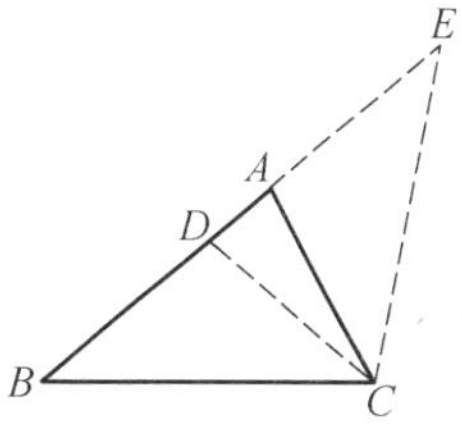

由 $a^2 = b^2 + bc$,可知 $\dfrac{b+c}{a} = \dfrac{a}{b}$,有 $\dfrac{BE}{BC} = \dfrac{BC}{BD}$,于是 $\triangle EBC \backsim \triangle CBD$,得
$$\angle BCD = \angle E = \angle ACE$$
显然 $\angle ACB = \angle DCE$,且 $\dfrac{EC}{DC} = \dfrac{BC}{BD} = \dfrac{BC}{AC}$,即 $\dfrac{EC}{DC} = \dfrac{BC}{AC}$,可知 $\triangle ABC \backsim \triangle DEC$.

图 77.7

由 $BD = AC = AE$,可知 $BD + AD = AE + AD$,即 $AB = DE$,有 $\triangle ABC \cong \triangle DEC$,于是 $\angle B = \angle E$,得 $\angle BAC = \angle ECA + \angle E = 2\angle B$.

所以 $\angle BAC = 2\angle ABC$.

证明 8　如图 77.8,设 E 为 BA 延长线上的一点,$AE = AC$,以 EA,EC 为邻边作平行四边形 $ADCE$,连 BD.

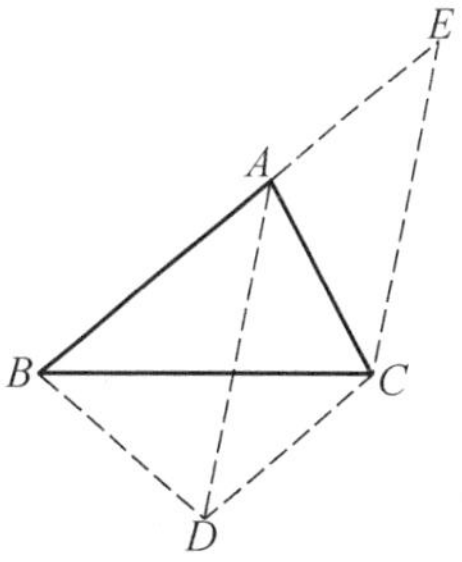

显然 $BE = b + c$.

由 $a^2 = b^2 + bc$,可知 $\dfrac{b+c}{a} = \dfrac{a}{b}$,有 $\dfrac{BE}{BC} = \dfrac{BC}{DC}$,于是 $\triangle EBC \backsim \triangle BCD$,得
$$\angle CBD = \angle E = \angle ECA = \angle DAC$$
显然 A,B,C,D 四点共圆,可知 $\angle ABC = \angle ADC = \angle E$,有 $\angle BAC = \angle E + \angle ACE = 2\angle ABC$.

图 77.8

所以 $\angle BAC = 2\angle ABC$.

证明 9　如图 77.9,设 D 为 BA 延长线上的一点,$AD = AC$,$\triangle ACD$ 的外接圆交直线 BC 于 E,连 AE,DE,DC.

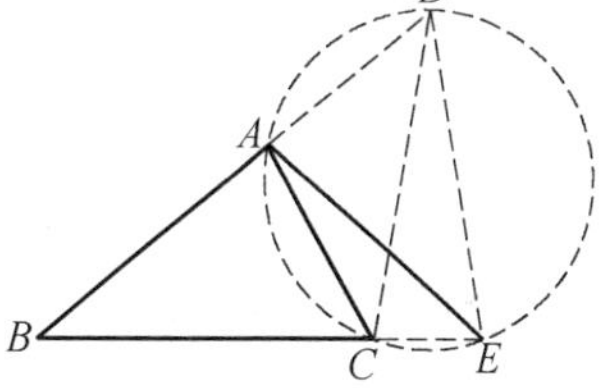

显然 $\triangle BDE \backsim \triangle BCA$,可知 $\dfrac{BD}{BC} = \dfrac{DE}{CA}$,有
$$\frac{b+c}{a} = \frac{DE}{b} \qquad (1)$$

图 77.9

由 $a^2 = b^2 + bc$,可知
$$\frac{b+c}{a} = \frac{a}{b} \qquad (2)$$

对照(1),(2),可知 $DE=a$.

由 $AD=AC$,$\angle ADE=\angle ACB$,可知 $\triangle ABC \cong \triangle AED$,有 $\angle B=\angle AED$,于是

$$\angle AEC=\angle ADC=\angle ACD=\angle AED=\angle B$$

得

$$\angle BAC=\angle CED=\angle AEC+\angle AED=2\angle B$$

所以 $\angle BAC=2\angle ABC$.

证明 10   如图 77.10,以 C 为圆心,以 CB 为半径作圆交直线 AC 于 D,E 两点,交直线 BA 于 F,连 FC.

显然 $AB \cdot AF=AD \cdot AE$,可知

$$c \cdot AF=(a-b)(a+b)=a^2-b^2 \tag{1}$$

由 $a^2=b^2+bc$,可知

$$a^2-b^2=bc \tag{2}$$

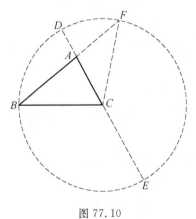

图 77.10

对照(1),(2),可知 $AF=b$.

显然 $\angle ACF=\angle F=\angle B$,可知

$$\angle BAC=\angle ACF+\angle F=2\angle B$$

所以 $\angle BAC=2\angle ABC$.

证明 11   如图 77.11,以 C 为圆心,以 CA 为半径作圆交 AB 于 F,交直线 BC 于 E,D,连 CF.

显然 $BF \cdot BA=BE \cdot BD$,可知

$$BF \cdot c=(a-b)(a+b)=a^2-b^2 \tag{1}$$

由 $a^2=b^2+bc$,可知

$$a^2-b^2=bc \tag{2}$$

对照(1),(2),可知 $BF=b$.

由 $AC=FC=b=BF$,可知 $\angle FCB=\angle B$,有

$$\angle A=\angle AFC=\angle FCB+\angle B=2\angle B$$

所以 $\angle BAC=2\angle ABC$.

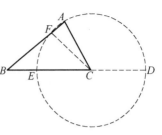

证明 12 如图 77.12,设 D 为 BC 延长线上的一点,$CD=CA$,过 C 作 BA 的平行线交 AD 于 E,F 为 AD 上一点,$AF=DE$.

图 77.11

显然 $\triangle ACF \cong \triangle DCE$,可知 $\angle ACF=\angle ECD=\angle B$.

由 $CE /\!/ BA$,可知 $\dfrac{BD}{CD}=\dfrac{AB}{CE}$,或 $\dfrac{a+b}{b}=\dfrac{c}{CE}$.

由 $a^2=b^2+bc$,可知 $\dfrac{a+b}{b}=\dfrac{c}{a-b}$,有 $CE=$

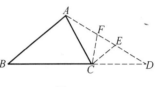

图 77.12

$a-b$,于是 $\dfrac{BD-2CD}{CD}=\dfrac{AD-2ED}{ED}$,即

$$\frac{CE}{AC}=\frac{EF}{AF}$$

(其中 $BD-2CD=a+b-2b=a-b=CE$),得 CF 平分 $\angle ADE$,进而 $\angle BAC=\angle ACE=2\angle B$.

所以 $\angle BAC=2\angle ABC$.

证明 13 如图 77.13,以 BC 为直径作 $\odot O$,又以 C 为圆心,以 CA 为半径作 $\odot C$ 交直线 AB 与 E,$\odot C$ 与 $\odot O$ 相交于 D,F,连 CE,CD,BD.

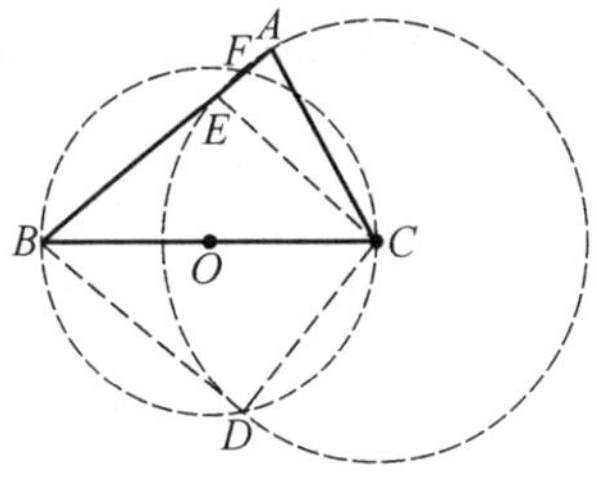

显然 BD 为 $\odot C$ 的切线,可知

$$BC^2-DC^2=BD^2=BE \cdot BA$$

有

$$a^2-b^2=BE \cdot c \qquad\qquad (1)$$

由 $a^2=b^2+bc$,可知

图 77.13

$$a^2-b^2=bc \qquad\qquad\qquad (2)$$

对照(1),(2),可知 $BE=b=EC$,有 $\angle ABC=\angle ECB$,于是 $\angle A=\angle AEC=\angle ECB+\angle ABC=2\angle ABC$.

所以 $\angle BAC=2\angle ABC$.

证明 14 如图 77.14,设 AD 为 $\angle BAC$ 的平分线.

显然 $\dfrac{BD}{DC}=\dfrac{AB}{AC}$,可知

图 77.14

$$\frac{BD+DC}{DC}=\frac{AB+AC}{AC}$$

有

$$\frac{AC}{DC}=\frac{AB+AC}{BD+DC}=\frac{b+c}{a}=\frac{b(b+c)}{ab}=\frac{a^2}{ab}=\frac{a}{b}=\frac{BC}{AC}$$

由 $\angle BAC=\angle DCA$，可知 $\triangle ABC\backsim\triangle DAC$，有 $\angle BAC=2\angle DAC=2\angle ABC$.

所以 $\angle BAC=2\angle ABC$.

证明 15 如图 77.15，设 AD 为 $\angle BAC$ 的平分线，$\triangle ADC$ 的外接圆交 AB 于 E，连 ED.

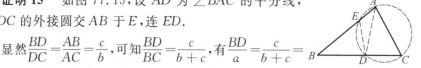

图 77.15

显然 $\dfrac{BD}{DC}=\dfrac{AB}{AC}=\dfrac{c}{b}$，可知 $\dfrac{BD}{BC}=\dfrac{c}{b+c}$，有 $\dfrac{BD}{a}=\dfrac{c}{b+c}=\dfrac{bc}{b(b+c)}=\dfrac{bc}{a^2}$，于是 $a\cdot BD=bc$.

由 $BC\cdot BD=BE\cdot BA$，可知 $BE=b=AC$.

由 AD 平分 $\angle EAC$，可知 $DE=DC$.

由 $\angle BED=\angle ACD$，可知 $\triangle BED\cong\triangle ADC$，有 $\angle B=\angle DAC$.

所以 $\angle BAC=2\angle ABC$.

证明 16 如图 77.16，过 C 作 AB 的平行线交 $\triangle ABC$ 的外接圆于 D，连 DA，DB.

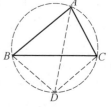

图 77.16

显然四边形 $ABDC$ 为等腰梯形，可知 $BD=AC=b$，$AD=BD=a$.

依托勒密定理，可知

$AC\cdot BC+AB\cdot DC=AD\cdot BC$，有

$$b^2+c\cdot DC=a^2$$

由 $a^2=b^2+bc$，可知 $DC=b$，有 $CD=CA$，于是 $\angle DAC=\angle ADC=\angle BAD=\angle CBD$，得 $\angle BAC=2\angle ABC$.

所以 $\angle BAC=2\angle ABC$.

第 78 天

在 $\triangle ABC$ 中,$\angle ACB = 90°$,$CH \perp AB$,$AD = DC$,CE 平分 $\angle ACH$,DE 与 CH 的延长线相交于点 F. 求证:$BF /\!/ CE$.

证明 1　如图 78.1,过 C 作 AB 的平行线交直线 DF 于 G.

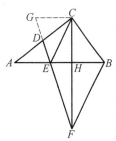

图 78.1

由 $\angle ACB = 90°$,$CH \perp AB$,可知

$$\text{Rt}\triangle ACH \backsim \text{Rt}\triangle CBH$$

有

$$\frac{CH}{CA} = \frac{BH}{BC}, \angle A = \angle BCH$$

由 CE 平分 $\angle ACH$,可知 $\dfrac{EH}{AE} = \dfrac{CH}{CA}$,$\angle BCE = \angle BCH + \angle ECH = \angle A + \angle ECA = \angle BEC$,有 $\angle BCE = \angle BEC$,于是 $BC = BE$.

由 D 为 AC 的中点,可知 D 为 AC 的中点,有 $\triangle DCG \cong \triangle DAE$,于是 $GC = AE$.

显然 $GC /\!/ HE$,可知

$$\frac{FH}{FC} = \frac{EH}{GC} = \frac{EH}{AE} = \frac{CH}{CA} = \frac{BH}{BC} = \frac{BH}{BE}$$

即 $\dfrac{FH}{FC} = \dfrac{BH}{BE}$,有 $\dfrac{FH}{FC - FH} = \dfrac{BH}{BE - BH}$,即

$$\frac{FH}{HC} = \frac{BH}{HE}$$

于是 $\triangle HCE \backsim \triangle HFB$,得

$$\angle HCE = \angle HFB$$

所以 $BF /\!/ CE$.

证明 2　如图 78.2,过 D 作 AB 的垂线,G 为垂足.(先证 $BC = BE$,同证明 1)

由 $\angle ACB = 90°$,$CH \perp AB$,可知 $\text{Rt}\triangle ACH \backsim \text{Rt}\triangle CBH$,有 $\angle A = \angle BCH$.

由 CE 平分 $\angle ACH$，可知 $\angle BCE = \angle BCH + \angle ECH = \angle A + \angle ECA = \angle BEC$，有 $\angle BCE = \angle BEC$，于是 $BC = BE$.

由 CE 平分 $\angle DCF$，$Rt\triangle ACH \backsim Rt\triangle CBH$，可知

$$\frac{CF}{CD} = \frac{EF}{DE} = \frac{HF}{DG} = \frac{HF}{\frac{1}{2}CH}$$

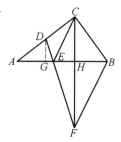

图 78.2

有

$$\frac{CF}{HF} = \frac{2CD}{CH} = \frac{AC}{CH} = \frac{BC}{BH} = \frac{BE}{BH}$$

即

$$\frac{CF}{HF} = \frac{BE}{BH} \quad 或 \quad \frac{FH}{FC} = \frac{BH}{BE}$$

有

$$\frac{FH}{FC - FH} = \frac{BH}{BE - BH}$$

即 $\dfrac{FH}{HC} = \dfrac{BH}{HE}$，于是 $\triangle HCE \backsim \triangle HFB$，得 $\angle HCE = \angle HFB$.

所以 $BF \parallel CE$.

证明 3 如图 78.3. (先证 $BC = BE$，同证 1)

由 $\angle ACB = 90°$，$CH \perp AB$，可知

$$Rt\triangle ACH \backsim Rt\triangle CBH$$

有 $\angle A = \angle BCH$.

由 CE 平分 $\angle ACH$，可知 $\angle BCE = \angle BCH + \angle ECH = \angle A + \angle ECA = \angle BEC$，有

$\angle BCE = \angle BEC$，于是 $BC = BE$.

直线 DEF 截 $\triangle AHC$ 三边，依梅涅劳斯定理，可知

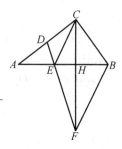

图 78.3

$$\frac{AE}{EH} \cdot \frac{HF}{FC} \cdot \frac{CD}{DA} = 1$$

代入 $CD = DA$，可知

$$\frac{HF}{FC} = \frac{EH}{AE} = \frac{CH}{CA} = \frac{BH}{BC} = \frac{BH}{BE}$$

即

$$\frac{FH}{FC} = \frac{BH}{BE}$$

有
$$\frac{FH}{FC - FH} = \frac{BH}{BE - BH}$$

即
$$\frac{FH}{HC} = \frac{BH}{HE}$$

于是 $\triangle HCE \backsim \triangle HFB$，得
$$\angle HCE = \angle HFB$$

所以 $BF \parallel CE$.

第79天

如图 79.1，AD，CE 是 $\triangle ABC$ 的高线，在 AB 上取点 F，使 $AF = AD$，过 F 作 BC 的平行线交 AC 于 G．求证：$FG = CE$．

证明1 如图 79.1．

显然

$$S_{\triangle ABC} = \frac{1}{2} AD \cdot BC = \frac{1}{2} CE \cdot AB$$

可知

$$\frac{AD}{AB} = \frac{CE}{BC}$$

由 $AF = AD$，可知

$$\frac{AF}{AB} = \frac{CE}{BC}$$

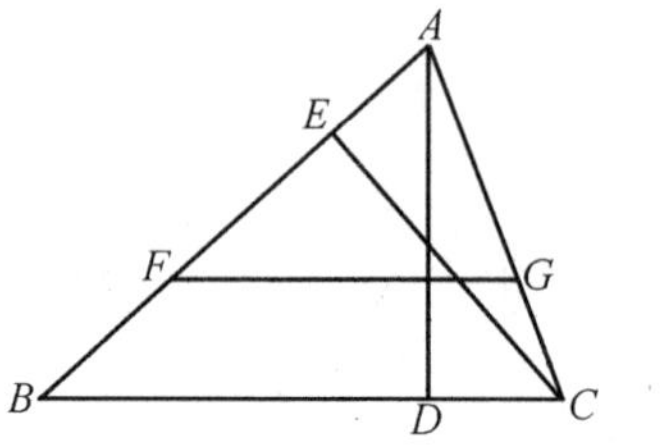

由 $FG \parallel BC$，可知

$$\frac{AF}{AB} = \frac{FG}{BC}$$

$$\frac{CE}{BC} = \frac{FG}{BC}$$

有

于是 $CE = FG$．

所以 $FG = CE$．

证明2 如图 79.2，过 F 作 AC 的平行线交 BC 于 H，连 FD，DE，EH．

显然 $\angle BFH = \angle BAC$．

由 $AD \perp BC$，$CE \perp AB$，可知 A，E，D，C 四点共圆，有 $\angle BDE = \angle BAC$，于是 $\angle BDE = \angle BFH$．

显然 F，H，D，E 四点共圆，可知 $\angle AFD = \angle CHE$．

在 $\triangle AFD$ 与 $\triangle CHE$ 中，由 $\angle FAD = \angle ECH$，可知 $\angle FDA = \angle HEC$．

由 $\angle AFD = \angle FDA$，可知 $\angle CHE = \angle HEC$．

所以 $FG = CE$．

证明3 如图 79.3，以 EF，EC 为邻边作平行四边形 $CEFH$，FH 交 BC 于

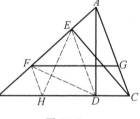

图 79.1

图 79.2

250

K,AK 交 FG 于 L,连 FD,CH.

显然四边形 $CEFH$ 为矩形,$FH = EC$.

易知 $\dfrac{FL}{LG} = \dfrac{BK}{KC} = \dfrac{FK}{KH}$,可知 $AK \parallel GH$.

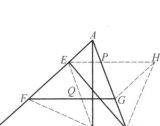

图 79.3

由 $AF = AD$,可知 $\angle AFD = \angle ADF$,有 $\angle KFD = \angle KDF$,于是 AK 为 FD 的中垂线,得

$$\angle FKL = \angle DKL = \angle FLK$$

由 $AK \parallel GH$,可知 $\angle FHG = \angle FGH$,有 $FG = FH$.

所以 $FG = CE$.

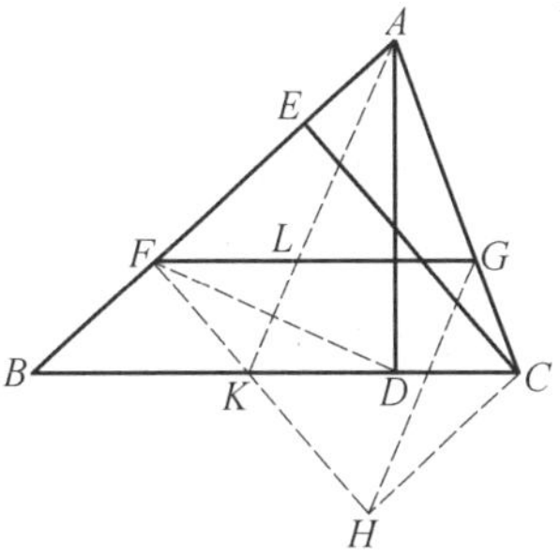

证明 4 如图 79.4,以 EF,FG 为邻边作平行四边形 $EFGH$,EH 交 AC 于 P,连 DE 交 FG 于 Q,连 FD,CH.

由 $AD \perp BC$,$CE \perp AB$,可知 A,E,D,C 四点共圆,有 $\angle BED = \angle BCA = \angle HPG$,于是 $\triangle FEQ \backsim \triangle HPG$,得 $\angle FED = \angle HPC$.

由 $\dfrac{FE}{HP} = \dfrac{FQ}{PG} = \dfrac{QD}{GC} = \dfrac{ED}{PC}$,可知 $\triangle FED \backsim \triangle HPC$,有

$$\angle AFD = \angle CHE,\quad \angle EDF = \angle PCH$$

进而 $\angle ADF = \angle ECH$.

由 $AD = AF$,可知 $\angle AFD = \angle ADF$,有

$$\angle CHE = \angle ECH$$

所以 $FG = CE$.

图 79.4

证明 5 如图 79.5,以 EC,CG 为邻边作平行四边形 $ECGH$,GH 交 AB 于 K,连 DE 交 FG 于 P,连 EH,FH,KL,FD.

由 $AD \perp BC$,$CE \perp AB$,可知 A,E,D,C 四点共圆,有 $\angle ADE = \angle ACE = \angle KHE$,于是

$$\text{Rt}\triangle LDP \backsim \text{Rt}\triangle KHE$$

由 $\dfrac{HK}{DL} = \dfrac{KE}{LP} = \dfrac{EF}{PF} = \dfrac{KE + EF}{LP + PF} = \dfrac{KF}{LF}$,可知 $\text{Rt}\triangle HKF \backsim \text{Rt}\triangle DLF$,有

$$\angle GHF = \angle ADF,\quad \angle KFH = \angle LFD$$

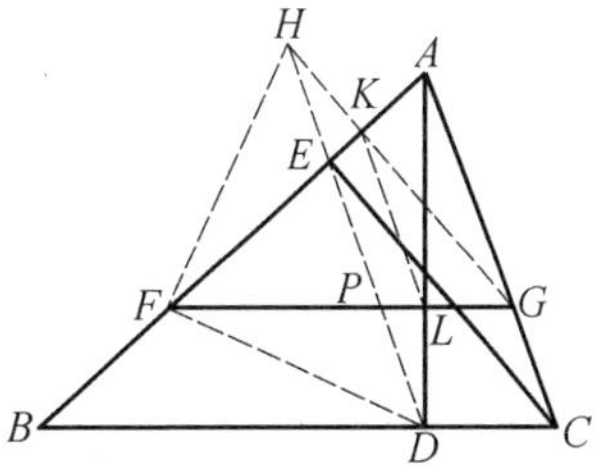

图 79.5

进而

$$\angle GFH = \angle AFD$$

由 $AD = AF$,可知 $\angle AFD = \angle ADF$,有

$$\angle GHF = \angle GFH$$

所以 $FG = CE$.

第 80 天

如图 80.1, AD, BE 为 $\triangle ABC$ 的高线, H 为垂心, M 为 BC 的中点, $AD = BC$.

求证: $MH + HD = MC$.

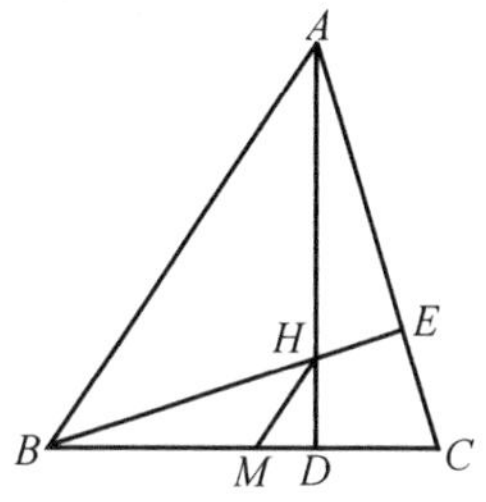

证明 1 如图 80.1, 显然

$$\mathrm{Rt}\triangle ADC \backsim \mathrm{Rt}\triangle BDH$$

可知 $\dfrac{AD}{BD} = \dfrac{DC}{DH}$, 有 $AD \cdot DH = BD \cdot DC$, 或 $2MC \cdot$

$DH = (MC + MD) \cdot (MC - MD) = MC^2 - MD^2$.

代入 $MH^2 - HD^2 = MD^2$, 可知

$$MC^2 - 2DH \cdot MC + DH^2 = MH^2$$

或

$$(MC - DH)^2 = MH^2$$

有

$$MC - DH = MH$$

或

$$MC - DH = -MH$$

于是

$$MC - DH = MH$$

($MC + MH = DH$ 不合理, 舍去)

所以 $MH + HD = MC$.

证明 2 如图 80.1, 显然

$$\mathrm{Rt}\triangle ADC \backsim \mathrm{Rt}\triangle BDH$$

可知 $\dfrac{AD}{BD} = \dfrac{DC}{DH}$, 有 $AD \cdot DH = BD \cdot DC$, 或

$$2MC \cdot DH = (MC + MD) \cdot (MC - MD) = MC^2 - MD^2$$

代入 $MH^2 - HD^2 = MD^2$, 可知 $MC^2 - 2DH \cdot MC + DH^2 - MH^2 = 0$.

解关于 MC 的一元二次方程, 可知

$$MC = \frac{2DH \pm \sqrt{4DH^2 - 4DH^2 + 4MH^2}}{2}$$

$$= DH \pm MH$$

图 80.1

有 $MC = DH + MH$.

（$MC = DH - MH$ 为负值,舍去）

所以 $MH + HD = MC$.

证明3 如图 80.1,显然

$$\mathrm{Rt}\triangle ADC \backsim \mathrm{Rt}\triangle BDH$$

可知 $\dfrac{AD}{BD} = \dfrac{DC}{DH}$,有 $AD \cdot DH = BD \cdot DC$,或

$$2MC \cdot DH = (MC + MD)(MC - MD) = MC^2 - MD^2$$

代入 $MH^2 - HD^2 = MD^2$,可知

$$MC^2 - 2DH \cdot MC + DH^2 = MH^2$$

或

$$(MC - DH)^2 = MH^2$$

有

$$(MC - DH)^2 - MH^2 = 0$$

或

$$(MC - DH + MH)(MC - DH - MH) = 0$$

于是 $MC - DH - MH = 0$.

（$MC - DH + MH = 0$ 不合理,舍去）

所以 $MH + HD = MC$.

证明4 如图 80.2,过 B 作 BC 的垂线交直线 CF 于 K.

由 $AD \perp BC, CF \perp AB$,可知 $\angle BCK = \angle DAB$.

由 $AD \perp BC, AD = BC$,可知 $\mathrm{Rt}\triangle BCK \cong \mathrm{Rt}\triangle DAB$,有 $KB = BD$.

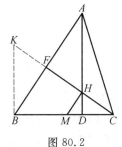

图 80.2

显然 $\dfrac{CD}{HD} = \dfrac{CB}{KB} = \dfrac{CB}{DB}$,可知

$$DH \cdot BC = DC \cdot DB = (MC - MD)(MB + MD)$$

$$= \left(\frac{1}{2}BC - MD\right)\left(\frac{1}{2}BC + MD\right)$$

$$= \frac{1}{4}BC^2 - MD^2$$

$$= \frac{1}{4}BC^2 + DH^2 - MH^2$$

有

$$MC^2 - 2DH \cdot MC + DH^2 = MH^2$$

或

$$(MC - DH)^2 = MH^2$$

于是 $MC - DH = MH$，或 $MC - DH = -MH$，得 $MC - DH = MH$.

（$MC + MH = DH$ 不合理，舍去）

所以 $MH + HD = MC$.

本文参考自：

左宗明,蒋声《初等数学题解》297 页.

第 81 天

已知：AD 是 $\triangle ABC$ 的角平分线.

求证：$AB \cdot AC = AD^2 + BD \cdot CD$.

证明 1 如图 81.1,设直线 AD 交 $\triangle ABC$ 的外接圆于 E,连 BE.

由相交弦定理,可知 $AD \cdot DE = BD \cdot CD$.

显然 $\angle E = \angle C$.

由 $\angle EAB = \angle CAD$,可知 $\triangle ABE \backsim \triangle ADC$,有 $\dfrac{AB}{AD} = \dfrac{AE}{AC}$,于是

$$AB \cdot AC = AD \cdot AE = AD(AD + DE)$$
$$= AD^2 + AD \cdot DE = AD^2 + BD \cdot CD$$

所以 $AB \cdot AC = AD^2 + BD \cdot CD$.

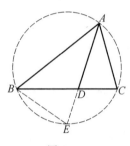

图 81.1

证明 2 如图 81.2,设直线 AD 交 $\triangle ABC$ 的外接圆于 E,连 EC.

由相交弦定理,可知 $AD \cdot DE = BD \cdot CD$.

显然 $\angle E = \angle B$.

由 $\angle EAC = \angle BAD$,可知 $\triangle ABD \backsim \triangle AEC$,有 $\dfrac{AB}{AD} = \dfrac{AE}{AC}$,于是

$$AB \cdot AC = AD \cdot AE = AD(AD + DE)$$
$$= AD^2 + AD \cdot DE = AD^2 + BD \cdot CD$$

所以 $AB \cdot AC = AD^2 + BD \cdot CD$.

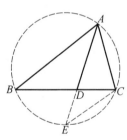

图 81.2

证明 3 如图 81.3,设 F 为 AB 上一点,$AF = AC$,$\triangle BDF$ 的外接圆交直线 AD 于 E,连 DF,BE.

显然 F 与 C 关于 AD 对称,可知 $\angle AFD = \angle C$.

由 $\angle E = \angle AFD$,可知 $\angle E = \angle C$,有 A,B,E,C 四点共圆,于是 $AD \cdot DE = BD \cdot CD$.

易知

$$AB \cdot AC = AB \cdot AF = AD \cdot AE$$
$$= AD \cdot AE = AD(AD + DE)$$
$$= AD^2 + AD \cdot DE = AD^2 + BD \cdot CD$$

所以 $AB \cdot AC = AD^2 + BD \cdot CD$.

证明 4 如图 81.4,设 E 为 AC 上一点,$\angle ADE = \angle B$.

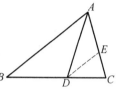

图 81.3

由 AD 平分 $\angle BAC$,$\angle ADC = \angle DAB + \angle B$,可知 $\angle EDA = \angle DAB = \angle DAC$,有 $\triangle ADC \backsim \triangle DEC$,于是 $\dfrac{AC}{DC} = \dfrac{DC}{EC}$.

由 AD 平分 $\angle BAC$,可知 $\dfrac{AC}{DC} = \dfrac{AB}{BD}$,有 $\dfrac{AB}{BD} = \dfrac{DC}{EC}$,于是

$$AB \cdot EC = BD \cdot CD$$
$$EA = ED$$

图 81.4

显然 $\triangle ABD \backsim \triangle ADE$,有 $\dfrac{AB}{AD} = \dfrac{AD}{AE}$,于是 $AD^2 = AB \cdot AE$,得

$$AB \cdot AC - AD^2 = AB \cdot AC - AB \cdot AE$$
$$= AB \cdot EC = BD \cdot CD$$

所以 $AB \cdot AC = AD^2 + BD \cdot CD$.

证明 5 如图 81.5,设 E 为 BC 延长线上的一点,$\angle E = \angle DAC$,设 F 为 AD 上一点,$CF = CD$,连 AE.

显然 $\triangle ADC \backsim \triangle EDA$,有 $AD^2 = DC \cdot DE$.

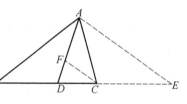

图 81.5

由 $\angle ADF = \angle AFD$,可知 $\angle B + \angle DAB = \angle ACF + \angle DAC$,有 $\angle B = \angle ACF$.

显然 $\triangle ACF \backsim \triangle EBA$,可知 $\dfrac{AB}{FC} = \dfrac{BE}{AC}$,有

$$AB \cdot AC = BE \cdot FC = CD \cdot (BD + DE)$$
$$= CD \cdot BD + CD \cdot DE = CD \cdot BD + AD^2$$

所以 $AB \cdot AC = AD^2 + BD \cdot CD$.

证明 6 如图 81.6,设 E 为 AB 上一点,$\angle ADE = \angle C$,$\triangle BDE$ 的外接圆交直线 AD 于 F,连 DE,EF,FB.

显然 $\triangle AED \backsim \triangle ADC$,有 $AD^2 = AC \cdot AE$.

显然 $\angle BFD = \angle AED = \angle ADC = \angle BDF$，可知 $BD = BF$.

由 $\angle EDB + \angle ABC = \angle AED = \angle ADC = \angle DAB + \angle ABC$，可知 $\angle EDB = \angle DAB$，有 $\angle BFE = \angle EDB = \angle DAB = \angle DAC$.

由 $\angle BEF = \angle BDF = \angle ADC$，可知 $\triangle BEF \backsim \triangle CDA$，有 $AD^2 = AC \cdot AE$.

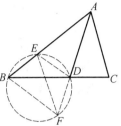

图 81.6

显然 $\angle BFD = \angle AED = \angle ADC = \angle BDF$，可知 $BD = BF$.

由 $\angle EDB + \angle ABC = \angle AED = \angle ADC = \angle DAB + \angle ABC$，可知 $\angle EDB = \angle DAB$，有 $\angle BFE = \angle EDB = \angle DAB = \angle DAC$.

由 $\angle BEF = \angle BDF = \angle ADC$，可知 $\triangle BEF \backsim \triangle CDA$，有 $\dfrac{CD}{BE} = \dfrac{AC}{BF} = \dfrac{AC}{BD}$，于是

$$BD \cdot CD = AC \cdot BE = AC \cdot (AB - AE)$$
$$= AB \cdot AC - AC \cdot AE = AB \cdot AC - AD^2$$

所以 $AB \cdot AC = AD^2 + BD \cdot CD$.

证明7 如图 81.7，在直线 CB 上取一点 E，使 $\angle EAC = \angle ADC$，在 AD 的延长线上取一点 F，使 $BF = BD$.

由 $\angle AED + \angle EAD = \angle ADC = \angle EAC = \angle DAC + \angle EAD$，可知 $\angle AED = \angle DAC = \angle DAB$，有 $\triangle AED \backsim \triangle BAD$，于是 $AD^2 = BD \cdot DE$.

易知 $\angle ABF = \angle C$，可知 $\triangle ABF \backsim \triangle ECA$，有

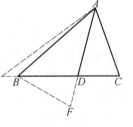

图 81.7

$\dfrac{AB}{EC} = \dfrac{BF}{AC}$，于是 $AB \cdot AC = EC \cdot BF$，得

$$AB \cdot AC - AD^2 = EC \cdot BF - BD \cdot DE$$
$$= (DE + CD) \cdot BD - BD \cdot DE$$
$$= DE \cdot BD + CD \cdot BD - BD \cdot DE = BD \cdot CD$$

所以 $AB \cdot AC = AD^2 + BD \cdot CD$.

第 82 天

1997 全国三年制高中理科试验班招生

如图 82.1,在 $\triangle ABC$ 中,$AB = 7$,$BC = 4$,D 是 AC 上的一点,$BD = 3$,$\dfrac{AD}{DC} = 2$.

求 $\triangle ABC$ 的面积.

解 1 如图 82.1,过 C 作 DB 的平行线交直线 AB 于 E.

显然 $\dfrac{EC}{BD} = \dfrac{AC}{AD} = \dfrac{3}{2}$,由 $BD = 3$,可知 $EC = \dfrac{9}{2}$.

由 $\dfrac{BE}{AB} = \dfrac{DC}{AD} = \dfrac{1}{2}$,$AB = 7$,可知 $BE = \dfrac{7}{2}$.

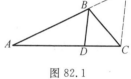

图 82.1

在 $\triangle BCE$ 中,设 $p = \dfrac{a+b+c}{2}$,由公式

$$S = \sqrt{p(p-a)(p-b)(p-c)}$$

可知 $S_{\triangle BCE} = 3\sqrt{5}$.

显然 $\dfrac{S_{\triangle BCA}}{S_{\triangle BCE}} = \dfrac{BA}{BE} = \dfrac{2}{1}$,可知 $S_{\triangle BCA} = 6\sqrt{5}$.

所以 $\triangle ABC$ 的面积是 $S_{\triangle BCA} = 6\sqrt{5}$.

解 2 如图 82.2,过 D 作 BC 的平行线交 AB 于 E.

易知 $\dfrac{DE}{BC} = \dfrac{AD}{AC} = \dfrac{2}{3}$,可知 $DE = \dfrac{8}{3}$.

由 $\dfrac{BE}{AB} = \dfrac{DC}{AC} = \dfrac{1}{3}$,可知 $BE = \dfrac{7}{3}$.

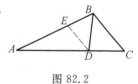

图 82.2

在 $\triangle DBE$ 中,设 $p = \dfrac{a+b+c}{2}$,由公式

$$S = \sqrt{p(p-a)(p-b)(p-c)}$$

可知 $S_{\triangle BDE} = \dfrac{4}{3}\sqrt{5}$.

显然 $\dfrac{S_{\triangle ADE}}{S_{\triangle BDE}} = \dfrac{EA}{EB} = \dfrac{2}{1}$,可知 $S_{\triangle ADE} = \dfrac{8}{3}\sqrt{5}$,有 $S_{\triangle ADB} = 4\sqrt{5}$,于是 $S_{\triangle BCA} = $

$6\sqrt{5}$.

所以 $\triangle ABC$ 的面积是 $S_{\triangle BCA}=6\sqrt{5}$.

解 3 如图 82.3,过 D 作 AB 的平行线交 BC 于 E.

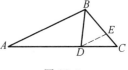

图 82.3

显然 $\dfrac{DE}{AB}=\dfrac{DC}{AC}=\dfrac{1}{3}$,可知 $DE=\dfrac{7}{3}$.

由 $\dfrac{CE}{BC}=\dfrac{DC}{AC}=\dfrac{1}{3}$,可知 $CE=\dfrac{4}{3}$,有 $BE=\dfrac{8}{3}$.

在 $\triangle DBE$ 中,设 $p=\dfrac{a+b+c}{2}$,由公式

$$S=\sqrt{p(p-a)(p-b)(p-c)}$$

可知 $S_{\triangle BDE}=\dfrac{4}{3}\sqrt{5}$,$S_{\triangle CDB}=2\sqrt{5}$,于是 $S_{\triangle BCA}=6\sqrt{5}$.

所以 $\triangle ABC$ 的面积是 $S_{\triangle BCA}=6\sqrt{5}$.

解 4 如图 82.4,过 A 作 BD 的平行线交直线 CB 于 E.

易知 $AE=2DB=6$,$EB=2BC=8$.

易知 $AE=2DB=6$,$EB=2BC=8$.

在 $\triangle ABE$ 中,设 $p=\dfrac{a+b+c}{2}$,由公式

$$S=\sqrt{p(p-a)(p-b)(p-c)}$$

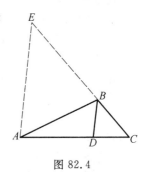

图 82.4

可知 $S_{\triangle BAE}=12\sqrt{5}$,$S_{\triangle BCA}=6\sqrt{5}$.

所以 $\triangle ABC$ 的面积是 $S_{\triangle BCA}=6\sqrt{5}$.

解 5 如图 82.5,过 C 作 AB 的平行线交直线 BD 于 E.

由 $AD=2DC$,可知 $BD=2DE$,$AB=2EC$,有 $DE=\dfrac{3}{2}$,$EC=\dfrac{7}{2}$,于是 $BE=\dfrac{9}{2}$.

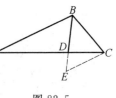

图 82.5

在 $\triangle CBE$ 中,设 $p=\dfrac{a+b+c}{2}$,由公式

$$S=\sqrt{p(p-a)(p-b)(p-c)}$$

可知 $S_{\triangle BCE}=3\sqrt{5}$,$S_{\triangle CDB}=2\sqrt{5}$,有 $S_{\triangle BCA}=6\sqrt{5}$.

所以 $\triangle ABC$ 的面积是 $S_{\triangle BCA}=6\sqrt{5}$.

解6 如图 82.6,过 A 作 BC 的平行线交直线 BD 于 E.

由 $AD=2DC$,可知 $AE=2BC=8$,$DE=2DB=3$, 有 $BE=9$.

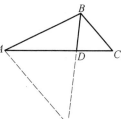

在 $\triangle ABE$ 中,设 $p=\dfrac{a+b+c}{2}$,由公式

$$S=\sqrt{p(p-a)(p-b)(p-c)}$$

可知 $S_{\triangle BAE}=12\sqrt{5}$,$S_{\triangle BDA}=4\sqrt{5}$,有 $S_{\triangle BCA}=6\sqrt{5}$.

图 82.6

所以 $\triangle ABC$ 的面积是 $S_{\triangle BCA}=6\sqrt{5}$.

解7 如图 82.7,以 B 为圆心,以 BC 为半径作圆交直线 AB 于 G,H,交直线 BD 于 E,F,交 AC 于 K.

设 $DC=x$,可知 $AD=2x$.

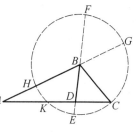

由相交弦定理,可知 $DK=\dfrac{DE\cdot DF}{DC}=\dfrac{7}{x}$,有 A

$AK=2x-\dfrac{7}{x}$.

图 82.7

依割线定理,可知 $AK\cdot AC=AH\cdot AG$,有

$$\left(2x-\frac{7}{x}\right)\cdot 3x=(7-4)\times(7+4)=33$$

于是 $x=3$,得 $AC=9$.

在 $\triangle ABC$ 中,设 $p=\dfrac{a+b+c}{2}$,由公式

$$S=\sqrt{p(p-a)(p-b)(p-c)}$$

可知 $S_{\triangle BCA}=6\sqrt{5}$.

所以 $\triangle ABC$ 的面积是 $S_{\triangle BCA}=6\sqrt{5}$.

本文参考自:

江西《中学数学研究》1997 年 9 期 33 页.

第 83 天

如图 83.1,在 $\triangle ABC$ 中,AD 是高线,BE 是角平分线,$\angle AEB = 45°$,求证:$\dfrac{AB}{BC} = \dfrac{AD}{DC}$.

证明 1 如图 83.1,过 A 作 BE 的垂线,K 为垂足,连 KD,DE.

由 $\angle AEB = 45°$,可知 $\angle KAE = 45° = \angle AEB$,有 $KE = KA$.

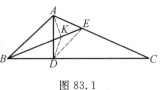

图 83.1

由 $AD \perp BC$,可知 A,B,D,K 四点共圆.

由 BE 平分 $\angle ABC$,可知 $KA = KD = KE$,有 K 为 $\triangle ADE$ 的外心,于是 $\angle ADE = \dfrac{1}{2}\angle AKE = \dfrac{1}{2} \times 90° = 45°$,得 DE 平分 $\angle ADC$.

显然 $\dfrac{AD}{DC} = \dfrac{AE}{EC} = \dfrac{AB}{BC}$.

所以 $\dfrac{AB}{BC} = \dfrac{AD}{DC}$.

证明 2 如图 83.2,过 A 作 BE 的垂线交 BC 于 F,K 为垂足,连 DK,DE.

由 BE 为 $\angle ABC$ 的平分线,可知 F 与 A 关于 BE 对称,有 K 为 AF 的中点,于是 $KD = \dfrac{1}{2}AF = $

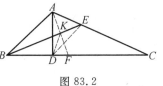

图 83.2

$KA = KF$.

由 $\angle AEB = 45°$,可知 $\angle KAE = 45° = \angle AEB$,有 $KE = KA = KF = KD$,于是 A,D,F,E 四点共圆,得 $\angle EDF = \angle EAF = 45°$,即 DE 为 $\angle ADC$ 的平分线.

显然 $\dfrac{AD}{DC} = \dfrac{AE}{EC} = \dfrac{AB}{BC}$.

所以 $\dfrac{AB}{BC} = \dfrac{AD}{DC}$.

证明 3 如图 83.3,过 A 作 BE 的垂线,交 BC 于 F,连 FE,DE.

由 $AD \perp BC$,可知 A,D,F,E 四点共圆,有 $\angle DEF = \angle DAF$.

由 $\angle AEB = 45°$,可知 $\angle BEF = 45°$,即 BE 平分 $\angle AEF$.

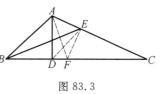

由 BE 平分 $\angle ABF$,可知 F 与 A 关于 BE 对称,有 $BE \perp AF$,于是 $\angle EBC = 90° - \angle AFB = \angle DAF = \angle DEF$,即 $\angle DEF = \angle EBC$.

图 83.3

显然 $\angle DEB + \angle DEF = \angle BEF = 45°$,可知 $\angle DEB + \angle EBC = 45°$,即 $\angle EDC = 45°$.

显然 DE 平分 $\angle ADC$,可知 $\dfrac{AD}{DC} = \dfrac{AE}{EC} = \dfrac{AB}{BC}$.

所以 $\dfrac{AB}{BC} = \dfrac{AD}{DC}$.

解 4 如图 83.4,设 $\angle ADB$ 的平分线交 BE 于 I,连 AI,DE.

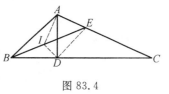

显然 I 为 $\triangle ABD$ 的内心,可知 $\angle AIE = \angle IBA + \angle IAB = \dfrac{1}{2}(\angle ABC + \angle BAD) = 45° = \angle AEB$,有 $\angle IAE = 90°$.

图 83.4

由 $\angle IDA = \dfrac{1}{2}\angle ADB = 45° = \angle IEA$,可知 A,I,D,E 四点共圆,有 $\angle ADE = \angle AIE = 45° = \dfrac{1}{2}\angle ADC$,即 DE 平分 $\angle ADC$,于是

$$\frac{AD}{DC} = \frac{AE}{EC} = \frac{AB}{BC}$$

所以 $\dfrac{AB}{BC} = \dfrac{AD}{DC}$.

第 84 天

过 $\triangle ABC$ 的顶点 A 任引直线交 BC 的延长线于 D, P 是 AD 上任意一点, BP 交 AC 于 E, CP 交 BA 的延长线于 F, 过 F 作 $FG /\!/ BC$ 交 DE 的延长线于 G. 求证: FG 被 DA 平分.

证明 1 如图 84.1, 设 M 为直线 AD, GF 的交点, 过 A 作 BD 的平行线分别交直线 GD, BP, FC, FD 于 H, Q, S, R.

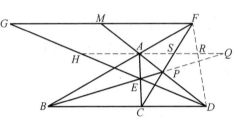

图 84.1

显然 $\dfrac{AS}{BC} = \dfrac{FS}{FC} = \dfrac{FA}{FB} = \dfrac{AR}{BD}$, 可知

$$\frac{AS}{BC} = \frac{AR}{BD} \quad \text{或} \quad \frac{BD}{BC} = \frac{AR}{AS} \tag{1}$$

显然 $\dfrac{AH}{CD} = \dfrac{AE}{CE} = \dfrac{AQ}{CB}$, 可知

$$\frac{AH}{CD} = \frac{AQ}{CB} \quad \text{或} \quad \frac{CB}{CD} = \frac{AQ}{AH} \tag{2}$$

(1), (2) 两式相乘, 可知

$$\frac{BD}{BC} \cdot \frac{CB}{CD} = \frac{AR}{AS} \cdot \frac{AQ}{AH}$$

或

$$\frac{AR}{AS} \cdot \frac{AQ}{AH} = \frac{BD}{CD} \tag{3}$$

易知 $\dfrac{AQ}{DB} = \dfrac{AP}{DP} = \dfrac{AS}{CD}$, 可知 $\dfrac{AQ}{DB} = \dfrac{AS}{CD}$, 或

$$\frac{AQ}{AS} = \frac{DB}{CD} \tag{4}$$

由 (3), (4), 可知

$$\frac{AR}{AS} \cdot \frac{AQ}{AH} = \frac{BD}{CD} = \frac{AQ}{AS}$$

264

有 $AR = AH$.

显然 $\dfrac{MG}{AH} = \dfrac{DM}{DA} = \dfrac{MF}{AR}$,可知 $MG = MF$.

所以 FG 被 DA 平分.

证明 2　如图 84.2,设 M 为直线 AD,GF 的交点,过 E 作 BD 的平行线分别交直线 FB,FC,MD,FD 于 H,R,S,Q.

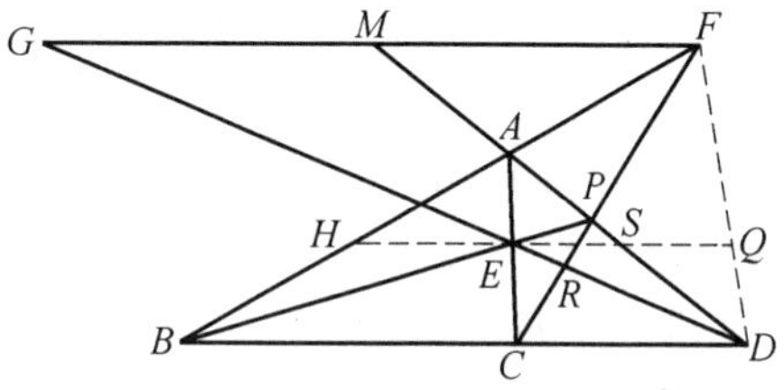

图 84.2

在 $\triangle ABD$ 中,可知 $\dfrac{HE}{ES} = \dfrac{BC}{CD}$;在 $\triangle FBD$ 中,可知 $\dfrac{HR}{RQ} = \dfrac{BC}{CD}$;在 $\triangle PBD$ 中,可知 $\dfrac{ER}{RS} = \dfrac{BC}{CD}$,有 $\dfrac{HE}{ES} = \dfrac{HR}{RQ} = \dfrac{ER}{RS} = \dfrac{HR - ER}{RQ - RS} = \dfrac{HE}{SQ}$,于是 $ES = SQ$.

由 $GF \parallel HQ$,可知 $\dfrac{GM}{ES} = \dfrac{MF}{SQ}$,有 $GM = MF$.

所以 FG 被 DA 平分.

如图85.1,AD 为等腰 $\triangle ABC$ 的底边 BC 上的高线,AT 为一直线,$\angle TAC$ 为钝角,分别过 D,C 引直线 AT 的垂线,E,F 为垂足.

求证:$AD \cdot DE + DC \cdot EF = AC \cdot FD$.

证明1 如图85.1,过 D 作 AC 的垂线,H 为垂足.

显然 F,D,C,A 四点共圆,$ED \parallel FC$,可知

$$\angle EDF = \angle DFC = \angle DAC = \angle HDC$$

有

$$\mathrm{Rt}\triangle DEF \backsim \mathrm{Rt}\triangle AHD, \mathrm{Rt}\triangle DEF \backsim \mathrm{Rt}\triangle DHC$$

于是 $AD \cdot DE = AH \cdot FD, DC \cdot EF = HC \cdot FD$,得

$$AD \cdot DE + DC \cdot EF = HC \cdot FD + AH \cdot FD$$
$$= FD \cdot (HC + AH) = AC \cdot FD$$

所以 $AD \cdot DE + DC \cdot EF = AC \cdot FD$.

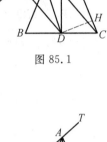

图 85.1

证明2 如图85.2.

显然 F,D,C,A 四点共圆,$ED \parallel FC$,可知

$$\angle EDF = \angle DFC = \angle DAC$$

有

$$\mathrm{Rt}\triangle DEF \backsim \mathrm{Rt}\triangle ADC$$

设 $\angle DAC = \beta$,可知 $\angle EDF = \beta$,有

$$AD = AC\cos\beta, DC = AC\sin\beta$$
$$DE = FD\cos\beta, EF = FD\sin\beta$$

于是

$$AD \cdot DE + DC \cdot EF = AC \cdot FD = AC\cos\beta \cdot FD\cos\beta + AC\sin\beta \cdot FD\sin\beta$$
$$= AC \cdot FD \cdot (\cos^2\beta + \sin^2\beta) = AC \cdot FD$$

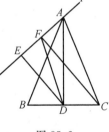

图 85.2

所以 $AD \cdot DE + DC \cdot EF = AC \cdot FD$.

证明3 如图85.3,过 D 作 DE 的垂线,H 为垂足,过 D 作 FD 的垂线,G 为垂足.

显然四边形 $DEFH$ 为矩形,可知 $FH = DE, DH = EF$.

显然 F,D,C,A 四点共圆,可知

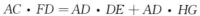

$$\angle DFC = \angle DAC = \angle HDG$$

有 Rt$\triangle FDG \backsim$ Rt$\triangle ADC$,于是

$$AC \cdot FD = AD \cdot FG = AD \cdot (FH + HG)$$
$$= AD \cdot DE + AD \cdot HG$$

即

$$AC \cdot FD = AD \cdot DE + AD \cdot HG \qquad (1)$$

显然 Rt$\triangle ADC \backsim$ Rt$\triangle DHG$,可知

$$AD \cdot HG = DC \cdot DH = DC \cdot EF \qquad (2)$$

将(2)代入(1),有

$$AC \cdot FD = AD \cdot DE + DC \cdot EF$$

所以 $AD \cdot DE + DC \cdot EF = AC \cdot FD$.

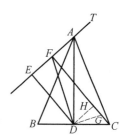

图 85.3

如图 86.1,在 $\triangle ABC$ 中,$\angle A : \angle B = 1 : 2$.

求证:$\dfrac{a}{b} = \dfrac{a+b}{a+b+c}$.

(注意:一些资料给出"$\angle A : \angle B : \angle C = 1 : 2 : 6$",其中"6"为过剩条件)

证明 1　如图 86.1,设 $\angle ABC$ 的平分线交 AC 于 D.

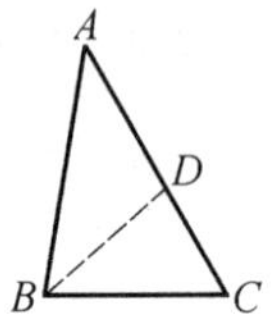

由 $\angle A : \angle B = 1 : 2$,可知 $\angle DBC = \angle BAC$,有 $\triangle DBC \backsim$ $\triangle BAC$,于是

$$\frac{BC}{AC} = \frac{BD}{AB} = \frac{DC}{BC} = \frac{BC+BD+DC}{AC+AB+BC}$$
$$= \frac{BC+AD+DC}{AC+AB+BC} = \frac{BC+AC}{AC+AB+BC}$$

图 86.1

即 $\dfrac{a}{b} = \dfrac{a+b}{a+b+c}$.

所以 $\dfrac{a}{b} = \dfrac{a+b}{a+b+c}$.

证明 2　如图 86.2,在 CB 的延长线上取一点 D,使 $DB = AB$,连 AD.

显然 $\angle D = \angle DAB = \dfrac{1}{2}\angle ABC = \angle BAC$,可知 $\triangle ADC \backsim \triangle BAC$,有

$$\frac{BC}{AC} = \frac{AC}{DC} = \frac{AC}{DB+BC}$$
$$= \frac{BC+AC}{AC+AB+BC}$$

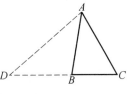

图 86.2

于是 $\dfrac{a}{b} = \dfrac{a+b}{a+b+c}$.

所以 $\dfrac{a}{b} = \dfrac{a+b}{a+b+c}$.

证明 3　如图 86.3,以 AB,AC 为邻边作平行四边形 $ABDC$,延长 BC 到 E,是 $CE = CD$,连 DE.

显然 $CE = CD = AB = c$,$BD = AC = b$,可知 $BE = a + c$.

由 $2\angle E = \angle BCD = \angle ABC = 2\angle A = 2\angle BDC$,可知 $\angle E = \angle BDC$,有 $\triangle BDE \backsim \triangle BCD$,于是 $\dfrac{BD}{BC} = \dfrac{BE}{BD}$,得

$$\frac{a}{b} = \frac{b}{a+c} = \frac{a+b}{a+b+c}$$

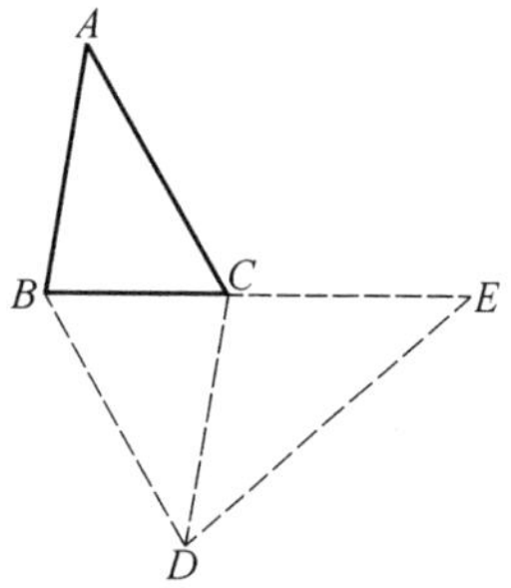

图 86.3

所以 $\dfrac{a}{b} = \dfrac{a+b}{a+b+c}$.

证明 4 如图 86.4,以 BC,BA 为邻边作平行四边形 $ABCE$,设 D 为 AE 延长线上的一点,$ED = EC$,连 CD.

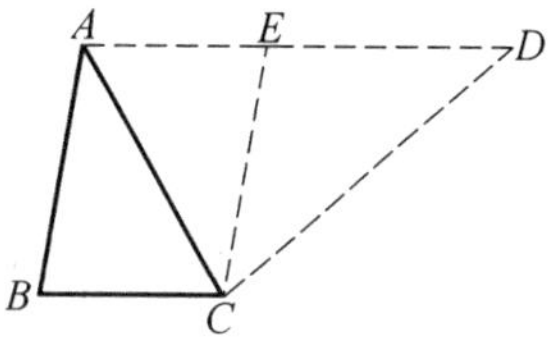

显然 $ED = EC = AB = c$,$AE = BC = a$,可知 $AD = a + c$.

由 $2\angle D = \angle AEC = \angle B = 2\angle BAC = 2\angle ACE$,可知 $\angle D = \angle ACE$,有 $\triangle ACD \backsim \triangle AEC$,于是

$$\frac{AE}{AC} = \frac{AC}{AD}$$

图 86.4

得

$$\frac{a}{b} = \frac{b}{a+c} = \frac{a+b}{a+b+c}$$

所以 $\dfrac{a}{b} = \dfrac{a+b}{a+b+c}$.

证明 5 如图 86.5,设 E 为 BC 延长线上的一点,$CE = BC$,过 E 作 AB 的平行线交直线 AC 于 D,设 F 为 BE 延长线上的一点,$EF = ED$,连 DF.

显然 $EF = ED = AB = c$,$CE = BC = a$,$CD = AC = b$,$CF = a + c$.

由 $2\angle F = \angle CED = \angle B = 2\angle A = 2\angle CDE$,可知 $\angle F = \angle CDE$,有 $\triangle CDE \backsim \triangle CFD$,于是 $\dfrac{CE}{CD} = \dfrac{CD}{CF}$,得

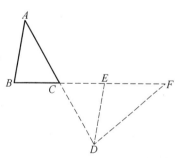

图 86.5

$$\frac{a}{b} = \frac{b}{a+c} = \frac{a+b}{a+b+c}$$

所以 $\frac{a}{b} = \frac{a+b}{a+b+c}$.

证明 6 如图 86.6,设 D,E 为直线 AB 上两点,$CD = CB$,$CE = CA$.

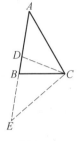

显然 $\triangle CAD \cong \triangle CEB$,可知 $DE = AB = c$.

由 $\angle EDC = \angle ABC = 2\angle A$,可知 $\angle DCA = \angle A$,有 $DA = DC = BC = a$,于是 $AE = a + c$.

显然 $\triangle CAD \cong \triangle CEB$,可知 $DE = AB = c$.

由 $\angle EDC = \angle ABC = 2\angle A$,可知 $\angle DCA = \angle A$,有 $DA = DC = BC = a$,于是 $AE = a + c$.

图 86.6

显然 $\triangle DAC \backsim \triangle CAE$,可知 $\dfrac{AD}{AC} = \dfrac{AC}{AE}$,有

$$\frac{a}{b} = \frac{b}{a+c} = \frac{a+b}{a+b+c}$$

所以 $\frac{a}{b} = \frac{a+b}{a+b+c}$.

证明 7 如图 86.7,设 E 为 AB 延长线上的一点,$BE = BC$,以 EB,EC 为邻边作平行四边形 $BECD$,连 AD.

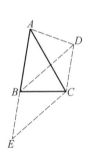

显然 $DC = BE = BC = a$,可知 $AE = a + c$.

由 $2\angle E = \angle ABC = 2\angle BAC$,可知 $\angle E = \angle BAC$,有 $EC = AC = b$,于是 $BD = b = AC$.

显然四边形 $ABCD$ 为等腰梯形,可知 $AD = BC = a$,$\angle DAB = \angle ABC = 2\angle BAC$,有 $\angle DAC = \angle CAB$.

图 86.7

显然 $\triangle DAC \backsim \triangle CAE$,可知 $\dfrac{AD}{AC} = \dfrac{AC}{AE}$,得

$$\frac{a}{b} = \frac{b}{a+c} = \frac{a+b}{a+b+c}$$

所以 $\frac{a}{b} = \frac{a+b}{a+b+c}$.

证明 8 如图 86.8,设 D 为 AC 延长线上的一点,$CD = BC$,过 C 作 AB 的平行线交 BD 于 E,$\angle BCE$ 的平分线交 BE 于 F,$\angle ABC$ 的平分线交 AC 于 G.

显然 $AG = \dfrac{bc}{a+c}$,$GC = \dfrac{ab}{a+c}$,可知

$$BG = AG = \frac{bc}{a+c}$$

由 $\dfrac{CD}{GD}=\dfrac{CF}{GB}$,可知 $CF=\dfrac{bc}{a+b+c}$,有

$$CE=CF=\dfrac{bc}{a+b+c}$$

由 $\dfrac{AB}{CE}=\dfrac{AD}{CD}$,可得 $\dfrac{a}{b}=\dfrac{a+b}{a+b+c}$.

所以 $\dfrac{a}{b}=\dfrac{a+b}{a+b+c}$.

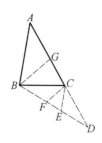

图 86.8

证明 9　如图 86.9,设 D 为 CB 延长线上一点,$BD=BA$.

由 $2\angle D=\angle ABC=2\angle BAC$,可知 $\angle D=\angle BAC$,有 AC 为 $\triangle ABD$ 的外接圆的切线,于是
$$AC^2=CB\cdot CD$$
得 $b^2=a\cdot(a+c)$,或

$$\dfrac{a}{b}=\dfrac{b}{a+c}=\dfrac{a+b}{a+b+c}$$

所以 $\dfrac{a}{b}=\dfrac{a+b}{a+b+c}$.

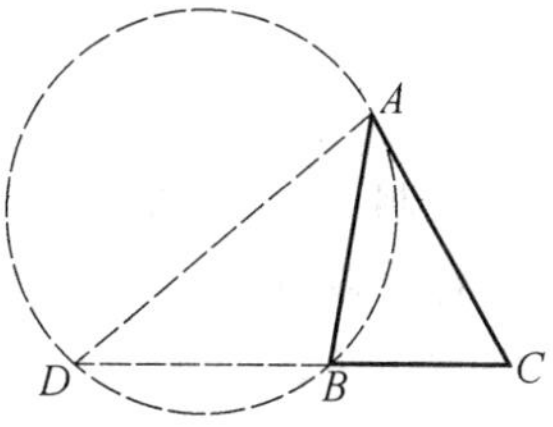

图 86.9

证明 10　如图 86.10,设 E 为 BC 延长线上的一点,$CE=BC$,过 E 作 AB 的平行线交直线 AC 于 D,设 F 为 BE 延长线上的一点,$EF=ED$,连 DF.

显然 $EF=ED=AB=c$,$CE=BC=a$,$CD=AC=b$,$CF=a+c$.

由 $\angle ADF=\angle ABF$,可知 A,B,D,F 四点共圆,依相交弦定理有 $CA\cdot CD=CB\cdot CF$,于是

$$b^2=a\cdot(a+c)$$

或

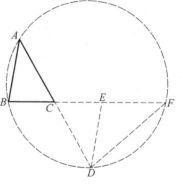

图 86.10

$$\dfrac{a}{b}=\dfrac{b}{a+c}=\dfrac{a+b}{a+b+c}$$

所以 $\dfrac{a}{b}=\dfrac{a+b}{a+b+c}$.

证明 11　如图 86.11,设 D 为直线 AB 上一点,$CD=CA$,$\triangle BCD$ 的外接圆交直线 AC 于 E,连 DE,BE.

显然 $\angle CDA = \angle A = \dfrac{1}{2}\angle ABC$, 可知 $\angle AED = 2\angle ADC$, 有 $BD = BC = a$.

显然 $\angle DCE = \angle CDA + \angle A = 2\angle A = \angle ABC = \angle AED$, 可知 $DE = DC = AC = b$.

显然 $\triangle AED \backsim \triangle ABC$, 可知 $\dfrac{BC}{DE} = \dfrac{AC}{AD}$, 有

$$\frac{a}{b} = \frac{b}{a+c} = \frac{a+b}{a+b+c}$$

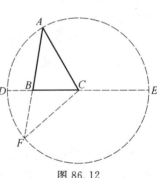

图 86.11

所以 $\dfrac{a}{b} = \dfrac{a+b}{a+b+c}$.

证明 12 如图 86.12, 以 C 为圆心, 以 CA 为半径作圆交直线 BC 于 D, E, 交直线 AB 的另一交点为 F, 连 CF.

由 $\angle F = \angle A = \dfrac{1}{2}\angle ABC$, 可知 $\angle BCF = \angle F$, 有 $BF = BC = a$.

显然 $CE = CF = CA = b$, 可知 $BE = a + b$, $DB = b - a$.

依相交弦定理, 可知 $AB \cdot BF = DB \cdot BE$, 有

$$ca = (b-a)(b+a) = b^2 - a^2$$

或

$$a^2 + ab + ca = b^2 + ab$$

于是

$$a(a+b+c) = b(b+a)$$

得

$$\frac{a}{b} = \frac{a+b}{a+b+c}$$

所以 $\dfrac{a}{b} = \dfrac{a+b}{a+b+c}$.

证明 13 如图 86.13, 以 C 为圆心, 以 CB 为半径作圆交直线 AC 于 D, E, 交 AB 于 F, 连 CF.

显然 $\angle CFB = \angle CBF = 2\angle A$, 可知 $\angle FCA = \angle A$, 有 $FA = FC = BC = a$.

显然 $CD = CB = a$, 可知 $AD = a + b$.

依割线定理, 可知 $AF \cdot AB = AE \cdot AD$, 有

$$ac = (b-a)(b+a) = b^2 - a^2$$

或

$$a^2 + ab + ca = b^2 + ab$$

于是

$$a(a + b + c) = b(b + a)$$

得

$$\frac{a}{b} = \frac{a + b}{a + b + c}$$

所以 $\frac{a}{b} = \frac{a + b}{a + b + c}$.

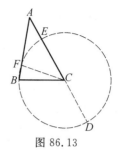

图 86.13

证明 14 如图 86.14,以 AC 为直径作圆交 AB 于 E,以 C 为圆心,以 CB 为半径作 $\odot C$ 交 AB 于 F,交 $\odot O$ 于 D,连 AD,CE,CF.

由 $\angle CFB = \angle CBA = 2\angle BAC$,可知 $\angle FCA = \angle BAC$,有 $FA = FC = BC = a$.

显然 AD 为 $\odot C$ 的切线,可知

$$AC^2 - BC^2 = AD^2 = AF \cdot AB$$

有 $b^2 - a^2 = ac$,或 $a^2 + ab + ca = b^2 + ab$,于是

$$a(a + b + c) = b(b + a)$$

得

$$\frac{a}{b} = \frac{a + b}{a + b + c}$$

所以 $\frac{a}{b} = \frac{a + b}{a + b + c}$.

证明 15 如图 86.15,设 $\angle ABC$ 的平分线交 AC 于 D,$\triangle BCD$ 的外接圆交 AB 于 E,连 EC,ED.

显然 $\angle DBA = \frac{1}{2}\angle ABC = \angle A$,可知 $DA = DB$.

由 $\angle CEB = \angle CDB = \angle A + \angle DBA = 2\angle A = \angle ABC$,可知 $CE = CB = a$.

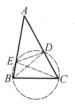

图 86.15

由 $\angle ECD = \angle EBD = \frac{1}{2}\angle ABC = \angle A$,可知 $AE = CE = BC$.

由 $\frac{AD}{DC} = \frac{AB}{BC}$,可知 $\frac{AD}{AD + DC} = \frac{AB}{AB + BC}$,有 $AD = \frac{bc}{a + c}$.

由 $AB \cdot AE = AC \cdot AD$,可知 $c \cdot a = \frac{bc}{a + c} \cdot b$,有 $\frac{a + c}{b} = \frac{b}{a}$.

两边加 1,得 $\dfrac{a}{b}=\dfrac{a+b}{a+b+c}$.

所以 $\dfrac{a}{b}=\dfrac{a+b}{a+b+c}$.

证明 16 如图 86.16,设 $\angle B$ 的平分线交 $\triangle ABC$ 的外接圆于 D,连 DA,DB,DC.

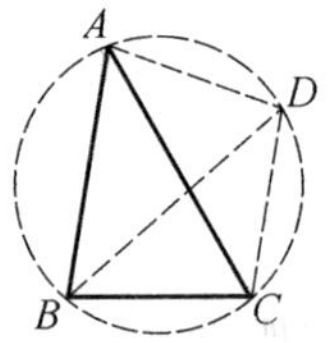

图 86.16

易知 $AD=DC=BC=a$.

显然 $\triangle ABC \cong \triangle BAD$,可知 $BD=AC=b$.

依托勒密定理,可知

$$AB \cdot DC + AD \cdot BC = AC \cdot BD$$

有 $a^2+ca=b^2$,于是 $a^2+ab+ca=b^2+ab$,或 $a(a+b+c)=b(b+a)$,得 $\dfrac{a}{b}=\dfrac{a+b}{a+b+c}$.

所以 $\dfrac{a}{b}=\dfrac{a+b}{a+b+c}$.

第 87 天

在 $\triangle ABC$ 中，$\angle A = 20°$，$AB = AC = b$，$BC = a$. 求证：$a^3 + b^3 = 3ab^2$.

证明 1　如图 87.1，设 E 为 C 关于 AB 的对称点，F 为 B 关于 AC 的对称点，EF 分别交 AB，AC 于 M，N.

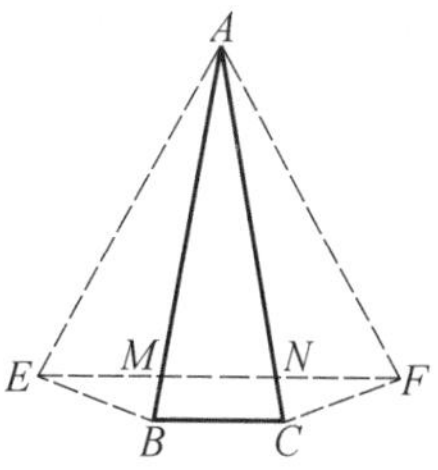

显然 $BE^2 = BM \cdot BA$，可知 $BM = \dfrac{BE^2}{BA} = \dfrac{a^2}{b}$，有

$$AM = AB - BM = \frac{b^2 - a^2}{b}$$

于是

$$MN = \frac{AM \cdot BC}{AB} = \frac{(b^2 - a^2)a}{b^2}$$

由 $EF = EM + MN + NF$，可知

$$b = a + \frac{(b^2 - a^2)a}{b^2} + a$$

整理即得 $a^3 + b^3 = 3ab^2$.

证明 2　如图 87.2，分别在 AC，AB 上取点 D，E，使 $DB = EB = BC = a$. 以 E 为圆心，以 EA 为半径作圆交直线 ED 于 M，N 两点，交 AC 延长线于 F，连 BD，EF.

显然 $\triangle BDE$ 为正三角形，可知 $\angle BED = 60°$.

由 $\angle EFA = \angle EAF = 20°$，可知 $\angle BEF = 40°$，进而 $\angle DEF = 20° = \angle DFE$，于是 $DF = DE = a$.

通过 $\triangle BCD \backsim \triangle ABC$，可知 $CD = \dfrac{a^2}{b}$，有 $AD = b - \dfrac{a^2}{b} = \dfrac{b^2 - a^2}{b}$.

由 $EN = EM = EA = b - a$，可知 $DM = b$，$DN = b - 2a$.

由相交弦定理，可知 $DM \cdot DN = DA \cdot DF$，有 $b \cdot (b - 2a) = \dfrac{b^2 - a^2}{b} \cdot a$.

整理可得 $a^3 + b^3 = 3ab^2$.

证明 3　如图 87.3，设 $\angle ABC$ 的平分线交 $\triangle ABC$ 的外接圆于 E，过 E 作

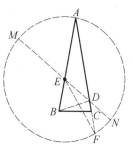

图 87.1

图 87.2

AB 的垂线,F 为垂足,设 $\angle EAC$ 的平分线交圆于 D,连 EA,EB,EC,ED.

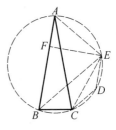

显然
$$ED \parallel AB, ED = DC = CB = a$$
$$AF = \frac{1}{2}(AB - ED) = \frac{1}{2}(b - a)$$

可知
$$AE = b - a,\ EC = b - a$$

图 87.3

由勾股定理
$$EB^2 = BF^2 + AE^2 - AF^2$$
$$= AE^2 + (BF + AF) \cdot (BF - AF)$$
$$= (b - a)^2 + ba = a^2 + b^2 - ab$$

在梯形 $BCDE$ 中,由 $BC = CD = DE$,可得 $EC^2 = BC \cdot (BC + BE)$,有
$$BE = \frac{EC^2 - BC^2}{BC} = \frac{(b - a)^2 - a^2}{a} = \frac{b^2 - 2ab}{a}$$

所以 $\left(\dfrac{b^2 - 2ab}{a}\right)^2 = a^2 + b^2 - ab$,整理得
$$(a - b) \cdot (a^3 + b^3 - 3ab^2) = 0 \quad (a \neq b)$$

所以 $a^3 + b^3 = 3ab^2$.

证明 4 如图 87.4,在 AB 上取一点 D,使 $BD = BC$,设 E 为 D 关于 AC 的对称点,连 EA,EB,EC,ED,CD.

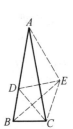

显然 $\triangle CDE$ 为正三角形,BE 为 CD 的中垂线,AC 为 DE 的中垂线,$\angle EBA = 40° = \angle EAB$,$BE = EA = AD = b - a$.

在 $\triangle ABE$ 中,$\cos \angle AEB = \dfrac{2 \cdot (b - a)^2 - b^2}{2 \cdot (b - a)^2}$.

在 $\triangle ABC$ 中,$\cos \angle ABC = \dfrac{a^2 + b^2 - b^2}{2ab}$.

图 87.4

由 $\cos 80° = -\cos 100°$,可知
$$\frac{a^2 + b^2 - b^2}{2ab} = -\frac{2 \cdot (b - a)^2 - b^2}{2 \cdot (b - a)^2}$$

整理得 $a^3 + b^3 = 3ab^2$.

证明 5 如图 87.5,设 AC 的中垂线交 AB 于 E,连 EC.分别过 A,E 作 BC 的垂线,D,F 为垂足.设 $EC = x$,可知 $EA = x$,$EB = b - x$.易知
$$FC = \frac{1}{2}EC = \frac{x}{2},\ BF = a - \frac{x}{2}$$

由 $\dfrac{EB}{AB}=\dfrac{BF}{BD}$,可知

$$x=\frac{ab}{b-a} \qquad\qquad (1)$$

在 △EBC 中,由余弦定理,有 $(b-x)^2=x+a-ax$,解得

$$x=\frac{b^2-a^2}{2b-a} \qquad\qquad (2)$$

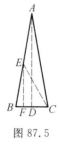

图 87.5

由(1),(2) 可得 $\dfrac{ab}{b-a}=\dfrac{b^2-a^2}{2b-a}$.

整理后就是 $a^3+b^3=3ab^2$.

证明 6 如图 87.6,在 AC 上取一点 D,使 $DB=CB$.

显然 $\triangle BCD \backsim \triangle ABC$,可知 $CD=\dfrac{BC^2}{AC}=\dfrac{a^2}{b}$,有

$$AD=b-\frac{a^2}{b}=\frac{b^2-a^2}{b}$$

图 87.6

在 △ABD 中使用余弦定理,有

$$AD^2=AB^2+BD^2-2AB \cdot BD\cos 60°$$

于是 $\left(\dfrac{b^2-a^2}{b}\right)^2=b^2+a^2-ab$.

所以 $a^3+b^3=3ab^2$.

思考:

1. 变 $\angle A=20°$ 或 $100°$,结论一样;

2. 当 $\angle A=140°$,有 $a^3-b^3=3ab^2$;

3. 当 $\angle A=40°$,或 $80°$,有 $a^3+\sqrt{3}b^3=3ab^2$.

本文参考自:

1.《数学教师》1995 年 7 期 36 页.

2.《数学教师》1997 年 1 期 43 页.

3.《中小学数学》1988 年 3 期 21 页.

4.《中小学数学》1988 年 9 期 13 页.

5.《中学生数学》1994 年 8 期 18 页.

6.《数学教师》1990 年 6 期.

7.《中小学数学》1984 年 4 期 6 页.

第 88 天

在 △ABC 中,∠ABC = 70°,∠ACB = 30°,P 为形内一点,∠PAC = ∠PCB = 20°,求证:$\dfrac{PA}{PC} = \dfrac{BA}{BC}$.

证明 1 如图 88.1,过 C 作 PA 的垂线交 ∠BAC 的平分线于 E,连 PE,过 C 作 PE 的垂线交 AE 于 D.

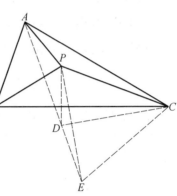

由 ∠ABC = 70°,∠ACB = 30°,可知 ∠BAC = 80°,有 ∠EAC = 40°,于是 AP 平分 ∠EAC,得 E 与 C 关于 AP 对称.

由 ∠PAC = ∠PCB = 20°,可知 ∠EPC = 60°,有 △PEC 为正三角形,且 DC 为 PE 的中垂线,于是 ∠PCD = 30° = ∠BCA,∠DPE = ∠DEP = 10°,进而 ∠PDA = 20° = ∠PAD,得 PD = PA.

图 88.1

在 △AEC 中,可知 ∠AEC = ∠ACE = 70°,有 ∠DPC = 70° = ∠ABC,于是 △DPC ∽ △ABC,得 $\dfrac{BA}{BC} = \dfrac{PD}{PC} = \dfrac{PA}{PC}$.

所以 $\dfrac{PA}{PC} = \dfrac{BA}{BC}$.

证明 2 如图 88.2,设 D 为 AP 延长线上一点,DA = BA,直线 CD 交 AB 于 E,连 PB 交 CE 于 Q,连 AQ,BD.

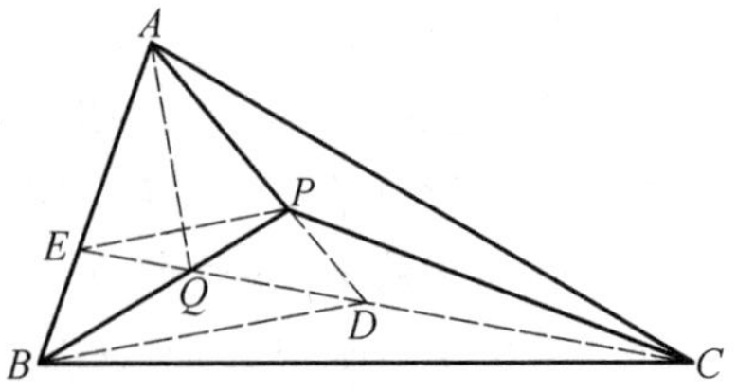

由 ∠ABC = 70°,∠ACB = 30°,可知 ∠BAC = 80°.

由 ∠PAC = ∠PCB = 20°,可知 ∠BAD = 60°,有 △BAD 为正三角形,于是 DA = DB,∠BDA = 60° = 2∠ACB,得 D 为 △ABC 的外心.

易知 ∠DCB = ∠DBC = 10°,可知 QC 为 ∠PCB 的平分线,有 $\dfrac{BC}{PC} = \dfrac{QB}{QP}$.

图 88.2

显然 E 与 A 关于 PC 对称,可知 $\triangle AEP$ 为正三角形,有 $EP \parallel BD$,于是四边形 $EBDP$ 为等腰梯形.

显然 AQ 为等腰梯形 $EBDP$ 的对称轴,可知 AQ 为 $\angle BAP$ 的平分线,有 $\dfrac{BA}{PA} = \dfrac{QB}{QP}$,于是 $\dfrac{BA}{PA} = \dfrac{BC}{PC}$.

所以 $\dfrac{PA}{PC} = \dfrac{BA}{BC}$.

证明 3　如图 88.3,设 $\angle PAB$ 与 $\angle PCB$ 的平分线相交于 Q,又 CQ 分别交直线 AP,AB 于 D,E,连 PE,DB,QB,QP.

由 $\angle ABC = 70°$,$\angle ACB = 30°$,可知 $\angle BAC = 80°$.

由 $\angle PCE = 10° = \angle PCA$,可知

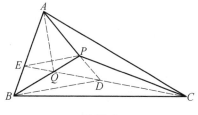

图 88.3

$\angle AEC = 80° = \angle BAC$,有 $EC = AC$,PC 为 AE 的中垂线,$\triangle PAE$ 为正三角形,于是 $\angle PEC = \angle PAC = 20°$.

由 AQ 平分 $\angle PAB$,可知 AQ 为 PE 的中垂线,有 $\angle QPE = \angle PEC = 20°$,于是 $\angle PQC = 40°$.

显然 $\angle DCA = 20° = \angle DAC$,可知 $\angle ADC = 140° = 2\angle ABC$,有 D 为 $\triangle ABC$ 的外心,于是 $\angle DBC = \angle DCB = 10°$,得 $\angle QDB = 20°$.

由 $\angle ACB = 30°$,可知 $\triangle ABD$ 为正三角形.

由 AQ 平分 $\angle PAB$,可知 AQ 为 BD 的中垂线,有 $\angle QBD = \angle QDB = \angle DBC + \angle DCB = 20°$,于是 $\angle EQB = 40° = \angle PQC$,得 B,Q,P 三点共线.

易知 $\dfrac{PA}{BA} = \dfrac{QP}{QB} = \dfrac{PC}{BC}$.

所以 $\dfrac{PA}{PC} = \dfrac{BA}{BC}$.

证明 4　如图 88.4,设 $\angle PCB$ 的平分线交 AB 于 E,过 P 作 BC 的垂线交 EC 于 D,以 AD 为一边在 $\triangle ADC$ 内侧作正 $\triangle AMD$,连 PE,MP,MC.

显然 E 与 A 关于 PC 对称,可知 $\triangle PAE$ 为正三角形.

由 $\angle DPC = 90° - \angle PCB = 70°$,可知 $\angle PDE = \angle DPC + \angle PCD = 80°$.

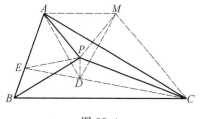

图 88.4

由 $\angle PEC = \angle PAC = 20°$,可知 $\angle EPD = 80° = \angle PDE$,有 $ED = EP = EA$,

于是 E 为 $\triangle PDA$ 的外心,得 $\angle PDA = \dfrac{1}{2}\angle PEA = 30°$,$\angle DAE = \angle ADE = 50°$,进而 $\angle PAD = 10°$.

易知 PD 为 AM 的中垂线,可知
$$\angle PMD = \angle PAD = 10°,\ PM = PA$$

由 $\angle DAC = 30°$,可知 AC 为 DM 的中垂线,有 $\angle MCA = \angle DCA = 20°$,于是
$$\angle PCM = 30° = \angle BCA$$

显然 $\angle DMC = 70°$,可知
$$\angle PMC = \angle PMD + \angle DMC = 80° = \angle BAC$$

有 $\triangle MPC \backsim \triangle ABC$,于是 $\angle PCM = 30° = \angle BCA$.

所以 $\angle DMC = 70°$.

第 89 天

在等腰三角形 ABC 的底边 BC 的延长线上取一点 D,从 D 作 AB 的垂线交 AC 于 E,F 为垂足. 若 $\triangle AEF$ 的面积等于 $\triangle CDE$ 的面积的两倍.

求证:$\dfrac{DE}{EF} = \dfrac{AB}{BC}$.

证明 1 如图 89.1,过 A 作 BC 的垂线,G 为垂足,过 F 作 BC 的平行线交 AC 于 H.

由 $AB = AC$,可知 $\angle D = \angle BAG$,有

$$\sin \angle D = \sin \angle BAG = \frac{BG}{AB}$$

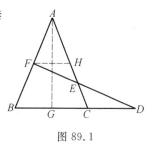

图 89.1

由 $S_{\triangle AEF} = 2S_{\triangle CDE}$,可知

$$\frac{1}{2} AF \cdot EF = DE \cdot DC \cdot \frac{BG}{AB}$$

有

$$\frac{AB}{BC} = \frac{DE}{EF} \cdot \frac{CD}{AF} \tag{1}$$

由 $\dfrac{DE}{EF} \cdot \dfrac{AF}{CD} = \dfrac{CD}{FH} \cdot \dfrac{AF}{CD} = \dfrac{AF}{FH} = \dfrac{AB}{BC}$,得

$$\frac{AB}{BC} = \frac{DE}{EF} \cdot \frac{AF}{CD} \tag{2}$$

(1),(2) 两式相乘,可知 $\left(\dfrac{DE}{EF}\right)^2 = \left(\dfrac{AB}{BC}\right)^2$.

所以 $\dfrac{DE}{EF} = \dfrac{AB}{BC}$.

证明 2 如图 89.1,过 A 作 BC 的垂线,G 为垂足,过 F 作 BC 的平行线交 AC 于 H.

由 $AB = AC$,可知 $\angle D = \angle BAG$,有

$$\sin \angle D = \sin \angle BAG = \frac{BG}{AB}$$

由 $S_{\triangle AEF} = 2S_{\triangle CDE}$,可知 $\dfrac{1}{2} AF \cdot EF = DE \cdot DC \cdot \dfrac{BG}{AB}$,有

$$\frac{AB}{BC} = \frac{DE}{EF} \cdot \frac{CD}{AF} \qquad (1)$$

在 $\triangle AEF$ 中，由正弦定理，可知

$$EF = \frac{AF \sin \angle A}{\sin \angle AEF}$$

在 $\triangle CED$ 中，由正弦定理，可知

$$DE = \frac{CD \sin \angle ECD}{\sin \angle CED} = \frac{CD \sin \angle ECB}{\sin \angle AEF}$$

有

$$\frac{DE}{EF} = \frac{CD \sin \angle ECB}{AF \sin \angle A} = \frac{CD}{AF} \cdot \frac{AB}{BC} \qquad (2)$$

(1),(2) 两式相除，可知 $\left(\dfrac{DE}{EF}\right)^2 = \left(\dfrac{AB}{BC}\right)^2$.

所以 $\dfrac{DE}{EF} = \dfrac{AB}{BC}$.

证明 3 如图 89.1，过 A 作 BC 的垂线，G 为垂足，过 F 作 BC 的平行线交 AC 于 H.

同证明 1，得到

$$\frac{AB}{BC} = \frac{DE}{EF} \cdot \frac{CD}{AF} \qquad (1)$$

直线 AEC 截 $\triangle DBF$ 的三边，由梅涅劳斯定理，可知

$$\frac{BA}{AF} \cdot \frac{FE}{ED} \cdot \frac{DC}{CB} = 1 \qquad (2)$$

把 (1) 代入 (2) 得 $\dfrac{CD}{AF} \cdot \dfrac{DC}{AF} = 1$，可知

$$CD = AF \qquad (3)$$

把 (3) 代入 (1)，就是 $\dfrac{DE}{EF} = \dfrac{AB}{BC}$.

所以 $\dfrac{DE}{EF} = \dfrac{AB}{BC}$.

四边形问题

第 90 天

凸四边形四个内角的和是 $360°$.

已知:如图 90.1,四边形 $ABCD$ 为凸四边形.

求证:$\angle A + \angle B + \angle C + \angle D = 360°$.

证明 1 如图 90.1,连 AC.

在 $\triangle ABC$ 中,$\angle BAC + \angle B + \angle ACB = 180°$.

在 $\triangle ACD$ 中,$\angle D + \angle DAC + \angle DCA = 180°$,可知

$$(\angle BAC + \angle B + \angle ACB) +$$
$$(\angle D + \angle DAC + \angle DCA) = 360°$$

其中 $\angle DAC + \angle BAC = \angle A$,$\angle DCA + \angle ACB = \angle C$.

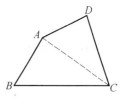

图 90.1

所以 $\angle A + \angle B + \angle C + \angle D = 360°$.

证明 2 如图 90.2,设 E 为 CA 延长线上一点.

由

$$\angle D + \angle DCA = \angle EAD$$
$$\angle B + \angle BCA = \angle EAB$$

可知

$$\angle A + \angle B + \angle C + \angle D$$
$$= \angle DAB + \angle D + \angle DCA + \angle B + \angle BCA$$
$$= \angle DAB + \angle EAD + \angle EAB = 360°$$

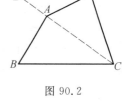

图 90.2

所以 $\angle A + \angle B + \angle C + \angle D = 360°$.

证明 3 如图 90.3,设 E 为直线 AD 与 BC 的交点.

由 $\angle E + \angle C + \angle D = 180°$,$\angle EAB + \angle BAD = 180°$,$\angle EBA + \angle ABC = 180°$,$\angle E + \angle EAB + \angle EBA = 180°$,可知$(\angle E + \angle C + \angle D) + (\angle EAB + \angle BAD) + (\angle EBA + \angle ABC) - (\angle E + \angle EAB + \angle EBA) = 360°$,

就是 $\angle A + \angle B + \angle C + \angle D = 360°$.

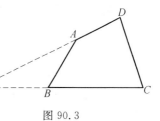

图 90.3

所以 $\angle A + \angle B + \angle C + \angle D = 360°$.

证明4 如图 90.4,设 E 为 AB 上一点,连 EC,ED.

在 $\triangle AED$ 中,$\angle A + \angle AED + \angle ADE = 180°$.

在 $\triangle BCE$ 中,$\angle B + \angle BEC + \angle BCE = 180°$.

在 $\triangle ECD$ 中,$\angle DEC + \angle EDC + \angle ECD = 180°$.

显然 $180° = \angle AED + \angle DEC + \angle BEC$.

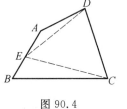

图 90.4

以上四式相加,得 $\angle A + \angle ADE + \angle B + \angle BCE +$
$\angle EDC + \angle ECD = 360°$,或

$$\angle A + \angle B + (\angle ADE + \angle EDC) + (\angle BCE + \angle ECD) = 360°$$

就是

$$\angle A + \angle B + \angle ADC + \angle BCD = 360°$$

证明5 如图 90.5. 设 E 为四边形 $ABCD$ 内一点,
连 EA,EB,EC,ED.

在 $\triangle EAB$ 中,$\angle EAB + \angle EBA + \angle AEB = 180°$.

在 $\triangle EBC$ 中,$\angle EBC + \angle ECB + \angle BEC = 180°$.

在 $\triangle ECD$ 中,$\angle ECD + \angle EDC + \angle CED = 180°$.

在 $\triangle DEA$ 中,$\angle EDA + \angle EAD + \angle DEA = 180°$.

显然 $360° = \angle AEB + \angle BEC + \angle CED + \angle DEA$.

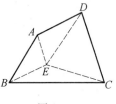

图 90.5

以上五式相加,得

$$\angle EAB + \angle EBA + \angle EBC + \angle ECB + \angle ECD +$$
$$\angle EDC + \angle EDA + \angle EAD = 360°$$

或

$$(\angle EAB + \angle EAD) + (\angle EBA + \angle EBC) +$$
$$(\angle ECB + \angle ECD) + (\angle EDC + \angle EDA) = 360°$$

就是

$$\angle DAB + \angle ABC + \angle BCD + \angle CDA = 180°$$

证明6 如图 90.6,设 E 为四边形 $ABCD$ 外一点,连 EA,EB,EC,ED.

在 $\triangle EAB$ 中,$\angle EAB + \angle EBC + \angle ABC + \angle AEB = 180°$.

在 $\triangle AED$ 中,$\angle EAD + \angle EDA + \angle AED = 180°$.

在 $\triangle DEC$ 中,$\angle EDC + \angle ECB + \angle BCD + \angle DEC = 180°$.

$180° = \angle EBC + \angle ECB + \angle BEC = \angle EBC + \angle ECB + \angle AEB + \angle AED + \angle DEC$.

以上四式相加,得

$$\angle EAB + \angle EBC + \angle ABC + \angle AEB + \angle EAD + \angle EDA +$$

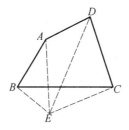

图 90.6

$$\angle AED + \angle EDC + \angle ECB + \angle BCD + \angle DEC =$$
$$360° + \angle EBC + \angle ECB + \angle AEB + \angle AED + \angle DEC$$

或

$$\angle EAB + \angle ABC + \angle EAD + \angle EDA + \angle EDC + \angle BCD = 360°$$

就是

$$\angle DAB + \angle ABC + \angle BCD + \angle CDA = 360°$$

第 91 天

已知:如图 91.1,菱形 $ABCD$ 中,E,F 分别为 AB,AD 上的点,且 $AE = AF$.

求证:$CE = CF$.

证明 1 如图 91.1.

由 $AD = AB$,$AE = AF$,可知 $AD - AF = AB - AE$,即 $FD = EB$.

由 $\angle D = \angle B$,$DC = BC$,可知 $\triangle DFC \cong \triangle BEC$,有 $CF = CE$.

所以 $CE = CF$.

证明 2 如图 91.2,连 AC.

显然 AC 平分 $\angle DAB$.

由 $AE = AF$,$AC = AC$,可知 $\triangle AEC \cong \triangle AFC$,有 $CE = CF$.

所以 $CE = CF$.

证明 3 如图 91.3,连 AC,EF.

显然 AC 平分 $\angle DAB$.

由 $AE = AF$,可知 AC 为 EF 的中垂线,有 $CE = CF$.

所以 $CE = CF$.

证明 4 如图 91.4,连 AC,BD,EF.

显然 D 与 B 关于 AC 对称.

由 $AE = AF$,可知 E 与 F 关于 AC 对称.

所以 $CE = CF$.

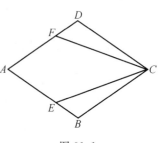

图 91.1

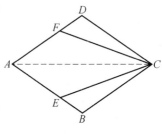

图 91.2

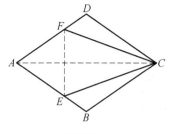

图 91.3

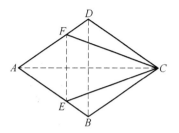

图 91.4

第 92 天

一组对边平行且相等的四边形是平行四边形.

已知在四边形 $ABCD$ 中,$AB \parallel CD$,$AB = CD$.

求证:四边形 $ABCD$ 是平行四边形.

证明 1 如图 92.1,连 BD.

由 $AB \parallel CD$,可知 $\angle ABD = \angle CDB$.

由 $AB = CD$,$BD = DB$,可知 $\triangle ABD \cong \triangle CDB$,有
$AD = CB$.

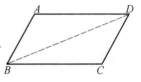

图 92.1

由 $AB = CD$,$AD = BC$,可知四边形 $ABCD$ 为平行
四边形.

所以四边形 $ABCD$ 是平行四边形.

证明 2 如图 92.2,设 O 为 AC,BD 的交点.

由 $AB \parallel CD$,可知 $\angle ABD = \angle CDB$,$\angle BAC =$
$\angle DCA$.

由 $AB = CD$,可知 $\triangle AOB \cong \triangle COD$,有 $OA =$
OC,$OB = OD$,于是四边形 $ABCD$ 是平行四边形.

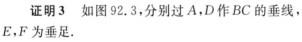

图 92.2

所以四边形 $ABCD$ 是平行四边形.

证明 3 如图 92.3,分别过 A,D 作 BC 的垂线,
E,F 为垂足.

由 $AB \parallel CD$,可知 $\angle DCF = \angle B$.

由 $AB = CD$,可知 $Rt\triangle ABE \cong Rt\triangle DCF$,有
$AE = DF$,于是 $AD \parallel EF$.

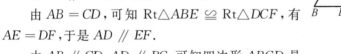

图 92.3

由 $AB \parallel CD$,$AD \parallel BC$,可知四边形 $ABCD$ 是
平行四边形.

所以四边形 $ABCD$ 是平行四边形.

证明 4 如图 92.4,分别过 A,C 作 BC 的垂线,E 为垂足,F 为 CF 与 AD
的交点.

显然 $AE \parallel CF$.

由 $AB \parallel CD$,可知 $\angle BAE = \angle DCF$.

由 $AB=CD$,可知 $\mathrm{Rt}\triangle ABE \cong \mathrm{Rt}\triangle CDF$,有 $AE=CF$,于是 AD // BC.

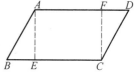

图 92.4

由 AB // CD,AD // BC,可知四边形 $ABCD$ 是平行四边形.

所以四边形 $ABCD$ 是平行四边形.

证明 5　如图 92.1,连 BD.

由 AB // CD,可知 $\angle ABD=\angle CDB$.

由 $AB=CD$,$BD=DB$,可知 $\triangle ABD \cong \triangle CDB$,有 $\angle ADB=\angle CBD$,于是 AD // BC.

由 AB // CD,AD // BC,可知四边形 $ABCD$ 是平行四边形.

所以四边形 $ABCD$ 是平行四边形.

证明 6　如图 92.1.

由 AB // CD,可知 $\angle ABD=\angle CDB$.

由 $AB=CD$,$BD=DB$,可知 $\triangle ABD \cong \triangle CDB$,有 $\angle ADB=\angle CBD$,于是 $\angle ABC=\angle CDA$,得 $\angle ABC+\angle A=\angle CDA+\angle C=180°$,进而 AD // BC.

由 AB // CD,AD // BC,可知四边形 $ABCD$ 是平行四边形.

所以四边形 $ABCD$ 是平行四边形.

第 93 天

四边形 $ABCD$ 是梯形，$AD \parallel BC$，$AD=a$，$BC=b$，高 $AF=h$. 求证：$S_{梯形ABCD}=\frac{1}{2}(a+b)h$.

证明 1　如图 93.1，过 A 作 DC 的平行线角 BC 于 E.

图 93.1

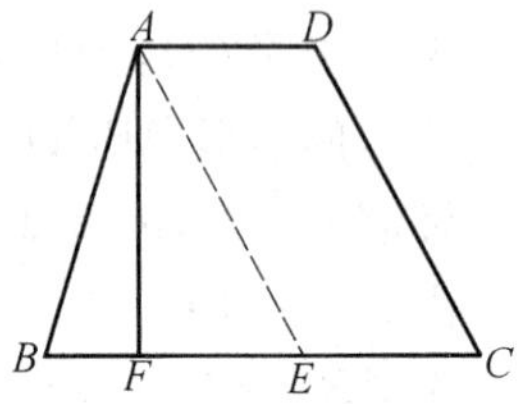

显然四边形 $AECD$ 为平行四边形，可知 $AD=EC$.

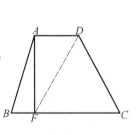

显然 $S_{\triangle ABE}=\frac{1}{2}BE\cdot h$，$S_{AECD}=EC\cdot h$，可知

$$\begin{aligned} S_{四边形ABCD} &= S_{\triangle ABE}+S_{AECD} \\ &= \frac{1}{2}(BE+2EC)\cdot h \\ &= \frac{1}{2}(BE+EC+AD)\cdot h=\frac{1}{2}(AD+BC)\cdot h \end{aligned}$$

所以 $S_{梯形ABCD}=\frac{1}{2}(a+b)h$.

证明 2　如图 93.2，连 DF.

图 93.2

显然 $S_{\triangle ABF}=\frac{1}{2}BF\cdot h$，$S_{\triangle ADF}=\frac{1}{2}AD\cdot h$，$S_{\triangle DFC}=\frac{1}{2}FC\cdot h$. 可知

$$\begin{aligned} S_{四边形ABCD} &= S_{\triangle ABF}+S_{\triangle ADF}+S_{\triangle DFC} \\ &= \frac{1}{2}(BF+AD+FC)\cdot h \\ &= \frac{1}{2}(AD+BC)\cdot h \end{aligned}$$

所以 $S_{梯形ABCD}=\frac{1}{2}(a+b)h$.

证明 3　如图 93.3，连 AC.

显然 $S_{\triangle ABC}=\frac{1}{2}BC\cdot h$，$S_{\triangle ADC}=\frac{1}{2}AD\cdot h$.

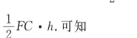

可知

$$S_{梯形ABCD} = S_{\triangle ABC} + S_{\triangle ADC}$$

$$= \frac{1}{2}(BC + AD) \cdot h$$

所以 $S_{梯形ABCD} = \frac{1}{2}(a+b)h.$

图 93.3

证明 4 如图 93.4,过 D 作 BC 的垂线,E 为垂足.

显然四边形 $ADEF$ 为矩形,可知 $AD = FE.$

显然

$$S_{\triangle ABF} = \frac{1}{2}BF \cdot h, S_{矩形ADEF} = AD \cdot h$$

$$S_{\triangle DEC} = \frac{1}{2}EC \cdot h$$

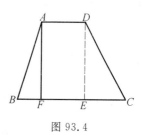

图 93.4

可知

$$S_{梯形ABCD} = S_{\triangle ABF} + S_{矩形ADEF} + S_{\triangle DEC}$$

$$= \frac{1}{2}(BF + 2AD + EC) \cdot h$$

$$= \frac{1}{2}(AD + BC) \cdot h$$

所以 $S_{梯形ABCD} = \frac{1}{2}(a+b)h.$

证明 5 如图 93.5,过 D 作 AC 的平行线交直线 BC 于 E,连 BD.

显然四边形 $ACED$ 为平行四边形,可知 $\triangle ADC \cong \triangle ECD$,有 $S_{\triangle ABD} = S_{\triangle ACD} = S_{\triangle DEC}$,于是

$$S_{梯形ABCD} = S_{\triangle DBE} = \frac{1}{2}BE \cdot h = \frac{1}{2}(BC + AD) \cdot h$$

所以 $S_{梯形ABCD} = \frac{1}{2}(a+b)h.$

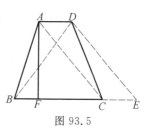

图 93.5

证明 6 如图 93.6,设 G 为 DC 的中点,直线 AG 交直线 BC 于 E.

显然 $\triangle GCE \cong \triangle GDA$,可知

$$CE = AD$$

$$S_{梯形ABCD} = S_{\triangle ABE} = \frac{1}{2}BE \cdot h = \frac{1}{2}(BC + AD) \cdot h$$

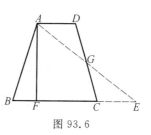

图 93.6

所以 $S_{梯形ABCD}=\dfrac{1}{2}(a+b)h$.

证明7　如图93.7,设 M,N 分别为 AB,CD 的中点,分别过 M,N 作 BC 的垂线交直线 AD 于 G,E,P,Q 为垂足.

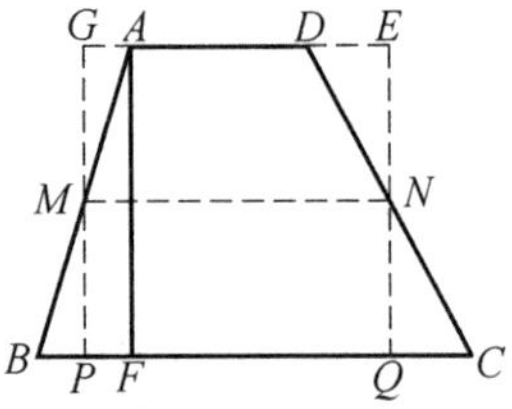

显然 Rt$\triangle MAG \cong$ Rt$\triangle MBP$,Rt$\triangle NDE \cong$ Rt$\triangle NCQ$,可知 $GA = PB$,$DE = CQ$,$S_{梯形ABCD} =$

$S_{矩形PQEG}=PQ \cdot h=\dfrac{1}{2}(PQ + PB + QC + GE - AG -$

$DE) \cdot h=\dfrac{1}{2}(AD + BC) \cdot h$.

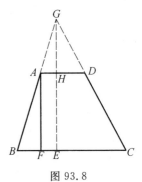

图 93.7

所以 $S_{梯形ABCD}=\dfrac{1}{2}(a+b)h$.

证明8　如图93.8,设 G 为直线 AB,CD 的交点,过 G 作 BC 的垂线交 AD 于 H,E 为垂足.

显然 $\dfrac{GH}{GE}=\dfrac{AD}{BC}$,可知 $GH=\dfrac{ah}{b-a}$,有

$$S_{梯形ABCD}=S_{\triangle GBC}-S_{\triangle GAD}$$

$$=\dfrac{1}{2}GE \cdot BC-\dfrac{1}{2}AD \cdot GH$$

$$=\dfrac{1}{2}(GH+h) \cdot BC-\dfrac{1}{2}AD \cdot GH$$

$$=\dfrac{1}{2}GE \cdot BC+\dfrac{1}{2}BC \cdot h-\dfrac{1}{2}AD \cdot GH$$

$$=\dfrac{1}{2}GE(BC-AD)+\dfrac{1}{2}BC \cdot h$$

$$=\dfrac{1}{2}(b-a)\dfrac{ah}{b-a}+\dfrac{1}{2}bh=\dfrac{1}{2}(a+b)h$$

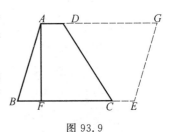

图 93.8

所以 $S_{梯形ABCD}=\dfrac{1}{2}(a+b)h$.

证明9　如图93.9,设 G 为 AD 延长线上一点,$DG=BC$,过 G 作 AB 的平行线交直线 BC 于 E.

显然四边形 $EGDC$ 为梯形,且与梯形 $ABCD$ 全等,可知

$$S_{ABEG}=BE \cdot h=(a+b)h$$

图 93.9

所以 $S_{梯形ABCD}=\frac{1}{2}(a+b)h$.

证明 10 如图 93.10,设 E 为 CD 的中点,过 E 作 AB 的平行线分别交直线 AD,BC 于 G,H.

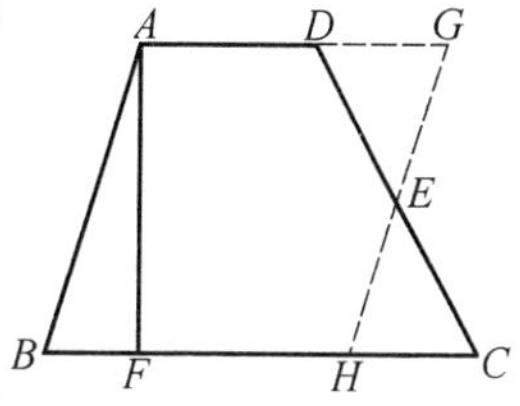

图 93.10

显然 $\triangle EDG\cong\triangle ECH$,可知 $DG=HC$,有

$$
\begin{aligned}
S_{梯形ABCD}&=S_{平行四边形ABHG}\\
&=BH\cdot h=\frac{1}{2}(BC-CH+AD+DG)\cdot h\\
&=\frac{1}{2}(AD+BC)\cdot h
\end{aligned}
$$

所以 $S_{梯形ABCD}=\frac{1}{2}(a+b)h$.

第 94 天

在梯形 $ABCD$ 中,$AD \parallel BC$,$AD < BC$,F,E 分别是对角线 AC,BD 的中点.

求证:$EF = \dfrac{1}{2}(BC - AD)$.

证明 1　如图 94.1,设直线 AE 交 BC 于 G.

由 $AD \parallel BC$,E 为 BD 的中点,可知 E 为 AG 的中点,有 $\triangle EAD \cong \triangle EGB$,于是 $AD = BG$,得 $GC = BC - AD$.

显然 EF 为 $\triangle AGC$ 的中位线,可知 $EF = \dfrac{1}{2}GC = \dfrac{1}{2}(BC - AD)$.

所以 $EF = \dfrac{1}{2}(BC - AD)$.

图 94.1

证明 2　如图 94.2,设直线 CE 交直线 DA 于 G.

由 E 为 BD 的中点,可知 E 为 GC 的中点,有 $\triangle EDG \cong \triangle EBC$,于是 $GD = BC$,得 $GA = BC - AD$.

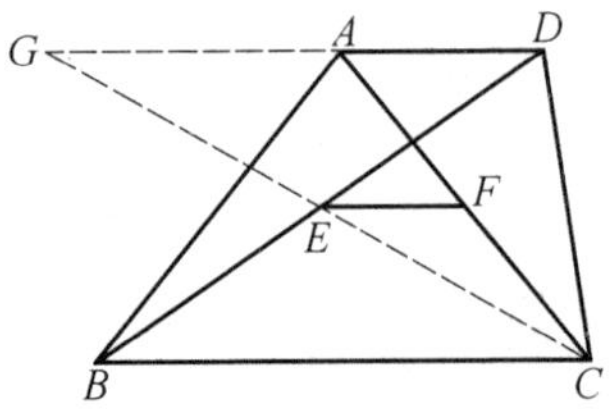

显然 EF 为 $\triangle CAG$ 的中位线,可知 $EF = \dfrac{1}{2}GA = \dfrac{1}{2}(BC - AD)$.

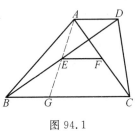

图 94.2

所以 $EF = \dfrac{1}{2}(BC - AD)$.

证明 3　如图 94.3,设直线 AE 交 BC 于 G,连 DG.

由 $AD \parallel BC$,E 为 BD 的中点,可知 E 为 AG 的中点,有四边形 $ADGB$ 为平行四边形,于是 $AD = BG$,得 $GC = BC - AD$.

显然 EF 为 $\triangle AGC$ 的中位线,可知 $EF = \dfrac{1}{2}GC = \dfrac{1}{2}(BC - AD)$.

所以 $EF = \dfrac{1}{2}(BC - AD)$.

证明 4 如图 94.4,设直线 CE 交直线 DA 于 G,连 BG.

由 E 为 BD 的中点,可知 E 为 GC 的中点,有四边形 $BCDG$ 为平行四边形,于是 $GD = BC$,得 $GA = BC - AD$.

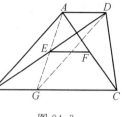

图 94.3

显然 EF 为 $\triangle CAG$ 的中位线,可知 $EF = \dfrac{1}{2}GA = \dfrac{1}{2}(BC - AD)$.

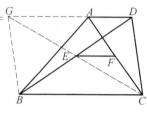

所以 $EF = \dfrac{1}{2}(BC - AD)$.

证明 5 如图 94.5,过 F 作 BD 的平行线分别交直线 BC,AD 于 G,H,连 AG,CH.

图 94.4

显然四边形 $BGHD$ 为平行四边形,可知 $DH = BG$.

由 F 为 AC 的中点,可知 F 为 GH 的中点,有 $\triangle FAH \cong \triangle FCG$,于是 $AH = GC$,得 $AD + DH = BC - BG$.

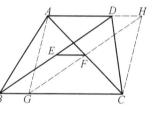

由 E,F 分别为 BD,GH 的中点,可知四边形 $BGFE$ 与四边形 $DHFE$ 均为平行四边形,有 $DH = EF$,$BG = EF$,于是 $AD + EF = BC - EF$.

图 94.5

所以 $EF = \dfrac{1}{2}(BC - AD)$.

证明 6 如图 94.6,设 G 为 BC 上一点,直线 GE,GF 分别交直线 AD 于 K,H.

由 E,F 分别为 BD,AC 的中点,可知 E,F 分别为 GK,GH 的中点,有 $EF = \dfrac{1}{2}KH$.

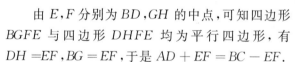

图 94.6

易知 $\triangle EDK \cong \triangle EBG$,$\triangle FHA \cong \triangle FGC$,可知 $KD = BG$,$AH = GC$,有 $KD + AH = BG + GC = BC$,于是 $KA + AD + AD + DH = BC$,得 $KH + AD = BC$,或 $KH = BC - AD$。

所以 $EF = \dfrac{1}{2}(BC - AD)$.

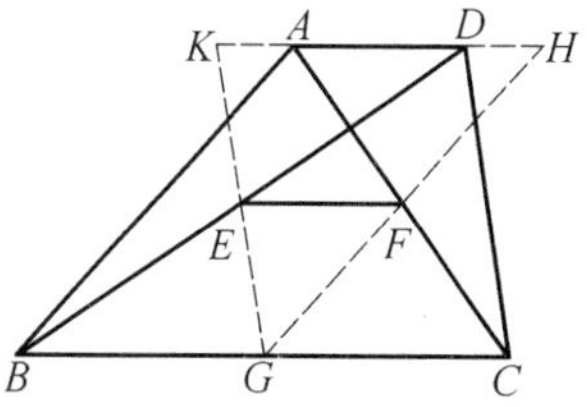

证明6 如图 94.6,设 O 为 AC,BD 的交点.

由 E,F 分别为 BD,AC 的中点,可知 E 到 AD,BC 距离相等,F 到 AD,BC 距离相等,有 E,F 到 BC 的距离相等,于是 $EF \parallel BC \parallel DA$.

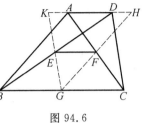

图 94.6

易知 $\dfrac{BC}{EF} = \dfrac{OC}{OF}$,$\dfrac{AD}{EF} = \dfrac{OA}{OF}$,可知

$$\frac{BC - AD}{EF} = \frac{OC - OA}{OF}$$

$$= \frac{\dfrac{1}{2}AC + OF - \left(\dfrac{1}{2}AC - OF\right)}{OF} = 2$$

所以 $EF = \dfrac{1}{2}(BC - AD)$.

第 95 天

四边形 $ABCD$ 中，$BC > BA$，$AD = DC$，BD 平分 $\angle ABC$. 求证：$\angle A + \angle C = 180°$.

证明 1　如图 95.1，设 E 为 BC 上一点，$BE = BA$，连 DE.

由 BD 平分 $\angle ABC$，可知 E 与 A 关于 BD 对称可知 $\angle DEB = \angle A$，$DE = DA$.

由 $DA = DC$，可知 $DE = DC$，有 $\angle DEC = \angle C$，于是 $\angle A + \angle C = \angle DEB + \angle DEC = 180°$.

所以 $\angle A + \angle C = 180°$.

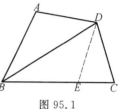

图 95.1

证明 2　如图 95.2，设 E 为 BA 的延长线上的一点，$BE = BC$，连 DE.

由 BD 平分 $\angle ABC$，可知 $\triangle EBD \cong \triangle CBD$，可知 $\angle E = \angle C$，$DE = DC$.

由 $DA = DC$，可知 $DE = DA$，有 $\angle DAE = \angle E$，于是 $\angle DAE = \angle C$，得 $\angle DAB + \angle C = \angle DAB + \angle DAE = 180°$.

$\angle A + \angle C = 180°$.

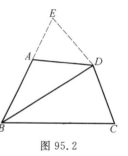

图 95.2

证明 3　如图 95.3，过 D 分别作 BC，BA 的垂线，E，F 为垂足.

由 BD 平分 $\angle ABC$，可知 $DE = DF$.

由 $DA = DC$，可知 $\mathrm{Rt}\triangle DAF \cong \mathrm{Rt}\triangle DCE$，有 $\angle C = \angle DAF$，于是 $\angle DAB + \angle C = \angle DAB + \angle DAF = 180°$.

所以 $\angle A + \angle C = 180°$.

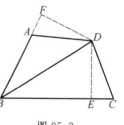

图 95.3

证明 4　如图 95.4，过 A 作 BD 的垂线交 BC 于 E，连 DE.

由 BD 平分 $\angle ABC$，可知 E 与 A 关于 BD 对称，有 $DE = DA$，$\angle BAD = \angle BED$.

由 $DA = DC$，可知 $DE = DC$，有 $\angle DEC = \angle C$，于是 $\angle A + \angle C =$

$\angle DEB + \angle DEC = 180°.$

所以 $\angle A + \angle C = 180°.$

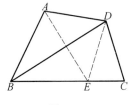

图 95.4

第 96 天

在四边形 $ABCD$ 中,$AB = AC = AD$,$\angle BAC = 72°$,$AB \parallel CD$.

求证:$AB + CD = BD$.

证明 1 如图 96.1.

由 $AB = AC = AD$,可知 A 为 $\triangle BCD$ 的外心,有

$\angle BDC = \dfrac{1}{2}\angle BAC = 36°$.

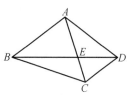

图 96.1

由 $AB \parallel CD$,可知 $\angle ABD = \angle BDC = 36°$.

在 $\triangle ABE$ 中,可知 $\angle AEB = 72° = \angle BAC$,有

$BE = AB$.

在 $\triangle DCE$ 中,可知 $\angle DEC = \angle AEB = 72°$,有 $\angle DCE = 72° = \angle DEC$,于是 $ED = CD$,得 $BD = BE + ED = AB + CD$.

所以 $AB + CD = BD$.

证明 2 如图 96.2,过 D 作 CA 的平行线交直线 BA 于 F.

显然四边形 $ACDF$ 为平行四边形,可知 $FA = CD$.

由 $\angle BAC = 72°$,可知 $\angle F = 72°$.

由 $AB = AC = AD$,可知 A 为 $\triangle BCD$ 的外心,有

$\angle BDC = \dfrac{1}{2}\angle BAC = 36°$.

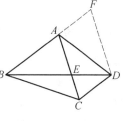

图 96.2

由 $AB \parallel CD$,可知 $\angle ABD = \angle BDC = 36°$.

在 $\triangle ABE$ 中,可知 $\angle AEB = 72°$.

显然 $\angle FDB = \angle AEB = 72° = \angle F$,可知 $BF = BD$,有 $BD = BF = AB + AF = AB + CD$.

所以 $AB + CD = BD$.

证明 3 如图 96.3,过 C 作 BD 的平行线交直线 AB 于 F.

显然四边形 $BFCD$ 为平行四边形,可知 $FC = BD$,$BF = CD$.

由 $AB = AC = AD$,可知 A 为 $\triangle BCD$ 的外心,有 $\angle BDC = \dfrac{1}{2}\angle BAC = 36°$.

由 $AB \parallel CD$,可知 $\angle ABD = \angle BDC = 36°$.

显然 $\angle F = \angle ABD = 36°$, 可知 $\angle ACF = 72° = \angle CAF$, 有 $FA = FC$, 于是 $BD = FC = FA = AB + BF = AB + CD$.

所以 $AB + CD = BD$.

证明 4 如图 96.4, 过 B 作 AC 的平行线交直线 CD 于 F.

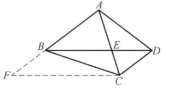

图 96.3

由 $AB = AC$, 可知四边形 $ABFC$ 为菱形, 有 $FC = AB$.

由 $\angle BAC = 72°$, 可知 $\angle F = 72°$.

由 $AB = AC = AD$, 可知 A 为 $\triangle BCD$ 的外心, 有 $\angle BDC = \frac{1}{2}\angle BAC = 36°$, 于是 $\angle DBF = 72° = \angle F$, 得 $BD = FD = FC + CD = AB + CD$.

所以 $AB + CD = BD$.

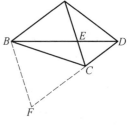

图 96.4

证明 5 如图 96.5, 过 A 作 BD 的平行线交直线 CD 于 F.

显然四边形 $ABDF$ 为平行四边形, 可知 $AF = BD, DF = AB$.

由 $AB = AC = AD$, 可知 A 为 $\triangle BCD$ 的外心, 有 $\angle BDC = \frac{1}{2}\angle BAC = 36°$, 于是 $\angle F = 36°$, 得 $\angle BAF = 144°$, 进而 $\angle CAF = 72°$.

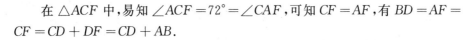

图 96.5

在 $\triangle ACF$ 中, 易知 $\angle ACF = 72° = \angle CAF$, 可知 $CF = AF$, 有 $BD = AF = CF = CD + DF = CD + AB$.

所以 $AB + CD = BD$.

证明 6 如图 96.6, 设 $\angle BAC$ 的平分线交 BD 于 F.

由 $AB = AC$, $\angle BAC = 72°$, 可知 $\angle FAB = 36°$.

由 $AB = AC = AD$, 可知 A 为 $\triangle BCD$ 的外心, 有 $\angle BDC = \frac{1}{2}\angle BAC = 36°$.

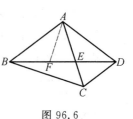

图 96.6

由 $AB \ /\!/ \ CD$, 可知 $\angle ABD = \angle BDC = 36° = \angle FAB$, 有 $FA = FB$, 于是 $\angle AFD = 72°$.

由 $AB = AD$, 可知 $\angle ADB = \angle ABD = 36°$, 有 $\angle FAD = 72° = \angle AFD$, 于是 $FD = AD = AB$.

显然 $\triangle AFD \cong \triangle DCA$，可知 $AF = CD$，有 $BF = CD$，于是 $BD = BF + FD = CD + AB$.

所以 $AB + CD = BD$.

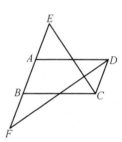

第 97 天

平行四边形 $ABCD$ 中, $BC = 2AB$, E, F 为直线 AB 上两点, $EA = BF = AB$.

求证: $EC \perp FD$.

证明 1　如图 97.1.

由 $AD = AF$, $AF \ /\!/ \ DC$, 可知 $\angle ADF = \angle F = \angle CDF$.

同理 $\angle BCE = \angle DCE$, 于是 $\angle FDC + \angle ECD = \frac{1}{2}(\angle ADC + \angle DCB) = 90°$.

所以 $EC \perp FD$.

证明 2　如图 97.2, 设 AD, EC 交于 M, FD, BC 交于 N.

由 $AD \ /\!/ \ BC$, A 为 EB 中点, 可知 M 为 EC 中点.

由 $AB \ /\!/ \ DC$, 可知 M 为 AD 中点.

由 $BC = 2AB$, 可知 $MD = CD$.

显然 $AF = AD$ 可知 $\angle ADF = \angle F = \angle CDF$, 即直线 DF 平分等腰三角形 DMC 的顶角 $\angle MDC$.

所以 $EC \perp FD$.

证明 3　如图 97.3, 设 AD, EC 交于 M, FD, BC 交于 N, 连 MB.

由 $AD \ /\!/ \ BC$, A 为 EB 中点, 可知 M 为 EC 中点.

由 $AB \ /\!/ \ DC$, 可知 M 为 AD 中点.

由 $BC = 2AB$, 可知 $AB = AM = AE$, 有 $\angle BME = 90°$.

显然 BM 为 $\triangle AFD$ 的中位线, 可知 $BM \ /\!/ \ FD$.

所以 $EC \perp FD$.

证明 4　如图 97.4, 设 AD, EC 交于 M, FD, BC 交于 N, 连 MN.

图 97.1

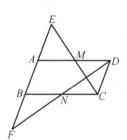

图 97.2

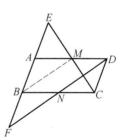

图 97.3

由 $AD \parallel BC$,A 为 EB 中点,可知 M 为 EC 中点.

由 $AB \parallel DC$,可知 M 为 AD 中点.

同理 N 为 BC 中点.

由 $BC = 2AB$,可知 $NC = CD = DM$.

易知四边形 $MNCD$ 为菱形,可知 $EC \perp FD$.

所以 $EC \perp FD$.

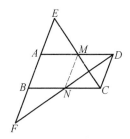

图 97.4

第 98 天

如图 98.1, E 为平行四边形 $ABCD$ 的边 DC 上的一点, 过 E 作 DB 的平行线交 CB 于 F, 连 AE, AF 分别交 DB 于 M, N.

求证: $DM = NB$.

证明 1 如图 98.1, 设 AC 分别交 BD, FE 于 O, P.

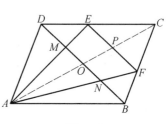

图 98.1

易知 $\dfrac{PE}{OD} = \dfrac{PC}{OD} = \dfrac{PF}{OB}$.

由 $OD = OB$, 可知 $PE = PF$, 有 $OM = ON$, 于是 $OD - OM = OB - ON$, 就是 $DM = NB$.

所以 $DM = NB$.

证明 2 如图 98.2.

由 $\dfrac{DM}{MB} = \dfrac{EM}{MA} = \dfrac{FN}{NA} = \dfrac{NB}{ND}$, 可知

$$\frac{DM}{DM + MB} = \frac{NB}{NB + ND}$$

即 $\dfrac{DM}{DB} = \dfrac{NB}{DB}$.

所以 $DM = NB$.

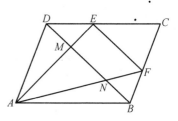

图 98.2

证明 3 如图 98.3.

由 $\dfrac{DM}{MB} = \dfrac{DE}{AB} = \dfrac{DE}{DC} = \dfrac{BF}{BC} = \dfrac{BF}{AD} = \dfrac{NB}{DN}$, 可知

$\dfrac{DM}{MB} = \dfrac{NB}{DN}$, 有 $\dfrac{DM}{MB + DM} = \dfrac{NB}{DN + NB}$, 就是

$\dfrac{DM}{DB} = \dfrac{NB}{DB}$.

所以 $DM = NB$.

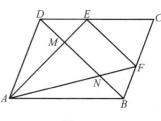

图 98.3

证明 4 如图 98.1, 设 AC 分别交 BD, FE 于 O, P.

易知 $\dfrac{PE}{OD} = \dfrac{PC}{OC} = \dfrac{PF}{OB}$.

由 $OD = OB$, 可知 $PE = PF$, 有 $S_{\triangle ACE} = S_{\triangle ACF}$.

显然 $S_{\triangle ACD} = S_{\triangle ACB}$, 可知

$$S_{\triangle ACD} - S_{\triangle ACE} = S_{\triangle ACB} - S_{\triangle ACF}$$

就是 $S_{\triangle ADE} = S_{\triangle ABF}$, 于是 $DM = NB$.

所以 $DM = NB$.

证明 5 如图 98.4, 连 BE, CF.

由 $EF \parallel DB$, 可知 $S_{\triangle FEB} = S_{\triangle EDF}$.

由 $DC \parallel AB, AD \parallel BC$, 可知

$$S_{\triangle ABE} = \frac{1}{2} S_{ABCD} = S_{\triangle ADF}$$

有 $S_{ABFE} = S_{ADEF}$, 于是

$$S_{ABFED} - S_{ABFE} = S_{ABFED} - S_{ADEF}$$

就是 $S_{\triangle ADE} = S_{\triangle ABF}$, 于是 $DM = NB$.

所以 $DM = NB$.

证明 6 如图 98.4, 连 BE, CF.

由 $EF \parallel DB$, 可知 $S_{\triangle FEB} = S_{\triangle EDF}$, 有 $S_{\triangle CEB} = S_{\triangle CDF}$, 于是 $S_{ABED} = S_{ADFB}$.

由 $DC \parallel AB, AD \parallel BC$, 可知 $S_{\triangle ABE} = \frac{1}{2} S_{ABCD} = S_{\triangle ADF}$, 有

$$S_{ABED} - S_{\triangle ABE} = S_{ADFB} - S_{\triangle ADF}$$

就是 $S_{\triangle ADE} = S_{\triangle ABF}$, 于是 $DM = NB$.

所以 $DM = NB$.

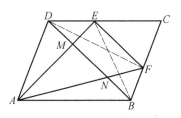

图 98.4

第 99 天

如图 99.1,四边形 $ABCD$ 中,$AB=CD$,M,N 分别为 AD,BC 的中点,BA,CD 与 MN 的延长线的交点分别为 E,F.

求证:$\angle BEN=\angle CFM$.

证明 1 如图 99.1,设 P 为 AC 的中点,连 PM,PN.

由 M,N 分别为 AD,BC 的中点,可知 $PM \parallel DC$,$PN \parallel AB$,$PM=\dfrac{1}{2}CD$,$PN=\dfrac{1}{2}AB$.

由 $AB=CD$,可知 $PM=PN$,有 $\angle PNM=\angle PMN$.

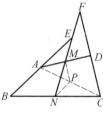

图 99.1

显然 $\angle BEN=\angle PNM$,$\angle CFM=\angle PMN$.

所以 $\angle BEN=\angle CFM$.

证明 3 如图 99.2,分别以 AB,AD 为邻边作平行四边形 $ABGD$,过 D 作 GC 的垂线,H 为垂足,连 NH.

显然 $DG=AB$.

由 $AB=CD$,可知 $DG=DC$,有 DH 为 GC 的中线.

由 N 为 BC 的中点,可知 $NH \parallel BG$,$NH=\dfrac{1}{2}BG$.

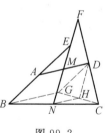

图 99.2

显然 $BG=AD$,$BG \parallel AD$,可知 $NH \parallel AD$,$NH=\dfrac{1}{2}AD=MD$,有四边形 $MNHD$ 为平行四边形,于是

$DH \parallel FN$,得 $\angle BEN=\angle GDH$,$\angle CFM=\angle CDH$.

显然 DH 为 $\angle GDC$ 的平分线.

所以 $\angle BEN=\angle CFM$.

证明 2 如图 99.3,设 P 为 BD 的中点,连 PM,PN.

由 M,N 分别为 AD,BC 的中点,可知 $PM \parallel AB$,$PN \parallel CD$,$PM=\dfrac{1}{2}AB$,

$PN=\dfrac{1}{2}CD$.

由 $AB=CD$，可知 $PM=PN$，有 $\angle PMN = \angle PNM$.

显然 $\angle BEN = \angle PMN$，$\angle CFM = \angle PNM$.

所以 $\angle BEN = \angle CFM$.

证明 4　如图 99.4，分别以 DA，DC 为邻边作平行四边形 $AGCD$，过 A 作 BG 的垂线，H 为垂足，连 HN.

显然 $AG=CD$.

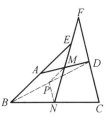

图 99.3

由 $AB=CD$，可知 $AG=AB$，有 AH 为 GB 的中线.

由 N 为 BC 的中点，可知 $NH \parallel CG$，$NH=\dfrac{1}{2}CG$.

显然 $CG=AD$，$CG \parallel AD$，可知 $NH \parallel AD$，$NH=\dfrac{1}{2}AD=AM$，有四边形 $AHNM$ 为平行四边形，于是 $AH \parallel FN$，得 $\angle BEN = \angle BAH$，$\angle CFM = \angle GAH$.

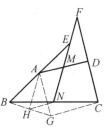

图 99.4

显然 AH 为 $\angle GAB$ 的平分线.

所以 $\angle BEN = \angle CFM$.

证明 5　如图 99.5，过 B 作 DC 的平行线交直线 DN 于 G，连 AG.

由 N 为 BC 的中点，可知 N 为 GD 的中点，有 $\triangle BGN \cong \triangle CDN$，于是 $BG=CD$.

由 $AB=CD$，可知 $BG=AB$，有 $\angle BAG = \angle BGA$.

由 M 为 AD 的中点，可知 $MN \parallel AG$，有 $\angle BEN = \angle BAG$，$\angle CFM = \angle BGA$.

所以 $\angle BEN = \angle CFM$.

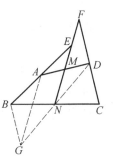

图 99.5

证明 6　如图 99.6，过 C 作 AB 的平行线交直线 AN 于 G，连 DG.

由 N 为 BC 的中点，可知 N 为 AG 的中点，有 $\triangle ABN \cong \triangle CGN$，于是 $CG=AB$.

由 $CD=AB$，可知 $CG=CD$，有 $\angle CGD = \angle CDG$.

由 M 为 AD 的中点，可知 $FN \parallel DG$，有 $\angle BEN = \angle CGD$，$\angle CFM = \angle CDG$.

所以 $\angle BEN = \angle CFM$.

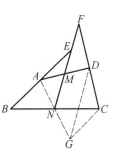

图 99.6

证明 7　如图 99.7，分别以 AB，AM 为邻边作平行四边形 $ABPM$，分别以 DM，DC 为邻边作平行四边形

$DCQM$, 连 NP, NQ.

显然 $BP = AM$, $QC = MD$.

由 M 为 AD 的中点, 可知 $BP = QC$.

显然 $BP \parallel QC$, 可知 $\angle PBN = \angle QCN$, 有 $\triangle PBN \cong \triangle QCN$, 于是 $\angle PNB = \angle QNC$, 得 P, N, Q 三点共线.

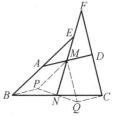

图 99.7

显然 $MP = AB$, $MQ = CD$.

由 $AB = CD$, 可知 $MP = MQ$.

由 N 为 BC 的中点, 可知 MN 平分 $\angle PMQ$, 有 $\angle BEN = \angle PMN = \angle QMN = \angle CFM$.

所以 $\angle BEN = \angle CFM$.

证明 8 如图 99.8, 过 B 作 FN 的平行线交直线 CM 于 P, 连 PA.

由 N 为 BC 的中点, 可知 M 为 PC 的中点.

由 M 为 AD 的中点, 可知 $\triangle PAM \cong \triangle CDM$, 有 $AP = CD$, $AP \parallel CD$.

由 $AB = CD$, 可知 $AB = AP$, 有 $\angle ABP = \angle APB$.

易知 $\angle BEN = \angle ABP$, $\angle CFM = \angle APB$, 可知 $\angle BEN = \angle CFM$.

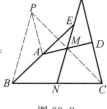

图 99.8

所以 $\angle BEN = \angle CFM$.

证明 9 如图 99.9, 过 C 作 NF 的平行线交直线 BM 于 P, 连 DP.

由 N 为 BC 的中点, 可知 M 为 BP 的中点.

由 M 为 AD 的中点, 可知 $\triangle ABM \cong \triangle DPM$, 有 $DP = AB$.

由 $AB = CD$, 可知 $DP = DC$, 有 $\angle DPC = \angle DCP$.

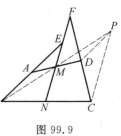

图 99.9

易知 $DP \parallel BA$, 可知 $\angle BEN = \angle DPC$.

显然 $\angle CFM = \angle DCP$.

所以 $\angle BEN = \angle CFM$.

第 100 天

如图 100.1,已知以 $\triangle ABC$ 的 AB 边为一边作平行四边形 $ABDE$,并使 $DA \parallel BC$ 交 EC 于 F.

求证: $EF = FC$.

证明 1 如图 100.1,设 BE,DF 相交于 G.

由四边形 $ABDE$ 为平行四边形,可知 G 为 BE 的中点.

由 $DF \parallel BC$,可知 GF 为 $\triangle EBC$ 的中位线,有 F 为 EC 的中点.

所以 $EF = FC$.(最简捷的证明)

证明 2 如图 100.2,设直线 EA,BC 相交于 G.

由四边形 $ABDE$ 为平行四边形,可知 $DB \parallel EA$, $DB = EA$.

由 $DA \parallel BC$,可知四边形 $AGBD$ 为平行四边形,有 $AG = DB$.

显然 A 为 EG 的中点,由 $DF \parallel BC$,可知 AF 为 $\triangle EGC$ 的中位线,有 F 为 EC 的中点.

所以 $EF = FC$.(用平行线等分线段定理就行)

证明 3 如图 100.3,过 E 作 BC 的平行线交直线 BD 于 G.

由四边形 $ABDE$ 为平行四边形,可知 $DB \parallel EA$, $DB = EA$.

由 $DA \parallel BC$,可知 $DA \parallel GE$,有四边形 $AGBD$ 为平行四边形,于是 $DG = AE$.

显然四边形 $BCEG$ 为梯形,DF 为它的中位线,可知 F 为 EC 的中点.

所以 $EF = FC$.(用平行线等分线段定理更简捷)

证明 4 如图 100.4,设直线 ED,BC 相交于 G.

由四边形 $ABDE$ 为平行四边形,可知 $DE \parallel BA$, $DE = BA$.

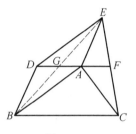

图 100.1

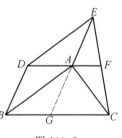

图 100.2

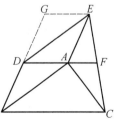

图 100.3

由 $DA \parallel BC$,可知四边形 $ABGD$ 为平行四边形,有 $GD = BA$.

显然 D 为 EG 的中点,由 $DF \parallel BC$,可知 DF 为 $\triangle EGC$ 的中位线,有 F 为 EC 的中点.

所以 $EF = FC$.

证明 5 如图 100.5,过 C 作 BD 的平行线交直线 DF 于 G,连 EG.

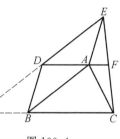

图 100.4

由四边形 $ABDE$ 为平行四边形,可知 $DB \parallel EA$,$DB = EA$.

由 $DA \parallel BC$,可知四边形 $BCGD$ 为平行四边形,有 $CG = DB$,于是 $EA = CG$.

显然 $GC \parallel EA$,可知四边形 $ACGE$ 为平行四边形,有 AG 与 EC 互相平分.

所以 $EF = FC$.(这是用平行四边形性质证明)

证明 6 如图 100.6,过 F 作 AB 的平行线交 BC 于 G.

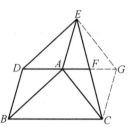

图 100.5

由 $DF \parallel BC$,可知四边形 $ABGF$ 为平行四边形,有 $FG = AB$.

由四边形 $ABDE$ 为平行四边形,可知 $DE = BA$,有 $GF = DE$,$DE \parallel BA$.

显然 $DE \parallel GF$,可知 $\angle GFC = \angle DEF$.

由 $DA \parallel BC$,可知 $\angle FCG = \angle EFD$,有 $\triangle FGC \cong \triangle EDF$,于是 $FC = EF$.

所以 $EF = FC$.(这里是构造全等三角形)

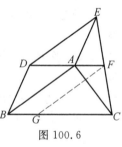

图 100.6

证明 7 如图 100.7,过 D 作 EC 的平行线交 BC 于 G.

由 $DA \parallel BC$,可知四边形 $DGCF$ 为平行四边形,有 $FC = DG$.

由四边形 $ABDE$ 为平行四边形,可知 $DB \parallel EA$,$DB = EA$,有 $\angle DBG = \angle EAF$.

显然 $\angle DGB = \angle EFA$,可知 $\triangle DBG \cong \triangle EAF$,有 $EF = DG$,于是 $EF = FC$.

图 100.7

所以 $EF = FC$.(这里是构造全等三角形)

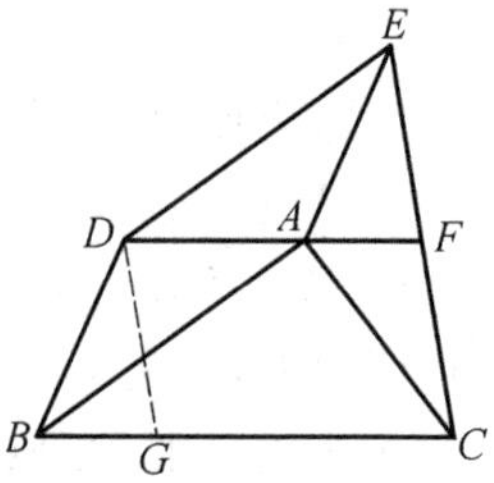

证明 8 如图 100.8,过 B 作 CE 的平行线交直线 FD 于 G.

由 $DA \parallel BC$，可知四边形 $BCFG$ 为平行四边形，有 $FC = GB$，$\angle G = \angle ECB = \angle EFA$．

由四边形 $ABDE$ 为平行四边形，可知 $DB \parallel EA$，$DB = EA$，有 $\angle GDB = \angle FAE$，于是 $\triangle BDG \cong \triangle EAF$，得 $EF = GB$，进而 $EF = FC$．

所以 $EF = FC$．（这里是构造全等三角形）

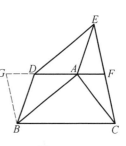

图 100.8

证明 9 如图 100.9，过 A 作 EC 的平行线交 BC 于 G．

由 $DA \parallel BC$，可知四边形 $AGCF$ 为平行四边形，有 $FC = AG$．

由四边形 $ABDE$ 为平行四边形，可知 $DE = BA$，$DB \parallel EA$．

由 $DA \parallel BC$，可知 $\angle EDF = \angle ABG$．

显然 $\angle EFD = \angle ECB = \angle AGB$，可知 $\triangle EDF \cong \triangle ABG$，有 $EF = AG$，于是 $EF = FC$．

所以 $EF = FC$．（这里是构造全等三角形）

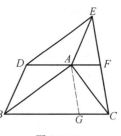

图 100.9

证明 10 如图 100.10，过 F 作 DB 的平行线交 BC 于 G，连 AG．

由 $DA \parallel BC$，可知四边形 $DBGF$ 为平行四边形，有 $FG = DB$．

由四边形 $ABDE$ 为平行四边形，可知 $DB = EA$，$DB \parallel EA$．

由 $DA \parallel BC$，可知 $\angle EAF = \angle FGC$．

显然 $\angle EFD = \angle ECB$，可知 $\triangle EAF \cong \triangle FGC$，有 $EF = FC$．

所以 $EF = FC$．（这里是构造全等三角形）

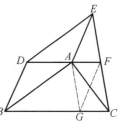

图 100.10

本文参考自：
1.《中学生数学》1997 年 6 期 3 页．
2.《中学生数学》2003 年 12 期 25 页 15 种方法．

第 101 天

在矩形 $ABCD$ 中,延长 CB 到 E,使 $CE=CA$,F 是 AE 的中点.

求证:$BF \perp DF$.

证明1 如图 101.1,连 FC.

由 $CE=CA$,F 是 AE 的中点,可知 $CF \perp AE$.

显然 $FB=FA$,可知 $\angle FBA=\angle FAB$,有 $\angle FBC=$ $\angle FAD$.

显然 $BC=AD$,可知 $\triangle FBC \cong \triangle FAD$,有 $\angle BFC=$ $\angle AFD$,于是 $\angle BFD=\angle AFC=90°$.

所以 $BF \perp DF$.

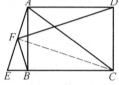

图 101.1

证明2 如图 101.2,显然 $AB \perp EC$.

由 F 为 AE 的中点,可知 $FE=FB$.

由 $CE=CA$,$\angle CEA=\angle FEB$,可知
$$\triangle FEB \backsim \triangle CEA$$

有 $\angle EFB=\angle ECA$,于是 A,F,B,C 四点共圆.

显然 A,B,C,D 四点共圆,可知 A,F,B,C,D 五点共圆,有 $\angle BFD=\angle BAD=90°$.

所以 $BF \perp DF$.

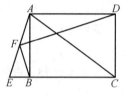

图 101.2

证明3 如图 101.3,设 AC,BD 相交于 O,连 FO.

由 F 为 AE 的中点,O 为 AC 的中点,可知

$$FO=\frac{1}{2}EC=\frac{1}{2}AC=\frac{1}{2}BD=BO=OD$$

有 O 为 $\triangle BDF$ 的外心,且 BD 为圆 BFD 的直径.

所以 $BF \perp DF$.

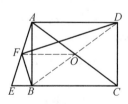

图 101.3

证明4 如图 101.4,设直线 BF 与 DA 交于 H,连 BD.

显然 $AB \perp EC$.

由 F 为 AE 的中点,可知 $FB=FA$,有 $\angle FBA=\angle FAB$.

显然 $AB \perp HA$,可知 $\mathrm{Rt}\triangle BHA \cong \mathrm{Rt}\triangle AEB$,有 $HA=EB$,于是 $HD=$ $EC=AC=BD$.

由 $FH = FB$,可知 FD 为 BH 的中垂线.

所以 $BF \perp DF$.

证明 5 如图 101.5,设直线 BF 与 DA 交于 H,直线 DF 与 CB 交于 G,连 GH,BD.

显然 $AD \parallel BC$.

由 F 为 AE 的中点,可知 F 为 GD 的中点,四边形 $HGBD$ 为平行四边形,于是 $GH \parallel BD$,$GB = HD$,$GH = BD$.

显然 $\triangle FAD \cong \triangle FEG$,可知 $GE = AD = BC$,有 $GB = EC = AC = BD$,于是四边形 $GBDH$ 为菱形.

所以 $BF \perp DF$.

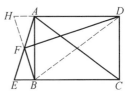

图 101.4

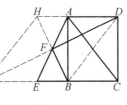

图 101.5

第 102 天

E 为矩形 $ABCD$ 的 BC 边上一点，$\angle EDC = 15°$，$DA = 2DC$. 求证：$AE = AD$.

证明 1 如图 102.1，在 BC 上取一点 F，使 $FD = AD$，连 FA.

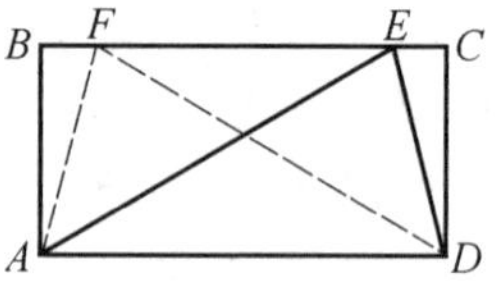

由 $DA = 2DC$，可知 $\angle FDA = 30°$，有 $\angle FAD = 75° = \angle EDA$，于是

四边形 $FADE$ 为等腰梯形，得 $AE = FD$.

所以 $AE = AD$.

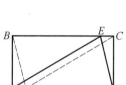

图 102.1

证明 2 如图 102.2，在 AD 上取一点 F，使 $FC = BC$，连 BF.

由 $DA = 2DC$，可知 $\angle FCB = 30°$，有 $\angle FBC = 75° = \angle DEC$，于是四边形 $BFDE$ 为平行四边形，得 $BE = FD$，进而 $EC = AF$.

显然四边形 $AFCE$ 是平行四边形，可知

$$AE = FC = BC = AD$$

所以 $AE = AD$.

图 102.2

证明 3 如图 102.3，在 BC 延长线上取一点 F，使 $FD = DA$，连 FD.

由 $DA = 2DC$，可知 $\angle BFD = 30°$.

由 $\angle EDF = 75°$，可知 $\angle DEF = 75° = \angle EDF$，于是 $EF = DF = DA$，得四边形 $ADFE$ 为平行四边形，又是菱形，

故 $AE = AD$.

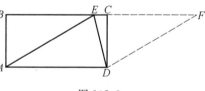

图 102.3

所以 $AE = AD$.

证明 4 如图 102.4，设 F 为矩形 $ABCD$ 外的一点，$FA = DA$，$\angle FAD = 30°$，连 FD，过 F 作 AD 的垂线，G 为垂足，连 EF.

显然 $FG = \dfrac{1}{2}AF = DC$，$\angle FDG = 75° = \angle DEC$，可知 $\text{Rt}\triangle FDG \cong$

Rt$\triangle DEC$,有 $DF=DE$.

由 AD 平分 $\angle EDF$,可知 AD 为 EF 的中垂线,有 $AE=AF$.

所以 $AE=AD$.

证明 5 如图 102.5,设 F 为矩形 $ABCD$ 外的一点,$FD=AD$,$\angle FDA=30°$,连 FA,过 F 作 AD 的垂线,G 为垂足.

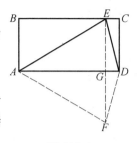

图 102.4

显然 $FG=\dfrac{1}{2}FD=DC$,$\angle FAD=75°=\angle DEC$,可知

$$\text{Rt}\triangle FAG \cong \text{Rt}\triangle DEC$$

有 $AF=ED$.

由 $\angle EDA=75°=\angle FAD$,可知 $AF\ /\!/\ ED$,有四边形 $AFDE$ 为平行四边形,于是 $AE=FD=AD$.

所以 $AE=AD$.

证明 6 如图 102.6,以 AD 为一边在矩形 $ABCD$ 外部作矩形 $AGHD$,使 $AG=AB$. 在 GH 上取一点 F,使 $FD=AD$,连 FA.

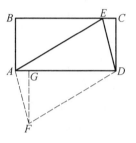

图 102.5

由 $FD=2DH$,可知 $\angle ADF=\angle DFH=30°$,$\angle AFG=\angle FAD=75°=\angle DEC$,可知

$$\text{Rt}\triangle FAG \cong \text{Rt}\triangle DEC$$

有 $AF=ED$.

由 $\angle EDA=75°=\angle FAD$,可知 $AF\ /\!/\ ED$,有四边形 $AFDE$ 为平行四边形,于是 $AE=FD=AD$.

所以 $AE=AD$.

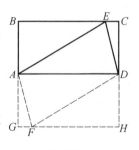

图 102.6

证明 7 如图 102.7,在 AD 上取一点 F,使 $BF=BC$,连 FC,FE.

由 $BF=2DC$,可知 $\angle FBC=\angle BFA=30°$,有 $\angle FCB=75°=\angle EDA$,进而 $\angle CFD=75°=\angle DEC$,于是 Rt$\triangle CFD \cong$ Rt$\triangle DEC$,得 $FD=EC$.

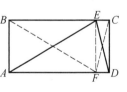

图 102.7

显然四边形 $ABEF$ 为矩形,可知

$$AE=BF=BC=AD$$

所以 $AE=AD$.

证明 8 如图 102.8,在 $\triangle ADE$ 内部取一点 F,使 $\angle FAD=\angle FDA=15°$,

过 F 作 AD 的垂线，H 为垂足，连 FE.

易知 Rt$\triangle FAH \cong$ Rt$\triangle FDH \cong$ Rt$\triangle EDC$，可知 $FD = ED$，$\angle FDE = 60°$，有 $\triangle DEF$ 为正三角形，于是 $FE = FD = FA$，得 F 为 $\triangle RAD$ 的外心.

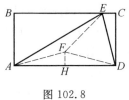

图 102.8

显然 $\angle AED = \dfrac{1}{2}\angle AFD = 75°$，$\angle ADE = \dfrac{1}{2}AFE = 75° = \angle AED$，可知 $AE = AD$.

所以 $AE = AD$.

证明 9 如图 102.9，在 DC 延长线上取一点 F，使 $FC = CD$，设 H 为 F 关于 ED 的对称点，连 EF，EH，HA，HD.

显然 $\angle EDH = \angle EDF = 15°$，进而 $\angle HDF = 30°$，于是 $\angle HAD = 60°$.

显然 $HD = FD = 2DC = AD$，可知 $\triangle HAD$ 为正三角形，有 $AH = AD$.

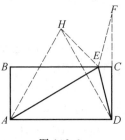

图 102.9

显然 $EH = EF = ED$，可知 AE 为 DH 的中垂线，有 AE 平分 $\angle HED$，于是

$$\angle AED = \dfrac{1}{2}\angle HED = 75° = \angle EDA$$

所以 $AE = AD$.

证明 10 如图 102.10，设 F 为矩形 $ABCD$ 外一点，$BF = BC$，$\angle FBC = 30°$，过 F 作 BC 的垂线，H 为垂足.

易知 $\angle FCB = 75° = \angle DEC$，$FH = \dfrac{1}{2}BF = DC$，可知 $\triangle FHC \cong \triangle DCE$，有 $HC = EC$，于是 H 与 E 为同一个点.

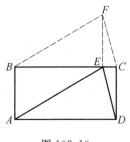

图 102.10

显然四边形 $ABFE$ 为平行四边形，可知 $AE = BF = BC = AD$.

所以 $AE = AD$.

证明 11 如图 102.11，以 BC 为一边在矩形 $ABCD$ 内侧作正方形 $BGHC$，在 AD 上取一点 F，使 $FG = HG$，连 FH.

显然 A，D 分别在 BG，HC 边上.

易证 Rt$\triangle FDH \cong$ Rt$\triangle ECD$，可知 $FD = EC$，有 $AF = BE$ 于是 Rt$\triangle AFG \cong$ Rt$\triangle BEA$，得

$$AE = GF = HG = AD$$

所以 $AE = AD$.

证明 12　如图 102.12.(同证明 11,略)

证明 13　如图 102.13.(舍近求远,略)

证明 14　如图 102.14,设 DE 的中垂线交 DC 于 F,连 EF.

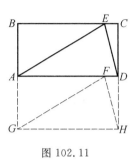

图 102.11

显然 $\angle FED = \angle FDE = 15°$,有 $\angle EFC = 30°$.

设 $EC = 1$,可知 $EF = 2$,$FC = \sqrt{3}$,进而 $FD = 2$,$DC = 2 + \sqrt{3}$,$BC = 4 + 2\sqrt{3}$.

在 Rt$\triangle ABE$ 中,由勾股定理可知 $AE = 4 + 2\sqrt{3} = BC = AD$.

所以 $AE = AD$.

证明 15　如图 102.15,以 AD 为一边在 $\triangle EAD$ 外作正三角形 $\triangle AFD$,过 F 作 AD 的垂线,H 为垂足,在直线 FH 上取一点 G 使 $GF = DF$,连 GA,GD.

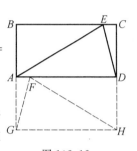

图 102.12

易证 Rt$\triangle GHD \cong$ Rt$\triangle ECD$,可知 $GD = ED$,$\angle GDF = 75° = \angle EDA$,有 $\triangle GFD \cong \triangle EAD$,于是 $AE = FG = FD = AD$.

所以 $AE = AD$.

证明 16　如图 102.8,以 DE 为一边在 $\triangle EAD$ 内作正三角形 $\triangle EFD$,过 F 作 AD 的垂线,H 为垂足,连 FA.

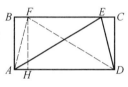

图 102.13

易证 Rt$\triangle FHD \cong$ Rt$\triangle ECD$,可知 $HD = CD$,有 $HA = CD$,于是 Rt$\triangle Rt\triangle FAH \cong$ Rt$\triangle EDC$,得 $FA = FD = FE$,即 F 为 $\triangle EAD$ 的外心,故

$$\angle AED = \frac{1}{2}\angle AFD = \angle ADE$$

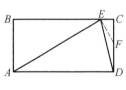

图 102.14

所以 $AE = AD$.

证明 17　如图 102.9,以 AD 为一边在矩形 $ABCD$ 内侧作正三角形 $\triangle HAD$,延长 DC 到 F 使 $CF = DC$,连 EF,EH.

显然 F 与 D 关于 BC 对称,H 与 F 关于 ED 对称,可知 $EH = ED$,有 AE 为 HD 的中垂线,于是 $\angle CAD = \frac{1}{2}\angle HAD = 30°$,进而

$$\angle ACD = 75° = \angle ADE$$

所以 $AE = AD$.

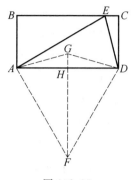

图 102.15

本文参考自:

1.《中学生数学》2000 年 3 期.

2.《中学生数学》2000 年 11 期 9 页.

3.《中学数学研究》2001 年 9 期 26 页.

第 103 天

如图 103.1,在平行四边形 $ABCD$ 中,BD 的平行线交 BC 于 E,交 DC 于 F.

求证:$S_{\triangle ABE} = S_{\triangle ADF}$.

证明 1 如图 103.1,连 BF,DE.

由 $EF \parallel BD$,可知 $S_{\triangle BDF} = S_{\triangle BDE}$,有
$$S_{ABFD} = S_{ABED}$$

易知 $S_{\triangle ABF} = \dfrac{1}{2} S_{ABCD} = S_{\triangle ADE}$,可知
$$S_{ABED} - S_{\triangle ADE} = S_{ABFD} - S_{\triangle ABF}$$

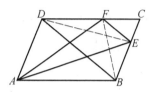

图 103.1

就是 $S_{\triangle ABE} = S_{\triangle ADF}$.

所以 $S_{\triangle ABE} = S_{\triangle ADF}$.

证明 2 如图 103.2,连 AC 分别交 DB,EF 于 O,P.

易知 $\dfrac{PF}{OD} = \dfrac{CP}{CO} = \dfrac{PE}{OB}$,由 $OD = OB$,可知 $PF = PE$,有 $S_{\triangle ACF} = S_{\triangle ACE}$.

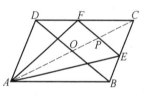

图 103.2

显然 $S_{\triangle ACD} = S_{\triangle ACB}$,可知
$$S_{\triangle ACD} - S_{\triangle ACF} = S_{\triangle ACB} - S_{\triangle ACE}$$

就是 $S_{\triangle ABE} = S_{\triangle ADF}$.

所以 $S_{\triangle ABE} = S_{\triangle ADF}$.

证明 3 如图 103.3,设 P,Q 分别为 AF,AE 与 BD 的交点.

由 $\dfrac{DP}{PB} = \dfrac{DF}{AB} = \dfrac{DF}{DC} = \dfrac{BE}{BC} = \dfrac{BE}{AD} = \dfrac{BQ}{QD}$,可知 $\dfrac{DP}{PB} = \dfrac{BQ}{QD}$,有 $\dfrac{DP}{PB+DP} = \dfrac{BQ}{QD+BQ}$,于是 $\dfrac{DP}{DB} = \dfrac{BQ}{BD}$,得 $DP = BQ$.

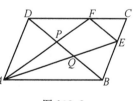

图 103.3

显然 $\dfrac{S_{\triangle AFD}}{S_{\triangle AEB}} = \dfrac{DP}{BQ} = 1$.

所以 $S_{\triangle ABE} = S_{\triangle ADF}$. (舍近求远了,见证明 4)

证明 4　如图 103.3,设 P,Q 分别为 AF,AE 与 BD 的交点.

由 $\dfrac{DP}{PB} = \dfrac{FP}{PA} = \dfrac{EQ}{QA} = \dfrac{BQ}{QD}$,可知 $\dfrac{DP}{PB} = \dfrac{BQ}{QD}$,有 $\dfrac{DP}{PB+DP} = \dfrac{BQ}{QD+BQ}$,于是

$\dfrac{DP}{DB} = \dfrac{BQ}{BD}$,得 $DP = BQ$.

显然 $\dfrac{S_{\triangle AFD}}{S_{\triangle AEB}} = \dfrac{DP}{BQ} = 1$.

所以 $S_{\triangle ABE} = S_{\triangle ADF}$.

证明 5　如图 103.4,设 O,R 分别为 BD,EF 与 AC 的交点,P,Q 分别为 AF,AE 与 BD 的交点.

易知 $\dfrac{RF}{OD} = \dfrac{CR}{CO} = \dfrac{RE}{OB}$,由 $OD = OB$,可知 $RF = RE$.

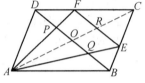

图 103.4

同理 $OP = OQ$,可知 $OD - OP = OB - OQ$,就是 $PD = BQ$,于是 $\dfrac{S_{\triangle AFD}}{S_{\triangle AEB}} = \dfrac{DP}{BQ} = 1$.

所以 $S_{\triangle ABE} = S_{\triangle ADF}$.

证明 6　如图 103.1,连 DE,BF.

显然 $S_{\triangle DEF} = S_{\triangle BEF}$,$S_{\triangle ABF} = \dfrac{1}{2}S_{ABCD} = S_{\triangle ADE}$,可知

$$S_{ABEFD} - S_{\triangle DEF} - S_{\triangle ADE} = S_{ABEFD} - S_{\triangle BEF} - S_{\triangle ABF}$$

就是 $S_{\triangle ABE} = S_{\triangle ADF}$.

所以 $S_{\triangle ABE} = S_{\triangle ADF}$.

证明 7　如图 103.2,设 AC 分别交 BD,EF 于 O,P.

由 $FE /\!/ DB$,可知 $\dfrac{DF}{DC} = \dfrac{BE}{BC}$.

由四边形 $ABCD$ 为平行四边形,可知 $AD = BC$,$AB = DC$,有 $\dfrac{DF}{AB} = \dfrac{DF}{DC} = \dfrac{BE}{BC} = \dfrac{BE}{AD}$,即 $\dfrac{DF}{AB} = \dfrac{BE}{AD}$,于是 $DF \cdot DA = BE \cdot BA$.

显然 $\angle ADC = \angle ABC$,可知

$$\frac{1}{2}DF \cdot DA \sin \angle ADC = \frac{1}{2}BE \cdot BA \sin \angle ABC$$

有 $S_{\triangle ADF} = S_{\triangle ABE}$. 所以 $S_{\triangle ABE} = S_{\triangle ADF}$.

第 104 天

已知:M,N 分别是平行四边形 $ABCD$ 的边 AB,CD 的中点,E,F 分别为 AN,CM 与 BD 的交点. 求证:$BF=FE=ED$.

证明 1 如图 104.1.

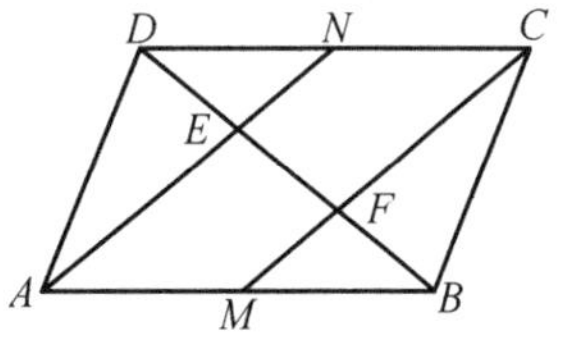

由四边形 $ABCD$ 为平行四边形,可知 $AB=CD$.

由 M,N 分别为 AB,CD 的中点,可知 $AM=CN$.

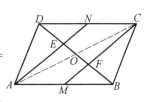

图 104.1

显然 $DC \parallel AB$,可知四边形 $AMCN$ 为平行四边形,有 $AN \parallel MC$.

由 M 为 AB 的中点,可知 F 为 EB 的中点.

由 N 为 DC 的中点,可知 E 为 DF 的中点.

所以 $BF=FE=ED$.

证明 2 如图 104.2,设 AC,BD 相交于 O.

由四边形 $ABCD$ 为平行四边形,可知 $AB=CD$.

由 M,N 分别为 AB,CD 的中点,可知 $AM=CN$.

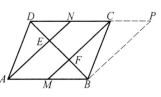

图 104.2

显然 $DC \parallel AB$,可知四边形 $AMCN$ 为平行四边形,有 $AN \parallel MC$.

由 O 为 AC 的中点,可知 O 为 EF 的中点,即 $OE=OF$.

由 N 为 DC 的中点,O 为 AC 的中点,可知 E 为 $\triangle ACD$ 的重心,有 $DE=2EO$.

同理 $BF=2OF=2EO=DE=OE+OF=EF$.

所以 $BF=FE=ED$.

证明 3 如图 104.3,过 B 作 MC 的平行线交直线 DC 于 P.

由四边形 $ABCD$ 为平行四边形,可知 $AB=CD$.

由 M,N 分别为 AB,CD 的中点,可知 $AM=CN$.

图 104.3

显然 $DC \parallel AB$,可知四边形 $AMCN$ 为平行四边形,有 $AN \parallel MC$,于是 $BP \parallel MC \parallel AN$.

有 M 为 AB 的中点,可知 C 为 NP 的中点.

由 N 为 DC 的中点,可知 $DN = NC = CP$.

所以 $BF = FE = ED$.

第 105 天

已知:如图 105.1,E,F 分别为平行四边形 $ABCD$ 的边 DC,DA 上的一点,$AE = FC$,P 为 AE 与 FC 的交点. 求证:PB 平分 $\angle APC$.

证明 1 如图 105.1,连 BE,BF.

显然 $S_{\triangle ABE} = \dfrac{1}{2} S_{ABCD} = S_{\triangle BCF}$.

由 $AE = CF$,可知点 B 到直线 AE,CF 的距离相等.

所以 PB 平分 $\angle APC$.

图 105.1

证明 2 如图 105.2,设直线 BP 分别交 DC,DA 于 G,M,连 AC.

易知 $\dfrac{PA}{PE} = \dfrac{PB}{PG}$,可知

$$\frac{PA}{AE} = \frac{PB}{BG} \tag{1}$$

易知 $\dfrac{PF}{PC} = \dfrac{PM}{PB}$,可知

$$\frac{CF}{PC} = \frac{BM}{PB} \tag{2}$$

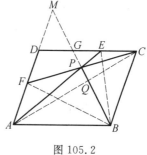

图 105.2

(1),(2) 两式两边分别相乘,得

$$\frac{PA}{AE} \cdot \frac{CF}{PC} = \frac{PB}{BG} \cdot \frac{BM}{PB}$$

消去 $AE = CF$,可得

$$\frac{PA}{PC} = \frac{BM}{BG} = \frac{AB}{CG} = \frac{QA}{QC}$$

即 $\dfrac{PA}{PC} = \dfrac{QA}{QC}$,于是 PQ 是 $\angle APC$ 的平分线.

所以 PB 平分 $\angle APC$.

证明 3 如图 105.3,过 C 作 AE 的平行线交 AB 于 H,过 A 作 FC 的平行线交 BC 于 G.

显然四边形 $AGCF$、四边形 $AHCE$ 均为平行四边形,可知 $AG = FC = $

$AE = HC$，$\angle CHB = \angle EAB$，$\angle AGB = \angle FCB$.

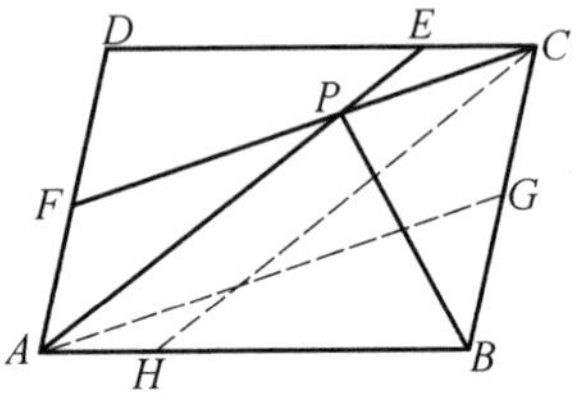

在 $\triangle ABG$ 中，$\dfrac{AB}{\sin \angle AGB} = \dfrac{AG}{\sin \angle ABC}$.

在 $\triangle HBC$ 中，$\dfrac{CB}{\sin \angle CHB} = \dfrac{CH}{\sin \angle ABC}$，可知

$$\dfrac{AB}{\sin \angle AGB} = \dfrac{CB}{\sin \angle CHB} \tag{1}$$

图 105.3

在 $\triangle PAB$ 中，$\dfrac{AB}{\sin \angle BPA} = \dfrac{PB}{\sin \angle PAB} = \dfrac{PB}{\sin \angle CHB}$，即

$$\dfrac{AB}{\sin \angle BPA} = \dfrac{PB}{\sin \angle CHB} \tag{2}$$

在 $\triangle PBC$ 中，$\dfrac{BC}{\sin \angle BPC} = \dfrac{PB}{\sin \angle FCB} = \dfrac{PB}{\sin \angle AGB}$，即

$$\dfrac{BC}{\sin \angle BPC} = \dfrac{PB}{\sin \angle AGB} \tag{3}$$

由 (2),(3),可知

$$\dfrac{AB}{CB} \cdot \dfrac{\sin \angle BPC}{\sin \angle BPA} = \dfrac{\sin \angle AGB}{\sin \angle CHB} \tag{4}$$

由 (1),(4),可知

$$\sin \angle BPC = \sin \angle BPA$$

显然 $\angle BPC + \angle BPA \neq 180°$，可知

$$\angle BPC = \angle BPA$$

所以 PB 平分 $\angle APC$.

证明 4　如图 105.4,连 BD、BE、BF.

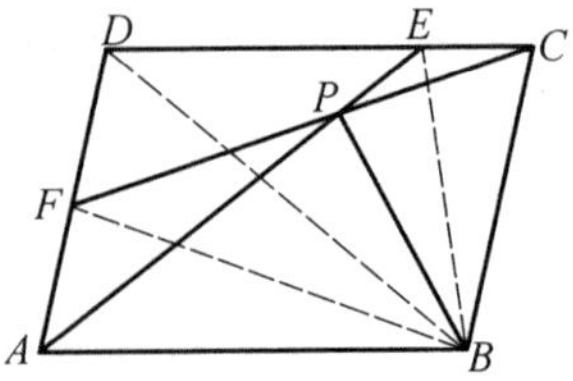

显然 $S_{\triangle ABE} = \dfrac{1}{2} S_{ABCD} = S_{\triangle BCF}$.

图 105.4

由 $\dfrac{S_{\triangle BPC}}{S_{\triangle BFC}} = \dfrac{PC}{FC}$，$\dfrac{S_{\triangle APB}}{S_{\triangle AEB}} = \dfrac{PA}{EA}$，可知

$$\dfrac{S_{\triangle BPC}}{S_{\triangle BFC}} \cdot \dfrac{S_{\triangle AEB}}{S_{\triangle APB}} = \dfrac{PC}{FC} \cdot \dfrac{EA}{PA}$$

有 $\dfrac{S_{\triangle BPC}}{S_{\triangle APB}} = \dfrac{PC}{PA} = \dfrac{PC \cdot PB}{PA \cdot PB}$，于是

$$\sin \angle BPC = \sin \angle BPA$$

显然 $\angle BPC + \angle BPA \neq 180°$，可知

$$\angle BPC = \angle BPA$$

所以 PB 平分 $\angle APC$.

本文参考自:

1.《中小学数学》1987 年 5 期 13 页.

2.《数学教师》1985 年 8 期 17 页.

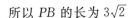

设 P 为矩形 $ABCD$ 内一点，$PA=3$，$PD=4$，$PC=5$. 求 PB 的长.

解 1 如图 106.1，设点 P 到 AB，BC，CD，DA 的距离依次为 a，b，c，d.

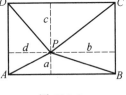

图 106.1

显然 $\begin{cases} a^2+d^2=3^2=9 \\ d^2+c^2=4^2=16, \text{可知} \\ c^2+b^2=5^2=25 \end{cases}$

$(a^2+d^2)+(c^2+b^2)-(d^2+c^2)=9+25-16=18$

有 $a^2+b^2=18$，于是 $PB^2=18$，得 $PB=\sqrt{18}=3\sqrt{2}$.

所以 PB 的长为 $3\sqrt{2}$

解 2 如图 106.2，过 P 作 AB 的垂线，M 为垂足，过 P 作 AD 的垂线，N 为垂足.

设长方形的长为 a，宽为 b，又设 $PM=y$，$PN=x$.

依题意，可知

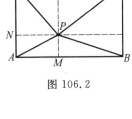

图 106.2

$\begin{cases} x^2+y^2=9 \\ x^2+(b-y)2=16 \\ (a-x)2-(b-y)2=25 \end{cases}$

$(1)+(3)-(2)$，有 $y^2-(a-x)^2=18$，于是 $PB^2=18$，得

$$PB=\sqrt{18}=3\sqrt{2}$$

所以 PB 的长是 $3\sqrt{2}$.

解 3 如图 106.3，设 O 为对角线 AC，BD 的交点，连 OP.

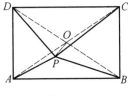

图 106.3

显然 PO 为 $\triangle PAC$ 及 $\triangle PBD$ 的中线，由阿波罗尼斯定理，可知

$$PA^2+PC^2=2(PO^2+OA^2)$$
$$PB^2+PD^2=2(PO^2+OD^2)$$

由 $OA=OD$，可知

$$PA^2+PC^2=PB^2+PD^2$$

有

$$PB^2 = PA^2 + PC^2 - PD^2 = 9 + 25 - 16 = 18$$

于是 $PB = \sqrt{18} = 3\sqrt{2}$.

所以 PB 的长是 $3\sqrt{2}$.

解 4 如图 106.4,过 P 作 AB 的平行线分别交 AD,BC 于 M,N,设 Q 为 MN 上一点,$QN = PM$,连 QA,QD.

显然 $QA = PB$,$QD = PC$. 由

$$PD^2 - PA^2 = QD^2 - QA^2 = PC^2 - PB^2,\text{可知}$$

$PB^2 = PA^2 + PC^2 - PD^2 = 9 + 25 - 16 = 18$,于是
$PB = \sqrt{18} = 3\sqrt{2}$.

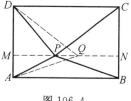

图 106.4

所以 PB 的长是 $3\sqrt{2}$.

类似地,过 P 作 AB 的平行线分别交 AD,BC 于 M,N,在 MN 上取一点 Q,使 $QN = PM$,连 QB,QC(如图 106.5);

过 P 作 AD 的平行线分别交 DC,AB 于 M,N,在 MN 上取一点 Q,使 $MQ = PN$,连 QA,QB(如图 106.6);

过 P 作 AD 的平行线分别交 DC,AB 于 M,N,在 MN 上取一点 Q,使 $MQ = PN$,连 QC,QD(如图 106.7);

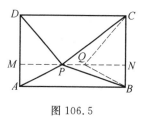

图 106.5

均可得解(略).

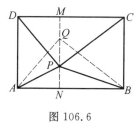

图 106.6

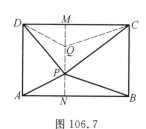

图 106.7

第 107 天

如图 107.1,在四边形 $ABCD$ 中,$\angle A = 60°$,$\angle B = \angle D = 90°$,$AB = 2\sqrt{3}$,$CD = \sqrt{3}$.

求 BC 的长.

解 1 如图 107.1,设直线 AD,BC 相交于 E.

由 $\angle A = 60°$,$\angle B = 90°$,可知 $\angle E = 30°$.

在 Rt$\triangle ABE$ 中,可知 $BE = \sqrt{3}AB = 6$.

在 Rt$\triangle CDE$ 中,可知 $CE = 2CD = 2\sqrt{3}$,有

$BC = BE - CE = 6 - 2\sqrt{3}$.

所以 $BC = 6 - 2\sqrt{3}$.

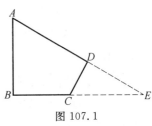

图 107.1

解 2 如图 107.2,设直线 AB,DC 相交于 E.

由 $\angle A = 60°$,$\angle D = 90°$,可知 $\angle E = 30°$.

在 Rt$\triangle BCE$ 中,$EC = 2BC$,$BE = \sqrt{3}BC$,可知 $AE = 2\sqrt{3} + \sqrt{3}BC$,$DE = \sqrt{3} + 2BC$,有

$$\frac{AE}{DE} = \frac{2\sqrt{3} + \sqrt{3}BC}{\sqrt{3} + 2BC} = \frac{2}{\sqrt{3}}$$

可得 $BC = 6 - 2\sqrt{3}$.所以 $BC = 6 - 2\sqrt{3}$.

解 3 如图 107.3,过 C 点的直线分别交直线 AB,AD 于 E,F,使 $AE = AF$.

显然 $\triangle AEF$ 为正三角形,可知 Rt$\triangle BCE$ 与 Rt$\triangle CDF$ 中,$\angle E = \angle F = 60°$.

易知 $BE = \frac{\sqrt{3}}{3}BC$,$EC = \frac{2\sqrt{3}}{3}BC$,$CF = \frac{2\sqrt{3}}{3}CD = 2$.

由 $EA = EF$,可知

$$2\sqrt{3} + \frac{\sqrt{3}}{3}BC = \frac{2\sqrt{3}}{3}BC + 2$$

所以 $BC = 6 - 2\sqrt{3}$.

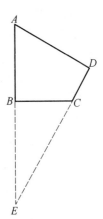

图 107.2

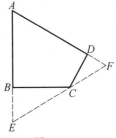

图 107.3

解 4 如图 107.4,过 B 作 AD 的垂线,E 为垂足,过 C 作 BE 的垂线,F 为垂足.

显然四边形 $CDEF$ 为矩形,可知 $Rt\triangle BCF$ 与 $Rt\triangle ABE$ 中,$\angle FBC = \angle A = 60°$.

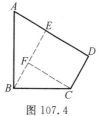

图 107.4

易知 $BE = \dfrac{\sqrt{3}}{2}AB = 3$,可知 $BF = BE - CD = 3 - \sqrt{3}$,有 $BC = 2BF = 6 - 2\sqrt{3}$.

所以 $BC = 6 - 2\sqrt{3}$.

解 5 如图 107.5,过 C 作 AD 的平行线交 AB 于 E,过 E 作 AD 的垂线,F 为垂足.

显然四边形 $CDFE$ 为矩形,可知 $Rt\triangle BEC$ 与 $Rt\triangle FAE$ 中,$\angle BEC = \angle FAE = 60°$.

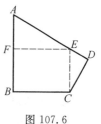

图 107.5

易知 $AE = \dfrac{2\sqrt{3}}{3}EF = 2$,$BE = \dfrac{\sqrt{3}}{3}BC$,可知

$$AE + BE = 2 + \frac{\sqrt{3}}{3}BC = AB = 2\sqrt{3}$$

所以 $BC = 6 - 2\sqrt{3}$.

解 6 如图 107.6,过 C 作 BC 的垂线交 AD 于 E,过 E 作 AB 的垂线,F 为垂足.

显然四边形 $BCEF$ 为矩形,可知 $Rt\triangle FAE$ 与 $Rt\triangle DEC$ 中,$\angle FAE = \angle DEC = 60°$.

易知

图 107.6

$$FB = EC = \frac{2\sqrt{3}}{3}CD = 2$$

$$AF = \frac{\sqrt{3}}{3}EF = \frac{\sqrt{3}}{3}BC$$

由 $AF + FB = AB$,可知

$$\frac{\sqrt{3}}{3}BC + 2 = 2\sqrt{3}$$

所以 $BC = 6 - 2\sqrt{3}$.

解 7 如图 107.7,过 D 作 AB 的垂线,E 为垂足,过 C 作 DE 的垂线,F 为垂足.

显然四边形 $BCFE$ 为矩形,可知 $Rt\triangle EAD$ 与 $Rt\triangle FDC$ 中,$\angle EAD = \angle FDC = 60°$.

易知 $EF=BC$, $FD=\dfrac{1}{2}CD=\dfrac{\sqrt{3}}{2}$, $FC=\dfrac{3}{2}$, 可知 $ED=$

$BC+\dfrac{\sqrt{3}}{2}$, 有

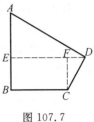

图 107.7

$$AE=\frac{\sqrt{3}}{3}DE=\frac{\sqrt{3}}{3}BC+\frac{1}{2}$$

由 $AB=AE+BE$, 可知

$$2\sqrt{3}=\frac{\sqrt{3}}{3}BC+\frac{1}{2}+\frac{3}{2}$$

所以 $BC=6-2\sqrt{3}$.

解 8　如图 107.8, 过 B 分别作 CD, AD 的垂线, E, F 为垂足.

显然四边形 $BEDF$ 为矩形, 可知 $\mathrm{Rt}\triangle ECB$ 与 $\mathrm{Rt}\triangle FAB$ 中, $\angle ECB=\angle A=60°$.

易知 $EC=\dfrac{1}{2}BC$, 可知 $BF=DE=\dfrac{1}{2}BC+\sqrt{3}$.

由 $AB=\dfrac{2\sqrt{3}}{3}BF$, 可知

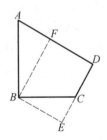

图 107.8

$$2\sqrt{3}=\frac{2\sqrt{3}}{3}\left(\frac{1}{2}BC+\sqrt{3}\right)$$

所以 $BC=6-2\sqrt{3}$.

解 9　如图 107.9, 过 C 作 CD 的垂线交 AB 于 E, 过 A 作 AD 的垂线交直线 CE 于 F.

显然四边形 $AFCD$ 为矩形, 可知 $\mathrm{Rt}\triangle FEA$ 与 $\mathrm{Rt}\triangle BEC$ 中, $\angle FEA=\angle BEC=60°$.

易知 $BE=\dfrac{\sqrt{3}}{3}BC$, $AE=\dfrac{2\sqrt{3}}{3}AF=2$.

由 $AB=AE+BE$, 可知

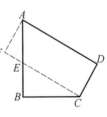

图 107.9

$$2\sqrt{3}=2+\frac{\sqrt{3}}{3}BC$$

所以 $BC=6-2\sqrt{3}$.

解 10　如图 107.10, 过 C 作 BA 的平行线交 AD 于 E, 过 A 作 BC 的平行线交直线 CE 于 F.

显然四边形 $ABCF$ 为矩形, 可知 $\mathrm{Rt}\triangle FEA$ 与 $\mathrm{Rt}\triangle DEC$ 中, $\angle FEA=$

$\angle DEC = 60°$.

易知 $EF = \dfrac{\sqrt{3}}{3}BC$，$EC = \dfrac{2\sqrt{3}}{3}CD = 2$.

由 $AB = EF + EC$，可知 $2\sqrt{3} = \dfrac{\sqrt{3}}{3}BC + 2$.

所以 $BC = 6 - 2\sqrt{3}$.

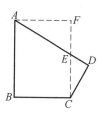

图 107.10

解 11　如图 107.11，过 D 分别作 BA，BC 的垂线，E，F 为垂足.

显然四边形 $BFDE$ 为矩形，可知 $Rt\triangle FCD$ 与 $Rt\triangle EAD$ 中，$\angle FCD = \angle A = 60°$.

易知 $CF = \dfrac{1}{2}CD = \dfrac{\sqrt{3}}{2}$，$DF = \sqrt{3}CF = \dfrac{3}{2}$，$AE = \dfrac{\sqrt{3}}{3}ED = \dfrac{\sqrt{3}}{3}(BC + \dfrac{\sqrt{3}}{2})$.

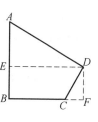

图 107.11

由 $AB = AE + BE$，可知

$$2\sqrt{3} = \dfrac{\sqrt{3}}{3}(BC + \dfrac{\sqrt{3}}{2}) + \dfrac{3}{2}$$

所以 $BC = 6 - 2\sqrt{3}$.

解 12　如图 107.12，过 B 作 CD 的垂线，E 为垂足，过 A 作 BE 的垂线，F 为垂足.

显然四边形 $ADEF$ 为矩形，可知 $Rt\triangle FBA$ 与 $Rt\triangle ECB$ 中，$\angle FBA = \angle ECB = 60°$.

易知 $EC = \dfrac{1}{2}BC$，可知 $DE = \dfrac{1}{2}BC + \sqrt{3}$.

由 $AB = \dfrac{2\sqrt{3}}{3}AF$，可知

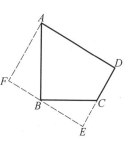

图 107.12

$$2\sqrt{3} = \dfrac{2\sqrt{3}}{3}(\dfrac{1}{2}BC + \sqrt{3})$$

所以 $BC = 6 - 2\sqrt{3}$.

解 13　如图 107.13，过 D 作 BC 的垂线，E 为垂足，过 A 作 ED 的垂线，F 为垂足.

显然四边形 $ABEF$ 为矩形，可知 $Rt\triangle FDA$ 与 $Rt\triangle ECD$ 中，$\angle FDA = \angle ECD = 60°$.

易知 $CE=\dfrac{\sqrt{3}}{2}$，$DE=\dfrac{3}{2}$，可知 $AF=BE=BC+\dfrac{\sqrt{3}}{2}$，有

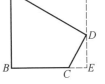

$$DF=\frac{\sqrt{3}}{3}AF=\frac{\sqrt{3}}{3}\left(BC+\frac{\sqrt{3}}{2}\right)$$

由 $AB=DE+DF$，可知

$$2\sqrt{3}=\frac{3}{2}+\frac{\sqrt{3}}{3}\left(BC+\frac{\sqrt{3}}{2}\right)$$

图 107.13

所以 $BC=6-2\sqrt{3}$.

解 14 如图 107.14，在 AB 的延长线上取一点 F，使 $AF=AD$，DF 与 BC 相交于 E.

显然 $\triangle ADF$ 为正三角形，$\triangle CDE$ 为等腰三角形.

易知

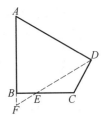

$$DE=\sqrt{3}\,CD=3$$

$$BE=BC-EC=BC-\sqrt{3}$$

图 107.14

可知

$$EF=\frac{2\sqrt{3}}{3}BE=\frac{2\sqrt{3}}{3}(BC-\sqrt{3})$$

$$BF=\frac{1}{2}EF=\frac{\sqrt{3}}{3}(BC-\sqrt{3})$$

由 $FA=FD$，可知

$$2\sqrt{3}+\frac{\sqrt{3}}{3}(BC-\sqrt{3})=\frac{2\sqrt{3}}{3}(BC-\sqrt{3})+3$$

所以 $BC=6-2\sqrt{3}$.

解 15 如图 107.15，在 AD 上取一点 E，使 $AE=AB$，直线 BE，CD 相交于 F.

显然 $\triangle ABE$ 为正三角形，$\triangle CBF$ 为等腰三角形，$Rt\triangle DEF$ 中，$\angle DEF=60°$.

易知

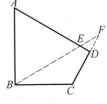

$$BF=\sqrt{3}\,BC$$

$$EF=BF-BA=\sqrt{3}\,BC-2\sqrt{3}$$

图 107.15

可知

$$DF=\frac{\sqrt{3}}{2}EF=\frac{\sqrt{3}}{2}(\sqrt{3}\,BC-2\sqrt{3})$$

由 $CD = CF - DF$，可知

$$\sqrt{3} = BC - \frac{\sqrt{3}}{2}(\sqrt{3}\,BC - 2\sqrt{3}\,)$$

所以 $BC = 6 - 2\sqrt{3}$.

解 16　如图 107.16,设 $\angle BAD$ 的平分线分别交直线 BC, DC 于 E, F.

显然 $\triangle CEF$ 为正三角形,可知 Rt$\triangle BEA$ 与 Rt$\triangle DFA$ 中, $\angle BEA = \angle F = 60°$.

显然 $\triangle CEF$ 为正三角形,可知 Rt$\triangle BEA$ 与 Rt$\triangle DFA$ 中, $\angle BEA = \angle F = 60°$.

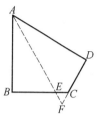

图 107.16

易知 $BE = \frac{\sqrt{3}}{3}AB = 2, AE = 4$,可知 $EC = BC - 2$,有

$$AF = 4 + EF = BC + 2$$

$$FD = CD + FC = \sqrt{3} + BC - 2$$

由 $AF = 2DF$,可知

$$BC + 2 = 2(\sqrt{3} + BC - 2)$$

所以 $BC = 6 - 2\sqrt{3}$.

本文参考自:

重庆《数学教学通讯》1997 年 4 期 28 页.

第 108 天

在六边形 $ABCDEF$ 中，$\angle A = \angle B = \angle C = \angle D = \angle E = \angle F$，且 $AB + BC = 11$，$FA - CD = 3$，则 $BC + DE$ 的值是多少？

（1994，北京市初二数学竞赛）

证明 1　如图 108.1，设直线 AB，CD，EF 两两相交得 P，Q，R 三个点.

显然 $\triangle PQR$ 为正三角形，可知 $\triangle PCB$，$\triangle DEQ$ 与 $\triangle FAR$ 都是正三角形.

由 $AB + BC = 11$，$FA - CD = 3$，可知

$$(AB + BC) + (FA - CD) = 11 + 3 = 14$$

有 $AB + BP + AR - CD = 14$，或 $PR - CD = 14$，于是 $PQ - CD = 14$，得 $BC + DE = 14$.

所以 $BC + DE = 14$.

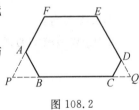

图 108.1

证明 2　如图 108.2，设直线 AF，BC 交于 P，直线 DE，BC 交于 Q.

显然四边形 $FPQE$ 为等腰梯形，可知 $\triangle PAB$ 与 $\triangle QCD$ 均为正三角形.

由 $AB + BC = 11$，$FA - CD = 3$，可知

$$(AB + BC) + (FA - CD) = 11 + 3 = 14$$

有

$$PA + BC + FA - CD = 14$$

于是

$$PF + BC - CD = 14$$

得 $EQ + BC - DQ = 14$，或 $BC + DE = 14$.

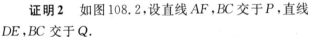

图 108.2

所以 $BC + DE = 14$.

证明 3　如图 108.3，设直线 AF，BC 交于 P，直线 DC，EF 交于 Q.

显然四边形 $PCQF$ 为平行四边形，可知 $\triangle PBA$ 与 $\triangle QDE$ 均为正三角形.

由 $AB + BC = 11$，$FA - CD = 3$，可知

$$(AB + BC) + (FA - CD) = 11 + 3 = 14$$

有

$$AB + FA + BC - CD = 14$$

于是

$$PF - CD + BC = 14$$

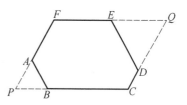

图 108.3

得 $CQ - CD + BC = 14$,或 $BC + DE = 14$.

所以 $BC + DE = 14$.

证明 4 如图 108.4,分别过 A,D 作直线 BC 的垂线交直线 FE 于 S,R,P,Q 为垂足.

显然四边形 $PQRS$ 为矩形,可知 $\triangle PBA$, $\triangle QCD$,$\triangle RDE$,$\triangle SAF$ 均为直角三角形.

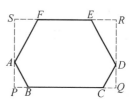

图 108.4

显然 $PS = QR$,可知

$$\frac{\sqrt{3}}{2}(AB + FA) = \frac{\sqrt{3}}{2}(CD + DE)$$

有

$$ED - AB = FA - CD = 3$$

由 $AB + DE = 11$,可知 $BC + DE = 14$.

所以 $BC + DE = 14$.

证明 5 如图 108.5,过 C 作 BA 的平行线交 AF 于 G,过 B 作 AF 的平行线交 CG 于 M,过 F 作 DE 的平行线交 CD 于 H,过 D 作 FE 的平行线交 FH 于 N.

显然 $\triangle MBC$ 与 $\triangle NDH$ 均为正三角形,四边形 $ABMG$,四边形 $DEFN$ 与四边形 $CHFG$ 均为平行四边形.

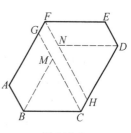

图 108.5

由 $AB + BC = 11$,$FA - CD = 3$,可知

$$(AB + BC) + (FA - CD) = 11 + 3 = 14$$

有

$$GC + (BC + FG) - CH - DH = 14$$

或

$$FH + BC + FG - FG - HN = 14$$

即

$$BC + DE = 14$$

所以 $BC + DE = 14$.

第 109 天

如图 109.1, $AB \perp BC$, $CD \perp BC$, $\angle AMB = 75°$, $\angle DMC = 45°$, $AM = MD$. 求证: $AB = BC$.

证明1 如图 109.1, 连 AC.

由 $\angle AMB = 75°$, $\angle DMC = 45°$, 可知 $\angle AMD = 60°$.

由 $AM = MD$, 可知 $\triangle AMD$ 为正三角形, 有 $AD = AM$.

由 $DC \perp BC$, $\angle DMC = 45°$, 可知 $CD = CM$, 有 AC 为 MD 的中垂线, 于是 $\angle ACB = 45°$.

由 $AB \perp BC$, 可知 $BC = AB$.

所以 $AB = BC$.

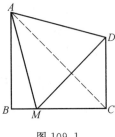

图 109.1

证明2 如图 109.2, 过 A 作 BC 的平行线交直线 CD 于 N.

显然四边形 $ABCN$ 为矩形, 有 $\angle N = 90° = \angle B$.

由 $\angle AMB = 75°$, $\angle DMC = 45°$, 可知 $\angle AMD = 60°$.

由 $AM = MD$, 可知 $\triangle AMD$ 为正三角形, 有 $\angle ADM = 60°$, $AD = AM$.

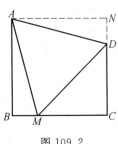

图 109.2

由 $CD \perp BC$, $\angle DMC = 45°$, 可知 $\angle MDC = 45°$, 有 $\angle AND = 75° = \angle AMB$, 于是 $\mathrm{Rt}\triangle ADN \cong \mathrm{Rt}\triangle AMB$, 得 $AN = AB$.

显然四边形 $ABCN$ 为正方形.

所以 $AB = BC$.

证明3 如图 109.3, 过 D 作 BC 的平行线交 AB 于 N.

显然四边形 $NBCD$ 为矩形, 可知 $ND = BC$.

由 $\angle AMB = 75°$, $\angle DMC = 45°$, 可知 $\angle AMD = 60°$.

由 $AM = MD$, 可知 $\triangle AMD$ 为正三角形, 有 $\angle ADM = 60°$, $AD = AM$.

由 $CD \perp BC$, $\angle DMC = 45°$, 可知 $\angle MDC = 45°$, 有 $\angle ADC = 105°$, 于是 $\angle AND = 15°$, 得 $\angle DAB = 75° = \angle AMB$.

显然 Rt△ADN ≅ Rt△MAB,可知 DN＝AB.

所以 AB＝BC.

证明 4　如图 109.4,过 C 作 AD 的平行线交 AB 于 N.

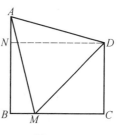

图 109.3

显然四边形 ANCD 为平行四边形,有 NC＝AD.

由 ∠AMB＝75°,∠DMC＝45°,可知 ∠AMD＝60°.

由 AM＝MD,可知 △AMD 为正三角形,有 ∠ADM＝60°,AD＝AM,于是 NC＝AM,∠ADC＝105°,得 ∠CNA＝105°,进而 ∠CNB＝75°＝∠AMB.

显然 Rt△BNC ≅ Rt△BMA,可知 BC＝AB.

所以 AB＝BC.

证明 5　如图 109.5,设 N 为 AB 延长线上一点,CN＝DA,连 CN.

显然四边形 ANCD 为等腰梯形,可知 ∠NCD＝∠ADC.

由 ∠AMB＝75°,∠DMC＝45°,可知 ∠AMD＝60°.

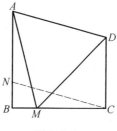

图 109.4

由 AM＝MD,可知 △AMD 为正三角形,有 AD＝AM,∠ADM＝60°,于是 NC＝AM,∠ADC＝105°,得 ∠N＝75°＝∠AMB.

显然 Rt△BNC ≅ Rt△BMA,可知 BC＝AB.

所以 AB＝BC.

证明 6　如图 109.6,设 N 为 CD 上一点,BN＝AD.

显然四边形 ABND 为等腰梯形,可知 ∠BND＝∠ADC.

由 ∠AMB＝75°,∠DMC＝45°,可知 ∠AMD＝60°.

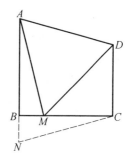

图 109.5

由 AM＝MD,可知 △AMD 为正三角形,有 ∠ADM＝60°,AD＝AM,于是 BN＝AM,∠ADC＝105°,得 ∠BND＝105°,进而 ∠BNC＝75°＝∠AMB.

显然 Rt△BNC ≅ Rt△AMB,可知 BC＝AB.

所以 AB＝BC.

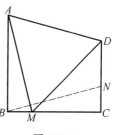

图 109.6

证明 7 如图 109.7,过 B 作 MD 的平行线交直线 CD 于 N,连 AN.

显然四边形 $BMDN$ 为等腰梯形,可知 $BM=DN$.

由 $\angle AMB=75°,\angle DMC=45°$,可知 $\angle AMD=60°$.

由 $AM=MD$,可知 $\triangle AMD$ 为正三角形,有 $AD=AM,\angle ADM=60°$,于是 $\angle ADC=105°$,得 $\angle AND=75°=\angle AMB$.

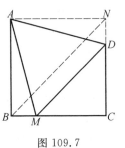

图 109.7

显然 $Rt\triangle ADN \cong Rt\triangle AMB$,可知 $\angle ANC=\angle ABC=90°$.

由 $CB=CN$,可知四边形 $ABCN$ 为正方形,有 $BC=AB$.

所以 $AB=BC$.

证明 8 如图 109.8,过 B 作 AD 的平行线交直线 DC 于 N.

显然四边形 $ABND$ 为平行四边形,可知 $BN=AD$.

由 $\angle AMB=75°,\angle DMC=45°$,可知 $\angle AMD=60°$.

由 $AM=MD$,可知 $\triangle AMD$ 为正三角形,有 $\angle ADM=60°,AD=AM$,于是 $BN=AM,\angle ADC=105°$,得 $\angle N=75°=\angle AMB$.

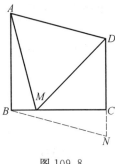

图 109.8

显然 $Rt\triangle BNC \cong Rt\triangle AMB$,可知 $BC=AB$.

所以 $AB=BC$.

第 110 天

自矩形 $ABCD$ 的顶点 C 作 $CE \perp BD$,E 为垂足,延长 EC 至 F,使 $CF = BD$.

求证:$\angle DAF = \angle BAF$.

证明 1 如图 110.1,过 A 作 BD 的垂线,H 为垂足,连 AC.

由四边形 $ABCD$ 为矩形,可知

$$\text{Rt}\triangle ABD \cong \text{Rt}\triangle DCA$$

有 $\angle ABD = \angle DCA$,于是

$$90° - \angle ABD = 90° - \angle DCA$$

就是

$$\angle BAH = \angle DAC$$

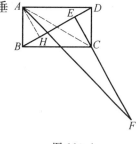

图 110.1

显然 $AC = BD = CF$,可知 $\angle CAF = \angle F$.

显然 $AH \parallel EF$,可知 $\angle HAF = \angle F$,有 $\angle HAF = \angle CAF$,于是 $\angle BAH + \angle HAF = \angle DAC + \angle CAF$,就是 $\angle BAF = \angle DAF$.

所以 $\angle DAF = \angle BAF$.

证明 2 如图 110.2,过 F 分别作 AD,AB 的垂线,M,N 为垂足,设直线 BC 交 FM 于 G.

由四边形 $ABCD$ 为矩形,可知 $\angle BAD = 90°$,有四边形 $AMFN$,四边形 $CDMG$ 均为矩形.

由 $EF \perp BD$,可知

$$\angle ABD = 90° - \angle DBC = \angle BCE = \angle GCF$$

由 $BD = CF$,可知 $\text{Rt}\triangle ABD \cong \text{Rt}\triangle GCF$,有 $AB = CG$,$AD = GF$,于是 $MG = MD$,得 $NA = MF$.

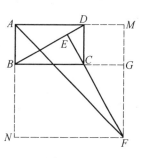

图 110.2

显然四边形 $AMFN$ 为正方形.

所以 $\angle DAF = \angle BAF$.

证明 3 如图 110.3,设直线 DC 交 AF 于 G,连 AC.

由四边形 $ABCD$ 为矩形,可知 $\text{Rt}\triangle ABD \cong \text{Rt}\triangle BAC$,有 $\angle BCA = \angle ADB$.

由 $CE \perp BD$,可知 $\angle ADB = \angle DCE = \angle GCF$,有 $\angle BCA = \angle GCF$.

显然 $AC = BD = CF$,可知 $\angle CAF = \angle F$,有 $CAF + \angle BCA = \angle F + GCF$,就是 $\angle CHG = \angle CGH$.

显然 $\angle DAF = \angle CHG$,$\angle BAF = \angle CGH$.

所以 $\angle DAF = \angle BAF$.

证明 4 如图 110.4,过 C 作 AF 的平行线交 BD 于 G,连 AC.

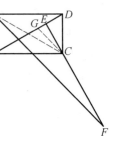

图 110.3

由四边形 $ABCD$ 为矩形,可知

$$\text{Rt}\triangle ABC \cong \text{Rt}\triangle BAD$$

有

$$\angle BCA = \angle ADB$$

由 $CE \perp BD$,可知 $\angle ADB = \angle DCE$,有 $\angle BCA = \angle DCE$.

显然 $AC = BD = CF$,可知 $\angle CAF = \angle F$,有 CG 平分 $\angle ACE$,于是

$$\angle BCG = \angle BCA + \angle ACG$$
$$= \angle DCE + \angle ECG = \angle DCG$$

显然 $\angle DAF = \angle BCG$,$\angle BAF = \angle DCG$.

所以 $\angle DAF = \angle BAF$.

证明 5 如图 110.5,过 C 作 AF 的垂线分别交直线 AB,AD 于 G,H,连 AC.

由 $AC = DB = CF$,可知 GH 为 AF 的中垂线,有 $\angle HFG = \angle HAG = 90°$,且 $\angle CFH = \angle CAD$.

由四边形 $ABCD$ 为矩形,可知 $\angle CAD = \angle CBD$.

由 $CE \perp BD$,可知 $\angle DCE = \angle CBD$,有 $\angle CFH = \angle ECD$,于是 $HF /\!/ DC$,得 $\angle FHA = \angle CDA$.

显然四边形 $AGFH$ 为正方形,可知 $\angle DAF = \angle BAF$.

所以 $\angle DAF = \angle BAF$.

证明 6 如图 110.6,过 F 分别作 AB,AD 的垂线,G,H 为垂足,连 CA,CG,CH.

由四边形 $ABCD$ 为矩形,可知 $\angle CDA = 90°$,有 $\angle CAD = \angle BDA$.

由 $CE \perp BD$,可知 $\angle BDA = \angle DCE$,有 $\angle DCE = \angle CFH$,于是 $\angle CFH = \angle CAH$.

由 $AC = BD = CF$,可知 $\angle CAF = \angle CFA$,有 $\angle HAF = \angle HFA$.

所以 $\angle DAF = \angle BAF$.

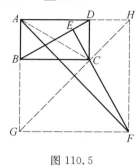

图 110.5　　　　　　　图 110.6

第 111 天

已知 E,F 是矩形 $ABCD$ 的边 AB,BC 上的任意两点. 求证：$S_{ABCD} = 2S_{\triangle DEF} + AE \cdot CF$.

证明1 如图 111.1，过 F 作 ED 的平行线，分别过 D,E 作 DE 的垂线得矩形 $EMND$.

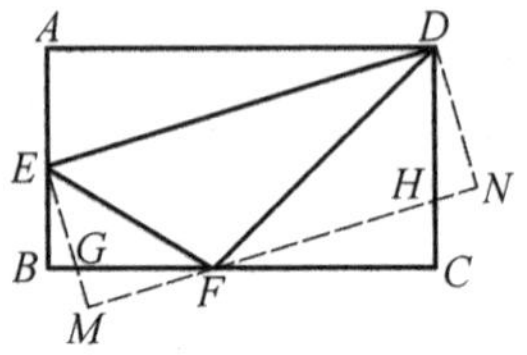

显然 $\text{Rt}\triangle DHN \backsim \text{Rt}\triangle DEA$，可知 $\dfrac{DH}{DE} = \dfrac{DN}{DA}$，有

$$DH = \frac{DE \cdot DN}{DA}.$$

图 111.1

显然 $\text{Rt}\triangle FHC \backsim \text{Rt}\triangle DEA$，可知 $\dfrac{CF}{AD} = \dfrac{CH}{AE}$，有

$$CH = \frac{AE \cdot CF}{DA}.$$

由 $DC = DH + CH$，可知

$$DC = \frac{DE \cdot DN}{DA} + \frac{AE \cdot CF}{DA}$$

或

$$DC \cdot DA = DE \cdot DN + AE \cdot CF$$

显然 $S_{ABCD} = DC \cdot DA$，$2S_{\triangle DEF} = DE \cdot DN$.

所以 $S_{ABCD} = 2S_{\triangle DEF} + AE \cdot CF$.

证明2 如图 111.2，过 F 作 ED 的平行线分别交直线 AB,CD 于 M,N，连 MD.

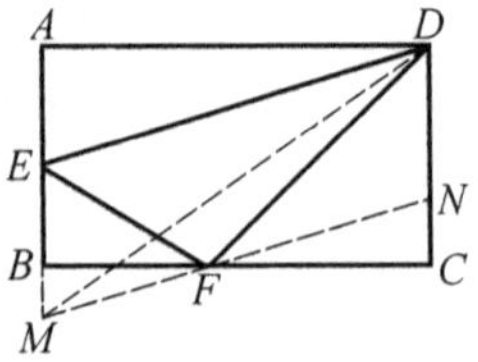

显然 $\text{Rt}\triangle FNC \backsim \text{Rt}\triangle DEA$，可知 $\dfrac{NC}{AE} = \dfrac{FC}{AD}$，有

$$NC = \frac{AE \cdot FC}{AD}.$$

图 111.2

由 $DC = ND + NC = ND + \dfrac{AE \cdot FC}{AD}$，可知

$$AD \cdot DC = AD \cdot ND + AE \cdot CF$$

显然 $S_{ABCD} = DC \cdot DA$，$2S_{\triangle DEF} = AD \cdot DN$.

所以 $S_{ABCD} = 2S_{\triangle DEF} + AE \cdot CF$.

证明3 如图 111.3,过 E 作 FD 的平行线交 AD 于 N,连 FN.

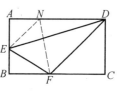

图 111.3

显然 $Rt\triangle DFC \backsim Rt\triangle ENA$,可知 $\dfrac{CF}{AN}=\dfrac{CD}{AE}$,有

$$CD \cdot AN = CF \cdot AE$$

代入 $AD = AN + DN$,得

$$CD \cdot (AD - DN) = AE \cdot CF$$

或

$$AD \cdot CD = DN \cdot CD + AE \cdot CF$$

易知

$$NFCD = 2S_{\triangle DFN} = 2S_{\triangle DEF}$$

$$S_{ABCD} = DC \cdot DA$$

所以 $S_{ABCD} = 2S_{\triangle DEF} + AE \cdot CF$.

本文参考自:

《中学生数学》2000 年第 5 期第 2 页.

第 112 天

如图 112.1,凸四边形 $ABCD$ 中,有 $AB+CD=AD+BC$,则四边形 $ABCD$ 有内切圆.

证明 1 如图 112.1,设 O 为 $\angle B$,$\angle C$ 的平分线的交点,连 OA,OD,过 O 作四边形 $ABCD$ 各边的垂线,E,F,G,H 为垂足.

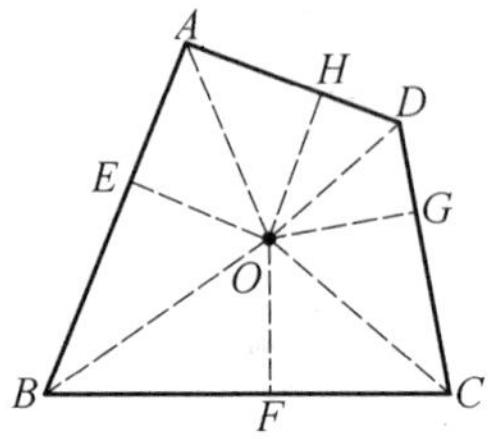

显然 $OE=OF=OG$,$BE=BF$,$CF=CG$.

由 $AB+CD=AD+BC$,可知

$$AH+HD=AD=AE+DG \qquad (1)$$

由 $OH^2=OA^2-AH^2=OE^2+AE^2-AH^2$,及 $OH^2=OD^2-DH^2=OG^2+DG^2-DH^2$,可知

$$AE^2-AH^2=DG^2-DH^2$$

或

$$AE^2-DG^2=AH^2-DH^2$$

有

$$(AE+DG)(AE-DG)=(AH+DH)(AH-DH)$$

由(1),可知

$$AE-DG=AH-DH \qquad (2)$$

由(1),(2)可得

$AE=AH$,$GD=HD$,有 $OH=OG$,于是

$$OE=OF=OG=OH$$

所以以 O 为圆心,以 OE 为半径的圆是此四边形的内切圆.

证明 2 如图 112.2,设 O 为 $\angle B$,$\angle C$ 的平分线的交点,连 OA,OD,过 O 作四边形 $ABCD$ 各边的垂线,E,F,G,H 为垂足.

若两组对角相等,则此四边形为平行四边形.

由 $AB+CD=AD+BC$,可知 $ABCD$ 必为菱形.

显然菱形一定有内切圆.

假设 $\angle B<\angle D$,则 $BE>DG$.

在 BE 上取一点 M,使 $EM=DG$,连 OM.

图 112.1

易知 $OE = OF$，$OF = OG$，可知 $\triangle OEM \cong \triangle OGD$，有 $OM = OD$.

易证 $BF = BE$，$CF = CG$.

由 $AB + CD = AD + BC$，可知 $AE + DG = AD$.

由 $EM = DG$，可知 $AE + EM = AD$，即 $AM = AD$，有 $\triangle OAM \cong \triangle OAD$，于是 $\angle OAB = \angle OAD$，得 $OE = OH$.

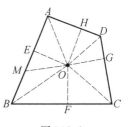

图 112.2

同理 $OF = OG$，即可证得 $OE = OF = OG = OH$.

所以以 O 为圆心，以 OE 为半径的圆是此四边形的内切圆.

证明 3　如图 112.3，作 $\angle A$，$\angle C$ 的平分线 OA，OC 交于 O，联结 OB，OD，过 O 作四边的垂线，垂足分别为 E，F，G，H.

显然 $OE = OH$，$OG = OF$ 可知

$$AH = AE，CG = CF$$

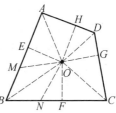

图 112.3

由 $AB + CD = AD + BC$，即

$$AE + EB + CG + DG = AH + HD + BF + CF$$

可知

$$EB + DG = HD + BF$$

或

$$BE - DH = BF - DG \tag{1}$$

假设 $\angle B < \angle D$，可知 $BF > DG$，$BE > HD$.

在 BF 上截取 $FN = DG$，联结 ON；又在 BE 上截取 $EM = DH$，联结 OM.

由（1）可知 $BE - EM = BF - FN$，有 $BN = BM$.

由 $OF = OG$，$FN = DG$，可知 $Rt\triangle FON \cong Rt\triangle GOD$，有 $ON = OD$.

同理 $OM = OD$，可知 $OM = ON$，有

$$\triangle BOM \cong \triangle BON$$

于是

$$\angle OBA = \angle OBC$$

得 $OE = OF$，故 $OE = OF = OG = OH$.

所以以 O 为圆心，以 OE 为半径的圆是此四边形的内切圆.

证明 4　如图 112.4，若此四边形有一组邻边相等，则它必为菱形.

假设其两组对边都不相等，且 $AB > AD$，$BC > DC$，则如图，在 AB 上截取 $AE = AD$，在 BC 上截取 $CF = CD$.

由 $AB + CD = AD + BC$，可知

$$AE + BE + CD = AD + BF + CF$$

有 $BE = BF$.

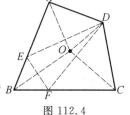

图 112.4

显然 $\triangle BEF$，$\triangle CFD$ 和 $\triangle AED$ 都是等腰三角形，可知 $\angle A$，$\angle B$，$\angle C$ 的平分线分别是 ED，EF，DF 的中垂线，当然三条中垂线共点，即 $\angle A$，$\angle B$，$\angle C$ 的平分线必交于一点.

易证 O 到 AD，DC 的距离相等，可知 O 在 $\angle ADC$ 的平分线上.

所以四边形 $ABCD$ 必有内切圆.

证明 5 如图 112.5，若此四边形有一组邻边相等，则它必为菱形.

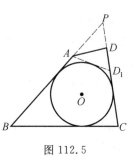

图 112.5

假设其两组对边都不相等，假设 $AD < BC$，设直线 AB，DC 交于 P，$\triangle PBC$ 的内切圆为 $\odot O$，可知 $\odot O$ 与 AB，BC，CD 都相切.

假设 $\odot O$ 与 AD 不相切，则 $\odot O$ 与 AD 相离或相交.

ⅰ）相离，过 A 作 $\odot O$ 的切线 AD_1，可知

$$AB + CD_1 = AD_1 + BC$$

由 $AB + CD = AD + BC$，可知

$$CD_1 - CD = AD_1 - AD$$

有 $AD - AD_1 = DD_1$.

在 $\triangle ADD_1$ 中，可知 $AD - AD_1 < DD_1$，这与 $AD - AD_1 = DD_1$ 相矛盾.

ⅱ）相交，同样可得 $AD_1 - AD = DD_1$ 与 $\triangle ADD_1$ 中 $AD_1 - AD < DD_1$ 相矛盾.

由 ⅰ），ⅱ）可知假设不成立，即 $\odot O$ 与 AD 也相切.

所以四边形 $ABCD$ 必有内切圆.

特别：凸四边形四边的长度比依次是 $2：3：5：4$，则这个四边形一定有内切圆

本文参考自：

《中学教研》1997 年 $7 \sim 8$ 期 65 页.

第 113 天

$ABCD$ 为正方形，E,F 分别为 BC,CD 的中点，P,Q 分别为 AE,AF 与 BD 的交点.

求证：$BP = PQ = QD$.

证明 1 如图 113.1，设 AC 交 BD 于 O.

在 $\triangle ACD$ 中，AF,DO 为两条中线，可知 Q 为 $\triangle ACD$ 的重心，有 $DQ = 2OQ$.

同理 $BP = 2OP$.

由 $BO = OD$，可知 $OP = OQ$，$BP = DG = 2OP = 2OQ = PQ$.

所以 $BP = PQ = QD$.

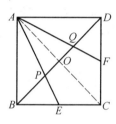

图 113.1

证明 2 如图 113.2，显然

$$\frac{BP}{PD} = \frac{BE}{AD} = \frac{1}{2}$$

$$\frac{DQ}{QB} = \frac{FD}{AB} = \frac{1}{2}$$

可知

$$BP = \frac{1}{3}BD，DQ = \frac{1}{3}BD$$

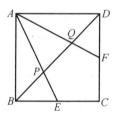

图 113.2

有 $PQ = \frac{1}{3}BD$.

所以 $BP = PQ = QD$.

证明 3 如图 113.3，设直线 CP 交 AB 于 G.

由 A 与 C 关于 BD 对称，可知 G 与 E 关于 BD 对称. 有 G 为 AB 的中点，于是 $AG = FC$，得四边形 $AGCF$ 为平行四边形，进而 $GC \parallel AF$.

由 $GA = GB$，可知 $PQ = PB$；由 $FC = FD$，可知 $QD = QP$.

所以 $BP = PQ = QD$.

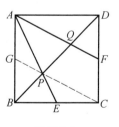

图 113.3

证明 4　如图 113.4,连 CP,CQ.

由 E 与 F 关于 AC 对称,B 与 D 关于 AC 对称,可知 P 与 Q 关于 AC 对称,有 $AP=AQ,CP=CQ$.

由 A 与 C 关于 BD 对称,可知 $QA=QC$,有 $AP=QA=QC=PC$,于是四边形 $APCQ$ 为菱形,得

$$AE \parallel QC,AF \parallel PC$$

$$BE=EC \Rightarrow BP=PQ$$

$$CF=FD \Rightarrow PQ=QD$$

所以 $BP=PQ=QD$.

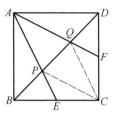

图 113.4

证明 5　如图 113.5,设直线 EF 分别交直线 AB,AD 于 M,N 两点.

显然 $ME=EF=FN$.

由 $\dfrac{BP}{ME}=\dfrac{AP}{AE}=\dfrac{PQ}{EF}=\dfrac{AQ}{AF}=\dfrac{QD}{FN}$,可知

$$\frac{BP}{ME}=\frac{PQ}{EF}=\frac{QD}{FN}$$

所以 $BP=PQ=QD$.

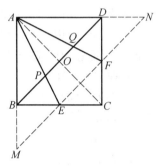

图 113.5

证明 6　如图 113.6,在 AF 延长线上取一点 H,使 $FH=QF$,直线 DH 交直线 BC 于 G,连 CH,CQ.

显然四边形 $QCHD$ 为平行四边形,可知 $QC \parallel DG$.

由 $DH=QC=AQ,CH=QD,CD=AD$ 可知 $\triangle CDH \cong \triangle DAQ$,进而 $\triangle CDG \cong \triangle DAF$,于是 $CG=DF=BE$,得 $EG=BC=AD$,故四边形 $AEGD$ 为平行四边形.

由 $AE \parallel DG \parallel QC,BE=EC=CG$,可知

$$BP=PQ=QD$$

所以 $BP=PQ=QD$.

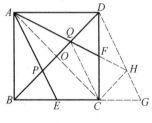

图 113.6

第 114 天

正方形 $ABCD$ 的对角线 AC,BD 相交于 O,E 是 OD 延长线上的一点,$\angle ECD = 15°$.

求证:$EC = BD$.

证明 1 如图 114.1.

在 $\triangle COE$ 中,易知 $\angle EOC = 90°$,$\angle OCE = 60°$,可知 $EC = 2CO = CA = BD$.

所以 $EC = BD$.

证明 2 如图 114.2,连 EA.

显然 DE 为 CA 的中垂线,可知 $EA = EC$.

易知 $\angle ECA = 60°$,可知 $\angle EAC = 60°$,有 $\triangle ECA$ 为正三角形.

所以 $EC = BD$.

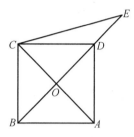

图 114.1

证明 3 如图 114.3,设 F 为 EC 的中点,连 OF.

易知 $\triangle ECO$ 为直角三角形,OF 为斜边 EC 上的中线,可知 $EC = 2FO$.

在 $\triangle COF$ 中,显然 $\angle OCF = 60°$,可知 $\triangle COF$ 为正三角形,有 $OF = OC$,于是 $EC = 2OC = AC = BD$.所以 $EC = BD$.

证明 4 如图 114.2.

显然 ED 为 AC 的中垂线,可知 $EA = EC$,有 $\triangle ECA$ 为正三角形,于是 $AC = EC$,得 $BD = EC$.

所以 $EC = BD$.

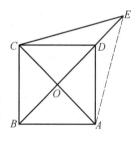

图 114.2

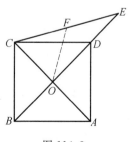

图 114.3

351

第 115 天

正方形 $ABCD$ 中,E 是 BC 上的任意一点(异于 B,C),过 E 作 AE 的垂线分别交 CD,AB 的延长线于 F,G. 求证:$BE=BG+CF$.

证明1 如图 115.1,过 F 作 BC 的平行线交 AB 于 H.

显然四边形 $BCFH$ 为矩形,可知 $BH=CF$,$HF=BC=AB$.

由 $AE\perp GF$,$AB\perp BC$,可知 $\angle G=90°-\angle GAE=\angle AEB$,有 Rt$\triangle FHG\cong$Rt$\triangle ABE$,于是 $BE=HG=BG+BH=BG+CF$.

所以 $BE=BG+CF$.

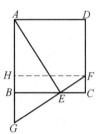

图 115.1

证明2 如图 115.2,过 B 作 GF 的平行线交 DC 于 H.

显然四边形 $BGFH$ 为平行四边形,可知 $BG=HF$.

由 $AE\perp GF$,可知 $AE\perp BH$,有 $\angle HBC=90°-\angle ABH=\angle BAE$.

由 $AB=BC$,可知 Rt$\triangle ABE\cong$Rt$\triangle BCH$,有 $BE=CH=HF+CF=BG+CF$.

所以 $BE=BG+CF$.

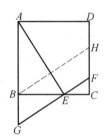

图 115.2

证明3 如图 115.3,过 G 作 BC 的平行线交直线 DC 于 H.

显然四边形 $BCHG$ 为矩形,可知 $BG=CH$,$GH=BC=AB$.

易证 Rt$\triangle ABE\cong$Rt$\triangle GHF$,可知 $BE=HF=CH+CF=BG+CF$.

所以 $BE=BG+CF$.

证明4 如图 115.4,过 C 作 FG 的平行线交直线 AG 于 H.

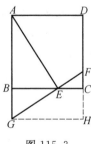

图 115.3

显然四边形 $GHCF$ 为平行四边形,可知 $GH=FC$.

易证 Rt$\triangle ABE\cong$Rt$\triangle CBH$,可知 $BE=BH=BG+GH=BG+CF$.

所以 $BE=BG+CF$.

证明5 如图115.5,设 L 为 AB 上一点,$LB=EB$,过 L 作 AE 的平行线交 BC 于 H,过 H 作 BC 的垂线交 AE 于 K.

显然四边形 $ALHK$ 为平行四边形,可知 $KH=AL$.

由 $AB=BC$,可知 $EC=AL=KH$.

易证 $\text{Rt}\triangle KHE\cong \text{Rt}\triangle ECF$,可知 $CF=HE$.

易证 $\text{Rt}\triangle BLH\cong \text{Rt}\triangle BEG$,可知 $BE=BH+HE=BG+CF$.

所以 $BE=BG+CF$.

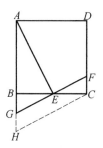

图 115.4

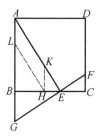

图 115.5

第 116 天

如图 116.1,E 为正方形 $ABCD$ 的 DC 边上一点,$EC = \dfrac{1}{3}DE$,求证:$EC + AB = AE$.

证明 1 如图 116.1,设 $EC = 1$,可知 $DE = 3$,有 $AD = AB = 4$,于是 $EC + AB = 5$.

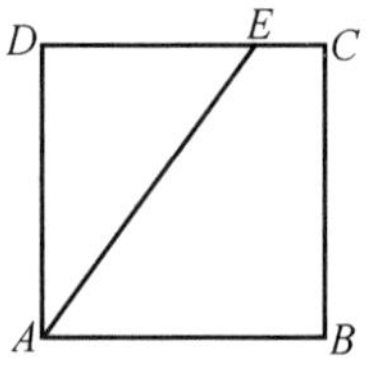

在 $\mathrm{Rt}\triangle ADE$ 中,由勾股定理,可知 $AE = 5$.

所以 $EC + AB = AE$.

图 116.1

证明 2 如图 116.2,设 G 为 BC 的中点,直线 EG 与 AB 相交于 F,连 AG.

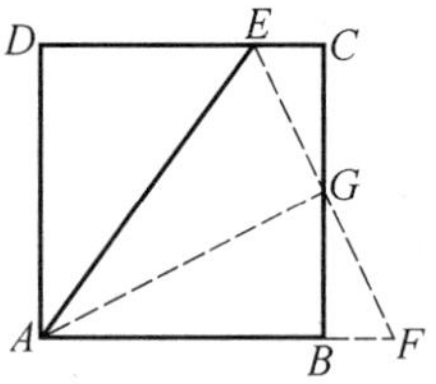

显然 $\mathrm{Rt}\triangle GBF \cong \mathrm{Rt}\triangle GCE$,可知 $BF = EC$,$GE = GF$.

显然 $\dfrac{AB}{BG} = \dfrac{2}{1} = \dfrac{GC}{EC}$,可知

$$\mathrm{Rt}\triangle ABG \backsim \mathrm{Rt}\triangle GCE$$

有 $\angle GAB = \angle EGC$,于是

$$\angle AGB + \angle EGC = \angle AGB + \angle GAB = 90°$$

得 $AG \perp EF$.

图 116.2

显然 AG 为 EF 的中垂线,可知

$$AE = AF = AB + BF = AB + EC$$

所以 $EC + AB = AE$.

证明 3 如图 116.3,以 A 为圆心,AB 为半径作弧交 AE 于 F.

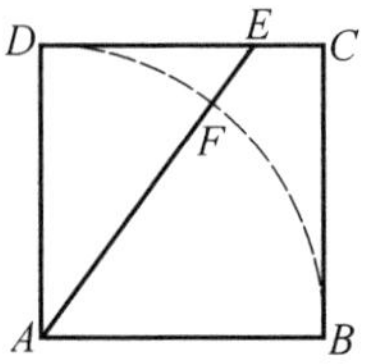

显然点 D 在弧上.

易证 $AF = AD = DC = 4EC$.

由 $ED^2 = EF(EF + 2AF)$,可知

$$9EC^2 = EF(EF + 8EC)$$

图 116.3

有 $(EC - EF)(9EC + EF) = 0$,于是 $EF = EC$,得 $AE = AF + FE = AB + EC$.

所以 $EC + AB = AE$.

证明 4 如图 116.4 设 G 为 BC 的中点,过 G 作 AE 的垂线,F 为垂足,连 GE,GA.

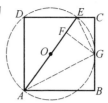

图 116.4

显然 $\dfrac{AB}{BG} = \dfrac{2}{1} = \dfrac{GC}{EC}$,可知

$$\text{Rt}\triangle ABG \backsim \text{Rt}\triangle GCE$$

有 $\angle GAB = \angle EGC$,于是

$$\angle AGB + \angle EGC = \angle AGB + \angle GAB = 90°$$

得 $AG \perp EF$.

显然 A,G,E,D 四点共圆.

易知 $CE \cdot CD = \dfrac{1}{4}DC^2 = \dfrac{1}{4}CB^2 = CG^2$,可知 CG 为圆的切线,有 $\angle FGE = \angle EAG = \angle CGE$,于是 $\text{Rt}\triangle FGE \cong \text{Rt}\triangle CGE$,得 $EF = EC$.

易证 $AF = AB$,可知 $EC + AB = EF + AF = AE$.

所以 $EC + AB = AE$.

证明 5 如图 116.5,设 G 为 BC 的中点,H 为 DC 的中点,连 GE,GA,BH.

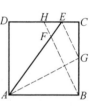

图 116.5

显然 $\text{Rt}\triangle ABG \cong \text{Rt}\triangle BCH$,可知 $AG = BH$,$AG \perp BH$.

显然 $EG = \dfrac{1}{2}HB = \dfrac{1}{2}AG$,$EG \perp AG$,可知 $\text{Rt}\triangle AGE \backsim \text{Rt}\triangle ABG$,有 AG 平分 $\angle EAB$,于是 AG 为 BF 的中垂线,得 $AF = AB$.

由 $\angle EHF = \angle FBA = \angle AFB = \angle EFH$,可知 $EF = EH = EC$,有 $AE = AF + EF = AB + EC$.

所以 $EC + AB = AE$.

证明 6 如图 116.6,设 G 为 BC 边中点,直线 AG 与 DC 相交于 F,连 EG.

显然 $\text{Rt}\triangle GBA \cong \text{Rt}\triangle GCF$,可知 $GA = GF$,$AB = CF$.

显然 $\dfrac{AB}{BG} = \dfrac{2}{1} = \dfrac{GC}{EC}$,可知

$$\text{Rt}\triangle ABG \backsim \text{Rt}\triangle GCE$$

有 $\angle GAB = \angle EGC$,于是 $\angle AGB + \angle EGC = \angle AGB + \angle GAB = 90°$,得 $AF \perp EG$.

显然 EG 为 AF 的中垂线,可知

$$AE = EF = EC + CF = EC + AB$$

所以 $EC + AB = AE$.

证明 7 如图 116.7,设 G 为 BC 的中点,直线 AG 与 DC 相交于 F,H 为 CD 延长线上一点,$DH = GB$,连 AH,EG.

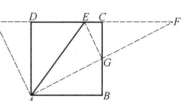

显然 Rt$\triangle ADH \cong$ Rt$\triangle ABG \cong$ Rt$\triangle FCG$,可知 $AH = AG = GF$,$CF = AB$,$HA \perp AF$.

图 116.7

显然 $\dfrac{AB}{BG} = \dfrac{2}{1} = \dfrac{GC}{EC}$,可知

$$\text{Rt}\triangle ABG \backsim \text{Rt}\triangle GCE$$

有 $\angle GAB = \angle EGC$,于是 $\angle AGB + \angle EGC = \angle AGB + \angle GAB = 90°$,得 $AF \perp EG$.

显然 EG 为 $\triangle FAH$ 的中位线,AE 为 Rt$\triangle FAH$ 的斜边 FH 上的中线,可知

$$AF = \frac{1}{2}HF = EF = EC + CF = EC + AB$$

所以 $EC + AB = AE$.

证明 8 如图 116.8,设 G 为 BC 的中点,F 为 DC 的中点,过 A 作 AG 的垂线交直线 DC 于 H,连 GA,GE,BF.

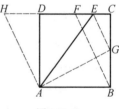

显然 Rt$\triangle ADH \cong$ Rt$\triangle ABG \cong$ Rt$\triangle BCF$,可知 $AH = AG = BF$,$AG \perp BF$,四边形 $ABFH$ 为平行四边形,于是 $HF = AB$.

图 116.8

显然 $EG = \dfrac{1}{2}FB = \dfrac{1}{2}AG$,$EG \perp AG$,可知

$$\text{Rt}\triangle AGE \backsim \text{Rt}\triangle ABG$$

有 AG 平分 $\angle EAB$,于是 $\angle EAH = \angle DAG = \angle AGB = \angle AHE$,得

$$AE = HE = HF + EF = AB + EC$$

所以 $EC + AB = AE$.

证明 9 如图 116.9,设 G 为 BC 的中点,H 为 DC 的中点,直线 BH,AE 相交于 F,连 GA,GE,GF,CF.

显然 Rt$\triangle ABG \cong$ Rt$\triangle BCH$,可知 $AG = BH$,$AG \perp BH$.

显然 $EG = \dfrac{1}{2}HB = \dfrac{1}{2}AG$,$EG \perp AG$,可知 Rt $\triangle AGE \backsim$ Rt$\triangle ABG$,有 AG

平分 $\angle EAB$，于是 AG 为 BF 的中垂线，得 $AF = AB$.

显然 G 为 $\triangle BCF$ 的外心，可知 $FC \perp FB$，有 EG 为 FC 的中垂线，于是 $EF = EC$，得

$$AE = AF + EF = AB + EC$$

所以 $EC + AB = AE$.

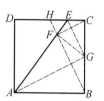

图 116.9

证明 10 如图 116.10，以 A 为圆心，以 AB 为半径作圆交直线 AE 于点 F，G.

由 $EC = \dfrac{1}{3}DE$，可知 $DE = 3DC$，有 $AB = 4EC$.

显然 $AG = AF = AB$，可知 $GF = 8EG$.

显然 DC 为圆 A 的切线，可知 $DE^2 = EF \cdot EG$，有

$$(3EC)^2 = EF \cdot (EF + 8EC)$$

于是

$$9EC^2 = EF^2 + 8EF \cdot EC$$

或

$$(EC + EF) \cdot (EC - EF) = 8EC \cdot (EF - EC)$$

或

$$(EC - EF) \cdot (EF + 9EC) = 0$$

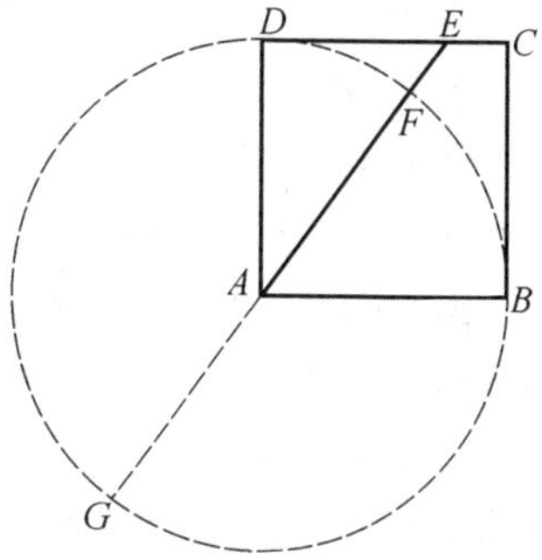

显然 $EF + 9EC \neq 0$，故只有 $EC - EF = 0$，可知 $EF = EC$，有 $AE = AF + FE = AB + EC$.

所以 $EC + AB = AE$.

图 116.10

第 117 天

设 P 为正方形 $ABCD$ 的 CD 边上一点, $PA = PC + CB$.

求证: $PA : AD : DP = 5 : 4 : 3$.

证明 1 如图 117.1, 设 Q 为 DC 延长线上的一点, $CQ = CB$, 连 AQ 交 BC 于 E, 连 PE.

由 $AB = BC = CQ$, $AB \parallel CQ$, 可知 $\text{Rt}\triangle ECQ \cong \text{Rt}\triangle EBA$, 有 E 为 BC 的中点.

由 $PA = PC + CB = PQ$, 可知 PE 为等腰三角形 PAQ 的底边 AQ 上的高线, 有 $PE \perp AQ$, 于是 $\text{Rt}\triangle PCE \sim \text{Rt}\triangle PEQ$, 得 $EC^2 = PC \cdot CQ$.

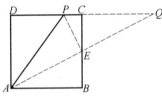

图 117.1

由 $CQ = 2CE$, 可知 $CE = 2CP$, 有 $CB = 4CP$, 于是 $DP = DC - CP = 3CP$, $PA = PC + CB = 5CP$.

所以 $PA : AD : DP = 5 : 4 : 3$.

证明 2 如图 117.2, 设 Q 为 AB 延长线上的一点, $AQ = AP$, PQ, BC 相交于 E, 连 AE.

由 $PC + CB = PA = QA = AB + BQ$, 可知
$$PC = BQ$$

显然 $\text{Rt}\triangle EBQ \cong \text{Rt}\triangle ECP$, 有 $EQ = EP$, 于是 $AE \perp PQ$.

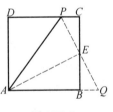

图 117.2

显然 $\text{Rt}\triangle EBQ \sim \text{Rt}\triangle ABE$.

由 $AB = 2BE$, 可知 $BE = 2BQ$, 有
$$AB = 4BQ, AP = AQ = 5BQ$$

于是 $PD = 3BQ$.

所以 $PA : AD : DP = 5 : 4 : 3$.

证明 3 如图 117.3, 设 Q 为 PA 上的一点, $AQ = AB$, 过 A 作 BQ 的垂线交 BC 于 E, F 为垂足, G 为直线 BQ, DC 的交点, 连 QC.

显然 F 为 QB 的中点, AE 平分 $\angle PAB$.

由 $AQ + QP = PA = PC + CB$, 可知 $PQ = PC$, 有 $\angle PQC = \angle PCQ =$

$\dfrac{1}{2}\angle DPA = \dfrac{1}{2}\angle PAB = \angle PAE$,于是 $QC /\!/ AE$,得 E 为 BC 的中点.

显然 $QC \perp QB$,可知 PQ 为 Rt$\triangle CQG$ 的斜边 GC 上的中线,即 P 为 GC 的中点.

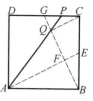

图 117.3

易知 Rt$\triangle ABE \cong$ Rt$\triangle BCG$,可知 $CG = BE$,有 $AD = DC = 4PC$,于是 $PD = 3PC$,$PA = 5PC$.

所以 $PA : AD : DP = 5 : 4 : 3$.

第 118 天

正方形 $ABCD$ 的对角线 AC 与 BD 交于 O,作 $\angle CAB$ 的平分线分别交 BD,BC 于 E,F.

求证:$OE = \dfrac{1}{2}CF$.

证明1 如图 118.1,过 O 作 CB 的平行线交 AF 于 H. 由 O 为 AC 的中点,可知 OH 为 $\triangle AFC$ 的中位线,有 $OH = \dfrac{1}{2}CF$.

图 118.1

由 $\angle HOA = \angle BCA = 45° = \angle DBA$,$\angle FAC = \angle FAB$,可知 $\angle HOA + \angle FAC = \angle DBA + \angle FAB$,就是 $\angle OHE = \angle OEH$,有 $OE = OH$.

所以 $OE = \dfrac{1}{2}CF$.

证明2 如图 118.2,过 O 作 AF 的平行线交 CB 于 H. 由 O 为 AC 的中点,可知 H 为 CF 的中点,有 $HF = \dfrac{1}{2}CF$.

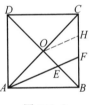

图 118.2

显然 $\angle BEF = \angle BAF + \angle ABD = \angle CAF + \angle ACB = \angle BFE$,可知 $BE = BF$.

易知 $\dfrac{BF}{FH} = \dfrac{BE}{EO}$,可知 $EO = FH = \dfrac{1}{2}CF$.

所以 $OE = \dfrac{1}{2}CF$.

证明3 如图 118.3,过 C 作 AF 的平行线交 DB 于 H. 由 O 为 AC 的中点,可知 O 为 HE 的中点,有 $OE = \dfrac{1}{2}HE$.

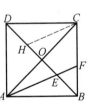

图 118.3

显然

$$\angle BEF = \angle BAF + \angle ABD$$

$$= \angle CAF + \angle ACB = \angle BFE$$

可知 $BE = BF$.

易知 $\dfrac{BF}{FC} = \dfrac{BE}{EH}$,可知 $EH = FC$.

所以 $OE = \dfrac{1}{2}CF$.

证明 4 如图 118.4,过 C 作 DB 的平行线交直线 AF 于 H.

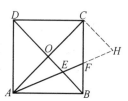

图 118.4

由 O 为 AC 的中点,可知 OE 为 $\triangle AHC$ 的中位线,有 $OE = \dfrac{1}{2}CH$.

显然 $\angle BEF = \angle BAF + \angle ABD = \angle CAF + \angle ACB = \angle BFE$,可知 $BE = BF$.

易知 $\dfrac{BF}{FC} = \dfrac{BE}{CH}$,可知 $CH = CF$.

所以 $OE = \dfrac{1}{2}CF$.

证明 5 如图 118.5,设直线 AF,DC 相交于 G.

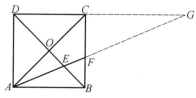

图 118.5

由四边形 $ABCD$ 为正方形,可知 $\angle FCG = 90°$.

显然 $\angle EOA = 90° = \angle FCG$.

由 AG 平分 $\angle CAB$,可知 $\angle EAO = \angle BAG = \angle DGA$,有 $\text{Rt}\triangle AOE \backsim \text{Rt}\triangle GCF$,于是 $\dfrac{OE}{CF} = \dfrac{OA}{CG}$.

显然 $\angle G = \angle GAB = \angle CAG$,可知 $CG = CA = 2OA$,有 $\dfrac{OA}{CG} = \dfrac{1}{2}$,于是 $\dfrac{OE}{CF} = \dfrac{1}{2}$,得 $OE = \dfrac{1}{2}CF$.

所以 $OE = \dfrac{1}{2}CF$.

证明 6 如图 118.6.

显然 $AC = 2AO$.

由 $CB \perp AB, AO \perp OE, AF$ 平分 $\angle CAB$,可知 $\angle AFB = \angle AEO = \angle BEF$,有 $BE = BF$.

由 AF 为 $\angle CAB$ 的平分线,可知

$$\frac{CF}{FB} = \frac{CA}{BA} = \frac{2OA}{BA} = \frac{2OE}{BE} = \frac{2OE}{FB}$$

即 $\dfrac{CF}{FB} = \dfrac{2OE}{FB}$,于是 $CF = 2OE$.

所以 $OE = \dfrac{1}{2}CF$.

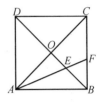

图 118.6

证明 7 如图 118.7,设 $\angle CBD$ 的平分线分别交 AC,DC 于 G,H,过 G 作 BC 的垂线,K 为垂足,连 GE,GF.

显然 $AB \perp BC$,$AC \perp BD$.

由 AF 平分 $\angle CAB$,可知 $\angle BFE = 90° - \angle BAF = 90° - \angle CAF = \angle AEO = \angle BEF$,即 $\angle BFE = \angle BEF$,有 $BE = BF$,于是 BH 为 EF 的中垂线,得 $GF = GE$.

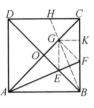

图 118.7

由 AF 平分 $\angle GAB$,可知 G 与 B 关于 AF 对称,有 $\angle FGA = \angle FBA = 90°$,即 $GF \perp AC$.

显然 $\triangle CGF$ 为等腰直角三角形,可知 $KF = \dfrac{1}{2}CF$.

由 $GK \perp BC$,BH 平分 $\angle OBK$,可知 K 与 O 关于 BH 对称,有 $OE = KF = \dfrac{1}{2}CF$.

所以 $OE = \dfrac{1}{2}CF$.

证明 8 如图 118.8,过 F 作 AC 的垂线,G 为垂足.

由 AF 为 $\angle CAB$ 的平分线,可知 $FG = FB$.

由 $CB \perp AB$,$AO \perp OE$,AF 平分 $\angle CAB$,可知 $\angle AFB = \angle AEO = \angle BEF$,有 $BE = BF = FG$.

显然 $AB = \sqrt{2}AO$.

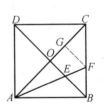

图 118.8

由 AE 平分 $\angle OAB$,可知 $\dfrac{EB}{EO} = \dfrac{AB}{AO} = \sqrt{2}$,有 $\dfrac{GF}{EO} = \dfrac{EB}{EO} = \sqrt{2}$,于是 $GF = \sqrt{2}OE$.

显然 $\triangle CFG$ 为等腰直角三角形,可知 $CF = \sqrt{2}GF = \sqrt{2} \cdot \sqrt{2}OE = 2OE$.

所以 $OE = \dfrac{1}{2}CF$.

证明 9 如图 118.8,过 F 作 AC 的垂线,G 为垂足.

显然 $FG = FB$.

由 $S_{\triangle AFC} = \frac{1}{2}AB \cdot CF = \frac{1}{2}AC \cdot FG, S_{\triangle AOE} = \frac{1}{2}AO \cdot OE$，可知

$$\frac{AO \cdot OE}{AB \cdot CF} = \frac{\frac{1}{2}AO \cdot OE}{\frac{1}{2}AB \cdot CF} = \frac{S_{\triangle AOE}}{S_{\triangle AFC}}$$

$$= \frac{\frac{1}{2}AO \cdot OE}{\frac{1}{2}AC \cdot FG} = \frac{\frac{1}{2}OE}{FB} = \frac{AO}{2AB}$$

即

$$\frac{AO \cdot OE}{AB \cdot CF} = \frac{AO}{2AB}$$

所以 $OE = \frac{1}{2}CF$.

本文参考自：

《中学数学教育》1989 年 2 期(18 种证法).

第 119 天

正方形 $ABCD$ 中,M 为 BC 边上一点,$\angle DAM$ 的平分线交 DC 于 K. 求证:$AM = MB + DK$.

证明 1　如图 119.1,过 A 作 AK 的垂线交直线 CB 于 N.

由四边形 $ABCD$ 为正方形,可知 $\angle ABN = 90° = \angle D$.

显然 $\angle BAN = 90° - \angle KAB = \angle DAK$,$AB = AD$,可知 $Rt\triangle ABN \cong Rt\triangle ADK$,有 $BN = DK$.

由 $\angle MAN = \angle KAB = \angle DKA = \angle N$,可知 $AM = MN = MB + BN = MB + DK$.

所以 $AM = MB + DK$.

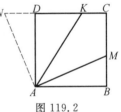

图 119.1

证明 2　如图 119.2,过 A 作 AM 的垂线交直线 CD 于 N.

由四边形 $ABCD$ 为正方形,可知 $\angle NAM = 90° = \angle B$.

显然 $\angle DAN = 90° - \angle DAM = \angle BAM$,$AD = AB$,可知 $Rt\triangle ADN \cong Rt\triangle ABM$,有 $AN = AM$,$DN = MB$.

显然 AK 平分 $\angle NAB$,可知 $\angle NAK = \angle KAB = \angle NKA$,有
$$AM = AN = KN = DN + DK = MB + DK$$
所以 $AM = MB + DK$.

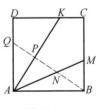

图 119.2

证明 3　如图 119.3,过 B 作 AK 的垂线交 AD 于 Q,交 AK 与 P,交 AM 于 N.

由 AK 平分 $\angle DAM$,可知 Q 与 N 关于 AK 对称,有 $AN = AQ$,$\angle AQB = \angle ANQ$.

显然 $\angle MBN = \angle AQB$,$\angle MNB = \angle ANQ$,可知 $\angle MBN = \angle MNB$,有 $MN = MB$.

由 $\angle KPQ = 90° = \angle D$,可知 P,Q,D,K 四点共圆,有 $\angle AQB = \angle AKD$.

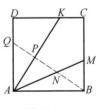

图 119.3

由 $AB=AD$,可知 $Rt\triangle ABQ\cong Rt\triangle DAK$,有 $DK=AQ$,于是 $DK=AN$,得

$$AM=AN+NM=DK+MB$$

所以 $AM=MB+DK$.

证明 4 如图 119.4,过 B 作 AK 的垂线交 AD 于 Q,交 AM 于 N.

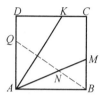

图 119.4

由 AK 平分 $\angle DAM$,可知 Q 与 N 关于 AK 对称,有 $AN=AQ$,$\angle AQB=\angle ANQ$.

显然 $\angle MBN=\angle AQB$,$\angle MNB=\angle ANQ$,可知 $\angle MBN=\angle MNB$,有 $MN=MB$.

由 $\angle AQB+\angle DAK=90°$,$\angle AKD+\angle DAK=90°$,可知 $\angle AQB=\angle AKD$.

由 $AB=AD$,可知 $Rt\triangle ABQ\cong Rt\triangle DAK$,有 $DK=AQ$,于是 $DK=AN$,得

$$AM=AN+NM=DK+MB$$

所以 $AM=MB+DK$.

证明 5 如图 119.5,(与证明 1 小有差别)设 L 为 DA 延长线上的一点,过 A 作 AK 的垂线交直线 CB 于 N.

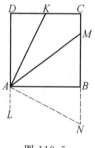

图 119.5

由四边形 $ABCD$ 为正方形,可知 $\angle ABN=90°=\angle D$.

显然 $\angle BAN=90°-\angle KAB=\angle DAK$,$AB=AD$,可知 $Rt\triangle ABN\cong Rt\triangle ADK$,有 $BN=DK$.

由 $AD\perp AB$,AK 平分 $\angle DAM$,可知 AN 平分 $\angle LAM$,有 $\angle MAN=\angle LAN=\angle N$,于是 $AM=MN=MB+BN=MB+DK$.

所以 $AM=MB+DK$.

第 120 天

在正方形 $ABCD$ 的 CD 上取一点 P,使 $AP = PC + CB$,又 G 为 CD 的中点.

求证:$\angle PAB = 2\angle DAG$.

证明 1　如图 120.1,设 Q 为 AB 延长线上一点,$BQ = PC$,连 PQ 交 BC 于 E,连 AE.

由四边形 $ABCD$ 为正方形,可知 $\angle EBQ = 90° = \angle C$.

显然 $AQ = AB + BQ = CB + PC = AP$.

显然 $DC \parallel AB$,可知 $\angle Q = \angle EPC$,有

$$\text{Rt}\triangle EBQ \cong \text{Rt}\triangle ECP$$

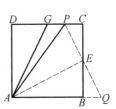

图 120.1

于是 E 为 PQ 的中点,得 AE 为 PQ 的中垂线,AE 平分 $\angle PAQ$.

显然 E 为 BC 的中点,由 G 为 CD 的中点,可知 $\text{Rt}\triangle ABE \cong \text{Rt}\triangle ADG$,有 $\angle DAG = \angle BAE$.

所以 $\angle PAB = 2\angle DAG$.

证明 2　如图 120.2,设 Q 为 DC 延长线上的一点,$CQ = CB$,连 AQ 交 BC 于 E,连 PE.

由四边形 $ABCD$ 为正方形,可知 $DC \parallel AB$,$CB = AB$,有 $\angle Q = \angle EAB$.

显然 $CQ = AB$,可知 $\text{Rt}\triangle ECQ \cong \text{Rt}\triangle EBA$,有 E 为 BC 的中点,E 为 AQ 的中点.

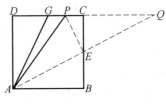

图 120.2

易知 $\text{Rt}\triangle EAB \cong \text{Rt}\triangle GAD$,可知

$$\angle BAE = \angle DAG$$

由 $PQ = CP + CB = PA$,可知 $\angle PAQ = \angle Q = \angle EAB$,即 $\angle PAB = 2\angle EAB = 2DAG$.

所以 $\angle PAB = 2\angle DAG$.

证明 3　如图 120.3,设 $\angle PAB$ 的平分线交 BC 于 E,过 B 作 AE 的垂线,交 PA 于 Q,连 QC,QE,PE.

显然 Q 与 B 关于 AE 对称,可知 $EQ \perp PA$,$EQ = EB$.

显然 $AQ=AB=CB$,由 $PC+CB=PA=AQ+PQ$,可知 $PC=PQ$.

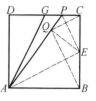

由 $PC \perp CE$,可知 Q 与 C 关于 PE 对称,有 $EC=EQ=EB$,于是 E 为 BC 的中点.

由 G 为 CD 的中点,可知 $EB=GD$,有

$$\text{Rt}\triangle EAB \cong \text{Rt}\triangle GAD$$

于是 $\angle DAG = \angle BAE$.

图 120.3

所以 $\angle PAB = 2\angle DAG$.

证明 4 如图 120.4,设 Q 为 PA 上一点,$AQ=AB$,过 A 作 BQ 的垂线交 BC 与 E,F 为垂足,连 CQ.

显然 AE 为 BQ 的中垂线,$\angle AQB = \angle ABQ$,AE 平分 $\angle PAE$.

由 $CB+PC=PA=AQ+PQ$,$CB=AB=AQ$,可知 $PC=PQ$,有 $\angle PQC = \angle PCQ$.

图 120.4

显然 $\angle PAB + \angle APC = 180°$,可知

$$\angle AQB + \angle ABQ + \angle PQC + \angle PCQ = 180°$$

有 $2(\angle AQB + \angle PQC) = 180°$,于是 $\angle AQB + \angle PQC = 90°$,得 $CQ \perp BQ$.

显然 $QC \parallel AE$.

由 F 为 BQ 的中点,可知 E 为 BC 的中点.

由 G 为 CD 的中点,可知 $\text{Rt}\triangle ABE \cong \text{Rt}\triangle ADG$,有 $\angle DAG = \angle BAE$.

所以 $\angle PAB = 2\angle DAG$.

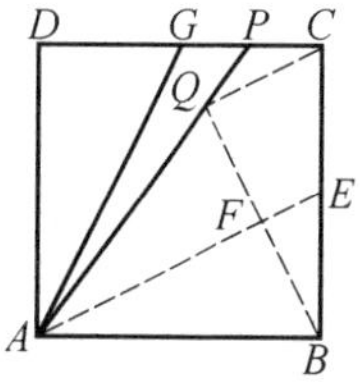

证明 5 如图 120.5,设 Q 为 PA 上一点,$AQ=AB$,过 A 作 BQ 的垂线交 BC 与 E,F 为垂足,直线 CQ,AD 相交于 H,连 CQ.

同证明 4,得到 $QC \parallel AE$,E 为 BC 的中点.

显然 H 为 AD 的中点.

由 G 为 CD 的中点,可知 $\text{Rt}\triangle CDH \cong \text{Rt}\triangle ADG$,可知

$$\angle DAG = \angle DCH = \angle EAB$$

图 120.5

所以 $\angle PAB = 2\angle DAG$.

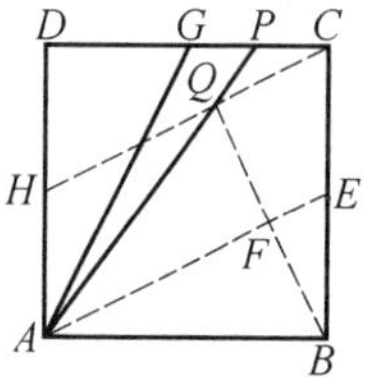

证明 6 如图 120.6,设 Q 为 PA 上一点,$PQ=PC$,连 QB,设 E 为 BC 的中点,连 QC,AE.

由 $PC+CB=PA=PQ+AQ$,可知 $AQ=CB=AB$,有 $\angle AQB = \angle ABQ$.

显然 $\angle PQC = \angle PCQ$,$\angle PAB + \angle APC = 180°$,可知 $\angle PQC + \angle AQB = 90°$,有 $CQ \perp BQ$,于是

$$EQ = \frac{1}{2}BC = EB = DG$$

显然 Q 与 B 关于 AE 对称，可知

$$\mathrm{Rt}\triangle AEB \cong \mathrm{Rt}\triangle AEQ \cong \mathrm{Rt}\triangle AGD$$

有

$$\angle DAG = \angle PAE = \frac{1}{2}\angle PAB$$

所以 $\angle PAB = 2\angle DAG.$

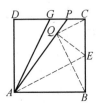

图 120.6

第 121 天

如图 121.1，E 是正方形 $ABCD$ 的边 DC 的中点，F 是 EC 的中点．求证：$\angle FAB = 2\angle DAE$．

证明 1 如图 121.1，设 $\angle FAB$ 的平分线分别交直线 BC，DC 于 G，H．

显然 $\angle H = \angle GAB = \angle FAH$，可知 $FA = FH$．

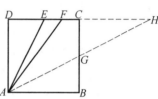

图 121.1

设 $DC = 4$，可知 $EC = 2$，$FC = 1$，$DF = 3$．

由勾股定理，可知 $AF = 5$，有 $FH = 5$，于是 $CH = 4 = AB$．

显然 G 为 BC 的中点，可知

$$\text{Rt}\triangle GAB \cong \text{Rt}\triangle EAD$$

有 $\angle BAG = \angle DAE$，于是 $\angle FAB = 2\angle DAE$．

所以 $\angle FAB = 2\angle DAE$．

证明 2 如图 121.2，设 G 为 BC 的中点，直线 FG 与 AB 相交于 H，连 AG．

由四边形 $ABCD$ 为正方形，可知 $DC \parallel AB$．

由 G 为 BC 的中点，可知 G 为 FH 的中点，有 $\text{Rt}\triangle GBH \cong \text{Rt}\triangle GCF$，于是 $BH = FC$．

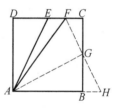

图 121.2

设 $DC = 4$，可知 $EC = 2$，$FC = 1$，$DF = 3$，有 $BH = 1$．

由勾股定理，可知 $AF = 5 = AH$，有 AG 为 $\angle FAH$ 的平分线，于是 $\angle FAB = 2\angle BAG$．

显然 $\text{Rt}\triangle BAG \cong \text{Rt}\triangle DAE$，可知 $\angle DAE = \angle BAG$，有 $\angle FAB = 2\angle DAE$．

所以 $\angle FAB = 2\angle DAE$．

证明 3 如图 121.3，设 EB 交 AF 于 H．

设 $DC = 4$，可知 $EC = 2$，$FC = 1$，$DF = 3$．

由勾股定理，可知 $AF = 5$．

易知 $\dfrac{FH}{HA}=\dfrac{EF}{AB}=\dfrac{1}{4}$,可知 $FH=1=EF$,有 $\angle FEH=$ $\angle FHE$.

显然 Rt$\triangle BCE\cong$ Rt$\triangle ADE$,可知 $\angle EAB=\angle ABH=$ $\angle FEH=\angle FHE$,有 $\angle AEB=\angle DFA$,于是 $\angle FAB=$ $\angle BEA=\angle CBE+\angle DAE=2\angle DAE$.

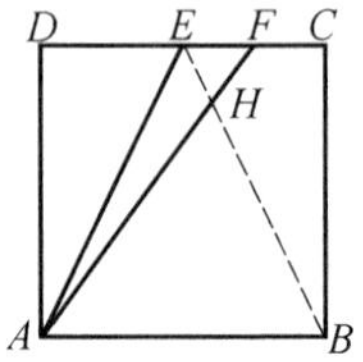

所以 $\angle FAB=2\angle DAE$.

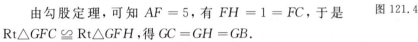

图 121.3

证明 4 如图 121.4,设 $\angle BAF$ 的平分线交 BC 于 G,过 G 作 AF 的垂线,H 为垂足,连 GF.

由四边形 $ABCD$ 为正方形,可知 $\angle B=90°$,有 Rt$\triangle ABG\cong$ Rt$\triangle AHG$,于是 $AH=AB$,$GH=GB$.

设 $DC=4$,可知 $EC=2$,$FC=1$,$DF=3$.

由勾股定理,可知 $AF=5$,有 $FH=1=FC$,于是 Rt$\triangle GFC\cong$ Rt$\triangle GFH$,得 $GC=GH=GB$.

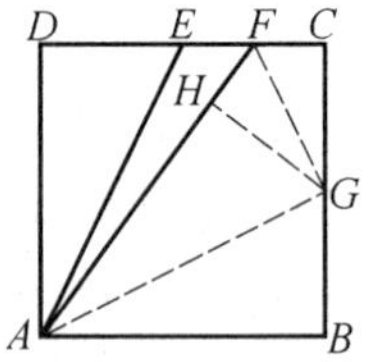

显然 Rt$\triangle AGB\cong$ Rt$\triangle AED$,可知 $\angle BAG=\angle DAE$,有 $\angle FAB=2\angle DAE$.

所以 $\angle FAB=2\angle DAE$.

图 121.4

证明 5 如图 121.5,设 G 为 BC 的中点,连 GF,GA.

由四边形 $ABCD$ 为正方形,可知 $AD=AB$,$CD=CB$,$\angle D=90°=\angle B$.

由 E 为 DC 的中点,可知 $DE=\dfrac{1}{2}DC=\dfrac{1}{2}CB=BG$,有

图 121.5

Rt$\triangle ABG\cong$ Rt$\triangle ADE$,于是

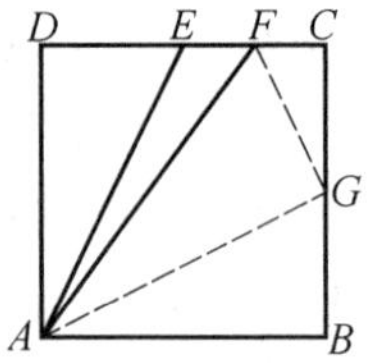

$$\angle GAB=\angle DAE$$

由 F 为 EC 的中点,G 为 BC 的中点,可知

$$\dfrac{FC}{GC}=\dfrac{1}{2}=\dfrac{GB}{AB}$$

由 $\angle C=90°=\angle B$,可知 Rt$\triangle CFG\backsim$ Rt$\triangle BGA$,有 $\angle CGF=\angle BAG$,于是 $\angle AGF=90°$.

显然 $\dfrac{FG}{AG}=\dfrac{1}{2}=\dfrac{GB}{AB}$,可知 Rt$\triangle FAG\backsim$ Rt$\triangle GAB$,有 $\angle FAG=\angle GAB$.

所以 $\angle FAB=2\angle DAE$.

证明 6 如图 121.6,设直线 BE 分别交直线 AD,AF 于 G,H.

由四边形 $ABCD$ 为正方形,E 为 DC 的中点,可知 DE 为 $\triangle GAB$ 的中位线,进而 DE 为 AG 的中垂线,有 $\angle G=\angle DAE$,于是 $\angle AEB=2\angle DAE$.

设 $DC=4$,可知 $EC=2,FC=1,DF=3$.

由勾股定理,可知 $AF=5$.

易知 $\dfrac{FH}{HA}=\dfrac{EF}{AB}=\dfrac{1}{4}$,可知 $AH=4=AB$,有 $\angle AHB=$
$\angle ABH$.

显然 $\mathrm{Rt}\triangle BCE\cong\mathrm{Rt}\triangle ADE$,可知 $\angle EAB=\angle ABH=$
$\angle AHB$,有 $\angle DFA=\angle AEB$,于是 $\angle FAB=\angle AEB=$
$2\angle DAE$.

所以 $\angle FAB=2\angle DAE$.

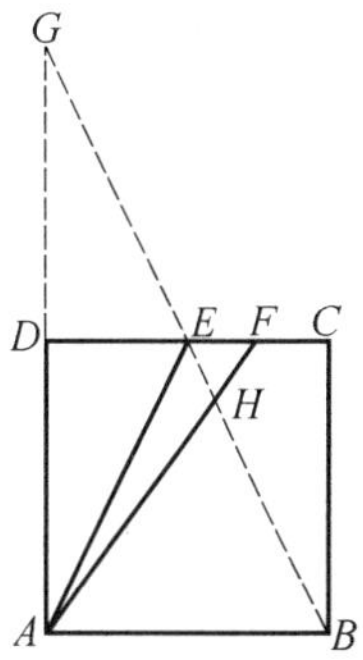

证明 7 如图 121.7,设 $DC=4$,可知 $DE=EC=2$,
$DF=3$.

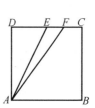

图 121.6

在 $\mathrm{Rt}\triangle DAE$ 中,显然 $\tan\angle DAE=\dfrac{1}{2}$.

在 $\mathrm{Rt}\triangle DAF$ 中,显然 $\tan\angle DFA=\dfrac{4}{3}$.

由 $\tan 2\angle DAE=\dfrac{2\tan\angle DAE}{1-\tan^2\angle DAE}=\dfrac{4}{3}=\tan\angle DFA$,

图 121.7

$\angle DFA$ 与 $2\angle DAE$ 均为锐角,可知 $\angle FAB=2\angle DAE$.

所以 $\angle FAB=2\angle DAE$.

证明 8 如图 121.1,设 $\angle FAB$ 的平分线分别交直线 BC,DC 于 G,H.

显然 $\angle H=\angle GAB=\angle FAH$,可知 $FA=FH$.

设 $DC=4$,可知 $EC=2,FC=1,DF=3$.

由勾股定理,可知 $AF=5$,有 $FH=5$,于是 $DH=8$.

显然 $\dfrac{AD}{HD}=\dfrac{1}{2}=\dfrac{ED}{AD}$,可知

$$\mathrm{Rt}\triangle ADH\backsim\mathrm{Rt}\triangle EDA$$

有 $\angle H=\angle DAE$,于是 $\angle BAH=\angle DAE$,得 $\angle FAB=2\angle DAE$.

所以 $\angle FAB=2\angle DAE$.

证明 9 如图 121.3,设 EB 交 AF 于 H.

由证明 3,可知 $\triangle AEH\backsim\triangle AFE$,有 $\angle AFE=\angle AEH$.(以下略)

证明 10 如图 121.3,设 EB 交 AF 于 H.

由证明 3,可知 $\triangle EAB\backsim\triangle FEH$,有 $\angle AEB=\angle EFH$.(以下略)

第 122 天

在正方形 $ABCD$ 中，E 是 CD 的中点，G 是 BC 边上的一点，且 AE 平分 $\angle DAG$.

求证：$AG = GC + CD$.

证明 1 如图 122.1，设 H 为直线 AE，BC 的交点.

由四边形 $ABCD$ 为正方形，可知 $AD \parallel BC$.

由 E 为 CD 的中点，可知 E 为 AH 的中点，有 $\triangle ADE \cong \triangle HCE$，于是

$$HC = DA = CD, \angle H = \angle DAH$$

由 AE 平分 $\angle DAG$，可知

$$\angle GAH = \angle DAE = \angle H$$

有

$$AG = HG = HC + GC = CD + GC$$

所以 $AG = GC + CD$.

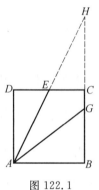

图 122.1

证明 2 如图 122.2，设直线 GE，AD 相交于 H.

由四边形 $ABCD$ 为正方形，可知

$$\angle DEH = 90° = \angle C$$

显然 $AD \parallel BC$.

由 E 为 CD 的中点，可知 E 为 GH 的中点，有

$$Rt\triangle DEH \cong Rt\triangle CEG$$

于是 $DH = GC$.

由 AE 平分 $\angle DAG$，可知 $\triangle AEH \cong \triangle AEG$，有

$$AG = AH = AD + DH = CD + GC$$

所以 $AG = GC + CD$.

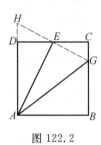

图 122.2

证明 3 如图 122.3，过 E 作 AG 的垂线，H 为垂足，连 EG.

由四边形 $ABCD$ 为正方形，可知，$\angle D = 90° = \angle AHE$.

由 AE 平分 $\angle DAG$，可知 $EH = ED$.

由 E 为 CD 的中点，可知 $EC = ED = EH$.

显然 $Rt\triangle GEH \cong Rt\triangle GEC$，可知 $GH = GC$，有 $AG = AH + GH = CD +$

GC.

所以 $AG = GC + CD$.

证明 4 如图 122.4,过 E 作 AG 的垂线,H 为垂足,连 HC,HD.

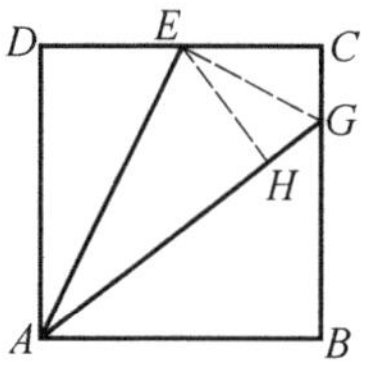

由四边形 $ABCD$ 为正方形,可知 $\angle ADE = 90°$.

由 AE 平分 $\angle DAG$,可知 H 与 D 关于 AF 对称,有 $AH = AD = CD$,$EH = ED$.

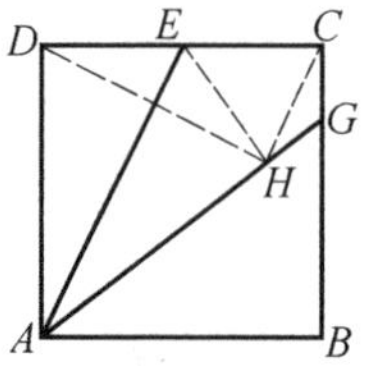

由 E 为 DC 的中点,可知 E 为 $\triangle CDH$ 的外心,有 $\angle DHC = 90°$,于是 $CH \parallel EA$,得

$$\angle GCH = \angle DAE = \angle GAE = \angle GHC$$

进而

$$GC = GH$$

所以 $AG = HG + AH = GC + CD$.

证明 5 如图 122.5,过 D 作 AE 的垂线分别交 AG,CB 于 K,F,过 A 作 AE 的垂线交直线 CB 于 H,连 KC.

显然 K 与 D 关于 AE 对称,可知 $EK = ED = EC$,有 E 为 $\triangle CDK$ 的外心,于是 $CK \perp DF$,$CK \parallel EA$.

显然 $\angle GFD = \angle ADK = \angle AKD = \angle GKF$,可知 KG 为 $\mathrm{Rt}\triangle CKF$ 的斜边 CF 上的直线,即 G 为 CF 的中点.

显然四边形 $AHFD$ 为平行四边形,可知 $FH = DA = CB$,有 $BH = CF = 2CG$.

易知 $\angle GAH = 90° - \angle EAG = 90° - \angle BAH = \angle H$,可知 $AG = GH = BG + BH = CB - CG + 2CG = GC + CD$.

所以 $AG = GC + CD$.

证明 6 如图 122.4,过 E 作 AG 的垂线,H 为垂足,连 HC,HD.

由四边形 $ABCD$ 为正方形,可知 $\angle ADE = 90°$.

由 AE 平分 $\angle DAG$,可知 H 与 D 关于 AF 对称,有 $AH = AD = CD$,$EH = ED$.

由 E 为 CD 的中点,可知 $EC = ED = EH$,有 E 为 $\triangle CDH$ 的外心,CD 为 $\triangle CDH$ 的外接圆的直径,于是 $\angle CHD = 90°$.

显然

$$\angle GHC = 90° - \angle CHE = \angle EHD = \angle EDH$$

由 $DC \perp BC$,可知 BC 为 $\triangle CDH$ 的外接圆的切线,有 $\angle GCH = \angle EDH = \angle GHC$,于是 $GH = GC$,得 $AG = AH + GH = CD + GC$.

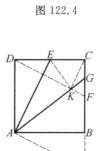

图 122.3

图 122.4

图 122.5

373

所以 $AG = GC + CD$.

证明 7 如图 122.4,过 E 作 AG 的垂线,H 为垂足,连 HC,HD.

由四边形 $ABCD$ 为正方形,可知 $\angle ADE = 90°$.

由 AE 平分 $\angle DAG$,可知 H 与 D 关于 AF 对称,有

$$AH = AD = CD, EH = ED$$

由 E 为 CD 的中点,可知 $EC = ED = EH$,有 E 为 $\triangle CDH$ 的外心,CD 为 $\triangle CDH$ 的外接圆的直径,于是 $\angle CHD = 90°$.

显然 $CH \parallel EA$,$\angle CHG = \angle EAG$,$\angle BGA = \angle DAG = 2\angle EAG = 2\angle CHG$,可知 $\angle GCH = \angle GHC$,有 $GH = GC$,于是

$$AG = AH + GH = CD + GC$$

所以 $AG = GC + CD$.

第 123 天

设 $ABCD$ 是单位正方形，P 是 BC 上的一点，直线 PD 交 AB 的延长线于点 Q，若 $PD = BP + BQ$.

求 DQ 的长.

解 1 如图 123.1，过 P 作 CA 的平行线交 AB 于 E，连 DE.

显然 A 与 C 关于直线 DB 对称，可知 E 与 P 关于直线 DB 对称，有 $DE = DP$，$BE = BP$，于是 $EQ = BE + BQ = BP + BQ = DP = ED$，$\angle PDC = \angle EDA$，得 $\angle EDQ = \angle Q = \angle PDC = \angle EDA = \dfrac{1}{3}\angle ADC = 30°$.

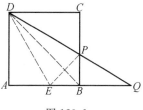

图 123.1

在 $\triangle ADQ$ 中，由 $\angle Q = 30°$，可知
$$DQ = 2AD = 2$$
所以 DQ 的长是 2.

解 2 如图 123.2，过 Q 作 CA 的平行线交直线 CB 于 F，连 DF 交 AQ 于 E.

显然 A 与 C 关于直线 DB 对称，可知 F 与 P 关于直线 DB 对称，有 $DF = DQ$，$BF = BQ$，$BE = BP$，$\angle PDC = \angle EDA$，于是 $EQ = BE + BQ = BP + BQ = DP = DE$，得 $\angle EDQ = \angle DQA = \angle PDC = \angle EDA = \dfrac{1}{3}\angle ADC = 30°$.

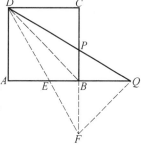

图 123.2

在 $\triangle ADQ$ 中，由 $\angle DQA = 30°$，可知
$$DQ = 2AD = 2$$
所以 DQ 的长是 2.

解 3 如图 123.3，设 $PB = x$，$BQ = y$，可知 $PD = x + y$，$PC = 1 - x$.

显然 $\dfrac{PB}{DA} = \dfrac{BQ}{AQ}$，可知 $\dfrac{x}{1} = \dfrac{y}{1 + y}$，有
$$x + xy = y \tag{1}$$

在 $\triangle PCD$ 中,由勾股定理,可知 $PD^2 = PC^2 + DC^2$,有

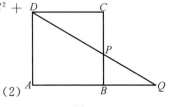

$$(x+y)^2 = (1-x)^2 + 1$$

于是

$$y^2 + 2 \cdot (xy+x) - 2 = 0 \qquad (2)$$

图 123.3

将(1)代入(2),得

$$y^2 + 2y - 2 = 0$$

解这个方程,可知 $y = \sqrt{3} - 1$(舍去负值).

在(1)中,可知 $x = \dfrac{3-\sqrt{3}}{3}$,于是

$$DQ = x + y + \sqrt{x^2 + y^2} = 2$$

所以 DQ 的长是 2.

解 4 如图 123.3,如上,求出

$$y = \sqrt{3} - 1, x = \dfrac{3-\sqrt{3}}{3}$$

可知 $\dfrac{y}{x} = \sqrt{3}$,有 $\angle Q = 30°$,于是

$$DQ = 2QA = 2$$

所以 DQ 的长是 2.

第 124 天

方形 $ABCD$ 中,E,F 分别为 BC,CD 上的点,$\angle EAF = 45°$.

求证:$BE + DF = EF$.

证明 1 如图 124.1,过 A 作 AF 的垂线交直线 CB 于 G.

由 $\angle EAF = 45°$,可知 $\angle GAE = 45°$.

显然 $\angle BAE + \angle DAF = 45°$,可知

$$\angle BAG = \angle DAF$$

由 $AB = AD$,可知 $\mathrm{Rt}\triangle ABG \cong \mathrm{Rt}\triangle ADF$,有

$$AG = AF, GB = FD$$

显然 $\triangle AGE \cong \triangle AFE$,可知

$$EF = EG = BE + GB = BE + DF$$

所以 $BE + DF = EF$.

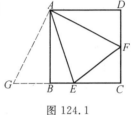

图 124.1

证明 2 如图 124.2,设 G 为 CD 延长线上的一点,$DG = BE$,连 AG.

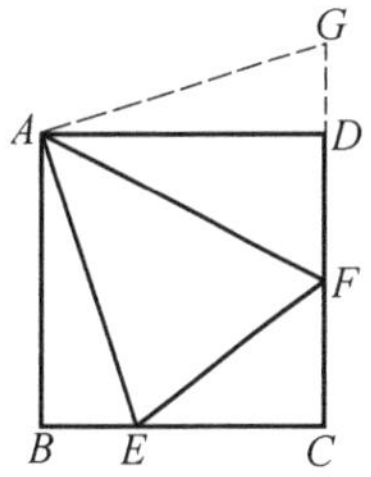

由 $AB = AD$,可知 $\mathrm{Rt}\triangle ADG \cong \mathrm{Rt}\triangle ABE$,有 $AG = AE$,$\angle GAD = \angle EAB$.

由 $\angle EAF = 45°$,可知 $\angle EAB + \angle DAF = 45°$,有 $\angle GAF = 45° = \angle EAF$,于是 $\triangle GAF \cong \triangle EAF$,得 $EF = GF = DG + DF = BE + DF$.

所以 $BE + DF = EF$.

图 124.2

证明 3 如图 124.3,过 A 作 EF 的垂线,G 为垂足,将 $\triangle ABE$ 沿着直线 AE 翻折,又将 $\triangle ADF$ 沿着直线 AF 翻折.

由 $AB = AD$,$\angle EAF = 45°$,可知翻折以后 AB 与 AD 重合 B,D 均落在过 A 作 EF 的垂线之垂足,即 B 落在 G 点,D 也落在 G 点,于是 $EG = EB$,$FG = FD$,得 $BE + DF = EG + GF = EF$.

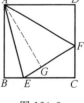

图 124.3

所以 $BE + DF = EF$.

证明 4   如图 124.4,过 A 作 EF 的垂线,G 为垂足,设 $\angle CFE$ 的平分线交 AC 于 O,连 EO.

图 124.4

由 $\angle EAF = 45°$,可知 $\angle DAF + \angle BAE = 45°$.

显然 O 为 $\triangle CEF$ 的内心,可知

$$\angle EOF = \angle OEC + \angle OFC + \angle ECF = 135°$$

由 $\angle EAF = 45°$,可知 $\angle EAF + \angle ECF = 180°$,有 A,E,O,F 四点共圆,于是

$$\angle OFC = \angle OFE = \angle OAE = 45° - \angle BAE = \angle DAF$$

由 $\angle DAF + \angle DFA = 90°$,可知

$$\angle OFC + \angle DFA = 90°$$

有 $\angle OFA = 90°$,于是 AF 平分 $\angle DAG$.

显然 G 与 D 关于 AF 对称,可知 $GF = DF$.

同理 $GE = BE$,可知 $EF = EG + GF = BE + DF$.

所以 $BE + DF = EF$.

第 125 天

正方形 $ABCD$ 中，F 为 AB 的中点，E 为 AD 上一点，$AE = \frac{1}{3}ED$.

求证：$\triangle EFC$ 为直角三角形.

证明 1　如图 125.1，设 $AE = 1$，可知 $DE = 3$，有 $DC = AD = 4$，于是 $EC = 5$.

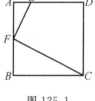

图 125.1

显然 $AF = FB = 2$，可知 $EF = \sqrt{5}$.

在 Rt$\triangle FBC$ 中，可知 $FC = 2\sqrt{5}$.

由 $EF^2 + FC^2 = 5 + 20 = 25 = EC^2$，可知
$$\angle EFC = 90°$$

所以 $\triangle EFC$ 为直角三角形.

证明 2　如图 125.2.

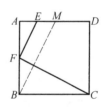

图 125.2

由 F 为 AB 的中点，$AE = \frac{1}{3}ED$，可知
$$AE = \frac{1}{4}AD = \frac{1}{2}AF$$

由 F 为 AB 的中点，可知 $FB = \frac{1}{2}BC$，有 Rt$\triangle AFE \backsim$ Rt$\triangle BCF$，于是
$$\angle AFE = \angle FCB = 90° - \angle BFC$$
或
$$\angle AFE + \angle BFC = 90°$$
得 $\angle EFC = 90°$.

所以 $\triangle EFC$ 为直角三角形.

证明 3　如图 125.3，过 B 作 FE 的平行线交 AD 于 M.

由 $AE = \frac{1}{3}ED$，可知 $ED = 3AE$，有 $AD = 4AE$.

由 F 为 AB 的中点，可知 E 为 AM 的中点，有
$$AM = 2AE = \frac{1}{2}AD = FB$$

于是

$$\mathrm{Rt}\triangle ABM \cong \mathrm{Rt}\triangle BCF$$

有 $MB \perp FC$.

显然 FE 为 $\triangle ABM$ 的中位线,可知 $FE \parallel MB$,有 $EF \perp FC$.

所以 $\triangle EFC$ 为直角三角形.

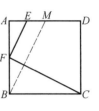

图 125.3

证明 4 如图 125.4,设直线 EF 与直线 BC 交于 G.

由 F 为 AB 的中点,可知 F 为 EG 的中点.

由 $AE = \dfrac{1}{3}ED$,设 $AE = 1$,可知 $DC = AD = 4$,有 $EC = 5$.

显然 $GB = AE = 1$,可知 $GC = 5 = EC$.

所以 $\triangle EFC$ 为直角三角形.

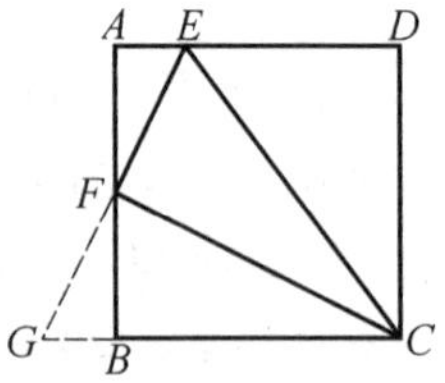

图 125.4

证明 5 如图 125.5,设直线 AD 与直线 FC 交于 G.

由 $AE = \dfrac{1}{3}ED$,设 $AE = 1$,可知 $ED = 3$, $DC = AD = 4$,有 $EC = 5$.

由 F 为 AB 的中点,可知 F 为 GC 的中点,有 $GA = BC = 4$,于是 $GE = 5 = GC$,得 $EF \perp GC$.

图 125.5

所以 $\triangle EFC$ 为直角三角形.

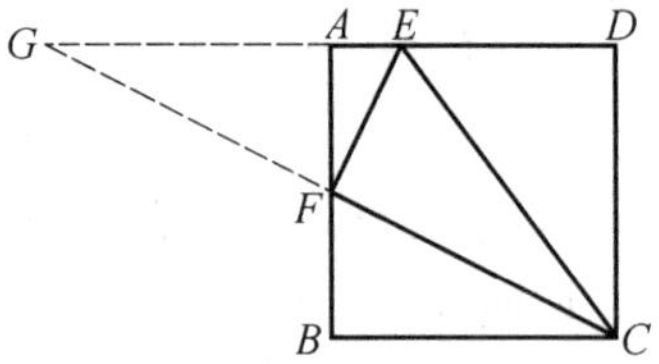

证明 6 如图 125.6,连 AC,过 F 作 AC 的垂线交直线 BC 于 G,直线 GF 交 AD 于 M,连 GA.

由 $BA = BC$,可知 $BG = BF$, $AM = AF$.

由 $AE = \dfrac{1}{3}ED$,可知

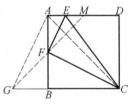

图 125.6

$$AE = \frac{1}{4}AD = \frac{1}{2}AF = \frac{1}{2}AM$$

由 F 为 AB 的中点,可知 F 为 GM 的中点,有 FE 为 $\triangle MAG$ 的中位线,于是 $EF \parallel AG$.

显然 F 为 $\triangle AGC$ 的垂心,可知 $FC \perp AG$,有 $FE \perp FC$.

所以 $\triangle EFC$ 为直角三角形.

证明 7 如图 125.7,过 C 作 FE 的平行线交直线 AD 于 G.

由 F 为 AB 的中点,可知 $FB = \dfrac{1}{2}BC$.

由 $AE = \dfrac{1}{3}ED$,可知 $AE = \dfrac{1}{4}AD = \dfrac{1}{2}AF$.

显然 $\dfrac{DG}{DC} = \dfrac{AE}{AF} = \dfrac{1}{2}$,可知

$$DG = \dfrac{1}{2}DC = BF$$

有 $\mathrm{Rt}\triangle DCG \cong \mathrm{Rt}\triangle BCF$,于是 $\angle DCG = \angle BCF$,得

$\angle FCG = \angle BCD = 90°$,即 $GC \perp FC$,进而 $EF \perp FC$.

所以 $\triangle EFC$ 为直角三角形.

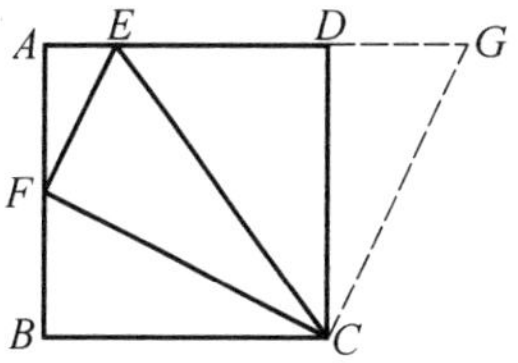

图 125.7

第 126 天

在正方形 $ABCD$ 中,E 是 DC 的中点,F 是 BC 上一点,$CF = \dfrac{1}{4}BC$. 求证:

AE 平分 $\angle DAF$.

证明 1　如图 126.1.

由 E 是 DC 的中点

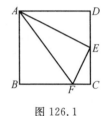

$$CF = \frac{1}{4}BC = \frac{1}{2}EC$$

$$DE = \frac{1}{2}DC = \frac{1}{2}AD$$

图 126.1

可知 $\mathrm{Rt}\triangle CEF \backsim \mathrm{Rt}\triangle DAE$,有

$$\frac{AE}{EF} = \frac{AD}{EC} = \frac{2}{1} = \frac{AD}{DE}$$

$$\angle FEC = \angle EAD = 90° - \angle AED$$

于是 $\angle FEC + \angle AED = 90°$,进而 $\angle AEF = 90° = \angle ADE$,得

$$\mathrm{Rt}\triangle AEF \backsim \mathrm{Rt}\triangle ADE$$

显然 $\angle EAF = \angle EAD$.

所以 AE 平分 $\angle DAF$.

证明 2　如图 126.1.

设 $FC = 1$,由 $CF = \dfrac{1}{4}BC$,可知

$$BC = 4, BF = 3$$

由 E 为 DC 中点,可知 $DE = 2 = EC$.

在 $\mathrm{Rt}\triangle ABF$ 中,可知 $AF = 5$.

在 $\mathrm{Rt}\triangle EFC$ 中,可知 $FE = \sqrt{5}$.

在 $\mathrm{Rt}\triangle ADE$ 中,可知 $AE = 2\sqrt{5}$.

由 $AE^2 + EF^2 = 20 + 5 = 25 = 5^2 = AF^2$,可知 $\triangle AEF$ 为直角三角形.

易知 $\dfrac{EF}{AE} = \dfrac{\sqrt{5}}{2\sqrt{5}} = \dfrac{1}{2} = \dfrac{DE}{AD}$,可知

$$\mathrm{Rt}\triangle AEF \backsim \mathrm{Rt}\triangle ADE$$

有 $\angle EAF = \angle DAE$.

所以 AE 平分 $\angle DAF$.

证明 3 如图 126.2,设直线 FE 与 AD 相交于 G.

由 E 是 DC 的中点,可知 E 是 FG 的中点.

由 $CF = \dfrac{1}{4}BC = \dfrac{1}{2}EC$,$DE = \dfrac{1}{2}DC = \dfrac{1}{2}AD$,可知

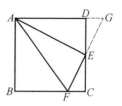

图 126.2

$\text{Rt}\triangle CEF \backsim \text{Rt}\triangle DAE$,有

$$\angle FEC = \angle EAD = 90° - \angle AED$$

于是 $\angle FEC + \angle AED = 90°$,进而 $\angle AEF = 90°$,得 $AE \perp FG$.

显然 AE 为 FG 的中垂线.

所以 AE 平分 $\angle DAF$.

证明 4 如图 126.4,设直线 AE 与直线 BC 相交于 G.

由 E 为 DC 的中点,可知 E 为 AG 的中点.

由 $CF = \dfrac{1}{4}BC = \dfrac{1}{2}EC$,$DE = \dfrac{1}{2}DC = \dfrac{1}{2}AD$,

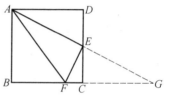

图 126.4

可知 $\text{Rt}\triangle CEF \backsim \text{Rt}\triangle DAE$,有

$$\angle FEC = \angle EAD = 90° - \angle AED$$

于是 $\angle FEC + \angle AED = 90°$,进而 $\angle AEF = 90°$,得 $AE \perp FE$.

显然 FE 为 AG 的中垂线,可知

$$\angle EAF = \angle G = \angle EAD$$

所以 AE 平分 $\angle DAF$.

证明 5 如图 126.5,设直线 AF 与直线 DC 交于 G.

设 $FC = 1$.

由 E 是 DC 的中点

$$CF = \dfrac{1}{4}BC = \dfrac{1}{2}EC$$

$$DE = \dfrac{1}{2}DC = \dfrac{1}{2}AD$$

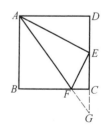

图 126.5

可知,$BF = 3$,$BA = 4$,有 $AF = 5$.

由 $\text{Rt}\triangle FCG \backsim \text{Rt}\triangle FBA$,可知

$$CG = \dfrac{4}{3},FG = \dfrac{5}{3}$$

有 $AG=\dfrac{20}{3}$，$EG=\dfrac{10}{3}$，于是 $\dfrac{EG}{AG}=\dfrac{1}{2}=\dfrac{DE}{DA}$.

所以 AE 平分 $\angle DAF$.

证明 6 如图 126.6，过 A 作 EF 的平行线交直线 CB 于 G.

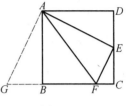

图 126.6

显然 $\mathrm{Rt}\triangle AGB \backsim \mathrm{Rt}\triangle EFC$.

由 $EC=2FC$，可知 $AB=2GB$，有

$$\mathrm{Rt}\triangle AGB \cong \mathrm{Rt}\triangle AED$$

于是 $\angle GAB=\angle EAD$，得 $AG\perp AE$，进而 $EF\perp AE$.

设 $FC=1$，可知 $GB=EC=2$，$AB=BC=4$，$BF=3$，$GF=5$.

在 $\mathrm{Rt}\triangle ABF$ 中，由勾股定理 $AF=5=GF$，可知 $\angle FAG=\angle G$，有

$$\angle EAF=90^\circ-\angle FAG=90^\circ-\angle G=\angle GAB=\angle DAE$$

所以 AE 平分 $\angle DAF$.

第 127 天

如图 127.1, O 为正方形 $ABCD$ 内一点, $\angle OAD = \angle ODA = 15°$.
求证: $\triangle OBC$ 为等边三角形.

证明 1　如图 127.1, 以 AD 为一边在正方形 $ABCD$ 外部作正三角形 PAD, 连 PO.

由 $\angle OAD = \angle ODA = 15°$, 可知 $OD = OA$, 有 PO 为 AD 的中垂线, 于是 $\angle OPA = \angle OPD = 30°$.

由 $\angle OAD = \angle ODA = 15°$, 可知 $\angle PDO = \angle PAO = 75°$, 有 $\angle POD = 75° = \angle PDO$, 于是 $PO = PD$.

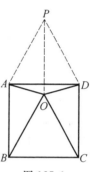

图 127.1

显然 $PD = AD = CD$, DO 平分 $\angle PDC$, 可知 P 与 C 关于 DO 对称, 有四边形 $POCD$ 为菱形, 于是 $OC = CD = BC$.

同理 $OB = BC$.

所以 $\triangle OBC$ 为等边三角形.

证明 2　如图 127.2, 以 AB 为一边在正方形 $ABCD$ 内侧作正三角形 PAB, 连 PO.

显然 $PA = AB = AD$, $\angle PAD = 30° = 2\angle OAD$.

显然 $\triangle PAO \cong \triangle DAO$, 可知 $OP = OA$, 有 OB 为 PA 的中垂线, 于是

$$\angle OBA = \frac{1}{2}\angle PBA = 30°$$

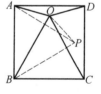

图 127.2

得 $\angle OBC = 60°$.

由对称性, 可知 $\angle OCB = 60°$, 有 $\triangle OBC$ 为正三角形.

所以 $\triangle OBC$ 为等边三角形.

证明 3　如图 127.3, 以 AD 为一边在正方形 $ABCD$ 内侧作正三角形 PDA, 连 PB, PC.

显然 $PD = CD$, $\angle PDC = 30°$, 可知 $\angle PCD = 75°$, 有 $\angle PCB = 15°$.

同理 $\angle PBC = 15° = \angle PCB$.

由 $BC = AD$, 可知 $\triangle PCB \cong \triangle ODA$, 有 $PC = OD$.

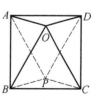

图 127.3

由 $\angle PCD = 75° = \angle ODC$,可知 $\triangle PCD \cong \triangle ODC$,有 $PD = OC$.

同理 $PA = OB$,可知 $OB = OC = BC$.

所以 $\triangle OBC$ 为等边三角形.

证明 4　如图 127.4,以 CD 为一边在正方形 $ABCD$ 外侧作正三角形 PDC,设 Q 为 CD 中垂线上一点,$PQ = PD$,连 QC,QD.

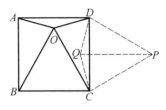

图 127.4

显然 $\angle QCD = 15° = \angle QDC$,可知

$$\triangle QCD \cong \triangle OAD$$

有 $DQ = DO$.

显然 $\triangle PDQ \cong \triangle CDO$,可知

$$PD = OC, \angle OCD = \angle QPD = 30°$$

有 $OC = BC, \angle OCB = 60°$.

所以 $\triangle OBC$ 为等边三角形.

证明 5　如图 127.5,(同一法)以 BC 为一边在正方形 $ABCD$ 内侧作正三角形 PBC,连 PA,PD.

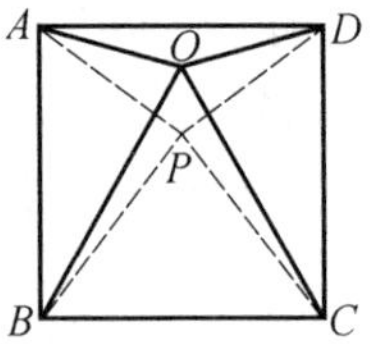

显然 $\triangle PAB$ 与 $\triangle PCD$ 均为等腰三角形,$\angle PBA = 30° = \angle PCD$,可知 $\angle PAD = 15° = \angle PDA$.

由 $\angle OAD = 15° = \angle ODA$,可知 AP 与 AO 为同一条直线,DP 与 DO 为同一条直线,即 P 与 O 为同一个点.

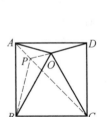

图 127.5

所以 $\triangle OBC$ 为等边三角形.

证明 6　如图 127.6,连 AC 交直线 DO 于 P,连 PB.

显然 $\angle PAO = 30° = \angle POA$.

由 B 于 D 关于 AC 对称,可知 $\angle PBA = \angle PDA = 15°$,有 $\angle APB = 120°$.

显然 $\angle APO = 120°$,可知 $\angle OPB = 120° = \angle APB$,有 O 与 A 关于 PB 对称,于是 $OB = AB, \angle OBA = 2\angle PBA = 30°$,得 $\angle OBC = 60°$.

图 127.6

所以 $\triangle OBC$ 为等边三角形.

证明 7　如图 127.7,以 AO 为一边在 $\triangle ABO$ 内侧作正三角形 POA,连 PB.

显然 $\angle PAB = 15°$,可知 $\triangle PAB \cong \triangle OAD$,有 $PB = OD = OA = PA$,于是 $\angle APB = 150°$,得 $\angle OPB = 150° = \angle APB$.

显然 O 与 A 关于 PB 对称,可知 $OB = AB, \angle OBA = 30°$,有 $\angle OBC = 60°$.

所以 $\triangle OBC$ 为等边三角形.

（另：也可以在正方形 $ABCD$ 内侧作等腰三角形 PAB，使 $\angle PAB = \angle PBA = 15°$）

图 127.7

证明 8 如图 127.8，设直线 OD，AB 相交于 P，过 A 作 PD 的垂线，Q 为垂足.

在 $\mathrm{Rt}\triangle AOQ$ 中，由 $\angle OAD = \angle ODA = 15°$，可知 $\angle AOQ = 30°$，有 $AQ = \dfrac{1}{2}AO$.

图 127.8

显然 AO 为 $\mathrm{Rt}\triangle APD$ 的斜边 PD 上的直线，可知 $PD = 2AO$.

易知 $AQ \cdot PD = AP \cdot AD$，可知 $AO^2 = AP \cdot AB$，有 $\triangle ABO \backsim \triangle AOP$，于是 $\angle ABO = \angle AOP = 30°$，得 $\angle OBC = 60°$.

由 $OP = OA$，可知 $BO = BA$.

所以 $\triangle OBC$ 为等边三角形.

第 128 天

正方形 $ABCD$ 中，E 为 BC 边上一点，过 E 点作 AE 的垂线交 $\angle C$ 的外角的平分线于 F.

求证：$AE = EF$.（注意：一些资料上给出"E 为 BC 的中点"为过剩条件）

证明 1 如图 128.1，连 AC，AF.

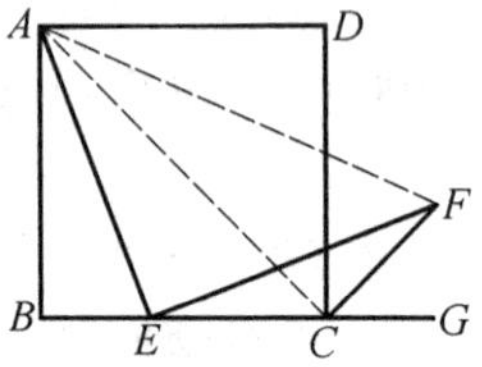

由四边形 $ABCD$ 为正方形，可知 $\angle DCB = 90°$，有 $\angle DCG = 90°$.

显然 AC 平分 $\angle DCB$.

由 CF 平分 $\angle DCG$，可知 $\angle ACF = 90°$.

由 $AE \perp EF$，可知 $\angle AEF = 90° = \angle ACF$，有 $AECF$ 四点共圆，于是 $\angle EAF = \angle FCG = 45°$，得 $\angle EFA = 45° = \angle EAF$.

所以 $AE = EF$.

证明 2 如图 128.2，过 F 作 BC 的垂线，G 为垂足.

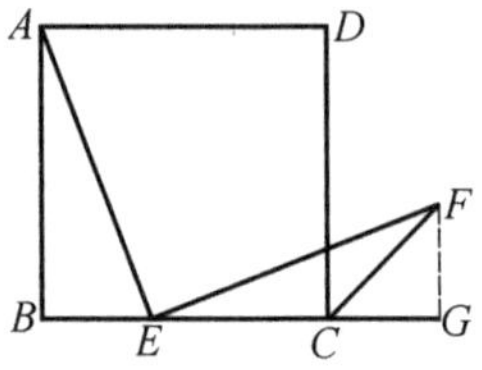

由四边形 $ABCD$ 为正方形，可知 $\angle B = 90°$，有 $\angle BAE + \angle AEB = 90°$.

由 $AE \perp EF$，可知 $\angle BAE + \angle FEG = 90°$，有 $\angle BAE = \angle FEG$，于是 Rt$\triangle ABE \backsim$ Rt$\triangle EGF$，得

$$\frac{AB}{EG} = \frac{BE}{FG}$$

由 $AB = BC$，$FG = CG$，可知 $\dfrac{BC}{EG} = \dfrac{BE}{CG}$，或 $\dfrac{BC}{BE} = \dfrac{EG}{CG}$，有

$$\frac{BC - BE}{BE} = \frac{EG - CG}{CG}$$

于是 $\dfrac{EC}{BE} = \dfrac{EC}{CG}$，得 $BE = CG$，进而 $EG = BC$.

显然 Rt$\triangle ABE \cong$ Rt$\triangle EGF$.

所以 $AE = EF$.

证明 3 如图 128.3，在 AC 的延长线上取一点 G，使 $CG = CF$，连 EG.

由四边形 $ABCD$ 为正方形，可知 $\angle B = 90°$，有 $\angle BAE + \angle AEB = 90°$.

图 128.1

图 128.2

由 $AE \perp EF$,可知 $\angle BAE + \angle FEC = 90°$,有 $\angle BAE = \angle FEC$.

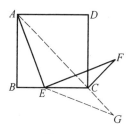

显然 $\angle ECG = 135° = \angle ECF$,可知 $\triangle ECG \cong \triangle ECF$,有

$$EF = EG, \angle CEG = \angle CEF = \angle BAE$$

由 $\angle CEG + \angle G = \angle ACB = 45°, \angle BAE + \angle EAG = 45°$,可知 $\angle EAG = \angle G$,有 $EA = EG$,于是 $EA = EF$.

图 128.3

所以 $AE = EF$.

证明 4 如图 128.4,设直线 AE, FC 相交于 G,直线 AC, EF 相交于 H.

由四边形 $ABCD$ 为正方形,可知 $\angle B = 90°$,有 $\angle BAE + \angle AEB = 90°$.

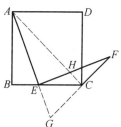

由 $AE \perp EF$,可知 $\angle BAE + \angle FEG = 90°$,有 $\angle BAE = \angle FEC$,于是 $\angle EAC = \angle EFG$,得

$$\text{Rt}\triangle ACG \backsim \text{Rt}\triangle FEG$$

图 128.4

显然 $\dfrac{AC}{EF} = \dfrac{CG}{EG}$,可知 $AC \cdot EG = EF \cdot CG$.

显然 $\angle BCD = 90°$,有 $\angle BCG = 45° = \angle BCA$,即 BC 平分 $\angle ACG$,于是 $\dfrac{AE}{EG} = \dfrac{AC}{CG}$,得

$$AC \cdot EG = AE \cdot CG$$

显然 $AE \cdot CG = EF \cdot CG$,可知 $AE = EF$.

所以 $AE = EF$.

证明 5 如图 128.5,设 H 为 AB 上一点,$BH = BE$,连 HE.

由四边形 $ABCD$ 为正方形,可知,$BC = AB$,有 $EC = AH$.

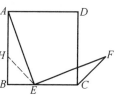

易知 $\angle FEC + \angle AEH = 45°, \angle HAE + \angle AEH = 45°$,可知 $\angle FEC = \angle HAE$.

图 128.5

由 $\angle ECF = 135° = \angle AHC$,可知 $\triangle ECF \cong \triangle AHE$,有 $EF = AE$.

所以 $AE = EF$.

证明 6 如图 128.6,设直线 AB, FC 相交于 H,连 EH.

由四边形 $ABCD$ 为正方形,可知 $\angle DCG = 90°, \angle ABC = 90°$.

由 CF 平分 $\angle DCG$,可知 $\angle BCH = 45°$,有

$$\angle BHC = 45° = \angle BCH$$

于是 $BH = BC$,得 $BH = BA$.

显然 H 与 A 关于 BC 对称,可知 $EH = EA$, $\angle BHE = \angle BAE$.

由 $AE \perp EF$,可知 $\angle FEC = \angle BAE = \angle BHE$,有 $45° - \angle FEC = 45° - \angle BHE$,就是 $\angle EFC = \angle EHC$,于是 $EF = EH$,得 $EF = EA$.

所以 $AE = EF$.

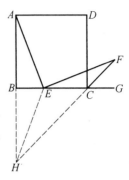

图 128.6

证明7 如图 128.7,过 E 作 BC 的垂线交 AC 于 G.

由四边形 $ABCD$ 为正方形,可知 $\angle ABC = 90°$.

由 $AE \perp EF$,可知 $\angle BAE = \angle FEC$.

显然 $GE // AB$,可知 $\angle AEG = \angle BAE$,有

$$\angle AEG = \angle FEC$$

显然 $\angle ACB = 45°$,可知 $EG = EC$.

显然 $\angle AGE = 135° = \angle FCE$,可知

$$\triangle AGE \cong \triangle FCE$$

有 $AE = FE$.

所以 $AE = EF$.

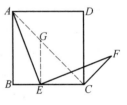

图 128.7

证明8 如图 128.8,过 E 作 BC 的垂线交直线 FC 于 G,连 AC.

由四边形 $ABCD$ 为正方形,可知 $\angle B = 90°$.

由 $AE \perp EF$,可知 $\angle AEC = \angle FEG$.

显然 $EC = EG$,$\angle ACE = 45° = \angle FGE$,可知

$$\triangle AEC \cong \triangle FEG$$

有 $AE = EF$.

所以 $AE = EF$.

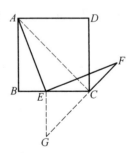

图 128.8

第 129 天

正方形 $ABCD$ 中,M 为 AB 上一点,N 为 BC 上一点,且 $BM=BN$,自 B 作 $BP \perp MC$,P 为垂足.

求证:$DP \perp NP$.

证明1 如图 129.1.

由四边形 $ABCD$ 为正方形,可知

$$\angle BCD = \angle ABC = 90°$$

由 $BP \perp MC$,可知

$$\angle PBM = 90° - \angle PBC = \angle PCB$$

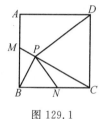

图 129.1

有

$$\angle PBN = \angle PCD$$

显然 $\text{Rt}\triangle PCB \backsim \text{Rt}\triangle BCM$,可知 $\dfrac{BM}{BC} = \dfrac{PB}{PC}$.

代入 $DC = BC$,$BN = BM$,可知 $\dfrac{BN}{DC} = \dfrac{PB}{PC}$,有 $\triangle PBN \backsim \triangle PCD$,于是 $\angle BPN = \angle CPD$,得

$$\angle CPD + \angle CPN = \angle BPN + \angle CPN$$

即

$$\angle NPD = \angle BPC = 90°$$

所以 $DP \perp NP$.

证明2 如图 129.2,设直线 BP 交 AD 于 E,连 EC,ND.

由四边形 $ABCD$ 为正方形,可知

$$\angle A = \angle ABC = 90°,AB = BC$$

由 $BP \perp MC$,可知

$$\angle ABE = 90° - \angle PBC = \angle PCB$$

由 $AB = BC$,可知 $\text{Rt}\triangle ABE \cong \text{Rt}\triangle CBM$,有

$$\angle AEB = \angle BMC = \angle DCM$$

于是 P,C,D,E 四点共圆,得 $\angle CPD = \angle CED$.

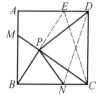

图 129.2

显然 $AE=BM=BN$,可知 $ED=NC$,有

$$\text{Rt}\triangle CDE \cong \text{Rt}\triangle DCN$$

于是 $\angle CED=\angle CND$,得 $\angle CND=\angle CPD$.

显然 P,N,C,D 四点共圆.

由 $\angle NCD=90°$,可知 $\angle NPD=90°$.

所以 $DP \perp NP$.

证明 3 如图 129.3,连 BD,MN.

由四边形 $ABCD$ 为正方形,可知 $\angle ABC=90°$.

由 $BP \perp MC$,可知

$$\angle PBC=90°-\angle PBM=\angle PMB$$

有 $\angle PBC-45°=\angle PMB-45°$,就是

$$\angle PBD=\angle PMN$$

显然 $\text{Rt}\triangle PBM \backsim \text{Rt}\triangle PCB$,可知

$$\frac{PB}{PM}=\frac{BC}{BM}=\frac{\sqrt{2}\,BC}{\sqrt{2}\,BM}=\frac{BD}{MN}$$

有 $\triangle PBD \backsim \triangle PMN$,于是 $\angle BPD=\angle MPN$,得

$$\angle NPD=\angle MPB=90°$$

所以 $DP \perp NP$.

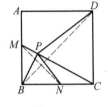

图 129.3

第 130 天

如图 130.1,$ABCD$ 为正方形,$DE = \frac{1}{2}EC$,$BF = \frac{1}{2}FD$,请判断 $\triangle AFE$ 的形状,并给出你的证明.

回答:满足条件的 $\triangle AEF$ 为等腰直角三角形.

证明 1　如图 130.1,过 F 分别作 AD,DC 的垂线,H,G 为垂足.

由四边形 $ABCD$ 为正方形,可知 $AB \perp AD$,$BC \perp DC$,有 $FH \parallel BA$,$FG \parallel BC$.

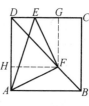

图 130.1

显然 $\dfrac{CG}{GD} = \dfrac{BF}{FD} = \dfrac{1}{2}$,$\dfrac{AH}{HD} = \dfrac{BF}{FD} = \dfrac{1}{2}$,可知 $EG = \dfrac{1}{3}DC = \dfrac{1}{3}AD = AH$.

显然 $FG = FH$,可知 $\mathrm{Rt}\triangle EFG \cong \mathrm{Rt}\triangle AFH$,有 $FE = FA$,$\angle EFG = \angle AFH$,于是 $\angle AFE = \angle EFH + \angle AFH = \angle EFH + \angle EFG = 90°$.

所以 $\triangle AFE$ 为等腰直角三角形.

证明 2　如图 130.2,过 F 作 AB 的垂线,交 CD 于 G,H 为垂足.

由四边形 $ABCD$ 为正方形,可知四边形 $AHGD$ 为矩形,有 $\angle DGH = 90° = \angle AHG$.

显然 $GH \parallel CB$,可知

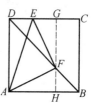

图 130.2

$$\frac{CG}{GD} = \frac{BF}{FD} = \frac{1}{2}$$

$$\frac{HB}{AH} = \frac{BF}{FD} = \frac{1}{2}$$

有

$$EG = \frac{1}{3}DC = \frac{1}{3}AB = HB = FH$$

由 $GF = GD = AH$,可知 $\mathrm{Rt}\triangle FEG \cong \mathrm{Rt}\triangle AFH$,有 $EF = AF$,$\angle EFG = \angle FAH$.

由 $\angle FAH + \angle AFH = 90°$,可知 $\angle EFG + \angle AFH = 90°$,有 $\angle AFE = 90°$.

所以 $\triangle AFE$ 为等腰直角三角形.

证明3 如图130.3,设直线 EF,CB 相交于 G,过 F 作 CB 的垂线,H 为垂足,连 AG.

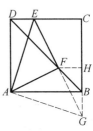

易知 $\dfrac{FH}{DC} = \dfrac{BF}{BD} = \dfrac{1}{3}$,可知 $FH = \dfrac{1}{3}DC = \dfrac{1}{2}EC$,有 F 为 EG 的中点,于是 H 为 CG 的中点.

由 $\dfrac{BH}{BC} = \dfrac{BF}{BD} = \dfrac{1}{3}$,可知

$$BH = \frac{1}{3}BC = \frac{1}{2}HC = \frac{1}{2}HG = BG$$

图 130.3

显然 $BG = DE$,可知 $Rt\triangle ABG \cong Rt\triangle ADE$,有 $AG = AE$,$\angle BAG = \angle DAE$,于是 $\angle EAG = \angle DAB = 90°$,得 AF 为等腰直角三角形 AGE 的斜边上的高线.

所以 $\triangle AFE$ 为等腰直角三角形.

证明4 如图130.4,设直线 AF 分别交直线 DC,BC 于 G,L,H 为 CG 上的一点,$CH = \dfrac{1}{3}CG$,过 H 作 CB 的平行线交 AG 于 K,连 EK.

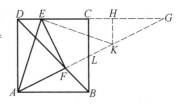

由 $\dfrac{LB}{AD} = \dfrac{BF}{FD} = \dfrac{1}{2}$,可知 L 为 CB 的中点.

图 130.4

由 $DC \parallel AB$,可知 L 为 AG 的中点,有 C 为 DG 的中点.

由 $CH = \dfrac{1}{3}CG$,$DE = \dfrac{1}{3}DC$,可知 $EH = DC = DA$.

易知 $\dfrac{HK}{DA} = \dfrac{GH}{GD} = \dfrac{1}{3}$,可知 $HK = \dfrac{1}{3}DA = DE$,有 $Rt\triangle EHK \cong Rt\triangle ADE$,于是 $EK = EA$,$\angle AEK = 90°$.

由 $GK = \dfrac{1}{3}AG$,$AF = \dfrac{2}{3}AL = \dfrac{1}{3}AG$,可知 $FK = \dfrac{1}{3}AG = AF$,有 EF 为等腰直角三角形 EAK 的斜边 AK 上的高线.

所以 $\triangle AFE$ 为等腰直角三角形.

证明5 如图130.5,设直线 AF 分别交直线 BC,DC 于 H,G.

由 $\dfrac{HB}{AD} = \dfrac{BF}{FD} = \dfrac{1}{2}$,可知 H 为 CB 的中点.

由 $DC \parallel AB$,可知 H 为 AG 的中点,有 C 为 DG 的中点.

设 $DE=1$,可知 $AD=3$,$CG=3$,$DG=6$,$EG=5$.

由勾股定理,可知 $AG=3\sqrt{5}$.

易知 $FG=2\sqrt{5}$,可知 $FG\cdot AG=30=GD\cdot GE$,有 A,F,E,D 四点共圆,于是 $\angle AFE=90°$.

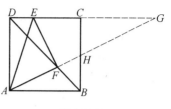

图 130.5

显然 $EF=\dfrac{1}{2}FG=\sqrt{5}=FA$.

所以 $\triangle AFE$ 为等腰直角三角形.

证明 6 如图 130.6,设直线 AD,FE 相交于 G,过 F 作 AD 的垂线,H 为垂足.

设 $DE=1$,可知 $AH=1$,$FH=2$,$DH=2$,$DG=2$,$AG=5$.

由勾股定理,可知 $GE=\sqrt{5}$,$GF=2\sqrt{5}$,有 $GE\cdot GF=10=GD\cdot GA$,于是 D,A,F,E 四点共圆,得 $AF\perp EF$.

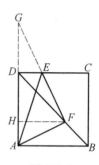

显然 $FA=\sqrt{5}=FE$.

所以 $\triangle AFE$ 为等腰直角三角形.

图 130.6

证明 7 如图 130.7,过 F 作 CD 的垂线交 AB 于 L,K 为垂足,过 E 作 AB 的垂线,P 为垂足,过 F 作 AD 的垂线分别交 BC,PE 于 H,Q,G 为垂足.

显然四边形 $ALFG$,四边形 $EQFK$,四边形 $APED$ 均为矩形.

设正方形 $ABCD$ 的边长为 3,可知对角线 $DB=3\sqrt{2}$.

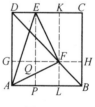

显然 $LF=1$,$LA=2$,由勾股定理 $AF=\sqrt{5}$.

同理 $EK=1$,$FK=2$,由勾股定理 $FE=\sqrt{5}$.

图 130.7

易知 $DE=1$,$AD=3$,由勾股定理 $AE=\sqrt{10}$.

由 $AF^2+EF^2=5+5=10=AE^2$,可知 $\angle AFE=90°$.

由 $AF=\sqrt{5}=FE$,可知 $\triangle AFE$ 为等腰直角三角形.

所以 $\triangle AFE$ 为等腰直角三角形.

证明 8 如图 130.8,过 A 作 AF 的垂线 AG,使 $AG=AF$,连 GD,GE,GF.

显然 $\triangle GAD\cong\triangle FAB$,可知 $GD=FB$,$\angle GDA=\angle FBA=45°$.

设 $DE=1$,可知 $AD=3$,$AE=\sqrt{10}$,$FB=\sqrt{2}$,有 $FA=\sqrt{5}=FE=AG$.

在 $\triangle DEG$ 中，由余弦定理，$GE = \sqrt{5} = EF = FA = AG$，可知四边形 $AFEG$ 为菱形.

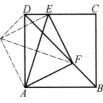

图 130.8

由勾股定理 $GF = \sqrt{10} = AE$，可知四边形 $AFEG$ 为正方形.

所以 $\triangle AFE$ 为等腰直角三角形.

本文参考自：
《中学生数学》1995 年 1 期 16 页.

第 131 天

如图 131.1，E 是正方形 $ABCD$ 的边 AB 上的一点，F 是对角线 BD 上的一点，且 $AE = \sqrt{2}\,DF$.

求证：$\triangle EFC$ 是等腰直角三角形.

证明 1　如图 131.1，过 F 作 AB 的垂线交 DC 于 G，H 为垂足.

显然四边形 $AHGD$ 与四边形 $BCGH$ 均为矩形，可知 $GC = HB = HF$，$DG = AH$.

由 $AE = \sqrt{2}\,DF = \sqrt{2} \times \sqrt{2}\,DG = 2DG = 2AH$，可知 $HE = DG = GF$.

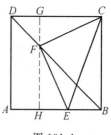

图 131.1

显然 $\mathrm{Rt}\triangle FHE \cong \mathrm{Rt}\triangle CGF$，可知

$$\angle GFC = \angle HEF,\quad FC = FE$$

由 $\angle HFE + \angle HEF = 90°$，可知 $\angle HFE + \angle GFC = 90°$，即 $\angle CFE = 90°$.

所以 $\triangle EFC$ 是等腰直角三角形.

证明 2　如图 131.2，过 F 作 AB 的垂线交 DC 于 G，H 为垂足.

显然四边形 $AHGD$ 与四边形 $BCGH$ 均为矩形，可知 $GC = HB = HF$，$DG = AH$.

显然 $\triangle FAB \cong \triangle FCB$，可知 $FC = FA$.

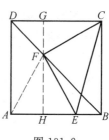

图 131.2

由 $AE = \sqrt{2}\,DF = \sqrt{2} \times \sqrt{2}\,DG = 2DG = 2AH$，$FH \perp AE$，可知 $FE = FA$，进而 $FE = FC$.

由 $\angle FEA = \angle FAB = \angle FCB$，可知 B,C,F,E 四点共圆.

由 $CB \perp AB$，可知 $FC \perp FE$.

所以 $\triangle EFC$ 是等腰直角三角形.

证明 3　如图 131.3，过 F 作 DB 的垂线分别交直线 BC,DC 于 G,H.

显然 $\triangle DFH,\triangle GHC$ 与 $\triangle GFB$ 均为等腰直角三角形，可知 $DH = \sqrt{2}\,DF = AE$，进而 $EB = HC = GC$.

由 $FB = FG$，$\angle FBE = \angle FGC$，可知 $\triangle FBE \cong$ $\triangle FGC$，有 $FE = FC$，$\angle BFE = \angle GFC$.

由 $\angle GFC + \angle BFC = 90°$，可知

$$\angle BFE + \angle BFC = 90°$$

所以 $\triangle EFC$ 是等腰直角三角形.

证明 4 如图 131.4，过 E 作 AB 的垂线分别交直线 DC，DB 于 H，G，连 FH.

显然四边形 $AEHD$ 是矩形，可知 $DH = AE = \sqrt{2}DF$，有 $\triangle DFH$，$\triangle GFH$，$\triangle GEB$ 均为等腰直角三角形，于是 $GE = EB = HC$，$FG = FH$.

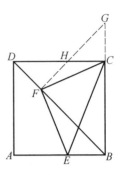

图 131.3

由 $\angle FHC = 135° = \angle FGE$，可知 $\triangle FHC \cong \triangle FGE$，有 $FC = FE$，$\angle HFC = \angle BFE$.

由 $\angle HFC + \angle BFC = 90°$，可知

$$\angle BFE + \angle BFC = 90°$$

所以 $\triangle EFC$ 是等腰直角三角形.

证明 5 如图 131.5，连 AC 交 DB 于 O，过 F 作 DA 的平行线交 AC 于 G，连 EG.

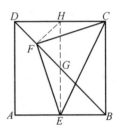

图 131.4

显然四边形 $AGFD$ 为等腰梯形，可知 $AG = DF$.

由 $AE = \sqrt{2}DF$，可知 $AE = \sqrt{2}AG$，有 $\triangle GAE$ 为等腰直角三角形，四边形 $FGEB$ 为等腰梯形，于是 $FG = EB$.

显然 $GC = FB$，$\angle FGC = 45° = \angle EBF$，可知 $\triangle FGC \cong \triangle EBF$，有 $FC = FE$，$\angle FCG = \angle EFB$.

由 $\angle FCG + \angle CFB = 90°$，可知

$$\angle BFE + \angle BFC = 90°$$

所以 $\triangle EFC$ 是等腰直角三角形.

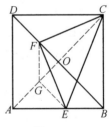

图 131.5

证明 6 如图 131.6，设 AC 交 BD 于 O，过 F 作 AB 的垂线交 AC 于 G，连 GD，GE.

显然 F 是 $\triangle CDG$ 的垂心，可知 $FC \perp DG$.

易知四边形 $DGEF$ 为平行四边形，可知 $DG \parallel FE$，有 $FC \perp FE$.

易知 $\triangle DAG \cong \triangle CDF$，可知 $FC = DG = FE$.

所以 $\triangle EFC$ 是等腰直角三角形.

证明 7 如图 131.7，连 AC.

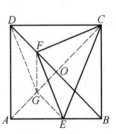

图 131.6

由四边形 $ABCD$ 为正方形,可知 $\angle CAB = 45° = \angle CDB$.

显然 $AC = \sqrt{2}\, DC$.

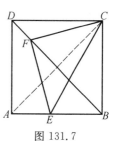

由 $AE = \sqrt{2}\, DF$,可知 $\triangle AEC \backsim \triangle DFC$,有 $\angle AEC = \angle DFC$,于是 $\angle CFB = \angle CEB$,得 B,C,F,E 四点共圆.

由 $\angle EBC = 90°$,可知 $\angle EFC = 90°$.

由 $\angle FCE = \angle FBE = 45°$,可知 $\triangle EFC$ 为等腰直角三角形.

所以 $\triangle EFC$ 是等腰直角三角形.

图 131.7

证明 8 如图 131.8,设 AC,BD 相交于 O.

由四边形 $ABCD$ 为正方形,可知 $BC = \sqrt{2}\, OC$,$AB = \sqrt{2}\, DO$.

由 $AE = \sqrt{2}\, DF$,可知 $EB = \sqrt{2}\, FO$,有

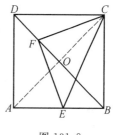

$$\frac{BC}{OC} = \sqrt{2} = \frac{EB}{FO}$$

显 然 $\angle EBC = 90° = \angle FOC$,可 知 $\triangle EBC \backsim \triangle FOC$,有 $\angle CEB = \angle CFB$,于是 B,C,F,E 四点共圆.

图 131.8

由 $\angle EBC = 90°$,可知 $\angle EFC = 90°$.

由 $\angle FCE = \angle FBE = 45°$,可知 $\triangle EFC$ 为等腰直角三角形.

所以 $\triangle EFC$ 是等腰直角三角形.

证明 9 如图 131.9,设直线 AD,EF 相交于 P,过 F 作 AB 的平行线分别交 AD,BC 于 M,N,过 F 作 AB 的垂线,F 为垂足,连 PC.

由四边形 $ABCD$ 为正方形,可知四边形 $AHFM$ 为矩形,$DC = CB$,$\angle PDC = 90° = \angle EBC$,$DF = \sqrt{2}\, MF$.

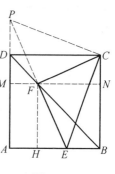

由 $AE = \sqrt{2}\, DF = \sqrt{2} \times \sqrt{2}\, MF = 2MF = 2AH$,可知 F 为 PE 的中点,有 M 为 PA 的中点,于是 $PM = MA = HB$,得 $PD = PM - DM = HB - HE = EB$.

图 131.9

显然 $\text{Rt}\triangle PDC \cong \text{Rt}\triangle EBC$,可知 $CP = CE$,$\angle PCD = \angle ECB$,有 $\angle PCE = \angle DCB = 90°$.

由 F 为 PE 的中点,可知 $CF \perp PE$,CF 平分 $\angle PCE$,有 $\angle FCE = 45°$.

所以 $\triangle EFC$ 是等腰直角三角形.

证明 10 如图 131.10,过 A 作 EF 的平行线交直线 BD 于 G,设直线 AF,

CG 相交于 H，K 为 GC 延长线上的一点，连 AO 交 BD 于 O.

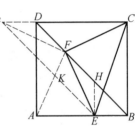

显然 GB 为 AC 的中垂线，可知 $\angle FAC = \angle FCA$，$\angle KGB = \angle AGB = \angle EFB$.

显然 $\angle KCB = \angle KGB + \angle GBC = \angle EFB + \angle EBF = \angle FEA$.

易证 $\angle FCB = \angle FEA$，可知 $\angle KCB = \angle FCB$，即 CB 平分 $\angle FCK$.

图 131.10

由 $DC \perp CB$，可知 DC 平分 $\angle GCF$，有 $\angle GCA + \angle HAC = 2(\angle DCF + \angle ACF) = 2\angle ACD = 90°$，于是 $AH \perp GC$.

显然 F 为 $\triangle GAC$ 的垂心，可知 $CF \perp GA$，有 $CF \perp FE$.

由 $\angle FAE = \angle FCB = \angle FEA$，可知 $FE = FA$，有 $FE = FC$.

所以 $\triangle EFC$ 是等腰直角三角形.

证明 11 如图 131.11，过 E 坐 DB 的平行线交直线 CD 于 G，过 E 作 BC 的平行线交 BD 于 H，连 GF，AF.

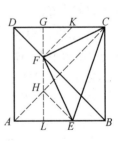

显然四边形 $BDGE$ 为平行四边形，四边形 $HDGE$ 为等腰梯形，四边形 $AEHD$ 为直角梯形.

由 $DH = \sqrt{2} AE = \sqrt{2} \times \sqrt{2} DF = 2DF$，可知 F 为 DH 的中点，有 F 在 GE 的中垂线上，F 在 AE 的中垂线上，于是 $FG = FE = FA$.

图 131.11

显然 F 在 AC 的中垂线上，可知 $FC = FA$，有 $FC = FE = FG$，于是 F 为 $\triangle GEC$ 的外心，得 $\angle CFE = 2\angle CGE = 90°$.

所以 $\triangle EFC$ 是等腰直角三角形.

证明 12 如图 131.12，过 F 作 DC 的垂线分别交 AB，AC 于 L，H，G 为垂足，过 F 作 AC 的平行线交 DC 于 K，连 HE.

显然 $\triangle DFK$ 为等腰直角三角形，可知 $DK = \sqrt{2} DF = AE$，有 $KC = EB$.

显然四边形 $AHFD$ 为等腰梯形，可知 $AH = DF$.

由 $\angle HAE = 45° = \angle FDK$，可知
$$\triangle AEH \cong \triangle DHF$$

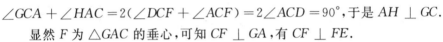

有 $\angle AHE = \angle DFK = 90°$,于是 $HE \parallel DB$,得四边形 $BFHE$ 为等腰梯形.

显然 $FH = EB = KC$,$FK = HE$,$\angle FKC = 135° = \angle EHF$,可知 $\triangle FKC \cong \triangle EHF$,有 $FC = FE$,$\angle KFC = \angle HEF$.

由 $\angle KFC + \angle HFE = \angle KFC + \angle KCF = \angle FKG = 45°$,可知 $\angle CFE = 90°$.

所以 $\triangle EFC$ 是等腰直角三角形.

证明 13 如图 131.13,过 E 作 BC 的平行线交 BD 于 K,过 K 作 BC 的垂线,H 为垂足,过 F 作 BC 的垂线,G 为垂足,连 HF,HE.

显然四边形 $AEKD$ 为直角梯形.

由 $DK = \sqrt{2} AE = \sqrt{2} \times \sqrt{2} DF = 2DF$,可知 F 为 DK 的中点.

由 A 与 C 关于 DB 对称,E 与 H 关于 DB 对称,可

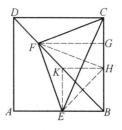

图 131.13

知 FG 为直角梯形 $CDKH$ 的中位线,有 FG 为 CH 的中垂线,于是 $FC = FH$.

显然 $FE = FH$,可知 $FC = FE$.

显然 FG 平分 $\angle CFH$,FB 平分 $\angle EFH$,$\angle GFB = 45°$,可知 $\angle CFE = 90°$.

所以 $\triangle EFC$ 是等腰直角三角形.

证明 14 如图 131.1,过 F 作 AB 的垂线交 DC 于 G,H 为垂足.

显然四边形 $AHGD$ 与四边形 $BCGH$ 均为矩形,可知 $GC = HB = HF$,$DG = AH$.

由 $AE = \sqrt{2} DF = \sqrt{2} \times \sqrt{2} DG = 2DG = 2AH$,可知 $HE = DG = GF$.

显然 $Rt\triangle FHE \cong Rt\triangle CGF$,可知

$$\angle GFC = HEF, FC = FE$$

显然 $\angle FCB = \angle GFC$,可知 $\angle FCB = \angle HEF$,有 F,E,B,C 四点共圆.

由 $\angle ABC = 90°$,可知 $\angle EFC = 90°$.

所以 $\triangle EFC$ 是等腰直角三角形.

证明 15 如图 131.4,过 E 作 AB 的垂线分别交直线 DC,DB 于 H,G,连 FH.

显然四边形 $AEHD$ 是矩形,可知 $DH = AE = \sqrt{2} DF$,有 $\triangle DFH$,$\triangle GFH$,$\triangle GEB$ 均为等腰直角三角形,于是 $GE = EB = HC$,$FG = FH$.

由 $\angle FHC = 135° = \angle FGE$,可知

$$\triangle FHC \cong \triangle FGE$$

有 $FC = FE$,$\angle HCF = \angle HEF$,有 C,H,F,E 四点共圆.

由 $\angle EHC = 90°$,可知 $\angle EFC = 90°$.

所以 $\triangle EFC$ 是等腰直角三角形.

证明 16　如图 131.3,过 F 作 DB 的垂线分别交直线 BC,DC 于 G,H.

显然 $\triangle DFH$,$\triangle GHC$ 与 $\triangle GFB$ 均为正三角形,可知 $DH = \sqrt{2}\,DF = AE$,进而 $EB = HC = GC$.

由 $FB = FG$,$\angle FBE = \angle FGC$,可知

$$\triangle FBE \cong \triangle FGC$$

有 $FE = FC$,$\angle BEF = \angle GCF$,有 B,C,F,E 四点共圆.

由 $\angle EBC = 90°$,可知 $\angle EFC = 90°$.

所以 $\triangle EFC$ 是等腰直角三角形.

证明 17　如图 131.2,过 F 作 AB 的垂线交 DC 于 G,H 为垂足.

由 A 与 C 关于 DB 对称,可知 $FA = FC$,$HA = GD = GF$,有 $\mathrm{Rt}\triangle GFC \cong \mathrm{Rt}\triangle HAF$,于是 $\angle FCG = \angle AFH$.

由 $AE = \sqrt{2}\,DF = \sqrt{2} \times \sqrt{2}\,DG = 2DG = 2AH$,$FH \perp AE$,可知 $FE = FA$,有 $FE = FC$,$\angle EFH = \angle AFH$,于是 $\angle FCG = \angle FAD = \angle AFH = \angle EFH = \beta$,得 $\angle EFC + 2\beta = \angle AFC = \angle ADC + 2\beta$,进而 $\angle EFC = \angle ADC = 90°$.

所以 $\triangle EFC$ 是等腰直角三角形.

证明 18　如图 131.14,过 F 作 AB 的垂线交 DC 于 G,H 为垂足.

显然 A 与 C 关于 DB 对称,可知 $FA = FC$.

由 $AE = \sqrt{2}\,DF = \sqrt{2} \times \sqrt{2}\,DG = 2DG = 2AH$,$FH \perp AE$,可知 $FE = FA$,有 $FA = FE = FC$,于是 F 为 $\triangle AEC$ 的外心,的 $\angle EFC = 2\angle EAC = 90°$.

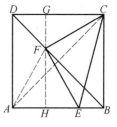

图 131.14

所以 $\triangle EFC$ 是等腰直角三角形.

证明 19　如图 131.13,过 E 作 BC 的平行线交 BD 于 K,过 K 作 BC 的垂线,H 为垂足,过 F 作 BC 的垂线,G 为垂足,连 HF,HE.

显然四边形 $AEKD$ 为直角梯形.

由 $DK = \sqrt{2}\,AE = \sqrt{2} \times \sqrt{2}\,DF = 2DF$,可知 F 为 DK 的中点.

由 A 与 C 关于 DB 对称,E 与 H 关于 DB 对称,可知 FG 为直角梯形 $CDKH$ 的中位线,有 FG 为 CH 的中垂线,于是 $FC = FH = FE$,即 F 为 $\triangle AEC$ 的外心,得 $\angle EFC = 2\angle EAC = 90°$.

所以 $\triangle EFC$ 是等腰直角三角形.

本文参考自：

《中学数学教学参考》1997 年 1 期 81 页.

第 132 天

设 E 为正方形 $ABCD$ 的 BC 边延长线上的一点, $CE = \frac{1}{2}BC$, 过 B 作 DE 的垂线交 DC 于 H, G 为垂足, 连 AG 交 DC 于 F. 求证: $DF = \frac{1}{2}FC$.

证明 1 如图 132.1, 连 AC.

显然 $\mathrm{Rt}\triangle DGH \backsim \mathrm{Rt}\triangle DCE$, 可知

$$\frac{DG}{GH} = \frac{DC}{CE} = \frac{2}{1}$$

显然 B, C, G, D, A 五点共圆, 可知 $\angle AGD = \angle ACD = 45°$, 有 GF 平分 $\angle DGH$, 于是

$$\frac{DF}{FH} = \frac{DG}{HG} = \frac{2}{1}$$

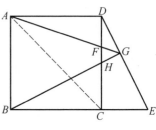

图 132.1

得

$$DF = 2FH = \frac{2}{3}DH = \frac{1}{3}DC$$

所以 $DF = \frac{1}{2}FC$.

证明 2 如图 132.2, 设直线 BG, AD 交于 M, 直线 AG, BE 交于 N.

易证 $\mathrm{Rt}\triangle DCE \cong \mathrm{Rt}\triangle BCF$, 可知 $CH = CE = \frac{1}{2}BC$, 有 $BE = \frac{3}{2}BC$.

在 $\mathrm{Rt}\triangle BCH$ 中, 由勾股定理 $BH = \frac{\sqrt{5}}{2}$, 可知 $DE = \frac{\sqrt{5}}{2}$.

显然 $\mathrm{Rt}\triangle BGE \backsim \mathrm{Rt}\triangle BCH$, 可知 $\frac{GE}{BE} = \frac{CH}{BH}$, 有 $GE = \frac{3\sqrt{5}}{10}$, 于是 $DG = DE - EG = \frac{\sqrt{5}}{5}$, 得 $\frac{DG}{EG} = \frac{2}{3}$.

易知 $\frac{EN}{AD} = \frac{EG}{DG} = \frac{3}{2} = \frac{BE}{AD}$, 可知 $EN = BE$, 有 $CN = 2BC = 2AD$, 于是

$$\frac{DF}{FC} = \frac{AD}{CN} = \frac{1}{2}$$

所以 $DF = \dfrac{1}{2}FC$.

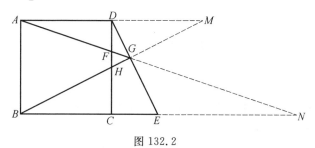

图 132.2

证明 3 如图 132.3,过 E 作 BC 的垂线交直线 AD 于 M,直线 BG 交 EM 于 P,直线 AG 交 EM 于 Q,连 CA,CQ,CG.

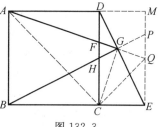

图 132.3

显然 B,C,G,D,A 五点共圆,可知 $CG \perp AQ$,$\angle CAQ = \angle CBP$,有 $\mathrm{Rt}\triangle PGE \backsim \mathrm{Rt}\triangle EGB \backsim \mathrm{Rt}\triangle CGA \backsim \mathrm{Rt}\triangle QGC \backsim \mathrm{Rt}\triangle HCB$.

由 $DC = 2CE$,可知 $BC = 2HC$,$BG = 2EG = 4GP$,$AG = 2CG = 4PG$,有 $AB = 4PQ$,或 $PQ = \dfrac{1}{4}ME$.

显然 $PE = \dfrac{1}{2}BE = \dfrac{3}{4}ME$,可知 $QE = \dfrac{1}{2}ME$,即 Q 为 ME 的中点,P 为 MQ 的中点.

显然 $\dfrac{DF}{MQ} = \dfrac{AD}{AM} = \dfrac{2}{3}$,可知 $DF = \dfrac{2}{3}MQ = \dfrac{1}{3}ME = \dfrac{1}{3}DC$.

所以 $DF = \dfrac{1}{2}FC$.

证明 4 如图 132.1,设正方形边长为 1,记 $\angle FAD = \alpha$,$\angle HBC = \beta$,连 AC.

由 $BG \perp DE$,可知 A,B,C,G,D 五点共圆,有 $\angle AGB = \angle ACB = 45°$,于是 $\alpha + \beta = 45°$.

易知 $\mathrm{Rt}\triangle DCE \cong \mathrm{Rt}\triangle BCF$,可知 $HC = EC = \dfrac{1}{2}BC$,有 $\tan \beta = \dfrac{1}{2}$.

由 $\tan 45° = 1$,可知 $\dfrac{\tan \alpha + \tan \beta}{1 - \tan \alpha \cdot \tan \beta} = \dfrac{\tan \alpha + \dfrac{1}{2}}{1 - \dfrac{1}{2}\tan \alpha} = 1$,于是 $\tan \alpha = \dfrac{1}{3}$.

所以 $DF = \dfrac{1}{3}AD = \dfrac{1}{3}DC = \dfrac{1}{2}FC$.

第 133 天

已知：如图 133.1，正方形 $ABCD$ 中，E 为 DC 上的一点，联结 BE，作 $CF \perp BE$ 于 P 交 AD 于 F 点，若恰好使得 $AP = AB$．求证：E 为 DC 中点．

证明 1 如图 133.1，设直线 CF，BA 相交于 Q．

由 $BE \perp CF$，$AP = AB$，可知 PA 为 $\mathrm{Rt}\triangle BPQ$ 的斜边 BQ 上的中线，有 A 为 QB 的中点．

显然 $\mathrm{Rt}\triangle BCE \backsim \mathrm{Rt}\triangle QBC$，可知

$$\frac{EC}{BC} = \frac{BC}{QB} = \frac{1}{2}$$

所以 E 为 DC 的中点．

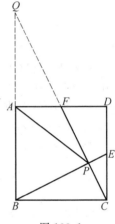

图 133.1

证明 2 如图 133.2，过 A 作 BE 的垂线交 BC 于 G，H 为垂足．

由 $AB = AP$，可知 H 为 BP 的中点．

由 $FC \perp BE$，可知 $AG /\!/ FC$，有 G 为 BC 的中点．

易知 $\mathrm{Rt}\triangle ABG \cong \mathrm{Rt}\triangle CDF$，可知 $DF = BG$．

由 $CF \perp BE$，可知 $\angle BEC = 90° - \angle FCD = \angle CFD$，有 $\mathrm{Rt}\triangle BEC \cong \mathrm{Rt}\triangle CFD$，于是 $EC = FD = BG$．

所以 E 为 DC 的中点．

证明 3 如图 133.3，设 G 为 BC 边的中点，连 GA，GP．

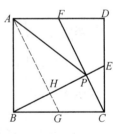

图 133.2

由 $CF \perp BE$，可知 $GP = \frac{1}{2}BC = BG$．

由 $AB = AP$，可知 AG 为 BP 的中垂线，有 $AG /\!/ FC$．

由 $\angle PGA = \angle BGA = \angle DAG$，可知四边形 $AGPF$ 为等腰梯形，有 $AF = GP = \frac{1}{2}BC = \frac{1}{2}DC$．

由 $CF \perp BE$，可知 $\angle BEC = 90° - \angle FCD = \angle CFD$，有 $\mathrm{Rt}\triangle BEC \cong \mathrm{Rt}\triangle CFD$，于是 $EC = FD$．

所以 E 为 DC 的中点．

证明 4 如图 133.4.

显然 $AD=AB=AP$，可知 A 为经过 B,P,D 三点的圆的圆心，可知 DE 为 $\odot A$ 的切线，有 $DE^2=EP\cdot PB$.

显然 EC 为 $\triangle PBC$ 的外接圆的切线，可知 $CE^2=EP\cdot EB=DE^2$，有 $CE=DE$.

所以 E 为 DC 的中点.

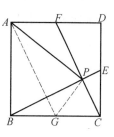

图 133.3

证明 5 如图 133.5，连 BD,EF,PD.

由 $AB=AP=AD$，可知 A 为 $\triangle PBD$ 的外心，有

$\angle PDB=\dfrac{1}{2}\angle PAB,\angle PBD=\dfrac{1}{2}\angle PAD$，有 $\angle PDB+$

$\angle PBD=\dfrac{1}{2}\angle PAB+\dfrac{1}{2}\angle PAD=\dfrac{1}{2}\angle BAD=45°$，于是

$\angle DPE=\angle PBD+\angle PDB=45°$.

显然 P,E,D,F 四点共圆，可知 $\angle DFE=\angle DPE=45°$，有 $DF=DE$.

易知 $\mathrm{Rt}\triangle BEC\cong\mathrm{Rt}\triangle CFD$，可知 $EC=FD$.

所以 E 为 DC 的中点.

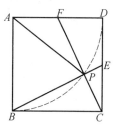

图 133.4

证明 6 如图 133.6，连 BF.

由 $CF\perp BE,BA\perp AD$，可知 A,B,P,F 四点共圆，有 $\angle AFB=\angle APB,\angle DFC=\angle ABP$.

由 $AP=AB$，可知 $\angle APB=\angle ABP$，有 $\angle AFB=\angle DFC$，于是 $\mathrm{Rt}\triangle FAB\cong\mathrm{Rt}\triangle FDC$，得 $FD=FA=\dfrac{1}{2}AD=\dfrac{1}{2}DC$.

由 $CF\perp BE$，可知 $\angle BEC=90°-\angle FCD=\angle CFD$，有 $\mathrm{Rt}\triangle BEC\cong\mathrm{Rt}\triangle CFD$，于是 $EC=FD$.

所以 E 为 DC 的中点.

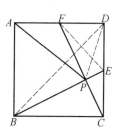

图 133.5

证明 7 如图 133.6，A,B,P,F 四点共圆，BF 是直径，AP 为圆中 $\angle PBA$ 所对的弦；FC 为 $\triangle CDF$ 的外接圆的直径，DC 为 $\angle CFD$ 所对的弦.

由 $\angle PBA=\angle CFD$ 及 $AP=DC$，可以断定 $FB=FC$.

以下同证明 6.

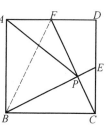

图 133.6

证明 8 如图 133.7,连 EF,PD.

由 $CF \perp BE, BC \perp CD$,可知 $\angle PCD = \angle PBC$.

由 $AD = AB = AP$,可知 $\angle PDC = \dfrac{1}{2}\angle PAD, \angle PBC =$

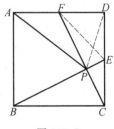

$\dfrac{1}{2}\angle PAB$,有 $\angle PDC + \angle PCD = \angle PDC + \angle PBC =$

$\dfrac{1}{2}\angle BAD = 45°$,于是 $\angle FPD = 45°$.

图 133.7

显然 P, E, D, F 四点共圆,可知 $\angle FED = \angle FPD = 45°$,有 $DE = DF$.

易证 $\text{Rt}\triangle BEC \cong \text{Rt}\triangle CFD$,可知 $EC = DF = DE$.

所以 E 为 DC 的中点.

证明 9 如图 133.8,过 A 作 BE 的垂线,G 为垂足.

由 $AB = AP$,可知 G 为 BP 的中点.

显然 $\text{Rt}\triangle BPC \cong \text{Rt}\triangle AGB$,可知

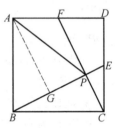

$$PC = BG = \dfrac{1}{2}PB$$

由 $CF \perp BE, BC \perp CD$,可知

$$\text{Rt}\triangle PBC \backsim \text{Rt}\triangle CBE$$

图 133.8

有 $\dfrac{EC}{BC} = \dfrac{PC}{BP} = \dfrac{1}{2}$,于是 $\dfrac{EC}{DC} = \dfrac{1}{2}$.

所以 E 为 DC 的中点.

第 134 天

正方形 $ABCD$ 中,M 为 AD 的中点,以 M 为顶点作 $\angle BMN = \angle MBC$,MN 交 CD 于 N.

求证:$DN = 2CN$.

证明 1 如图 134.1,过 N 作 MB 的平行线交 BC 于 E.

设 $AB = 2a$,$DN = x$,可知

$$AM = a,NC = 2a - x$$

显然 $\text{Rt}\triangle NEC \backsim \text{Rt}\triangle BMA$,可知

$$EC = \frac{1}{2}NC = a - \frac{x}{2}$$

在 $\text{Rt}\triangle MND$ 中,由勾股定理,可知

$$MN = \sqrt{a^2 + x^2}$$

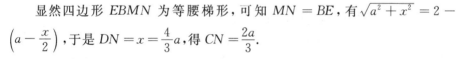

图 134.1

显然四边形 $EBMN$ 为等腰梯形,可知 $MN = BE$,有 $\sqrt{a^2 + x^2} = 2 - \left(a - \frac{x}{2}\right)$,于是 $DN = x = \frac{4}{3}a$,得 $CN = \frac{2a}{3}$.

所以 $DN = 2CN$.

证明 2 如图 134.2,设直线 MN 交 BC 于 E,过 E 作 MB 的垂线,F 为垂足.

显然 $EM = EB$,EF 为 MB 的中垂线.

设 $MA = 1$,可知 $AB = 2$,由勾股定理

$$BM = \sqrt{5},有 BF = \frac{\sqrt{5}}{2}$$

易知 $\triangle EFB \backsim \triangle MAB$,可知 $EF = 2FB = \sqrt{5}$.

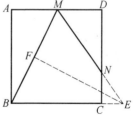

图 134.2

在 $\text{Rt}\triangle BEF$ 中,由勾股定理,可知 $BE = \frac{5}{2}$,有 $CE = \frac{1}{2}$,于是 $MD = 2CE$,得 $\frac{DN}{NC} = \frac{DM}{EC} = 2$.

所以 $DN = 2CN$.

证明 3 如图 134.3,设直线 MN 交 BC 于 E,连 MC.

设 $AB=1$,可知 $MA=\dfrac{1}{2}$.在 Rt$\triangle MBA$ 中,由勾股定理,可知 $MB=\dfrac{\sqrt{5}}{2}$

由 M 为 AD 的中点,可知
$$\text{Rt}\triangle MBA\cong \text{Rt}\triangle MCD$$

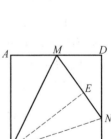

图 134.3

有 $MC=MB$,于是
$$\angle MCB=\angle MBC=\angle EMB$$

得 $\triangle MBC\backsim \triangle EBM$.

显然 $BM^2=BC\cdot BE$.

代入 $BC=1$,$MB=\dfrac{\sqrt{5}}{2}$,可知 $BE=\dfrac{5}{4}$,有 $EC=\dfrac{1}{4}$,于是 $\dfrac{DN}{NC}=\dfrac{DM}{EC}=2$.

所以 $DN=2CN$.

证明 4 如图 134.4,设直线 MN 与 BC 交于 E,过 M 作 BC 的垂线,F 为垂足.

设 $AB=2a$,$CE=x$,可知 $FE=a+x$,$ME=BE=2a+x$.

在 Rt$\triangle MFE$ 中,由勾股定理,可知
$$(2a)^2+(a+x)^2=(2a+x)^2$$

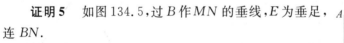

图 134.4

有 $x=\dfrac{1}{2}a$,于是 $MD=2CE$,得 $\dfrac{DN}{NC}=\dfrac{DM}{EC}=2$.

所以 $DN=2CN$.

证明 5 如图 134.5,过 B 作 MN 的垂线,E 为垂足,连 BN.

设 $AB=2a$,$CN=x$,可知 $DN=2a-x$.

由 $\angle BMN=\angle MBC=\angle BMA$,可知
$$\text{Rt}\triangle BME\cong \text{Rt}\triangle BMA$$

有

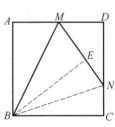

图 134.5

$$BE=BA=BC,ME=MA$$

显然 Rt$\triangle BNE\cong$ Rt$\triangle BNC$,可知 $NE=NC$,有 $MN=MA+NC=a+x$.

在 Rt$\triangle MND$ 中,由勾股定理,可知

$$a^2 + (2a - x)^2 = (a + x)^2$$

有 $x = \dfrac{2a}{3}$，于是 $DN = \dfrac{4}{3}a$.

所以 $DN = 2CN$.

证明 6 如图 134.6，设直线 MN 与 BC 交于 E，F 为 BE 延长线上的一点，$EF = BE$，连 MF.

设 $AB = 2a$，可知 $MA = a$，$MB = \sqrt{5}\,a$.

由 $\angle BMN = \angle MBC$，可知 $EM = EB = EF$，有 E 为 $\triangle MBF$ 的外心，于是 $\angle BMF = 90°$.

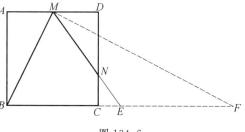

图 134.6

显然 $\triangle BMF \backsim \triangle MAB$，可知 $BF = 5a$，有 $BE = \dfrac{5}{2}a$，于是 $CE = \dfrac{1}{2}a$，得 $MD = 2CE$，故 $\dfrac{DN}{NC} = \dfrac{DM}{EC} = 2$.

所以 $DN = 2CN$.

证明 7 如图 134.7，设直线 MN 与 BC 交于 E，F 为 ME 的延长线上一点，$EF = ME$，连 BF.

设 $AB = 2a$，可知 $MA = a$，$MB = \sqrt{5}\,a$.

由 $\angle BMN = \angle MBC$ 可知 $EB = EM = EF$，有 E 为 $\triangle MBF$ 的外心，于是 $\angle MBF = 90°$.

易证 $\triangle BFM \backsim \triangle ABM$，可知 $MF = 5a$，有 $BE = \dfrac{5}{2}a$，于是 $CE = \dfrac{1}{2}a$，得 $MD = 2CE$，故 $\dfrac{DN}{NC} = \dfrac{DM}{EC} = 2$.

图 134.7

所以 $DN = 2CN$.

证明 8 如图 134.5，过 B 作 MN 的垂线，E 为垂足，连 BN.

设 $AB = 2a$，$CN = x$，可知 $DN = 2a - x$，$BM = \sqrt{5}\,a$.

由 $\angle BMN = \angle MBC = \angle BMA$，可知

$$\text{Rt}\triangle BME \cong \text{Rt}\triangle BMA$$

有 $BE = BA = 2a$.

在 Rt$\triangle DMN$ 中,由勾股定理,可知
$$MN = \sqrt{a^2 + (2a-x)^2}$$
由 $S_{\text{正方形}ABCD} = S_{\triangle ABM} + S_{\triangle MDN} + S_{\triangle BCN} + S_{\triangle BMN}$,可知
$$(2a)^2 = \frac{1}{2} \cdot 2a \cdot a + \frac{1}{2}a \cdot (2a-x) +$$
$$\frac{1}{2} \cdot 2ax + \frac{1}{2} \cdot 2a\sqrt{a^2 + (2a-x)^2}$$

化简,得 $4a - x = 2\sqrt{a^2 + (2a-x)^2}$.

解得 $x = \frac{4}{3}a$(舍去负值),于是 $DN = \frac{4}{3}a$.

所以 $DN = 2CN$.

证明9　如图134.9,设 E 为 DC 延长线上一点,$CE = AM$,连 BN,BE,ME,F 为 BN 与 ME 的交点.

显然 Rt$\triangle BCE \cong$ Rt$\triangle BAM$,可知 $BE = BM$,$\angle MBE = \angle ABC = 90°$.

由证明5,可知
$$NE = NC + CE = NC + AM = NM$$
有 BN 为 ME 的中垂线,于是 B,E,C,F 四点共圆,得 $\angle CBN = \angle DEM$.

显然 $\triangle CBN \backsim \triangle DEM$,可知
$$\frac{BC}{NC} = \frac{DE}{DM} = \frac{3}{1}$$

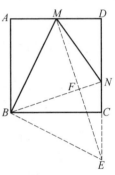

图 134.9

有 $DC = 3NC$.

所以 $DN = 2CN$.

证明10　如图134.10,过 C 作 NM 的平行线分别交 AD,BM 于 E,F.

由 $\angle BMN = \angle MBC$,可知 $\angle CFB = \angle CBF$,有 $FC = BC$,$FE = ME$.

设 $AB = 2a$,$EM = x$,可知
$$EF = x, EC = 2a + x$$
在 Rt$\triangle CDE$ 中,由勾股定理,可知
$$(2a)^2 + (a+x)^2 = (2a+x)^2$$

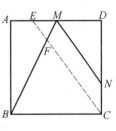

图 134.10

有 $x = \frac{1}{2}a$,于是 $DE = \frac{3}{2}a$.

由 $\dfrac{DN}{DM}=\dfrac{DC}{DE}$,得 $DN=\dfrac{4}{3}a,CN=\dfrac{2a}{3}$.

所以 $DN=2CN$.

证明 11 如图 134.11,过 A 作 MN 的平行线分别交 BC,BM 于 E,F.

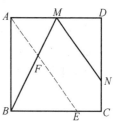

图 134.11

由 $\angle BMN=\angle MBC$,可知 $\angle EFB=\angle FBE$. 有 $EF=EB,AF=AM$.

设 $AB=2a,BE=x$,可知

$$AM=a,AF=a,FE=x,AE=a+x$$

在 $\mathrm{Rt}\triangle ABE$ 中,由勾股定理,可知

$$x^2+(2a)^2=(a+x)^2$$

解得 $x=\dfrac{3}{2}a$.

显然 $\mathrm{Rt}\triangle DMN\backsim\mathrm{Rt}\triangle BEA$,可知 $\dfrac{DN}{DM}=\dfrac{BA}{BE}$,有 $DN=\dfrac{4}{3}a,CN=\dfrac{2a}{3}$.

所以 $DN=2CN$.

证明 12 如图 134.12,过 N 作 BM 的平行线交直线 AD 于 E.

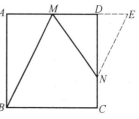

图 134.12

显然 $\mathrm{Rt}\triangle DNE\backsim\mathrm{Rt}\triangle ABM$.

设 $AB=2a,DN=2x$,可知 $AM=a,DE=x$.

由 $\angle BMN=\angle MBC$,可知 $\angle MNE=\angle E$,有 $MN=ME=a+x$.

在 $\mathrm{Rt}\triangle MND$ 中,由勾股定理,可知

$$a^2+(2x)^2=(a+x)^2$$

有 $x=\dfrac{2a}{3}$.

所以 $DN=2CN$

证明 13 如图 134.13,过 B 作 NM 的平行线交直线 DA 于 E.

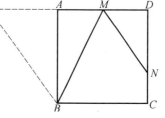

图 134.13

由 $\angle BMN=\angle MBC$,可知 $\angle EBM=\angle EMB$,有 $EB=EM$.

设 $AB=2a,EA=x$,可知 $EB=EM=a+x$.

在 $\mathrm{Rt}\triangle ABE$ 中,由勾股定理,可知

$$(2a)^2+x^2=(a+x)^2$$

有 $x = \dfrac{3}{2}a$.

显然 $\text{Rt}\triangle DMN \backsim \text{Rt}\triangle AEB$，可知 $\dfrac{DN}{DM} = \dfrac{AB}{AE}$，有 $DN = \dfrac{4}{3}a$.

所以 $DN = 2CN$.

证明 14　如图 134.14，设直线 MN 与 BC 交于 F，过 D 作 MN 的平行线交直线 BC 于 E.

设 $AB = 2a, CF = x$，可知 $FE = MD = MA = a, DE = MF = BF = 2a, CE = a + x$.

在 $\text{Rt}\triangle CDE$ 中，由勾股定理，可知
$$(2a)^2 + (a+x)^2 = (2a+x)^2$$

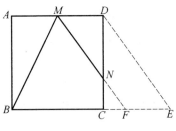

图 134.14

有 $x = \dfrac{1}{2}a$.

因为 $\dfrac{DN}{CN} = \dfrac{DM}{CF} = \dfrac{a}{\dfrac{1}{2}a} = 2$.

所以 $DN = 2CN$.

证明 15　如图 134.15，设直线 MN 与 BC 交于 G，过 D 作 MB 的平行线分别交直线 BC, MN 于 E, F.

设 $AB = 2a, CG = x$，可知 $BE = MD = MA = a$，有 $EC = a, EG = a + x$.

由 $\angle BMN = \angle MBC$，可知 $\angle GFE = \angle GEF$，有 $FG = EG = a + x, MF = MD = a$.

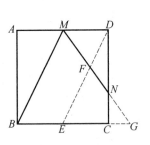

图 134.15

在 $\text{Rt}\triangle CDE$ 中，由勾股定理，可知 $DE = \sqrt{5}$.

在 $\triangle MAB$ 中，$\cos \angle AMB = \dfrac{\sqrt{5}}{5}$.

在 $\triangle DFM$ 中，可知

$$DF = 2MD \cdot \cos \angle MDF = \dfrac{2\sqrt{5}}{5}a$$

由 $\dfrac{MD}{GE} = \dfrac{DF}{EF}$，可知 $x = \dfrac{1}{2}a$.

由 $\dfrac{DN}{CN} = \dfrac{MD}{GC} = 2$，可知 $DN = 2CN$.

所以 $DN = 2CN$.

证明 16　如图 134.16，设 $\angle DMN$ 的平分线交 DC 于 E.

设 $AB = 2a, EN = x$.

由 $\angle BMN = \angle MBC = \angle BMA$,可知

$$\angle DME + \angle BMA = \angle BME = \angle BMA + \angle MBA$$

有 $\angle DME = \angle MBA$,于是

$$\text{Rt}\triangle MDE \backsim \text{Rt}\triangle BAM$$

得 $DE = \dfrac{1}{2}DM = \dfrac{1}{2}a$.

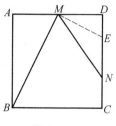

图 134.16

易知 $\dfrac{EN}{MN} = \dfrac{DE}{DM} = \dfrac{1}{2}$,可知 $MN = 2x$.

在 $\text{Rt}\triangle DMN$ 中,由勾股定理,可知

$$a^2 + \left(\frac{1}{2}a + x\right)^2 = (2x)^2$$

解得 $x = \dfrac{5}{6}a$,于是 $DN = \dfrac{4}{3}a$

所以 $DN = 2CN$.

证明 17　如图 134.17,设 BM 的中垂线交 AB 于 E,连 ME.

显然 $\angle EMB = \angle EBM$.

设 $AB = 2a, AE = x$,可知 $ME = BE = 2a - x$.

在 $\text{Rt}\triangle AEM$ 中,由勾股定理,可知

$$a^2 + x^2 = (2a - x)^2$$

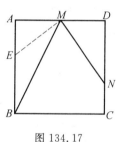

图 134.17

解得 $x = \dfrac{3}{4}a$.

显然 $\text{Rt}\triangle DMN \backsim \text{Rt}\triangle AEM$,可知

$$\frac{DN}{DM} = \frac{AM}{AE}$$

有 $DN = \dfrac{4}{3}a$.

所以 $DN = 2CN$

证明 18　如图 134.18,设直线 BM 交 CD 于 G,过 N 作 BC 的平行线交 BM 于 E,过 N 作 BM 的垂线,F 为垂足.

由 $\angle BMN = \angle MBC = \angle MEN$,可知 $NM = NE$,有 $FM = FE$.

易证 $\text{Rt}\triangle MFN \backsim \text{Rt}\triangle MAB$,可知 $FN = 2FM$.

易知 $\text{Rt}\triangle FEN \backsim \text{Rt}\triangle FNG$,可知 $FG = 2FN = 4FM$,有 $MG = 3FM$.

由 M 为 AD 的中点,可知 M 为 GB 的中点,有 $MB = MG = 3FM$,于是 $ME = 2EB$.

因为 $\dfrac{DN}{NC} = \dfrac{ME}{EB} = 2$.

所以 $DN = 2CN$.

证明 19 如图 134.19,设直线 BM 与 CD 交于 G,过 N 作 MB 的平行线交 BC 于 H,分别过 N,H 作 BM 的垂线,E,F 为垂足.

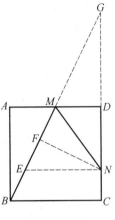

图 134.18

显然四边形 $BHNM$ 为等腰梯形
$$\text{Rt}\triangle BHF \cong \text{Rt}\triangle MNE$$

可知 $FB = ME$.

显然 $\text{Rt}\triangle MEN \cong \text{Rt}\triangle MAB$,可知 $EN = 2ME$.

显然 $\text{Rt}\triangle MEN \backsim \text{Rt}\triangle NEG$ 可知
$$EN \cdot EN = EM \cdot EG$$

有 $EG = 4EM$,于是 $MG = 3EM$.

由 M 为 AD 的中点,可知 M 为 GB 的中点,有 $MB = MG = 3EM$,于是 $EF = EM$.

显然 $NH = EF = \dfrac{1}{6}GB$,可知
$$NC = \dfrac{1}{6}GC = \dfrac{1}{3}DC$$

所以 $DN = 2CN$.

证明 20 如图 134.20,设直线 NM 与 BA 交于 F,过 A 作 BM 的平行线交 FM 于 E.

设 $AB = 2a$,可知
$$AM = a, \quad BM = \sqrt{5}a$$

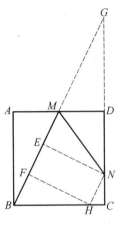

图 134.19

有 $\cos\angle AMB = \dfrac{\sqrt{5}}{5}$.

由 $\angle BMN = \angle MBC$,可知 $\angle MEA = \angle MAE$,有 $ME = MA$.

在 $\triangle MAE$ 中,可知
$$AE = 2AM \cdot \cos\angle EAM = \dfrac{2\sqrt{5}}{5}a$$

由 $\dfrac{FA}{FB} = \dfrac{AE}{BM} = \dfrac{2}{5}$,可知 $\dfrac{FA}{AB} = \dfrac{2}{3}$,有 $\dfrac{DN}{DC} = \dfrac{2}{3}$.

所以 $DN = 2CN$.

证明 21 如图 134.21,过 B 作 MN 的垂线分别

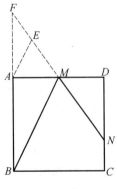

图 134.20

交直线 AD , DC 于 E , F , H 为垂足.

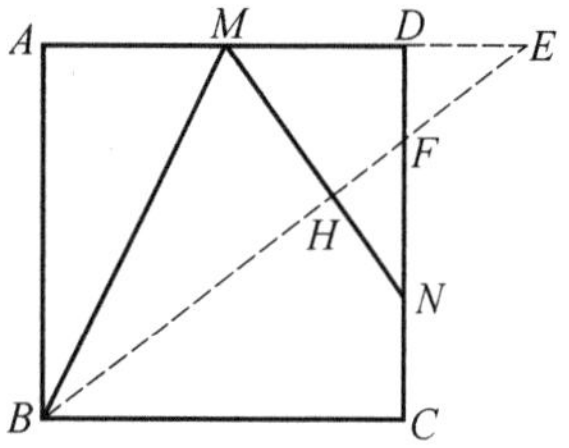

设 $AB=2a$, $DN=x$,可知 $MD=MA=a$.

由 $\angle BMN=\angle MBC=\angle BMA$,可知

$$Rt\triangle BMH\cong Rt\triangle BMA$$

有

$$MH=MA=a,BH=BA=2a$$

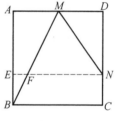

图 134.21

由 $MD=MH$,可知 D 与 H 关于直线 MF 对称,

有 E 与 N 关于直线 MF 对称,于是

$$HE=DN=x,BE=2a+x$$

易知 $Rt\triangle DMN \backsim Rt\triangle ABE$,可知

$$BE=2MN,有 2a+x=2\sqrt{a^2+x^2}$$

解得 $x=\dfrac{4}{3}a$.(舍去 0)

所以 $DN=2CN$.

证明 22 如图 134.22,过 N 作 BC 的平行线分别交 AB , MB 于 E , F .

显然 $FN=MN$.

设 $AD=2$, $DN=x$,可知 $BE=NC=2-x$.

在 $Rt\triangle DMN$ 中,由勾股定理,可知 $MN=\sqrt{1+x^2}$,

有

$$EF=2-FN=2-MN=2-\sqrt{1+x^2}$$

易知 $\dfrac{EF}{AM}=\dfrac{BE}{BA}$,可知 $\dfrac{2-\sqrt{1+x^2}}{1}=\dfrac{2-x}{2}$,有 $x=\dfrac{4}{3}$,于是 $DN=\dfrac{4}{3}$, $NC=\dfrac{2}{3}$.

所以 $DN=2CN$.

图 134.22

本文参考自:

1.《中学生数学》2001 年 1 期 12 页.

2.《中学生数学》2000 年 1 期 12 页.

第 135 天

已知 E,F 是正方形 $ABCD$ 的边 BC,CD 上的两点,且 $\angle EAF = 45°$.

求证:$\dfrac{AB+BE}{AD+DF} = \dfrac{AB^2+BE^2}{AD^2+DF^2}$.

证明 1 如图 135.1,连 BD 分别交 AE,AF 于 P,Q,设 PG,PH 分别为 $\triangle PAB$ 与 $\triangle PBE$ 的高,QK,QL 分别为 $\triangle QDA$ 与 $\triangle QFD$ 的高,连 EF.

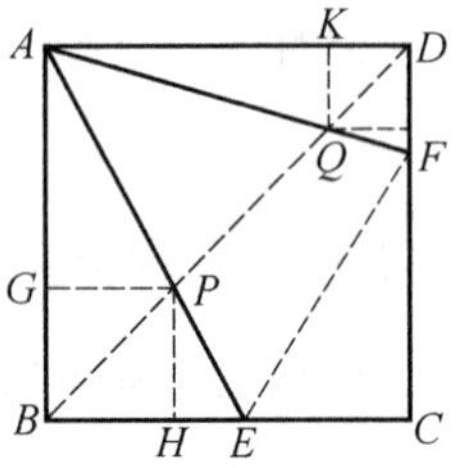

图 135.1

显然

$$PH = PG, \quad QL = QK$$

$$PG = \frac{AP \cdot BE}{AE}, \quad QK = \frac{AQ \cdot DF}{AF}$$

易知 P,E,F,Q 四点共圆(略),可知

$$\frac{AQ}{AP} = \frac{AE}{AF}$$

显然

$$S_{\triangle ABE} = S_{\triangle PAB} + S_{\triangle PBE} = \frac{1}{2}PG(AB+BE)$$

同理 $S_{\triangle ADF} = \dfrac{1}{2}QK(AD+DF)$,可知

$$\frac{S_{\triangle ABE}}{S_{\triangle ADF}} = \frac{PG}{QK}\frac{AB+BE}{AD+DF} = \frac{BE}{DF}$$

于是

$$\frac{AB+BE}{AD+DF} = \frac{BE}{DF}\frac{QK}{PG} = \frac{AE^2}{AF^2} = \frac{AB^2+BE^2}{AD^2+DF^2}$$

所以 $\dfrac{AB+BE}{AD+DF} = \dfrac{AB^2+BE^2}{AD^2+DF^2}$.

证明 2 如图 135.2,设 $AB=1$,$BE=m$,$DF=n$,可知 $EC=1-m$,$DF=1-n$.

设 P 为 CB 延长线上一点,$PB=DF=n$,可知 $\mathrm{Rt}\triangle APB \cong \mathrm{Rt}\triangle AFD$,有 $AP=AF$,$\angle PAB = \angle FAD$,于是 $\angle PAE = 45° = \angle FAE$,得 $\triangle PAE \cong \triangle FAE$.

418

显然 $EF = EP = m + n.$

在 Rt$\triangle ECF$ 中,由勾股定理,可知

$$EC^2 + FC^2 = EF^2$$

有

$$(1-m)^2 + (1-n)^2 = (m+n)^2$$

化简,得 $1 - m - n = mn$,或 $n = \dfrac{1-m}{1+m}$,于是

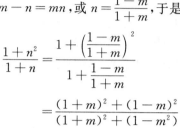

图 135.2

$$
\begin{aligned}
\frac{1+n^2}{1+n} &= \frac{1 + \left(\dfrac{1-m}{1+m}\right)^2}{1 + \dfrac{1-m}{1+m}} \\
&= \frac{(1+m)^2 + (1-m)^2}{(1+m)^2 + (1-m^2)} \\
&= \frac{2+2m^2}{2+2m} = \frac{1+m^2}{1+m}
\end{aligned}
$$

得 $\dfrac{1+m^2}{1+n^2} = \dfrac{1+m}{1+n}.$

由 $1 + m^2 = AB^2 + BE^2$,$1 + n^2 = AD^2 + DF^2$,可知

$$\frac{AB + BE}{AD + DF} = \frac{AB^2 + BE^2}{AD^2 + DF^2}$$

所以 $\dfrac{AB + BE}{AD + DF} = \dfrac{AB^2 + BE^2}{AD^2 + DF^2}.$

本文参考自:

《中等数学》1999 年 3 期 49 页.

第 136 天

在正方形 $ABCD$ 的边 BC, CD 上分别取点 E, F, 使 $EC \cdot CF = 2BE \cdot DF$, 连 AE, AF 分别交 BD 于 M, N, 则 $MN^2 = ND^2 + MB^2$.

证明 1 如图 136.1, 过 C 作 EA 的平行线交 BD 于 P.

显然 $\triangle ABM \cong \triangle CDP$, 可知

$$BM = DP$$

$$\frac{BE}{CE} = \frac{BM}{MP} = \frac{BM}{MD - BM} \qquad (1)$$

同理

$$\frac{DF}{CF} = \frac{DN}{NB - DN} \qquad (2)$$

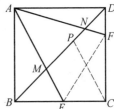

图 136.1

由 $EC \cdot CF = 2BE \cdot DF$, 可知

$$2 = \frac{EC \cdot FC}{BE \cdot DF} = \frac{(MD - MB)(NB - ND)}{MB \cdot ND}$$

有

$$(MN + ND - MB)(MN + MB - ND) = 2MB \cdot ND$$

于是

$$MN^2 - (ND^2 + MB^2 - 2ND \cdot MB) = 2MB \cdot ND$$

所以 $MN^2 = ND^2 + MB^2$.

证明 2 如图 136.2, 设正方形边长为 1, $BE = a$, $DF = b$, 则 $(1-a)(1-b) = 2ab$, $ab = 1 - a - b$.

显然 $\dfrac{BE}{AD} = \dfrac{BM}{MD}$, 可知 $a = \dfrac{BM}{\sqrt{2} - BM}$, 有 $BM = \dfrac{\sqrt{2}a}{1+a}$,

同理 $DN = \dfrac{\sqrt{2}b}{1+b}$, 于是

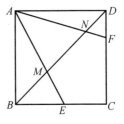

图 136.2

$$MN = BD - BM - DN$$

$$= \sqrt{2} - \frac{\sqrt{2}a}{1+a} - \frac{\sqrt{2}b}{1+b} = \frac{\sqrt{2}(1-ab)}{(1+a)(1+b)} \qquad (1)$$

由 $ab = 1 - a - b$, 可知

$$BM^2 + DN^2 = \frac{2a^2}{(1+a)^2} + \frac{2b^2}{(1+b)^2}$$
$$= 2 \cdot \frac{(a+ab)^2 + (b+ab)^2}{(1+a)^2(1+b)^2}$$
$$= 2 \cdot \frac{(1-b)^2 + (1-a)^2}{(1+a)^2(1+b)^2}$$
$$= 2 \cdot \frac{(a+b)^2}{(1+a)^2(1+b)^2}$$
$$= 2 \cdot \frac{(1-ab)^2}{(1+a)^2(1+b)^2} \tag{2}$$

对照(1)与(2)就是 $MN^2 = ND^2 + MB^2$.

所以 $MN^2 = ND^2 + MB^2$.

证明 3 如图 136.3,过 E 作 AC 的垂线,P 为垂足,连 NE, NP.

设正方形边长为 1,$BE = a$,$DF = b$,可知 $EC = 1-a$,$FC = 1-b$.

由 $EC \cdot CF = 2BE \cdot DF$,可知
$$(1-b)(1-a) = 2ab$$

有
$$1 - a - b + ab = 2ab, 或 \frac{a+b}{1-ab} = 1$$

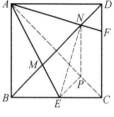

图 136.3

记 $\angle BAE = \angle 4$,$\angle DAF = \angle 5$,显然 $\tan \angle 4 = a$,$\tan \angle 5 = b$,可知
$$\tan(\angle 4 + \angle 5) = \frac{\tan \angle 4 + \tan \angle 5}{1 - \tan \angle 4 \cdot \tan \angle 5} = \frac{a+b}{1-ab} = 1$$

有 $\angle 4 + \angle 5 = 45°$,于是 $\angle EAF = 45°$.

由 $\angle EBN = 45° = \angle EAN$,可知 A, B, E, P, N 五点共圆,有 $\angle PNB = \angle NBA$,于是 $NP \parallel AB$,得 $CE = \sqrt{2} PC = \sqrt{2} DN$.

同理 $CF = \sqrt{2} BM$.

易证 M, E, F, N 四点共圆,可知 $\triangle AMN \backsim \triangle AFE$,且 $\frac{EF}{NM} = \frac{AE}{AN} = \sqrt{2}$,有 $EF = \sqrt{2} MN$.

由 $FC^2 + EC^2 = EF^2$,可知
$$MN^2 = ND^2 + MB^2$$

所以 $MN^2 = ND^2 + MB^2$.

证明 4 (如前,先证明 $\angle EAF = 45°$,然后改造 Rt$\triangle ABG \cong$ Rt$\triangle ADF$)

本文参考自：

《中学数学教学》1997 年 2 期 34 页.

中卷及下卷目录

中卷·基础篇(涉及圆)

圆与它的弦 ……………………………………… 第 137 天至第 176 天

圆与它的切线 …………………………………… 第 177 天至第 212 天

圆与其他的圆 …………………………………… 第 213 天至第 225 天

下卷·提高篇

著名的定理与成题 ……………………………… 第 226 天至第 241 天

国内初中数学竞赛试题 ………………………… 第 242 天至第 296 天

国内高中数学竞赛试题 ………………………… 第 297 天至第 327 天

数学期刊中的问题 ……………………………… 第 328 天至第 345 天

国外中学生数学竞赛试题 ……………………… 第 346 天至第 360 天

国际数学奥林匹克(IMO)试题 ………………… 第 361 天至第 366 天

题 图 目 录

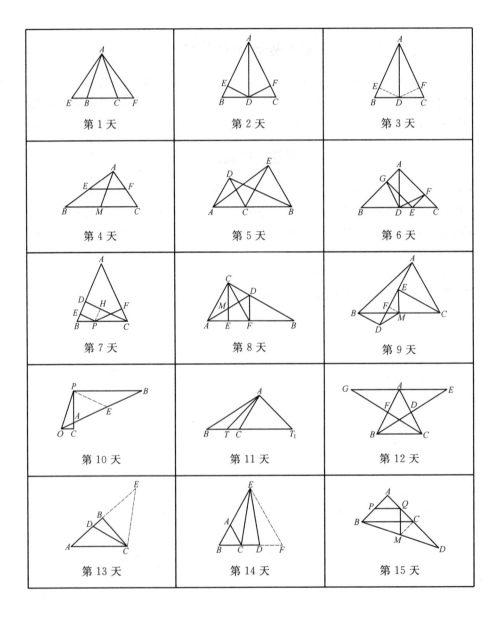

第 1 天

第 2 天

第 3 天

第 4 天

第 5 天

第 6 天

第 7 天

第 8 天

第 9 天

第 10 天

第 11 天

第 12 天

第 13 天

第 14 天

第 15 天

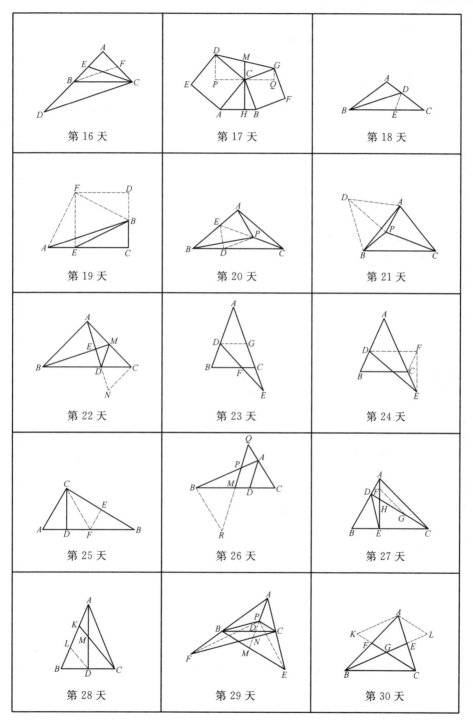

第 16 天	第 17 天	第 18 天
第 19 天	第 20 天	第 21 天
第 22 天	第 23 天	第 24 天
第 25 天	第 26 天	第 27 天
第 28 天	第 29 天	第 30 天

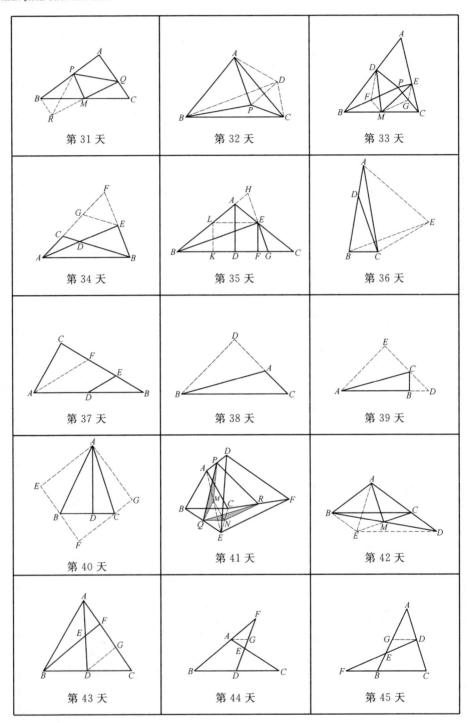

第 31 天

第 32 天

第 33 天

第 34 天

第 35 天

第 36 天

第 37 天

第 38 天

第 39 天

第 40 天

第 41 天

第 42 天

第 43 天

第 44 天

第 45 天

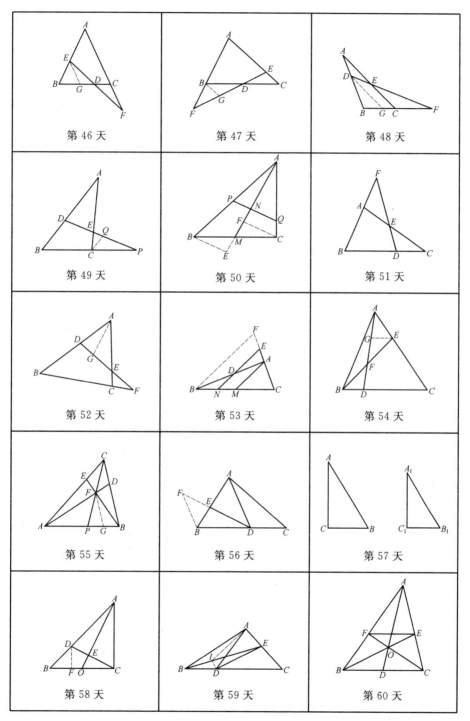

第 46 天	第 47 天	第 48 天
第 49 天	第 50 天	第 51 天
第 52 天	第 53 天	第 54 天
第 55 天	第 56 天	第 57 天
第 58 天	第 59 天	第 60 天

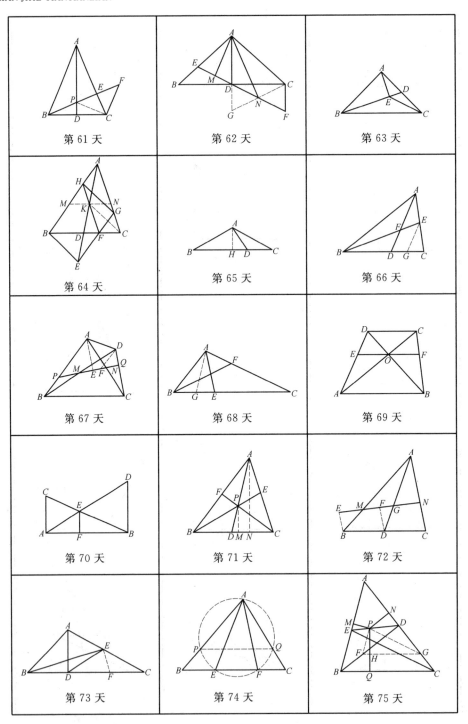

第 61 天

第 62 天

第 63 天

第 64 天

第 65 天

第 66 天

第 67 天

第 68 天

第 69 天

第 70 天

第 71 天

第 72 天

第 73 天

第 74 天

第 75 天

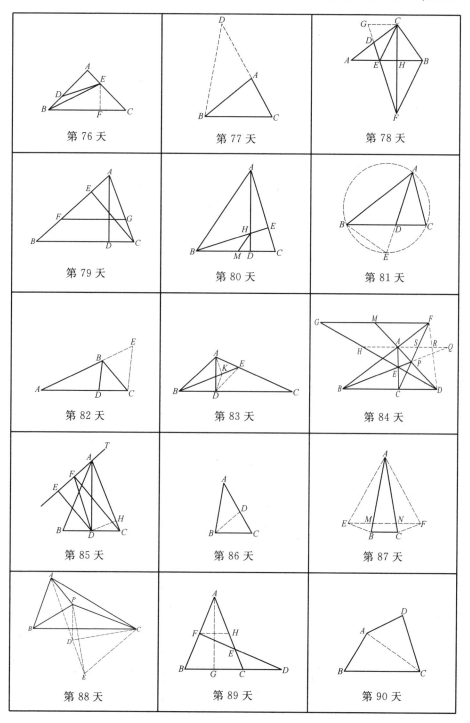

第 76 天

第 77 天

第 78 天

第 79 天

第 80 天

第 81 天

第 82 天

第 83 天

第 84 天

第 85 天

第 86 天

第 87 天

第 88 天

第 89 天

第 90 天

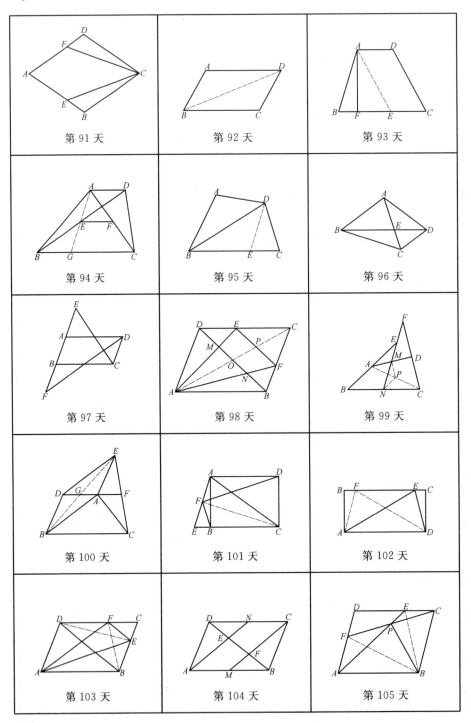

第 91 天

第 92 天

第 93 天

第 94 天

第 95 天

第 96 天

第 97 天

第 98 天

第 99 天

第 100 天

第 101 天

第 102 天

第 103 天

第 104 天

第 105 天

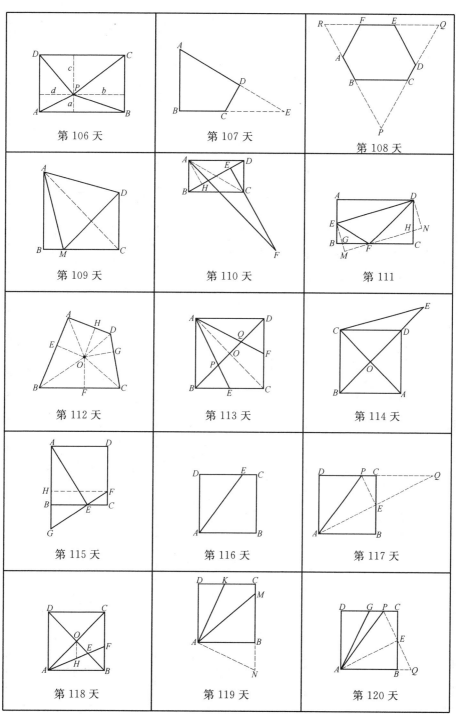

第 106 天

第 107 天

第 108 天

第 109 天

第 110 天

第 111

第 112 天

第 113 天

第 114 天

第 115 天

第 116 天

第 117 天

第 118 天

第 119 天

第 120 天

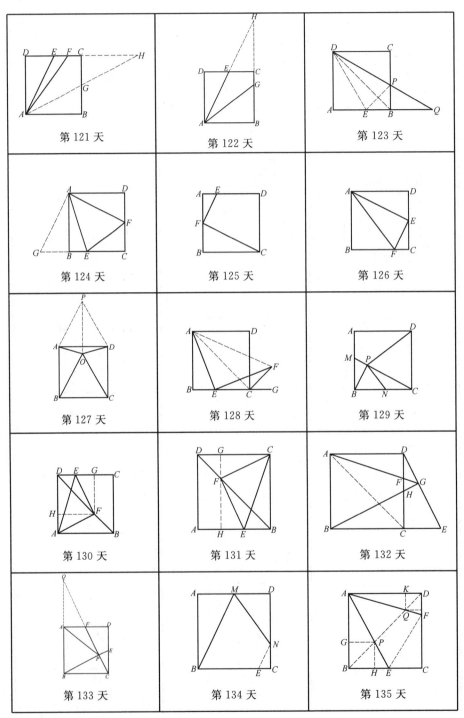

第 121 天

第 122 天

第 123 天

第 124 天

第 125 天

第 126 天

第 127 天

第 128 天

第 129 天

第 130 天

第 131 天

第 132 天

第 133 天

第 134 天

第 135 天

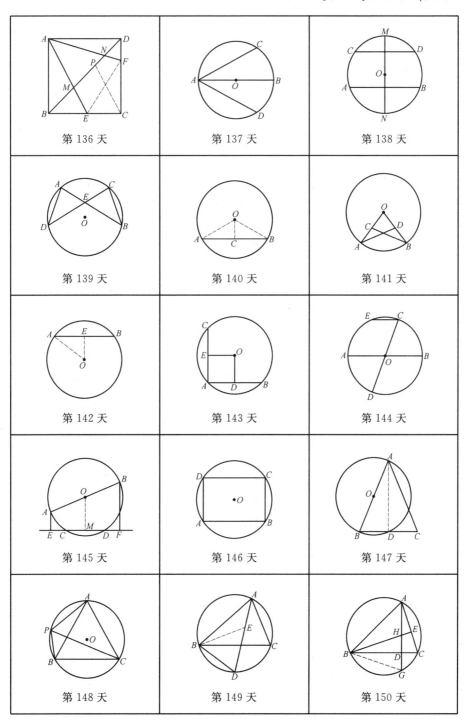

第 136 天

第 137 天

第 138 天

第 139 天

第 140 天

第 141 天

第 142 天

第 143 天

第 144 天

第 145 天

第 146 天

第 147 天

第 148 天

第 149 天

第 150 天

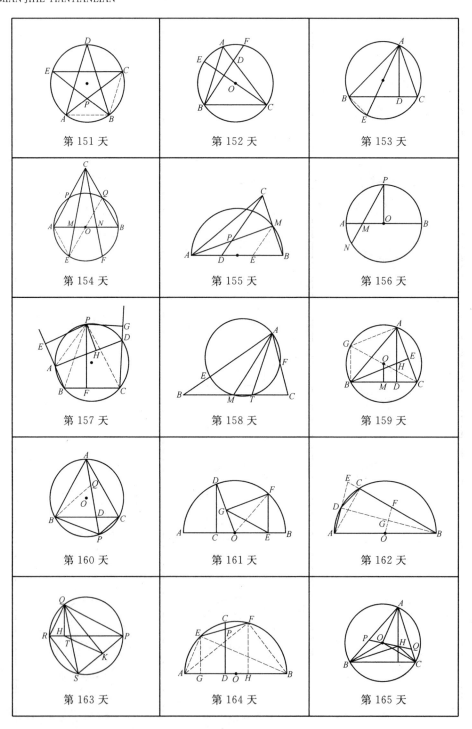

第 151 天	第 152 天	第 153 天
第 154 天	第 155 天	第 156 天
第 157 天	第 158 天	第 159 天
第 160 天	第 161 天	第 162 天
第 163 天	第 164 天	第 165 天

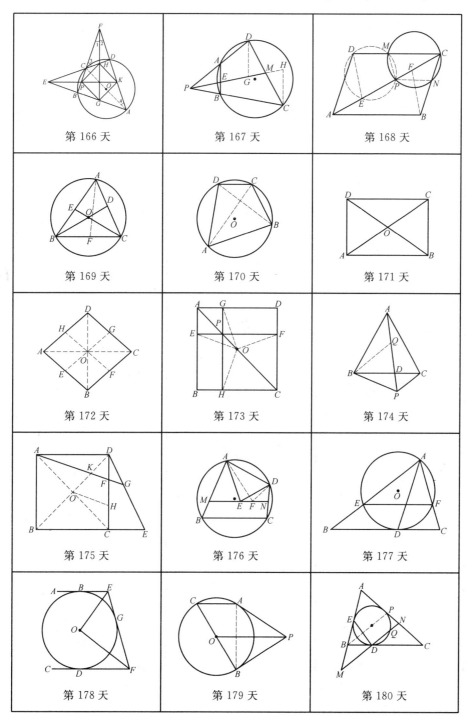

第 166 天　　第 167 天　　第 168 天

第 169 天　　第 170 天　　第 171 天

第 172 天　　第 173 天　　第 174 天

第 175 天　　第 176 天　　第 177 天

第 178 天　　第 179 天　　第 180 天

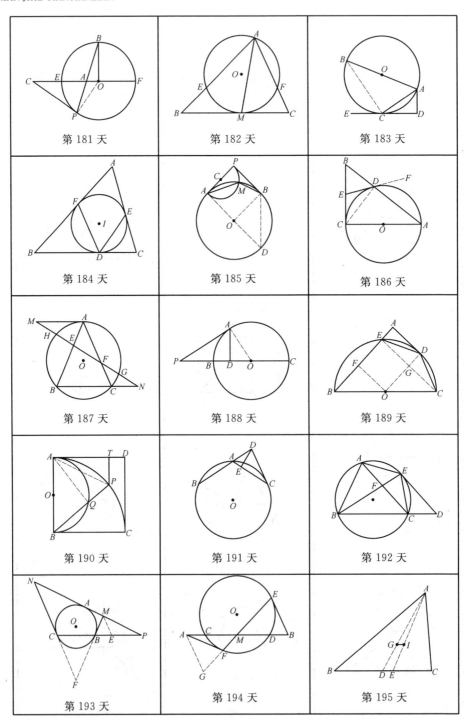

第 181 天

第 182 天

第 183 天

第 184 天

第 185 天

第 186 天

第 187 天

第 188 天

第 189 天

第 190 天

第 191 天

第 192 天

第 193 天

第 194 天

第 195 天

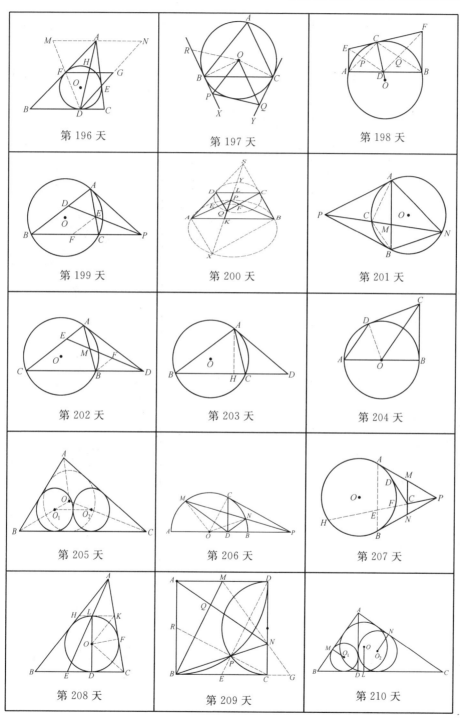

第 196 天

第 197 天

第 198 天

第 199 天

第 200 天

第 201 天

第 202 天

第 203 天

第 204 天

第 205 天

第 206 天

第 207 天

第 208 天

第 209 天

第 210 天

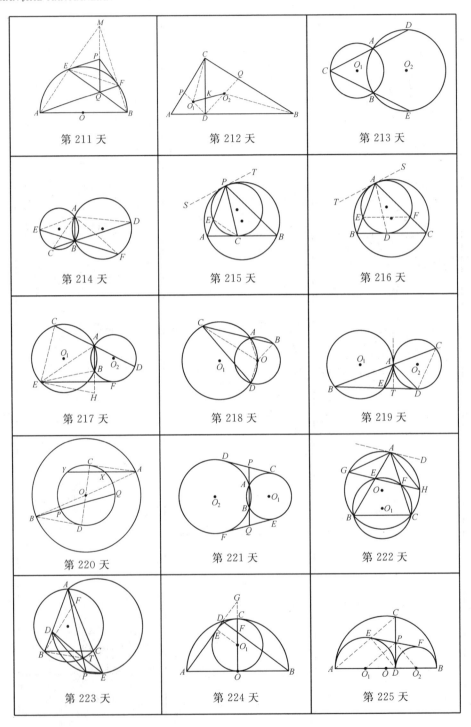

第 211 天

第 212 天

第 213 天

第 214 天

第 215 天

第 216 天

第 217 天

第 218 天

第 219 天

第 220 天

第 221 天

第 222 天

第 223 天

第 224 天

第 225 天

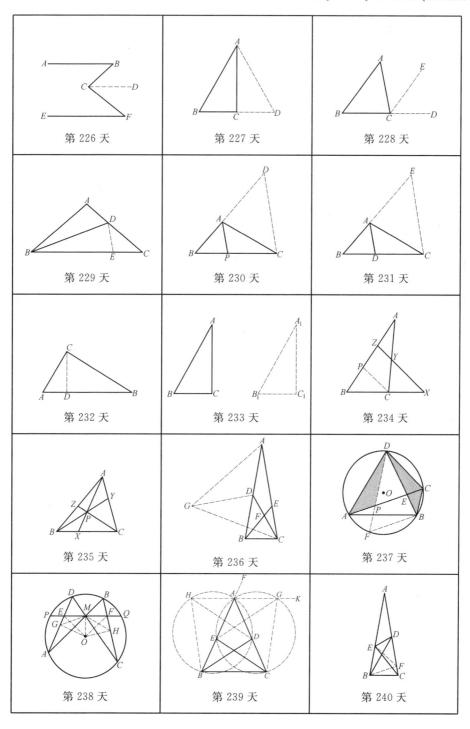

第 226 天

第 227 天

第 228 天

第 229 天

第 230 天

第 231 天

第 232 天

第 233 天

第 234 天

第 235 天

第 236 天

第 237 天

第 238 天

第 239 天

第 240 天

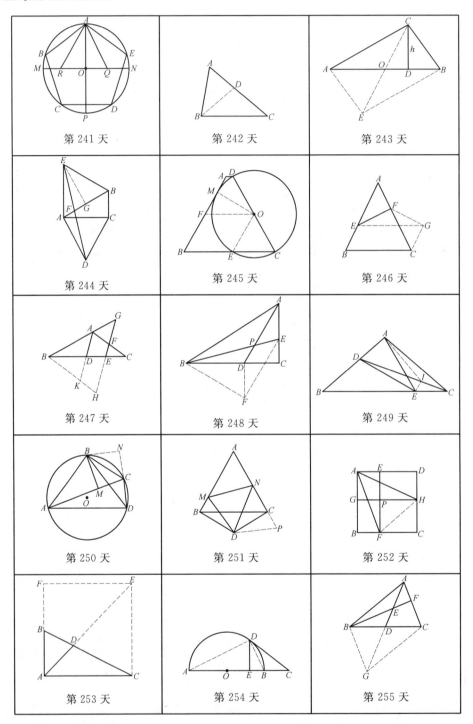

第 241 天

第 242 天

第 243 天

第 244 天

第 245 天

第 246 天

第 247 天

第 248 天

第 249 天

第 250 天

第 251 天

第 252 天

第 253 天

第 254 天

第 255 天

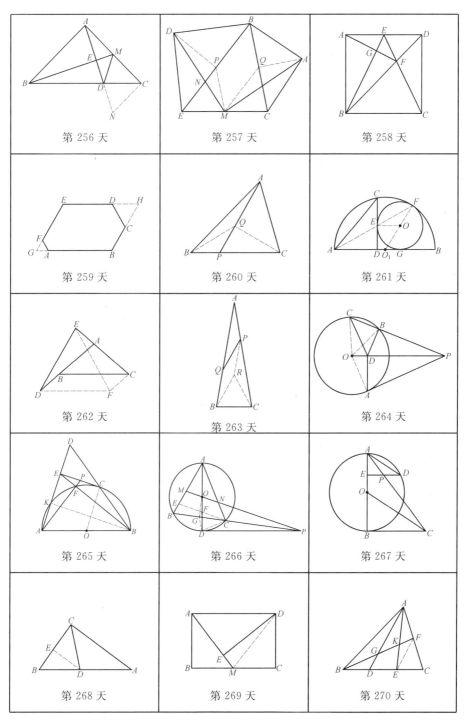

第 256 天

第 257 天

第 258 天

第 259 天

第 260 天

第 261 天

第 262 天

第 263 天

第 264 天

第 265 天

第 266 天

第 267 天

第 268 天

第 269 天

第 270 天

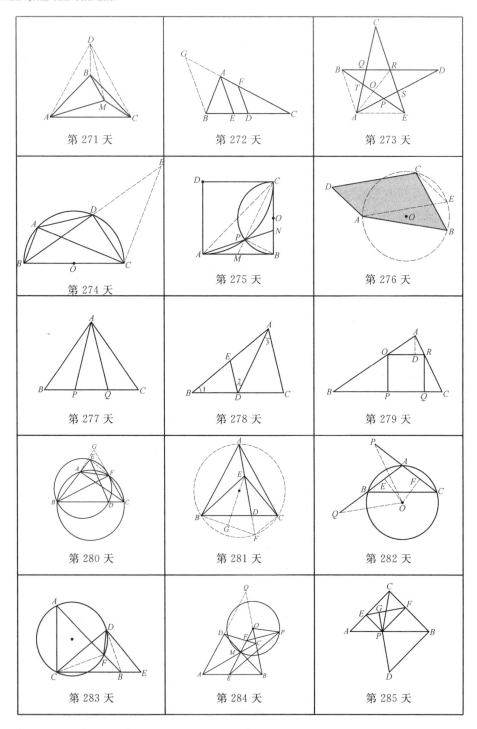

第 271 天

第 272 天

第 273 天

第 274 天

第 275 天

第 276 天

第 277 天

第 278 天

第 279 天

第 280 天

第 281 天

第 282 天

第 283 天

第 284 天

第 285 天

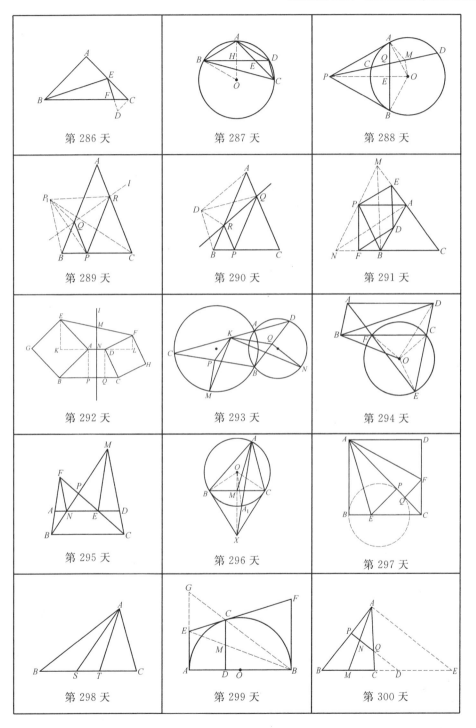

第 286 天

第 287 天

第 288 天

第 289 天

第 290 天

第 291 天

第 292 天

第 293 天

第 294 天

第 295 天

第 296 天

第 297 天

第 298 天

第 299 天

第 300 天

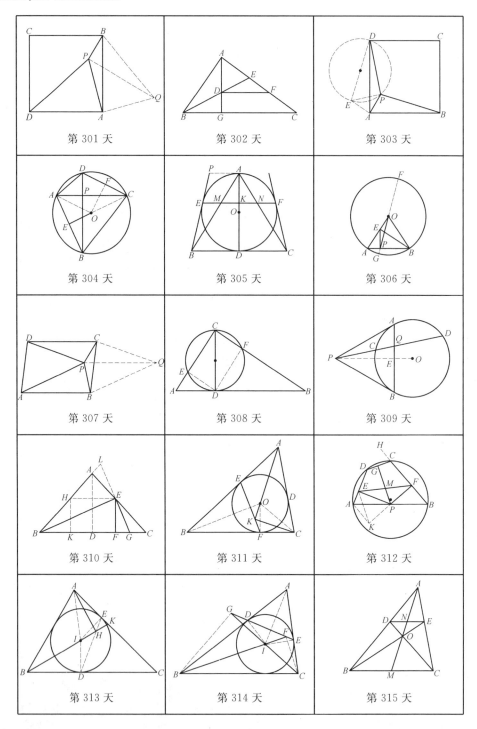

第 301 天

第 302 天

第 303 天

第 304 天

第 305 天

第 306 天

第 307 天

第 308 天

第 309 天

第 310 天

第 311 天

第 312 天

第 313 天

第 314 天

第 315 天

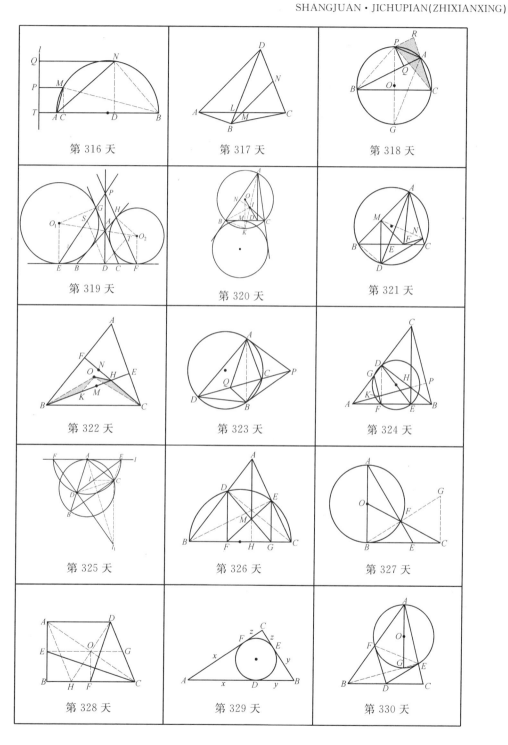

第 316 天

第 317 天

第 318 天

第 319 天

第 320 天

第 321 天

第 322 天

第 323 天

第 324 天

第 325 天

第 326 天

第 327 天

第 328 天

第 329 天

第 330 天

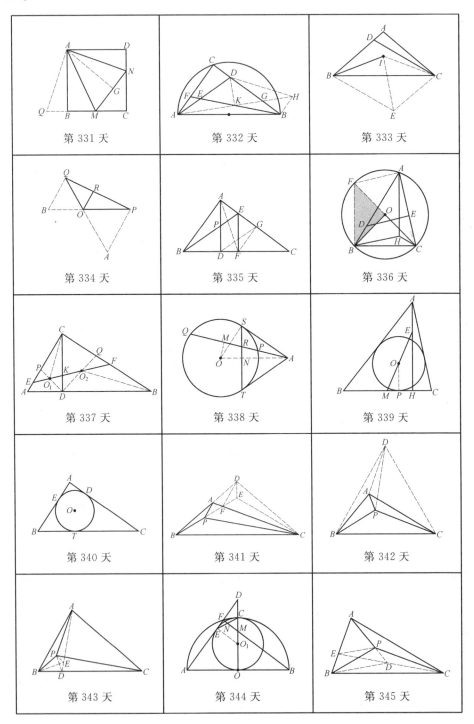

第 331 天

第 332 天

第 333 天

第 334 天

第 335 天

第 336 天

第 337 天

第 338 天

第 339 天

第 340 天

第 341 天

第 342 天

第 343 天

第 344 天

第 345 天

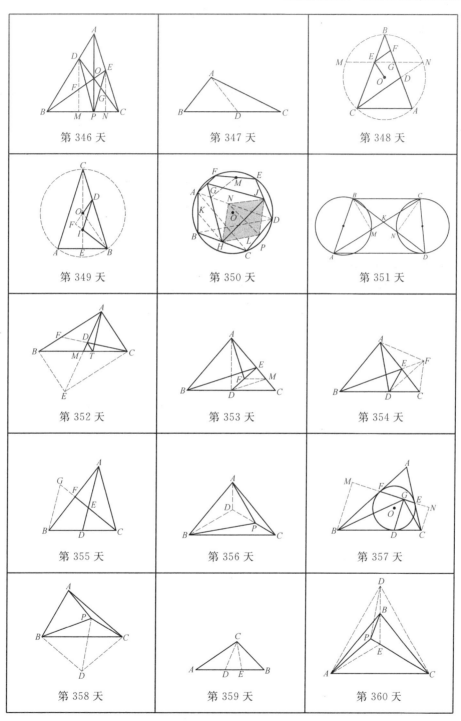

第 346 天

第 347 天

第 348 天

第 349 天

第 350 天

第 351 天

第 352 天

第 353 天

第 354 天

第 355 天

第 356 天

第 357 天

第 358 天

第 359 天

第 360 天

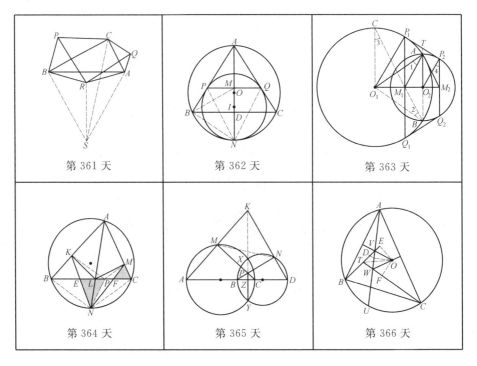

第 361 天

第 362 天

第 363 天

第 364 天

第 365 天

第 366 天

哈尔滨工业大学出版社刘培杰数学工作室
已出版（即将出版）图书目录

书　　名	出版时间	定　价	编号
新编中学数学解题方法全书(高中版)上卷	2007－09	38.00	7
新编中学数学解题方法全书(高中版)中卷	2007－09	48.00	8
新编中学数学解题方法全书(高中版)下卷(一)	2007－09	42.00	17
新编中学数学解题方法全书(高中版)下卷(二)	2007－09	38.00	18
新编中学数学解题方法全书(高中版)下卷(三)	2010－06	58.00	73
新编中学数学解题方法全书(初中版)上卷	2008－01	28.00	29
新编中学数学解题方法全书(初中版)中卷	2010－07	38.00	75
新编中学数学解题方法全书(高考复习卷)	2010－01	48.00	67
新编中学数学解题方法全书(高考真题卷)	2010－01	38.00	62
新编中学数学解题方法全书(高考精华卷)	2011－03	68.00	118
新编平面解析几何解题方法全书(专题讲座卷)	2010－01	18.00	61
新编中学数学解题方法全书(自主招生卷)	2013－08	88.00	261
数学眼光透视	2008－01	38.00	24
数学思想领悟	2008－01	38.00	25
数学应用展观	2008－01	38.00	26
数学建模导引	2008－01	28.00	23
数学方法溯源	2008－01	38.00	27
数学史话览胜	2008－01	28.00	28
数学思维技术	2013－09	38.00	260
从毕达哥拉斯到怀尔斯	2007－10	48.00	9
从迪利克雷到维斯卡尔迪	2008－01	48.00	21
从哥德巴赫到陈景润	2008－05	98.00	35
从庞加莱到佩雷尔曼	2011－08	138.00	136
数学奥林匹克与数学文化(第一辑)	2006－05	48.00	4
数学奥林匹克与数学文化(第二辑)(竞赛卷)	2008－01	48.00	19
数学奥林匹克与数学文化(第二辑)(文化卷)	2008－07	58.00	36′
数学奥林匹克与数学文化(第三辑)(竞赛卷)	2010－01	48.00	59
数学奥林匹克与数学文化(第四辑)(竞赛卷)	2011－08	58.00	87
数学奥林匹克与数学文化(第五辑)	2015－06	98.00	370

哈尔滨工业大学出版社刘培杰数学工作室   已出版(即将出版)图书目录

书　名	出版时间	定　价	编号
世界著名平面几何经典著作钩沉——几何作图专题卷(上)	2009－06	48.00	49
世界著名平面几何经典著作钩沉——几何作图专题卷(下)	2011－01	88.00	80
世界著名平面几何经典著作钩沉(民国平面几何老课本)	2011－03	38.00	113
世界著名平面几何经典著作钩沉(建国初期平面三角老课本)	2015－08	38.00	507
世界著名解析几何经典著作钩沉——平面解析几何卷	2014－01	38.00	264
世界著名数论经典著作钩沉(算术卷)	2012－01	28.00	125
世界著名数学经典著作钩沉——立体几何卷	2011－02	28.00	88
世界著名三角学经典著作钩沉(平面三角卷Ⅰ)	2010－06	28.00	69
世界著名三角学经典著作钩沉(平面三角卷Ⅱ)	2011－01	38.00	78
世界著名初等数论经典著作钩沉(理论和实用算术卷)	2011－07	38.00	126
发展空间想象力	2010－01	38.00	57
走向国际数学奥林匹克的平面几何试题诠释(上、下)(第1版)	2007－01	68.00	11,12
走向国际数学奥林匹克的平面几何试题诠释(上、下)(第2版)	2010－02	98.00	63,64
平面几何证明方法全书	2007－08	35.00	1
平面几何证明方法全书习题解答(第1版)	2005－10	18.00	2
平面几何证明方法全书习题解答(第2版)	2006－12	18.00	10
平面几何天天练上卷·基础篇(直线型)	2013－01	58.00	208
平面几何天天练中卷·基础篇(涉及圆)	2013－01	28.00	234
平面几何天天练下卷·提高篇	2013－01	58.00	237
平面几何专题研究	2013－07	98.00	258
最新世界各国数学奥林匹克中的平面几何试题	2007－09	38.00	14
数学竞赛平面几何典型题及新颖解	2010－07	48.00	74
初等数学复习及研究(平面几何)	2008－09	58.00	38
初等数学复习及研究(立体几何)	2010－06	38.00	71
初等数学复习及研究(平面几何)习题解答	2009－01	48.00	42
几何学教程(平面几何卷)	2011－03	68.00	90
几何学教程(立体几何卷)	2011－07	68.00	130
几何变换与几何证题	2010－06	88.00	70
计算方法与几何证题	2011－06	28.00	129
立体几何技巧与方法	2014－04	88.00	293
几何瑰宝——平面几何500名题暨1000条定理(上、下)	2010－07	138.00	76,77
三角形的解法与应用	2012－07	18.00	183
近代的三角形几何学	2012－07	48.00	184
一般折线几何学	2015－08	48.00	203
三角形的五心	2009－06	28.00	51
三角形的六心及其应用	2015－10	68.00	542
三角形趣谈	2012－08	28.00	212
解三角形	2014－01	28.00	265
三角学专门教程	2014－09	28.00	387

哈尔滨工业大学出版社刘培杰数学工作室   已出版(即将出版)图书目录

书　名	出版时间	定　价	编号
距离几何分析导引	2015－02	68.00	446
圆锥曲线习题集(上册)	2013－06	68.00	255
圆锥曲线习题集(中册)	2015－01	78.00	434
圆锥曲线习题集(下册)	即将出版		
论九点圆	2015－05	88.00	645
近代欧氏几何学	2012－03	48.00	162
罗巴切夫斯基几何学及几何基础概要	2012－07	28.00	188
罗巴切夫斯基几何学初步	2015－06	28.00	474
用三角、解析几何、复数、向量计算解数学竞赛几何题	2015－03	48.00	455
美国中学几何教程	2015－04	88.00	458
三线坐标与三角形特征点	2015－04	98.00	460
平面解析几何方法与研究(第1卷)	2015－05	18.00	471
平面解析几何方法与研究(第2卷)	2015－06	18.00	472
平面解析几何方法与研究(第3卷)	2015－07	18.00	473
解析几何研究	2015－01	38.00	425
解析几何学教程.上	2016－01	38.00	574
解析几何学教程.下	2016－01	38.00	575
几何学基础	2016－01	58.00	581
初等几何研究	2015－02	58.00	444
俄罗斯平面几何问题集	2009－08	88.00	55
俄罗斯立体几何问题集	2014－03	58.00	283
俄罗斯几何大师——沙雷金论数学及其他	2014－01	48.00	271
来自俄罗斯的5000道几何习题及解答	2011－03	58.00	89
俄罗斯初等数学问题集	2012－05	38.00	177
俄罗斯函数问题集	2011－03	38.00	103
俄罗斯组合分析问题集	2011－01	48.00	79
俄罗斯初等数学万题选——三角卷	2012－11	38.00	222
俄罗斯初等数学万题选——代数卷	2013－08	68.00	225
俄罗斯初等数学万题选——几何卷	2014－01	68.00	226
463个俄罗斯几何老问题	2012－01	28.00	152
超越吉米多维奇.数列的极限	2009－11	48.00	58
超越普里瓦洛夫.留数卷	2015－01	28.00	437
超越普里瓦洛夫.无穷乘积与它对解析函数的应用卷	2015－05	28.00	477
超越普里瓦洛夫.积分卷	2015－06	18.00	481
超越普里瓦洛夫.基础知识卷	2015－06	28.00	482
超越普里瓦洛夫.数项级数卷	2015－07	38.00	489
初等数论难题集(第一卷)	2009－05	68.00	44
初等数论难题集(第二卷)(上、下)	2011－02	128.00	82,83
数论概貌	2011－03	18.00	93
代数数论(第二版)	2013－08	58.00	94
代数多项式	2014－06	38.00	289
初等数论的知识与问题	2011－02	28.00	95
超越数论基础	2011－03	28.00	96
数论初等教程	2011－03	28.00	97
数论基础	2011－03	18.00	98
数论基础与维诺格拉多夫	2014－03	18.00	292

哈尔滨工业大学出版社刘培杰数学工作室
已出版(即将出版)图书目录

书　名	出版时间	定　价	编号
解析数论基础	2012—08	28.00	216
解析数论基础(第二版)	2014—01	48.00	287
解析数论问题集(第二版)(原版引进)	2014—05	88.00	343
解析数论问题集(第二版)(中译本)	2016—04	88.00	607
数论入门	2011—03	38.00	99
代数数论入门	2015—03	38.00	448
数论开篇	2012—07	28.00	194
解析数论引论	2011—03	48.00	100
Barban Davenport Halberstam 均值和	2009—01	40.00	33
基础数论	2011—03	28.00	101
初等数论100例	2011—05	18.00	122
初等数论经典例题	2012—07	18.00	204
最新世界各国数学奥林匹克中的初等数论试题(上、下)	2012—01	138.00	144,145
初等数论(Ⅰ)	2012—01	18.00	156
初等数论(Ⅱ)	2012—01	18.00	157
初等数论(Ⅲ)	2012—01	28.00	158
平面几何与数论中未解决的新老问题	2013—01	68.00	229
代数数论简史	2014—11	28.00	408
代数数论	2015—09	88.00	532
数论导引提要及习题解答	2016—01	48.00	559

书　名	出版时间	定　价	编号
谈谈素数	2011—03	18.00	91
平方和	2011—03	18.00	92
复变函数引论	2013—10	68.00	269
伸缩变换与抛物旋转	2015—01	38.00	449
无穷分析引论(上)	2013—04	88.00	247
无穷分析引论(下)	2013—04	98.00	245
数学分析	2014—04	28.00	338
数学分析中的一个新方法及其应用	2013—01	38.00	231
数学分析例选:通过范例学技巧	2013—01	88.00	243
高等代数例选:通过范例学技巧	2015—06	88.00	475
三角级数论(上册)(陈建功)	2013—01	38.00	232
三角级数论(下册)(陈建功)	2013—01	48.00	233
三角级数论(哈代)	2013—06	48.00	254
三角级数	2015—07	28.00	263
超越数	2011—03	18.00	109
三角和方法	2011—03	18.00	112
整数论	2011—05	38.00	120
从整数谈起	2015—10	28.00	538
随机过程(Ⅰ)	2014—01	78.00	224
随机过程(Ⅱ)	2014—01	68.00	235
算术探索	2011—12	158.00	148
组合数学	2012—04	28.00	178
组合数学浅谈	2012—03	28.00	159
丢番图方程引论	2012—03	48.00	172
拉普拉斯变换及其应用	2015—02	38.00	447
高等代数.上	2016—01	38.00	548
高等代数.下	2016—01	38.00	549
高等代数教程	2016—01	58.00	579

哈尔滨工业大学出版社刘培杰数学工作室
已出版(即将出版)图书目录

书　　名	出版时间	定　价	编号
数学解析教程.上卷.1	2016－01	58.00	546
数学解析教程.上卷.2	2016－01	38.00	553
函数构造论.上	2016－01	38.00	554
函数构造论.下	即将出版		555
数与多项式	2016－01	38.00	558
概周期函数	2016－01	48.00	572
变叙的项的极限分布律	2016－01	18.00	573
整函数	2012－08	18.00	161
近代拓扑学研究	2013－04	38.00	239
多项式和无理数	2008－01	68.00	22
模糊数据统计学	2008－03	48.00	31
模糊分析学与特殊泛函空间	2013－01	68.00	241
谈谈不定方程	2011－05	28.00	119
常微分方程	2016－01	58.00	586
平稳随机函数导论	2016－03	48.00	587
量子力学原理·上	2016－01	38.00	588
图与矩阵	2014－08	40.00	644
受控理论与解析不等式	2012－05	78.00	165
解析不等式新论	2009－06	68.00	48
建立不等式的方法	2011－03	98.00	104
数学奥林匹克不等式研究	2009－08	68.00	56
不等式研究(第二辑)	2012－02	68.00	153
不等式的秘密(第一卷)	2012－02	28.00	154
不等式的秘密(第一卷)(第2版)	2014－02	38.00	286
不等式的秘密(第二卷)	2014－01	38.00	268
初等不等式的证明方法	2010－06	38.00	123
初等不等式的证明方法(第二版)	2014－11	38.00	407
不等式·理论·方法(基础卷)	2015－07	38.00	496
不等式·理论·方法(经典不等式卷)	2015－07	38.00	497
不等式·理论·方法(特殊类型不等式卷)	2015－07	48.00	498
不等式的分拆降维降幂方法与可读证明	2016－01	68.00	591
不等式探究	2016－03	38.00	582
同余理论	2012－05	38.00	163
[x]与{x}	2015－04	48.00	476
极值与最值.上卷	2015－06	28.00	486
极值与最值.中卷	2015－06	38.00	487
极值与最值.下卷	2015－06	28.00	488
整数的性质	2012－11	38.00	192
完全平方数及其应用	2015－08	78.00	506
多项式理论	2015－10	88.00	541
历届美国中学生数学竞赛试题及解答(第一卷)1950－1954	2014－07	18.00	277
历届美国中学生数学竞赛试题及解答(第二卷)1955－1959	2014－04	18.00	278
历届美国中学生数学竞赛试题及解答(第三卷)1960－1964	2014－06	18.00	279
历届美国中学生数学竞赛试题及解答(第四卷)1965－1969	2014－04	28.00	280
历届美国中学生数学竞赛试题及解答(第五卷)1970－1972	2014－06	18.00	281
历届美国中学生数学竞赛试题及解答(第七卷)1981－1986	2015－01	18.00	424

哈尔滨工业大学出版社刘培杰数学工作室
 已出版(即将出版)图书目录

书　名	出版时间	定　价	编号
历届 IMO 试题集(1959—2005)	2006—05	58.00	5
历届 CMO 试题集	2008—09	28.00	40
历届中国数学奥林匹克试题集	2014—10	38.00	394
历届加拿大数学奥林匹克试题集	2012—08	38.00	215
历届美国数学奥林匹克试题集:多解推广加强	2012—08	38.00	209
历届美国数学奥林匹克试题集:多解推广加强(第 2 版)	2016—03	48.00	592
历届波兰数学竞赛试题集.第 1 卷,1949～1963	2015—03	18.00	453
历届波兰数学竞赛试题集.第 2 卷,1964～1976	2015—03	18.00	454
历届巴尔干数学奥林匹克试题集	2015—05	38.00	466
保加利亚数学奥林匹克	2014—10	38.00	393
圣彼得堡数学奥林匹克试题集	2015—01	38.00	429
匈牙利奥林匹克数学竞赛题解.第 1 卷	2016—05	28.00	593
匈牙利奥林匹克数学竞赛题解.第 2 卷	2016—05	28.00	594
历届国际大学生数学竞赛试题集(1994—2010)	2012—01	28.00	143
全国大学生数学夏令营数学竞赛试题及解答	2007—03	28.00	15
全国大学生数学竞赛辅导教程	2012—07	28.00	189
全国大学生数学竞赛复习全书	2014—04	48.00	340
历届美国大学生数学竞赛试题集	2009—03	88.00	43
前苏联大学生数学奥林匹克竞赛题解(上编)	2012—04	28.00	169
前苏联大学生数学奥林匹克竞赛题解(下编)	2012—04	38.00	170
历届美国数学邀请赛试题集	2014—01	48.00	270
全国高中数学竞赛试题及解答.第 1 卷	2014—07	38.00	331
大学生数学竞赛讲义	2014—09	28.00	371
亚太地区数学奥林匹克竞赛题	2015—07	18.00	492
日本历届(初级)广中杯数学竞赛试题及解答.第 1 卷 (2000～2007)	2016—05	28.00	641
日本历届(初级)广中杯数学竞赛试题及解答.第 2 卷 (2008～2015)	2016—05	38.00	642

书　名	出版时间	定　价	编号
高考数学临门一脚(含密押三套卷)(理科版)	2015—01	24.80	421
高考数学临门一脚(含密押三套卷)(文科版)	2015—01	24.80	422
新课标高考数学题型全归纳(文科版)	2015—05	72.00	467
新课标高考数学题型全归纳(理科版)	2015—05	82.00	468
洞穿高考数学解答题核心考点(理科版)	2015—11	49.80	550
洞穿高考数学解答题核心考点(文科版)	2015—11	46.80	551
高考数学题型全归纳:文科版.上	2016—05	53.00	663
高考数学题型全归纳:文科版.下	2016—05	53.00	664
高考数学题型全归纳:理科版.上	2016—05	58.00	665
高考数学题型全归纳:理科版.下	2016—05	58.00	666
王连笑教你怎样学数学:高考选择题解题策略与客观题实用训练	2014—01	48.00	262
王连笑教你怎样学数学:高考数学高层次讲座	2015—02	48.00	432
高考数学的理论与实践	2009—08	38.00	53
高考数学核心题型解题方法与技巧	2010—01	28.00	86
高考思维新平台	2014—03	38.00	259
30 分钟拿下高考数学选择题、填空题(第二版)	2012—01	28.00	146
高考数学压轴题解题诀窍(上)	2012—02	78.00	166
高考数学压轴题解题诀窍(下)	2012—03	28.00	167
北京市五区文科数学三年高考模拟题详解:2013～2015	2015—08	48.00	500

哈尔滨工业大学出版社刘培杰数学工作室

已出版(即将出版)图书目录

书 名	出版时间	定 价	编号
北京市五区理科数学三年高考模拟题详解:2013～2015	2015－09	68.00	505
向量法巧解数学高考题	2009－08	28.00	54
高考数学万能解题法	2015－09	28.00	534
高考物理万能解题法	2015－09	28.00	537
高考化学万能解题法	2015－11	25.00	557
高考生物万能解题法	2016－03	25.00	598
高考数学解题金典	2016－04	68.00	602
高考物理解题金典	2016－03	58.00	603
高考化学解题金典	2016－04	48.00	604
高考生物解题金典	即将出版		605
我一定要赚分:高中物理	2016－01	38.00	580
数学高考参考	2016－01	78.00	589
2011～2015 年全国及各省市高考数学文科精品试题审题要津与解法研究	2015－10	68.00	539
2011～2015 年全国及各省市高考数学理科精品试题审题要津与解法研究	2015－10	88.00	540
最新全国及各省市高考数学试卷解法研究及点拨评析	2009－02	38.00	41
2011 年全国及各省市高考数学试题审题要津与解法研究	2011－10	48.00	139
2013 年全国及各省市高考数学试题解析与点评	2014－01	48.00	282
全国及各省市高考数学试题审题要津与解法研究	2015－02	48.00	450
新课标高考数学——五年试题分章详解(2007～2011)(上、下)	2011－10	78.00	140,141
全国中考数学压轴题审题要津与解法研究	2013－04	78.00	248
新编全国及各省市中考数学压轴题审题要津与解法研究	2014－05	58.00	342
全国及各省市 5 年中考数学压轴题审题要津与解法研究	2015－04	58.00	462
中考数学专题总复习	2007－04	28.00	6
中考数学较难题、难题常考题型解题方法与技巧.上	2016－01	48.00	584
中考数学较难题、难题常考题型解题方法与技巧.下	2016－01	58.00	585
北京中考数学压轴题解题方法突破	2016－03	38.00	597
助你高考成功的数学解题智慧:知识是智慧的基础	2016－01	58.00	596
助你高考成功的数学解题智慧:错误是智慧的试金石	2016－04	58.00	643
助你高考成功的数学解题智慧:方法是智慧的推手	2016－04	68.00	657
高考数学奇思妙解	2016－04	38.00	610

书 名	出版时间	定 价	编号
新编 640 个世界著名数学智力趣题	2014－01	88.00	242
500 个最新世界著名数学智力趣题	2008－06	48.00	3
400 个最新世界著名数学最值问题	2008－09	48.00	36
500 个世界著名数学征解问题	2009－06	48.00	52
400 个中国最佳初等数学征解老问题	2010－01	48.00	60
500 个俄罗斯数学经典老题	2011－01	28.00	81
1000 个国外中学物理好题	2012－04	48.00	174
300 个日本高考数学题	2012－05	38.00	142
500 个前苏联早期高考数学试题及解答	2012－05	28.00	185
546 个早期俄罗斯大学生数学竞赛题	2014－03	38.00	285
548 个来自美苏的数学好问题	2014－11	28.00	396
20 所苏联著名大学早期入学试题	2015－02	18.00	452
161 道德国工科大学生必做的微分方程习题	2015－05	28.00	469
500 个德国工科大学生必做的高数习题	2015－06	28.00	478
德国讲义日本考题.微积分卷	2015－04	48.00	456
德国讲义日本考题.微分方程卷	2015－04	38.00	457

哈尔滨工业大学出版社刘培杰数学工作室
已出版(即将出版)图书目录

书 名	出版时间	定 价	编号
中国初等数学研究 2009卷(第1辑)	2009—05	20.00	45
中国初等数学研究 2010卷(第2辑)	2010—05	30.00	68
中国初等数学研究 2011卷(第3辑)	2011—07	60.00	127
中国初等数学研究 2012卷(第4辑)	2012—07	48.00	190
中国初等数学研究 2014卷(第5辑)	2014—02	48.00	288
中国初等数学研究 2015卷(第6辑)	2015—06	68.00	493
中国初等数学研究 2016卷(第7辑)	2016—04	68.00	609
几何变换(Ⅰ)	2014—07	28.00	353
几何变换(Ⅱ)	2015—06	28.00	354
几何变换(Ⅲ)	2015—01	38.00	355
几何变换(Ⅳ)	2015—12	38.00	356
博弈论精粹	2008—03	58.00	30
博弈论精粹.第二版(精装)	2015—01	88.00	461
数学 我爱你	2008—01	28.00	20
精神的圣徒 别样的人生——60位中国数学家成长的历程	2008—09	48.00	39
数学史概论	2009—06	78.00	50
数学史概论(精装)	2013—03	158.00	272
数学史选讲	2016—01	48.00	544
斐波那契数列	2010—02	28.00	65
数学拼盘和斐波那契魔方	2010—07	38.00	72
斐波那契数列欣赏	2011—01	28.00	160
数学的创造	2011—02	48.00	85
数学美与创造力	2016—01	48.00	595
数海拾贝	2016—01	48.00	590
数学中的美	2011—02	38.00	84
数论中的美学	2014—12	38.00	351
数学王者 科学巨人——高斯	2015—01	28.00	428
振兴祖国数学的圆梦之旅:中国初等数学研究史话	2015—06	78.00	490
二十世纪中国数学史料研究	2015—10	48.00	536
数字谜、数阵图与棋盘覆盖	2016—01	58.00	298
时间的形状	2016—01	38.00	556
数学解题——靠数学思想给力(上)	2011—07	38.00	131
数学解题——靠数学思想给力(中)	2011—07	48.00	132
数学解题——靠数学思想给力(下)	2011—07	38.00	133
我怎样解题	2013—01	48.00	227
数学解题中的物理方法	2011—06	28.00	114
数学解题的特殊方法	2011—06	48.00	115
中学数学计算技巧	2012—01	48.00	116
中学数学证明方法	2012—01	58.00	117
数学趣题巧解	2012—03	28.00	128
高中数学教学通鉴	2015—05	58.00	479
和高中生漫谈:数学与哲学的故事	2014—08	28.00	369
自主招生考试中的参数方程问题	2015—01	28.00	435
自主招生考试中的极坐标问题	2015—04	28.00	463
近年全国重点大学自主招生数学试题全解及研究.华约卷	2015—02	38.00	441
近年全国重点大学自主招生数学试题全解及研究.北约卷	2016—05	38.00	619
自主招生数学解证宝典	2015—09	48.00	535

哈尔滨工业大学出版社刘培杰数学工作室
已出版(即将出版)图书目录

书 名	出版时间	定 价	编号
格点和面积	2012—07	18.00	191
射影几何趣谈	2012—04	28.00	175
斯潘纳尔引理——从一道加拿大数学奥林匹克试题谈起	2014—01	28.00	228
李普希兹条件——从几道近年高考数学试题谈起	2012—10	18.00	221
拉格朗日中值定理——从一道北京高考试题的解法谈起	2015—10	18.00	197
闵科夫斯基定理——从一道清华大学自主招生试题谈起	2014—01	28.00	198
哈尔测度——从一道冬令营试题的背景谈起	2012—08	28.00	202
切比雪夫逼近问题——从一道中国台北数学奥林匹克试题谈起	2013—04	38.00	238
伯恩斯坦多项式与贝齐尔曲面——从一道全国高中数学联赛试题谈起	2013—03	38.00	236
卡塔兰猜想——从一道普特南竞赛试题谈起	2013—06	18.00	256
麦卡锡函数和阿克曼函数——从一道前南斯拉夫数学奥林匹克试题谈起	2012—08	18.00	201
贝蒂定理与拉姆贝克莫斯尔定理——从一个拣石子游戏谈起	2012—08	18.00	217
皮亚诺曲线和豪斯道夫分球定理——从无限集谈起	2012—08	18.00	211
平面凸图形与凸多面体	2012—10	28.00	218
斯坦因豪斯问题——从一道二十五省市自治区中学数学竞赛试题谈起	2012—07	18.00	196
纽结理论中的亚历山大多项式与琼斯多项式——从一道北京市高一数学竞赛试题谈起	2012—07	28.00	195
原则与策略——从波利亚"解题表"谈起	2013—04	38.00	244
转化与化归——从三大尺规作图不能问题谈起	2012—08	28.00	214
代数几何中的贝祖定理(第一版)——从一道IMO试题的解法谈起	2013—08	18.00	193
成功连贯理论与约当块理论——从一道比利时数学竞赛试题谈起	2012—04	18.00	180
素数判定与大数分解	2014—08	18.00	199
置换多项式及其应用	2012—10	18.00	220
椭圆函数与模函数——从一道美国加州大学洛杉矶分校(UCLA)博士资格考题谈起	2012—10	28.00	219
差分方程的拉格朗日方法——从一道2011年全国高考理科试题的解法谈起	2012—08	28.00	200
力学在几何中的一些应用	2013—01	38.00	240
高斯散度定理、斯托克斯定理和平面格林定理——从一道国际大学生数学竞赛试题谈起	即将出版		
康托洛维奇不等式——从一道全国高中联赛试题谈起	2013—03	28.00	337
西格尔引理——从一道第18届IMO试题的解法谈起	即将出版		
罗斯定理——从一道前苏联数学竞赛试题谈起	即将出版		
拉克斯定理和阿廷定理——从一道IMO试题的解法谈起	2014—01	58.00	246
毕卡大定理——从一道美国大学数学竞赛试题谈起	2014—07	18.00	350
贝齐尔曲线——从一道全国高中联赛试题谈起	即将出版		
拉格朗日乘子定理——从一道2005年全国高中联赛试题的高等数学解法谈起	2015—05	28.00	480
雅可比定理——从一道日本数学奥林匹克试题谈起	2013—04	48.00	249
李天岩—约克定理——从一道波兰数学竞赛试题谈起	2014—06	28.00	349
整系数多项式因式分解的一般方法——从克朗耐克算法谈起	即将出版		
布劳维不动点定理——从一道前苏联数学奥林匹克试题谈起	2014—01	38.00	273
伯恩赛德定理——从一道英国数学奥林匹克试题谈起	即将出版		
布查特—莫斯特定理——从一道上海市初中竞赛试题谈起	即将出版		

哈尔滨工业大学出版社刘培杰数学工作室
已出版(即将出版)图书目录

书　名	出版时间	定　价	编号
数论中的同余数问题——从一道普特南竞赛试题谈起	即将出版		
范·德蒙行列式——从一道美国数学奥林匹克试题谈起	即将出版		
中国剩余定理:总数法构建中国历史年表	2015－01	28.00	430
牛顿程序与方程求根——从一道全国高考试题解法谈起	即将出版		
库默尔定理——从一道IMO预选试题谈起	即将出版		
卢丁定理——从一道冬令营试题的解法谈起	即将出版		
沃斯滕霍姆定理——从一道IMO预选试题谈起	即将出版		
卡尔松不等式——从一道莫斯科数学奥林匹克试题谈起	即将出版		
信息论中的香农熵——从一道近年高考压轴题谈起	即将出版		
约当不等式——从一道希望杯竞赛试题谈起	即将出版		
拉比诺维奇定理	即将出版		
刘维尔定理——从一道《美国数学月刊》征解问题的解法谈起	即将出版		
卡塔兰恒等式与级数求和——从一道IMO试题的解法谈起	即将出版		
勒让德猜想与素数分布——从一道爱尔兰竞赛试题谈起	即将出版		
天平称重与信息论——从一道基辅市数学奥林匹克试题谈起	即将出版		
哈密尔顿－凯莱定理:从一道高中数学联赛试题的解法谈起	2014－09	18.00	376
艾思特曼定理——从一道CMO试题的解法谈起	即将出版		
一个爱尔特希问题——从一道西德数学奥林匹克试题谈起	即将出版		
有限群中的爱丁格尔问题——从一道北京市初中二年级数学竞赛试题谈起	即将出版		
贝克码与编码理论——从一道全国高中联赛试题谈起	即将出版		
帕斯卡三角形	2014－03	18.00	294
蒲丰投针问题——从2009年清华大学的一道自主招生试题谈起	2014－01	38.00	295
斯图姆定理——从一道"华约"自主招生试题的解法谈起	2014－01	18.00	296
许瓦兹引理——从一道加利福尼亚大学伯克利分校数学系博士生试题谈起	2014－08	18.00	297
拉姆塞定理——从王诗宬院士的一个问题谈起	2016－04	48.00	299
坐标法	2013－12	28.00	332
数论三角形	2014－04	38.00	341
毕克定理	2014－07	18.00	352
数林掠影	2014－09	48.00	389
我们周围的概率	2014－10	38.00	390
凸函数最值定理:从一道华约自主招生题的解法谈起	2014－10	28.00	391
易学与数学奥林匹克	2014－10	38.00	392
生物数学趣谈	2015－01	18.00	409
反演	2015－01	28.00	420
因式分解与圆锥曲线	2015－01	18.00	426
轨迹	2015－01	28.00	427
面积原理:从常庚哲命的一道CMO试题的积分解法谈起	2015－01	48.00	431
形形色色的不动点定理:从一道28届IMO试题谈起	2015－01	38.00	439
柯西函数方程:从一道上海交大自主招生的试题谈起	2015－02	28.00	440
三角恒等式	2015－02	28.00	442
无理性判定:从一道2014年"北约"自主招生试题谈起	2015－01	38.00	443
数学归纳法	2015－03	18.00	451
极端原理与解题	2015－04	28.00	464
法雷级数	2014－08	18.00	367
摆线族	2015－01	38.00	438
函数方程及其解法	2015－05	38.00	470
含参数的方程和不等式	2012－09	28.00	213
希尔伯特第十问题	2016－01	38.00	543
无穷小量的求和	2016－01	28.00	545
切比雪夫多项式:从一道清华大学金秋营试题谈起	2016－01	38.00	583

哈尔滨工业大学出版社刘培杰数学工作室

已出版(即将出版)图书目录

书　名	出版时间	定　价	编号
泽肯多夫定理	2016－03	38.00	599
代数等式证题法	2016－01	28.00	600
三角等式证题法	2016－01	28.00	601
吴大任教授藏书中的一个因式分解公式:从一道美国数学邀请赛试题的解法谈起	2016－06	28.00	656
中等数学英语阅读文选	2006－12	38.00	13
统计学专业英语	2007－03	28.00	16
统计学专业英语(第二版)	2012－07	48.00	176
统计学专业英语(第三版)	2015－04	68.00	465
幻方和魔方(第一卷)	2012－05	68.00	173
尘封的经典——初等数学经典文献选读(第一卷)	2012－07	48.00	205
尘封的经典——初等数学经典文献选读(第二卷)	2012－07	38.00	206
代换分析:英文	2015－07	38.00	499
实变函数论	2012－06	78.00	181
复变函数论	2015－08	38.00	504
非光滑优化及其变分分析	2014－01	48.00	230
疏散的马尔科夫链	2014－01	58.00	266
马尔科夫过程论基础	2015－01	28.00	433
初等微分拓扑学	2012－07	18.00	182
方程式论	2011－03	38.00	105
初级方程式论	2011－03	28.00	106
Galois 理论	2011－03	18.00	107
古典数学难题与伽罗瓦理论	2012－11	58.00	223
伽罗华与群论	2014－01	28.00	290
代数方程的根式解及伽罗瓦理论	2011－03	28.00	108
代数方程的根式解及伽罗瓦理论(第二版)	2015－01	28.00	423
线性偏微分方程讲义	2011－03	18.00	110
几类微分方程数值方法的研究	2015－05	38.00	485
N 体问题的周期解	2011－03	28.00	111
代数方程式论	2011－05	18.00	121
动力系统的不变量与函数方程	2011－07	48.00	137
基于短语评价的翻译知识获取	2012－02	48.00	168
应用随机过程	2012－04	48.00	187
概率论导引	2012－04	18.00	179
矩阵论(上)	2013－06	58.00	250
矩阵论(下)	2013－06	48.00	251
对称锥互补问题的内点法:理论分析与算法实现	2014－08	68.00	368
抽象代数:方法导引	2013－06	38.00	257
集论	2016－01	48.00	576
多项式理论研究综述	2016－01	38.00	577
函数论	2014－11	78.00	395
反问题的计算方法及应用	2011－11	28.00	147
初等数学研究(Ⅰ)	2008－09	68.00	37
初等数学研究(Ⅱ)(上、下)	2009－05	118.00	46,47
数阵及其应用	2012－02	28.00	164
绝对值方程—折边与组合图形的解析研究	2012－07	48.00	186
代数函数论(上)	2015－07	38.00	494
代数函数论(下)	2015－07	38.00	495
偏微分方程论:法文	2015－10	48.00	533
时标动力学方程的指数型二分性与周期解	2016－04	48.00	606
重刚体绕不动点运动方程的积分法	2016－05	68.00	608
水轮机水力稳定性	2016－05	48.00	620

哈尔滨工业大学出版社刘培杰数学工作室
已出版(即将出版)图书目录

书 名	出版时间	定 价	编号
趣味初等方程妙题集锦	2014—09	48.00	388
趣味初等数论选美与欣赏	2015—02	48.00	445
耕读笔记(上卷):一位农民数学爱好者的初数探索	2015—04	28.00	459
耕读笔记(中卷):一位农民数学爱好者的初数探索	2015—05	28.00	483
耕读笔记(下卷):一位农民数学爱好者的初数探索	2015—05	28.00	484
几何不等式研究与欣赏.上卷	2016—01	88.00	547
几何不等式研究与欣赏.下卷	2016—01	48.00	552
初等数列研究与欣赏·上	2016—01	48.00	570
初等数列研究与欣赏·下	2016—01	48.00	571
火柴游戏	2016—05	38.00	612
异曲同工	即将出版		613
智力解谜	即将出版		614
故事智力	即将出版		615
名人们喜欢的智力问题	即将出版		616
数学大师的发现、创造与失误	即将出版		617
数学的味道	即将出版		618
数贝偶拾——高考数学题研究	2014—04	28.00	274
数贝偶拾——初等数学研究	2014—04	38.00	275
数贝偶拾——奥数题研究	2014—04	48.00	276
集合、函数与方程	2014—01	28.00	300
数列与不等式	2014—01	38.00	301
三角与平面向量	2014—01	28.00	302
平面解析几何	2014—01	38.00	303
立体几何与组合	2014—01	28.00	304
极限与导数、数学归纳法	2014—01	38.00	305
趣味数学	2014—03	28.00	306
教材教法	2014—04	68.00	307
自主招生	2014—05	58.00	308
高考压轴题(上)	2015—01	48.00	309
高考压轴题(下)	2014—10	68.00	310
从费马到怀尔斯——费马大定理的历史	2013—10	198.00	I
从庞加莱到佩雷尔曼——庞加莱猜想的历史	2013—10	298.00	II
从切比雪夫到爱尔特希(上)——素数定理的初等证明	2013—07	48.00	III
从切比雪夫到爱尔特希(下)——素数定理100年	2012—12	98.00	III
从高斯到盖尔方特——二次域的高斯猜想	2013—10	198.00	IV
从库默尔到朗兰兹——朗兰兹猜想的历史	2014—01	98.00	V
从比勃巴赫到德布朗斯——比勃巴赫猜想的历史	2014—02	298.00	VI
从麦比乌斯到陈省身——麦比乌斯变换与麦比乌斯带	2014—02	298.00	VII
从布尔到豪斯道夫——布尔方程与格论漫谈	2013—10	198.00	VIII
从开普勒到阿诺德——三体问题的历史	2014—05	298.00	IX
从华林到华罗庚——华林问题的历史	2013—10	298.00	X

哈尔滨工业大学出版社刘培杰数学工作室
已出版(即将出版)图书目录

书　名	出版时间	定　价	编号
吴振奎高等数学解题真经(概率统计卷)	2012－01	38.00	149
吴振奎高等数学解题真经(微积分卷)	2012－01	68.00	150
吴振奎高等数学解题真经(线性代数卷)	2012－01	58.00	151
钱昌本教你快乐学数学(上)	2011－12	48.00	155
钱昌本教你快乐学数学(下)	2012－03	58.00	171
高等数学解题全攻略(上卷)	2013－06	58.00	252
高等数学解题全攻略(下卷)	2013－06	58.00	253
高等数学复习纲要	2014－01	18.00	384
三角函数	2014－01	38.00	311
不等式	2014－01	38.00	312
数列	2014－01	38.00	313
方程	2014－01	28.00	314
排列和组合	2014－01	28.00	315
极限与导数	2014－01	28.00	316
向量	2014－09	38.00	317
复数及其应用	2014－08	28.00	318
函数	2014－01	38.00	319
集合	即将出版		320
直线与平面	2014－01	28.00	321
立体几何	2014－04	28.00	322
解三角形	即将出版		323
直线与圆	2014－01	28.00	324
圆锥曲线	2014－01	38.00	325
解题通法(一)	2014－07	38.00	326
解题通法(二)	2014－07	38.00	327
解题通法(三)	2014－05	38.00	328
概率与统计	2014－01	28.00	329
信息迁移与算法	即将出版		330
三角函数(第2版)	即将出版		627
向量(第2版)	即将出版		628
立体几何(第2版)	2016－04	38.00	630
直线与圆(第2版)	即将出版		632
圆锥曲线(第2版)	即将出版		633
极限与导数(第2版)	2016－04	38.00	636
美国高中数学竞赛五十讲.第1卷(英文)	2014－08	28.00	357
美国高中数学竞赛五十讲.第2卷(英文)	2014－08	28.00	358
美国高中数学竞赛五十讲.第3卷(英文)	2014－09	28.00	359
美国高中数学竞赛五十讲.第4卷(英文)	2014－09	28.00	360
美国高中数学竞赛五十讲.第5卷(英文)	2014－10	28.00	361
美国高中数学竞赛五十讲.第6卷(英文)	2014－11	28.00	362
美国高中数学竞赛五十讲.第7卷(英文)	2014－12	28.00	363
美国高中数学竞赛五十讲.第8卷(英文)	2015－01	28.00	364
美国高中数学竞赛五十讲.第9卷(英文)	2015－01	28.00	365
美国高中数学竞赛五十讲.第10卷(英文)	2015－02	38.00	366

哈尔滨工业大学出版社刘培杰数学工作室
已出版(即将出版)图书目录

书 名	出版时间	定 价	编号
IMO 50 年.第 1 卷(1959—1963)	2014—11	28.00	377
IMO 50 年.第 2 卷(1964—1968)	2014—11	28.00	378
IMO 50 年.第 3 卷(1969—1973)	2014—09	28.00	379
IMO 50 年.第 4 卷(1974—1978)	2016—04	38.00	380
IMO 50 年.第 5 卷(1979—1984)	2015—04	38.00	381
IMO 50 年.第 6 卷(1985—1989)	2015—04	58.00	382
IMO 50 年.第 7 卷(1990—1994)	2016—01	48.00	383
IMO 50 年.第 8 卷(1995—1999)	2016—06	38.00	384
IMO 50 年.第 9 卷(2000—2004)	2015—04	58.00	385
IMO 50 年.第 10 卷(2005—2009)	2016—01	48.00	386
IMO 50 年.第 11 卷(2010—2015)	即将出版		646
历届美国大学生数学竞赛试题集.第一卷(1938—1949)	2015—01	28.00	397
历届美国大学生数学竞赛试题集.第二卷(1950—1959)	2015—01	28.00	398
历届美国大学生数学竞赛试题集.第三卷(1960—1969)	2015—01	28.00	399
历届美国大学生数学竞赛试题集.第四卷(1970—1979)	2015—01	18.00	400
历届美国大学生数学竞赛试题集.第五卷(1980—1989)	2015—01	28.00	401
历届美国大学生数学竞赛试题集.第六卷(1990—1999)	2015—01	28.00	402
历届美国大学生数学竞赛试题集.第七卷(2000—2009)	2015—08	18.00	403
历届美国大学生数学竞赛试题集.第八卷(2010—2012)	2015—01	18.00	404
新课标高考数学创新题解题诀窍:总论	2014—09	28.00	372
新课标高考数学创新题解题诀窍:必修 1～5 分册	2014—08	38.00	373
新课标高考数学创新题解题诀窍:选修 2—1,2—2,1—1,1—2分册	2014—09	38.00	374
新课标高考数学创新题解题诀窍:选修 2—3,4—4,4—5分册	2014—09	18.00	375
全国重点大学自主招生英文数学试题全攻略:词汇卷	2015—07	48.00	410
全国重点大学自主招生英文数学试题全攻略:概念卷	2015—01	28.00	411
全国重点大学自主招生英文数学试题全攻略:文章选读卷(上)	即将出版		412
全国重点大学自主招生英文数学试题全攻略:文章选读卷(下)	即将出版		413
全国重点大学自主招生英文数学试题全攻略:试题卷	2015—07	38.00	414
全国重点大学自主招生英文数学试题全攻略:名著欣赏卷	即将出版		415
数学物理大百科全书.第 1 卷	2016—01	418.00	508
数学物理大百科全书.第 2 卷	2016—01	408.00	509
数学物理大百科全书.第 3 卷	2016—01	396.00	510
数学物理大百科全书.第 4 卷	2016—01	408.00	511
数学物理大百科全书.第 5 卷	2016—01	368.00	512
劳埃德数学趣题大全.题目卷.1:英文	2016—01	18.00	516
劳埃德数学趣题大全.题目卷.2:英文	2016—01	18.00	517
劳埃德数学趣题大全.题目卷.3:英文	2016—01	18.00	518
劳埃德数学趣题大全.题目卷.4:英文	2016—01	18.00	519
劳埃德数学趣题大全.题目卷.5:英文	2016—01	18.00	520
劳埃德数学趣题大全.答案卷:英文	2016—01	18.00	521

书　　名	出版时间	定　价	编号
李成章教练奥数笔记.第1卷	2016-01	48.00	522
李成章教练奥数笔记.第2卷	2016-01	48.00	523
李成章教练奥数笔记.第3卷	2016-01	38.00	524
李成章教练奥数笔记.第4卷	2016-01	38.00	525
李成章教练奥数笔记.第5卷	2016-01	38.00	526
李成章教练奥数笔记.第6卷	2016-01	38.00	527
李成章教练奥数笔记.第7卷	2016-01	38.00	528
李成章教练奥数笔记.第8卷	2016-01	48.00	529
李成章教练奥数笔记.第9卷	2016-01	28.00	530
zeta函数,q-zeta函数,相伴级数与积分	2015-08	88.00	513
微分形式:理论与练习	2015-08	58.00	514
离散与微分包含的逼近和优化	2015-08	58.00	515
艾伦·图灵:他的工作与影响	2016-01	98.00	560
测度理论概率导论,第2版	2016-01	88.00	561
带有潜在故障恢复系统的半马尔柯夫模型控制	2016-01	98.00	562
数学分析原理	2016-01	88.00	563
随机偏微分方程的有效动力学	2016-01	88.00	564
图的谱半径	2016-01	58.00	565
量子机器学习中数据挖掘的量子计算方法	2016-01	98.00	566
量子物理的非常规方法	2016-01	118.00	567
运输过程的统一非局部理论:广义波尔兹曼物理动力学,第2版	2016-01	198.00	568
量子力学与经典力学之间的联系在原子、分子及电动力学系统建模中的应用	2016-01	58.00	569
第19~23届"希望杯"全国数学邀请赛试题审题要津详细评注(初一版)	2014-03	28.00	333
第19~23届"希望杯"全国数学邀请赛试题审题要津详细评注(初二、初三版)	2014-03	38.00	334
第19~23届"希望杯"全国数学邀请赛试题审题要津详细评注(高一版)	2014-03	28.00	335
第19~23届"希望杯"全国数学邀请赛试题审题要津详细评注(高二版)	2014-03	38.00	336
第19~25届"希望杯"全国数学邀请赛试题审题要津详细评注(初一版)	2015-01	38.00	416
第19~25届"希望杯"全国数学邀请赛试题审题要津详细评注(初二、初三版)	2015-01	58.00	417
第19~25届"希望杯"全国数学邀请赛试题审题要津详细评注(高一版)	2015-01	48.00	418
第19~25届"希望杯"全国数学邀请赛试题审题要津详细评注(高二版)	2015-01	48.00	419
闵嗣鹤文集	2011-03	98.00	102
吴从炘数学活动三十年(1951~1980)	2010-07	99.00	32
吴从炘数学活动又三十年(1981~2010)	2015-07	98.00	491
物理奥林匹克竞赛大题典——力学卷	2014-11	48.00	405
物理奥林匹克竞赛大题典——热学卷	2014-04	28.00	339
物理奥林匹克竞赛大题典——电磁学卷	2015-07	48.00	406
物理奥林匹克竞赛大题典——光学与近代物理卷	2014-06	28.00	345
历届中国东南地区数学奥林匹克试题集(2004~2012)	2014-06	18.00	346
历届中国西部地区数学奥林匹克试题集(2001~2012)	2014-07	18.00	347
历届中国女子数学奥林匹克试题集(2002~2012)	2014-08	18.00	348

哈尔滨工业大学出版社刘培杰数学工作室
已出版(即将出版)图书目录

书　　名	出版时间	定　价	编号
数学奥林匹克在中国	2014—06	98.00	344
数学奥林匹克问题集	2014—01	38.00	267
数学奥林匹克不等式散论	2010—06	38.00	124
数学奥林匹克不等式欣赏	2011—09	38.00	138
数学奥林匹克超级题库(初中卷上)	2010—01	58.00	66
数学奥林匹克不等式证明方法和技巧(上、下)	2011—08	158.00	134,135

联系地址:哈尔滨市南岗区复华四道街 10 号　哈尔滨工业大学出版社刘培杰数学工作室

网　　址:http://lpj.hit.edu.cn/

邮　　编:150006

联系电话:0451—86281378　　13904613167

E-mail:lpj1378@163.com